科学出版社“十三五”普通高等教育本科规划教材

概率论与数理统计

耿 亮 刘 磊 主编

科 学 出 版 社

北 京

内 容 简 介

本书是根据高等院校“概率论与数理统计”课程教学的基本要求，结合我们多年来对“概率论与数理统计”课程教学内容和教学方法改革与创新的成果而编写的. 本书主要内容包括：概率论的基本概念、一维随机变量及其分布、多维随机变量及其分布、随机变量的数字特征、大数定律与中心极限定理、数理统计的基本概念、参数估计、假设检验、方差分析及回归分析、Excel 软件在数理统计中的应用.

本书涵盖《全国硕士研究生入学统一考试数学考试大纲》（2021 年版）的所有知识点，可作为高等学校各专业本专科生的“概率论与数理统计”课程教材，也可作为硕士研究生入学考试的复习参考书和广大科技工作者的工具书.

图书在版编目（CIP）数据

概率论与数理统计/耿亮，刘磊主编. —北京：科学出版社，2021.6

科学出版社“十三五”普通高等教育本科规划教材

ISBN 978-7-03-068969-6

Ⅰ. ①概… Ⅱ. ①耿… ②刘… Ⅲ. ①概率论-高等学校-教材②数理统计-高等学校-教材 Ⅳ. ①O21

中国版本图书馆 CIP 数据核字（2021）第 107439 号

责任编辑：邵　娜 / 责任校对：高　嵘
责任印制：赵　博 / 封面设计：苏　波

科学出版社出版
北京东黄城根北街 16 号
邮政编码：100717
http://www.sciencep.com

北京华宇信诺印刷有限公司印刷
科学出版社发行　各地新华书店经销

*

2021 年 6 月第　一　版　开本：787×1092　1/16
2025 年 2 月第三次印刷　印张：16 3/4
字数：426 000

定价：59.00 元

（如有印装质量问题，我社负责调换）

前　言

“概率论与数理统计”是高等院校理工类与经管类专业十分重要的基础课程. 随着社会经济以及人文哲学数字化进程的日益加速，概率论与数理统计学科与其他学科相结合，形成了许多边缘（交叉）学科，如数学经济学、金融统计学等. 概率论与数理统计已经成为全体公民从事经济生产、科学管理和社会研究活动的一个基本工具.

本书是根据当前科学技术发展形势的需要，结合我们多年来对“概率论与数理统计”课程教学内容和教学方法改革与创新的成果而编写的. 本书在内容上力求详细严谨，突出重点，推理简明，清晰易懂，注重理论与实际相结合. 本书的许多例题、习题本身就是来自实际的应用.

本书分两大部分：第一部分为概率论，包含第 1～4 章；第二部分为数理统计，包含第 5～10 章. 本书第 1～9 章后面配有相当数量的习题，书末附有习题参考答案. 本书第 1～8 章部分重点难点例题配有相应的视频讲解，并采用码题在线学习平台，同学们可以课后扫码做题.

本书由耿亮、刘磊任主编，常涛、张凯凡任副主编. 参与编写的人员还有陈洁、胡二琴、商豪、左玲、曾莹、李子强、黄斌、费锡仙等老师，黄毅老师绘制了书中大部分的插图，最后由刘磊统稿、定稿.

由于编者水平有限，书中难免存在不足之处，恳请广大专家、同行及读者批评指正，以便再版时予以修订.

编　者

2021 年 1 月

目　录

第 1 章　概率论的基本概念

概率论与数理统计是研究和探索客观世界中随机现象的统计规律性的一门数学学科，与其他学科有着紧密的联系，并在社会经济各个领域有广泛的应用. 本章重点介绍概率论中的基本概念，如随机事件、样本空间、概率等，它们是学习概率论与数理统计的基础.

1.1　随机事件与样本空间

1.1.1　随机现象及其统计规律性

在自然界和社会生活中，存在着两类不同的现象：必然现象和随机现象，它们是从其结果能否准确预知的角度来区分的. **必然现象**是在一定条件下，必然发生（或必然不发生），并能准确预知其结果的现象. 例如：在一个标准大气压下，水在 100℃沸腾；太阳每天都从东边升起；在地面上竖直上抛的石子一定下落等. **随机现象**是指在相同条件下重复进行时事先无法预知其结果的现象. 例如：在相同条件下抛掷同一枚硬币，可能出现标明硬币价值的“数字面”（记为“正面”）朝上，也可能另一面（记为“反面”）朝上，而每次在抛掷这枚硬币之前，都无法预知会出现“正面朝上”还是“反面朝上”的结果；记录一天内来某医院就诊的人数，可能是任意非负整数，但事先无法预知其确切数字；某人买彩票，可能中奖，也可能不中奖，但买之前无法预知是否中奖等.

对于随机现象的结果，虽然无法预测，但并不是完全无规律可循. 例如：多次重复抛掷一枚硬币，得到“正面朝上”的结果大致有一半；一天内到某医院就诊的人数按照一定规律分布；等等. 可见，虽然随机现象在个别试验或观察中会出现不确定的结果，但在大量重复试验或观察中，其结果具有某种规律性，这种规律性称为**随机现象的统计规律性**.

1.1.2　随机试验与样本空间

为了研究随机现象的统计规律性，需要对客观事物进行观察或试验，下面是一些观察或试验的例子.

E_1：抛掷一枚骰子，观察出现的点数.

E_2：抛掷一枚骰子两次，观察出现的点数.

E_3：抛掷一枚骰子两次，观察出现的点数之和.

E_4：记录某火车站售票处一天内售出的车票数.

E_5：在一批日光灯管中任意抽取一只，测试它的使用寿命.

仔细分析，可以发现上述观察或试验具有以下共同的特点：

（1）可以在相同的条件下重复地进行；

（2）每次试验的结果不止一个，并且能事先明确试验的所有可能结果；

（3）进行一次试验之前不能确定哪一个结果会出现.

一般地，将具有以上三个特点的观察或试验称为**随机试验**，记为E，本书之后提到的试验都是指随机试验.

将随机试验所有可能结果构成的集合称为试验E的**样本空间**，记为Ω. 样本空间里的元素，即随机试验E的每个可能结果，称为样本点，记为e.

例如，上面5个随机试验的样本空间分别为

$\Omega_1=\{1,2,3,4,5,6\}$；

$\Omega_2=\{(i,j)|i,j=1,2,3,4,5,6\}$；

$\Omega_3=\{2,3,\cdots,12\}$；

$\Omega_4=\{0,1,2,\cdots,n\}$，$n$是售票处一天内准备出售的车票数；

$\Omega_5=\{t|t\geqslant 0\}$，$t$表示日光灯管的使用寿命.

注意：样本空间的元素是由试验的目的所确定的. 例如，在随机试验E_2和E_3中同是将一枚骰子抛掷两次，但由于试验的目的不一样，其对应的样本空间Ω_2和Ω_3也不一样.

1.1.3 随机事件

在进行随机试验时，人们常常只关心满足某些条件的样本点构成的集合. 例如，在观测日光灯管的使用寿命的随机试验E_5中，自然希望灯管的使用寿命越长越好，比如寿命是否大于1 000 h，即是否有$t\geqslant 1000$，满足这一条件的样本点构成样本空间Ω_5的一个子集$A=\{t|t>1000\}$，这样的子集常常是我们最关心的.

一般地，将随机试验E的样本空间Ω的子集称为试验E的**随机事件**，简称事件，常用大写字母A,B,C等表示. 在每次试验中，当且仅当这一子集中的一个样本点出现时，则称这一**事件发生**. 例如，在随机试验E_5中随机抽一个灯管，测得其使用寿命为 1 100 h，那么就说在这次试验中$A=\{t|t>1000\}$事件发生了，否则就称A事件没有发生.

一个样本空间能构成多个事件，在Ω_1中“出现的点数是奇数”的事件$A_1=\{1,3,5\}$，“出现大点”的事件$A_2=\{4,5,6\}$；在Ω_2中“第一次出现的点数是1”的事件$B_1=\{(1,1),(1,2),(1,3),(1,4),(1,5),(1,6)\}$；“点数之和是7点”的事件$B_2=\{(1,6),(2,5),(3,4),(4,3),(5,2),(6,1)\}$等.

随机试验中有三个特殊的事件：由一个样本点构成的单点集，称为**基本事件**，例如试验E_1有6个基本事件$\{1\},\cdots,\{6\}$，试验E_3有11个基本事件$\{2\},\cdots,\{12\}$；样本空间Ω包含了所有的样本点，它可以看作是自身的子集，且在每次试验中都必然发生，所以称为**必然事件**，之后所说的必然事件即是指样本空间；空集$\varnothing$不包含任何样本点，它也是Ω的子集，但在每次试验中都不会发生，称为**不可能事件**，例如试验E_1中，掷一个骰子出现7点就是一个不可能事件.

1.1.4 事件的关系与运算

在同一样本空间中，往往存在多个随机事件，数学上一个基本的思想方法是通过对较简单事件的分析，去了解较复杂的事件. 因此，需要研究各个事件之间的关系和运算.

因为样本空间、随机事件都是集合，所以随机事件之间的关系和运算同集合之间的关系和运算是一致的. 下面根据“事件发生”的含义，给出这些关系和运算在概率论中的提法.

设随机试验 E 的样本空间为 Ω，而 $A,B,A_k(k=1,2,3,\cdots)$ 是 Ω 的子集.

1. 事件的包含

若事件 A 发生必然导致事件 B 发生，则称事件 B 包含事件 A，记为 $A\subseteq B$. 即属于事件 A 的每一个样本点均属于事件 B.

2. 事件的相等

若事件 A 发生必然导致事件 B 发生，且若事件 B 发生也必然导致事件 A 发生，则称事件 A 与事件 B 相等，记为 $A=B$，这表明事件 A 与事件 B 所包含的样本点完全相同，即 $A\subseteq B$ 且 $B\subseteq A$.

3. 事件的和（并）

将“事件 A 与事件 B 至少有一个发生”的事件，称为事件 A 与事件 B 的和（并），记为 $A\bigcup B$. 它是由属于 A 或 B 的所有样本点构成的集合：

$$A\bigcup B=\{x|x\in A或x\in B\}$$

一般地，事件的和（并）可以推广到多个事件的情形：称 $\bigcup\limits_{k=1}^{n}A_k$ 为 n 个事件 $A_1,A_2,\cdots,A_n$ 的和（并）事件；称 $\bigcup\limits_{k=1}^{\infty}A_k$ 为可列个事件 $A_1,A_2,\cdots,A_n,\cdots$ 的和（并）事件. 和（并）事件 $\bigcup\limits_{k=1}^{n}A_k$ 表示“$A_1,A_2,\cdots,A_n$ 中至少有一个发生”.

4. 事件的交（积）

将“事件 A 与事件 B 同时发生”的事件，称为事件 A 与事件 B 的交（积）事件，记为 $A\bigcap B$ 或 AB. 它是由既属于 A 又属于 B 的样本点构成的子集：

$$A\bigcap B=\{x|x\in A且x\in B\}$$

类似地，称 $\bigcap\limits_{k=1}^{n}A_k$ 为 n 个事件 $A_1,A_2,\cdots,A_n$ 的交（积）事件；称 $\bigcap\limits_{k=1}^{\infty}A_k$ 为可列个事件 $A_1,A_2,\cdots,A_n,\cdots$ 的交（积）事件. 事件 $\bigcap\limits_{k=1}^{n}A_k$ 表示“$A_1,A_2,\cdots,A_n$ 同时发生”.

5. 事件的差

将“事件 A 发生而事件 B 不发生”的事件，称为事件 A 与事件 B 的差事件，记为 $A-B$. 它表示由属于 A 但不属于 B 的样本点构成的子集：

$$A-B=\{x|x\in A但x\notin B\}$$

6. 事件的互不相容（或互斥）

若事件 A 与事件 B 不能同时发生，即 $A\bigcap B=\varnothing$，则称事件 A 与事件 B 互不相容（或互斥）. 它表明事件 A 与事件 B 没有相同的样本点.

7. 对立事件（或逆事件）

若 $A\bigcup B=\Omega$，且 $A\bigcap B=\varnothing$，则称事件 A 与事件 B 互为对立事件（或互为逆事件）.

它表明对每次试验而言，事件 A，B 必有一个且仅有一个发生. 事件 A 的对立事件记为 $\overline{A}$，$\overline{A}=B=\Omega-A$.

上述事件的各种关系和运算可用韦氏图直观地表示，如图 1-1 所示.

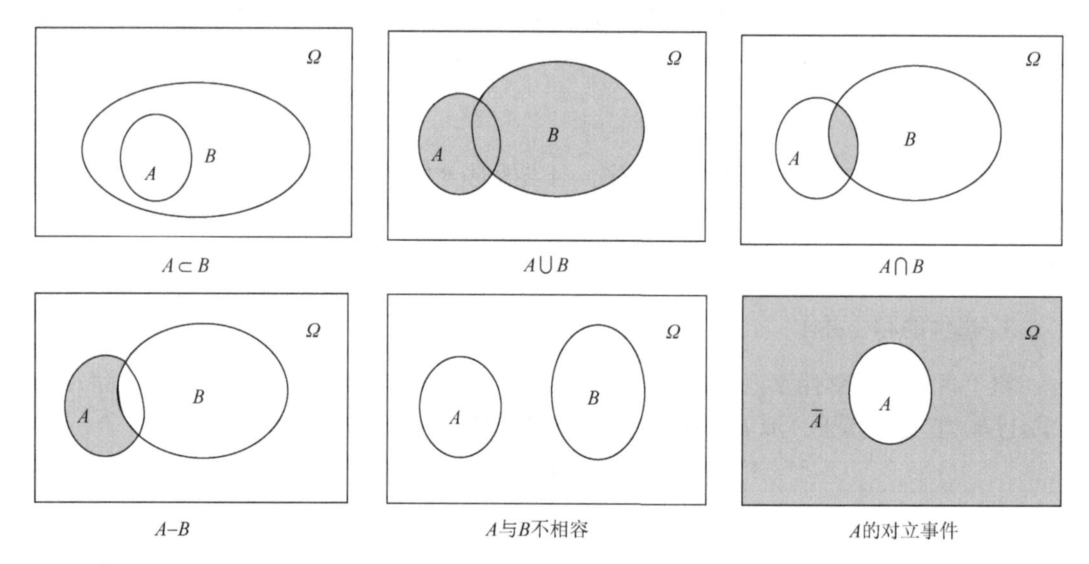

图 1-1　事件关系与运算关系韦氏图

事件运算经常用到下述运算规律. 设 A,B,C 为事件，则有如下运算规律.

交换律：$A\cup B=B\cup A$；$A\cap B=B\cap A$.

结合律：$(A\cup B)\cup C=A\cup(B\cup C)$；$(A\cap B)\cap C=A\cap(B\cap C)$.

分配律：$(A\cup B)\cap C=(A\cap C)\cup(B\cap C)$；$(A\cap B)\cup C=(A\cup C)\cap(B\cup C)$.

德摩根律：$\overline{A\cup B}=\overline{A}\cap\overline{B}$；$\overline{A\cap B}=\overline{A}\cup\overline{B}$.

以上这些运算规律都可以推广到任意多个事件中去. 下面只对德摩根律给出“事件发生”含义下的证明：

第一式：$\overline{A\cup B}=\overline{A}\cap\overline{B}$

左边 $A\cup B$ 表示 A,B 中至少有一个发生，那么它的对立事件 $\overline{A\cup B}$ 表示 A,B 都不发生；而右边 $\overline{A}\cap\overline{B}$ 恰好表示 A,B 都不发生，所以有 $\overline{A\cup B}=\overline{A}\cap\overline{B}$.

第二式：$\overline{A\cap B}=\overline{A}\cup\overline{B}$

左边 $A\cap B$ 表示 A,B 同时发生，那么它的对立事件 $\overline{A\cap B}$ 表示 A,B 中至少有一个不会发生；而右边 $\overline{A}\cup\overline{B}$ 表示 A,B 中至少有一个不会发生，所以有 $\overline{A\cap B}=\overline{A}\cup\overline{B}$.

例 1.1.1　设有甲、乙、丙三人参加某项测试，记 A 为事件“甲参加该项测试合格”，B 为事件“乙参加该项测试合格”，C 为事件“丙参加该项测试合格”. 试用 A,B,C 的运算关系表示以下各事件：

（1）三人中只有甲合格；

（2）三人中仅有一人合格；

（3）三人中至少有一人合格；

（4）三人都合格.

解　（1）$A\overline{B}\overline{C}$；

（2）$A\overline{B}\overline{C}\cup\overline{A}B\overline{C}\cup\overline{A}\overline{B}C$；

（3）$A \cup B \cup C$；

（4）ABC.

1.2　频率与概率

对于一个事件（除必然事件和不可能事件外）来说，它在一次试验中可能发生，也可能不发生. 人们常常关注某些事件发生的可能性究竟有多大，希望找到一个合适的数来度量事件在一次试验中发生的可能性大小，这就是概率的概念. 本节先从频率的定义出发，再给出概率的公理化定义，最后探讨概率的性质.

1.2.1　频率的定义

随机现象的统计规律是以大量重复试验为前提的，为此，首先引入频率及其稳定性的概念.

定义 1.2.1　在相同条件下，重复做 n 次试验，在这 n 次试验中，事件 A 发生的次数 n_A 称为事件 A 发生的**频数**，称比值 $\frac{n_A}{n}$ 为事件 A 发生的频率，并记为 $f_n(A)$，即

$$f_n(A)=\frac{n_A}{n} \tag{1-1}$$

由定义易知频率具有下列基本性质：

（1）对任意事件 A，有 $0 \leqslant f_n(A) \leqslant 1$；

（2）$f_n(\Omega)=1$；

（3）若 $A_1, A_2, \cdots, A_n$ 是两两不相容的事件，则

$$f_n(A_1 \cup A_2 \cup \cdots \cup A_n)=f_n(A_1)+f_n(A_2)+\cdots+f_n(A_n)$$

例 1.2.1　考察“抛掷硬币试验”，将一枚硬币抛掷 5 次、50 次、500 次，各做 6 遍，得到数据如表 1-1 所示［其中 n_A 表示“硬币正面朝上”（设为事件 A）发生的频数，$f_n(A)$ 表示 A 发生的频率］.

表 1-1　抛掷硬币试验数据表

实验序号	$n=5$		$n=50$		$n=500$	
	n_A	$f_n(A)$	n_A	$f_n(A)$	n_A	$f_n(A)$
1	2	0.4	22	0.44	251	0.502
2	3	0.6	25	0.50	249	0.498
3	1	0.2	21	0.42	256	0.512
4	5	1.0	25	0.50	253	0.506
5	1	0.2	24	0.48	251	0.502
6	2	0.4	21	0.42	246	0.492

由表 1-1 中数据可以看出，虽然对于同样的试验次数 n，$f_n(A)$ 不尽相同，但当试验次数较大时，频率 $f_n(A)$ 在 0.5 附近摆动，且随着 n 的增加，它逐步稳定在 0.5 这个数值上.

大量试验证实，当试验的次数 n 逐渐增大时，频率 $f_n(A)$ 呈现出稳定性，这种“频率

的稳定性”就是通常所说的统计规律性. 更进一步，不妨大量重复做试验，这时频率 $f_n(A)$ 趋于某一个稳定的常数 $P(A)$（例 1.2.1 中 $P(A)=0.5$），显然用常数 $P(A)$ 来度量事件 A 发生可能性的大小是合理的，从而引出概率的公理化定义.

1.2.2 概率的公理化定义

定义 1.2.2（概率的公理化定义） 设 Ω 是随机试验 E 的样本空间，对于 E 上的每一事件 A 规定一个实数 $P(A)$ 与之对应，若集合函数 $P(\cdot)$ 满足下列三个公理条件：

（1）非负性，$P(A)\geqslant 0$；

（2）规范性，$P(\Omega)=1$；

（3）可列可加性，对任意可列个两两互不相容的事件 $A_1,A_2,\cdots,A_n,\cdots$ 有

$$P(A_1\cup A_2\cup\cdots\cup A_n\cup\cdots)=P(A_1)+P(A_2)+\cdots+P(A_n)+\cdots$$

则称 $P(A)$ 为**事件 A 的概率**.

事件概率的公理化定义可以看成是事件频率定义的极限形式，它是频率定义的自然延伸，在第 5 章会证明，当 $n\to\infty$ 时频率 $f_n(A)$ 在一定意义下收敛于概率 $P(A)$.

1.2.3 概率的性质

由概率定义的三个公理条件，可以推导出概率的一些重要性质：

性质 1.2.1 不可能事件 $\varnothing$ 的概率为 0，即 $P(\varnothing)=0$.

证 因为 $\Omega=\Omega\cup\varnothing\cup\cdots\cup\varnothing\cdots$，由定义 1.2.2 的条件（2）和（3）有

$$P(\Omega)=P(\Omega)+P(\varnothing)+\cdots+P(\varnothing)\cdots$$

所以

$$P(\varnothing)=0$$

性质 1.2.2（有限可加性） 设事件 $A_1,A_2,\cdots,A_n$ 是两两互不相容的，则有

$$P(A_1\cup A_2\cup\cdots\cup A_n)=P(A_1)+P(A_2)+\cdots+P(A_n)$$

证 因为

$$A_1\cup A_2\cup\cdots\cup A_n=A_1\cup A_2\cup\cdots\cup A_n\cup\varnothing\cup\varnothing\cup\cdots$$

而 $A_1,A_2,\cdots,A_n,\varnothing,\varnothing\cdots$ 是可列个互不相容事件，由可列可加性和性质 1.2.1，有

$$P(A_1\cup A_2\cup\cdots\cup A_n)=P(A_1)+P(A_2)+\cdots+P(A_n)$$

性质 1.2.3 对任意事件 A，有

$$P(\overline{A})=1-P(A)$$

证 因为 $A\cup\overline{A}=\Omega$ 且 $A\overline{A}=\varnothing$，由性质 1.2.2 有

$$1=P(\Omega)=P(A\cup\overline{A})=P(A)+P(\overline{A})$$

即

$$P(\overline{A})=1-P(A)$$

性质 1.2.4 对任意事件 A，B，有

$$P(A-B)=P(A)-P(AB)$$

特别地，若 $A\supset B$，则 $P(A-B)=P(A)-P(B)$.

证 由于 $A=(A-B)\cup AB$ 而 $(A-B)\cap AB=\varnothing$，所以由性质 1.2.2，知

$$P(A)=P(A-B)+P(AB)$$

即

$$P(A-B)=P(A)-P(AB)$$

特别地，若 $A\supset B$，则 $AB=B$，所以

$$P(A-B)=P(A)-P(B)$$

推论 1.2.1　若 $A\supset B$，则 $P(A)\geqslant P(B)$.

事实上，若 $A\supset B$，则 $P(A-B)=P(A)-P(B)\geqslant 0$，所以 $P(A)\geqslant P(B)$.

推论 1.2.2　对任意事件 A，有 $0\leqslant P(A)\leqslant 1$.

因 $\Omega\supset A$，有 $P(A)\leqslant P(\Omega)=1$，故 $0\leqslant P(A)\leqslant 1$.

性质 1.2.5　对任意事件 A，B，有

$$P(A\cup B)=P(A)+P(B)-P(AB)$$

证　由于 $A\cup B=A\cup(B-AB)$，而 $A\cap(B-AB)=\varnothing$，所以由性质 1.2.2 和性质 1.2.4，得

$$P(A\cup B)=P(A)+P(B-AB)=P(A)+P(B)-P(AB)$$

性质 1.2.5 称为概率的加法公式，它可以推广到有限多个事件的情形. 例如，对于三个事件 A，B，C，有

$$P(A\cup B\cup C)=P(A)+P(B)+P(C)-P(AB)-P(AC)-P(BC)+P(ABC)$$

对于 n 个事件 $A_1,A_2,\cdots,A_n$，有

$$P(A_1\cup A_2\cup\cdots\cup A_n)=\sum_{i=1}^{n}P(A_i)-\sum_{1\leqslant i<j\leqslant n}P(A_iA_j)+\sum_{1\leqslant i<j<k\leqslant n}P(A_iA_jA_k)$$
$$+\cdots+(-1)^{n-1}P(A_1A_2\cdots A_n)$$

例 1.2.2　设 $P(A)=\dfrac{1}{2}$，$P(B)=\dfrac{1}{3}$，分别在下列条件下求 $P(A\overline{B})$：

（1）$A\supset B$；（2）A 与 B 互不相容；（3）$P(AB)=\dfrac{1}{8}$.

解　由事件的关系与运算，知 $A\overline{B}=A-B$，结合性质 1.2.4，可得

$$P(A\overline{B})=P(A-B)=P(A)-P(AB)$$

（1）当 $A\supset B$ 时，有 $P(AB)=P(B)$，因此

$$P(A\overline{B})=P(A)-P(AB)=P(A)-P(B)=\frac{1}{2}-\frac{1}{3}=\frac{1}{6}$$

（2）若 A 与 B 互不相容，则 $P(AB)=0$，因此

$$P(A\overline{B})=P(A)-P(AB)=\frac{1}{2}-0=\frac{1}{2}$$

（3）若 $P(AB)=\dfrac{1}{8}$，则

$$P(A\overline{B})=P(A)-P(AB)=\frac{1}{2}-\frac{1}{8}=\frac{3}{8}$$

例 1.2.3　某企业与甲、乙两公司签订某商品的长期供货合同，从以往情况看，甲公司按时供货的概率为 0.9，乙公司按时供货的概率为 0.75，这两公司都按时供货的概率为 0.7，求至少有一家公司按时供货的概率.

解　以 A,B 分别表示事件“甲公司按时供货”“乙公司按时供货”. 由题意知，$P(A)=0.9$，$P(B)=0.75$，$P(AB)=0.7$，则至少有一家公司按时供货的概率为

$$\begin{aligned}P(A\cup B)&=P(A)+P(B)-P(AB)\\&=0.9+0.75-0.7\\&=0.95\end{aligned}$$

例 1.2.4　假设事件 A 与事件 B 互不相容，则（D）．

A. $P(\overline{A}\overline{B})=0$　　B. $P(AB)=P(A)P(B)$

C. $P(A)=1-P(B)$　　D. $P(\overline{A}\cup\overline{B})=1$

解　依题意知：事件 A 与事件 B 互不相容，因此 $P(AB)=0$，由德摩根律

$$\overline{A}\cup\overline{B}=\overline{AB}$$

所以

$$P(\overline{A}\cup\overline{B})=P(\overline{AB})=1-P(AB)=1$$

1.3　古典概型与几何概型

1.3.1　古典概型

在概率发展的初期，对于某些特殊情况，人们利用研究对象所具有的对称性，确定了一种计算概率的方法. 设随机试验有下列两个特点：①有限性，试验的样本空间的元素只有有限个；②等可能性，试验中每个基本事件发生的可能性相等，那么称这个随机试验为古典型的随机试验，其概率模型称为**古典概型**.

古典概型具有直观、容易理解的特点，有着广泛的应用，下面讨论古典概型的计算公式.

设样本空间 $\Omega=\{e_1,e_2,\cdots,e_n\}$，由于在试验中每个基本事件发生的可能性相等，即

$$P(e_1)=P(e_2)=\cdots=P(e_n)$$

又由于基本事件是两两不相容的，于是

$$1=P(\Omega)=P(e_1\cup e_2\cup\cdots\cup e_n)=P(e_1)+P(e_2)+\cdots+P(e_n)$$

所以

$$P(e_i)=\frac{1}{n}\quad(i=1,2,\cdots,n)$$

设事件 A 包含 k 个样本点数，不妨设为 $A=e_{i_1}\cup e_{i_2}\cup\cdots\cup e_{i_k}$，则有

$$P(A)=P(e_{i_1})+P(e_{i_2})+\cdots+P(e_{i_k})=\frac{1}{n}+\cdots+\frac{1}{n}=\frac{k}{n}$$

即

$$P(A)=\frac{k}{n}=\frac{A\text{包含的基本事件数}}{\text{样本空间的基本事件总数}}\tag{1-2}$$

（1-2）式即为古典概型中事件 A 的计算公式.

例 1.3.1　设房间里有10人，分别佩戴 1～10 号的纪念章，任选 3 人记录其纪念章的号码，试求最小号码为5 的事件的概率？

解　这是一个古典概型问题，记所有可能结果为样本空间 Ω，3 人中最小号码为5 的事件为 A，下面用（1-2）式来求事件 A 的概率.

样本空间所含基本事件的个数为 $n=\binom{10}{3}$（从 10 个中任意取 3 个的组合）；随机事件

A 所含基本事件的个数为 $k=\binom{1}{1}\binom{5}{2}$（$\binom{1}{1}$表示将 5 号取出，$\binom{5}{2}$表示从大于 5 的号码中取出 2 个），故

$$P(A)=\frac{k}{n}=\frac{\binom{1}{1}\binom{5}{2}}{\binom{10}{3}}=\frac{1}{12}$$

注意：组合数的计算公式为 $\binom{N}{n}=\frac{N(N-1)\cdots(N-n+1)}{n!}=\frac{N!}{n!(N-n)!}$.

例 1.3.2　抛掷一枚骰子两次，求出现的点数之和为 7 的事件的概率.

解　以 A 表示“出现的点数之和为 7”的事件. 考虑 1.1 节中随机试验 E_2 的样本空间 Ω_2，样本空间 Ω_2 包含的样本点总数 $n=36$，而

$A=\{(1,6),(2,5),(3,4),(4,3),(5,2),(6,1)\}$，事件 A 包含的基本事件数为 $k=6$，于是

$$P(A)=\frac{k}{n}=\frac{6}{36}=\frac{1}{6}$$

注意：若本题考虑 1.1 节中随机试验 E_3 的样本空间 $\Omega_3=\{2,3,\cdots,12\}$，则由于各个基本事件发生的可能性不相同，就不能利用（1-2）式来计算.

例 1.3.3　（超几何模型）某种产品共 30 件，其中正品 23 件，次品 7 件，从中任取 5 件. 试求被取的 5 件产品中恰有 2 件是次品的概率.

解　以 A 表示事件“被取的 5 件中恰有 2 件是次品”，从 30 件产品中任取 5 件的所有可能取法共有$\binom{30}{5}$种；每一种取法为一个基本事件，显然样本空间包含有限个元素，又由对称性知每个基本事件发生的可能性相同，因而可以用（1-2）式来计算事件的概率. 样本空间总数为 $n=\binom{30}{5}$. 又因从 7 件次品中取 2 件，所有可能取法有$\binom{7}{2}$种，从 23 件正品中取 3 件的所有可能取法有$\binom{23}{3}$种，由乘法原理知，事件 A 包含的基本事件数

$$k=\binom{7}{2}\binom{23}{3}$$

于是，所求的概率为

$$P(A)=\binom{7}{2}\binom{23}{3}\Big/\binom{30}{5}=0.2610$$

本例的一般情形为：某种产品共 N 件，含次品 M 件，“从中任取的 n 件产品中恰有 m（$m\leqslant M$）件次品（记为事件 A）”的概率为

$$P(A)=\binom{M}{m}\binom{N-M}{n-m}\Big/\binom{N}{n}$$

上式称为超几何模型的概率计算公式.

注意：乘法原理是指做一件事情，完成它需要分成 n 个步骤，做第一步有 m_1 种不同

的方法，做第二步有 m_2 种不同的方法，…，做第 n 步有 m_n 种不同的方法，那么完成这件事有共有 $N = m_1 \times m_2 \times \cdots \times m_n$ 种不同的方法.

例 1.3.4 （摸球模型）设袋中有 3 只白球，2 只红球，从袋中取球两次，每次取一只，考虑（a）放回抽样：即第一次取一球观察颜色后放回袋中，第二次再取一球观察.（b）不放回抽样：即第一次取一球观察颜色后不放回袋中，第二次再取一球观察. 分别就上面两种情形，试求：

（1）取到的两只球都是白球的概率；

（2）取到的两只球颜色相同的概率；

（3）取到的两只球至少有一只是白球的概率.

解 以 A 表示事件“取到的两只球都是白球”，以 B 表示事件“取到的两只球都是红球”，以 C 表示事件“取到的两只球至少有一只白球”. 从 5 只球中取球两次，每次取一只，每一种取法是一基本事件. 易知，这是古典概型问题.

（a）在有放回抽样情形下：从 5 只球中取球两次，每次取一只，则所有可能的取法有 $\binom{5}{1}\binom{5}{1} = 25$ 种，即样本空间总数 $n = 25$.

（1）“取到的两只球都是白球”的取法有 $\binom{3}{1}\binom{3}{1} = 9$ 种，因此

$$P(A) = \frac{9}{25}$$

（2）“取到的两只球都是红球”的取法有 $\binom{2}{1}\binom{2}{1} = 4$ 种，因此

$$P(B) = \frac{4}{25}$$

而“取到的两只球颜色相同”的事件为 $A \cup B$，且 $AB = \varnothing$，所以

$$P(A \cup B) = P(A) + P(B) = \frac{9}{25} + \frac{4}{25} = \frac{13}{25}$$

（3）“取到的两只球至少有一只是白球”的事件是“取到的两只球都是红球”事件的对立事件，有 $C = \overline{B}$，故

$$P(C) = P(\overline{B}) = 1 - P(B) = \frac{21}{25}$$

（b）在无放回抽样情形下：从 5 只球中取球两次，每次取一只，则所有可能的取法有 $\binom{5}{1}\binom{4}{1} = 20$ 种，即样本空间总数 $n = 20$.

（1）“取到的两只球都是白球”的取法有 $\binom{3}{1}\binom{2}{1} = 6$ 种，因此

$$P(A) = \frac{3}{10}$$

（2）“取到的两只球都是红球”的取法有 $\binom{2}{1}\binom{1}{1} = 2$ 种，因此

$$P(B) = \frac{1}{10}$$

而“取到的两只球颜色相同”的事件为$A\cup B$，且$AB=\varnothing$，所以

$$P(A\cup B)=P(A)+P(B)=\frac{3}{10}+\frac{1}{10}=\frac{2}{5}$$

（3）“取到的两只球至少有一只是白球”的事件为$C=\overline{B}$，所以

$$P(C)=P(\overline{B})=1-P(B)=1-\frac{1}{10}=\frac{9}{10}$$

例 1.3.5　（球与盒子的模型）设m个球，每个球等可能地落入M $(M\geqslant m)$个盒子中的每一个盒子内（盒子的容量不限），试求：

例 1.3.5　重点难点视频讲解

（1）每个盒子至多有一个球的概率；

（2）指定的m个盒子中各有一个球的概率.

解　（1）将m个球随机地放入M个盒子中，每一种方法是一基本事件，因此，这是古典概型问题，每个球放入盒子中都有M种可能，于是，样本空间总数

$$n=M\times M\times\cdots\times M=M^m$$

设事件$A=$“每个盒子至多只能放一个球”，故事件A所包含的基本事件数

$$k=M(M-1)\cdots(M-m+1)$$

所以

$$P(A)=\frac{M(M-1)\cdots(M-m+1)}{M^m}$$

（2）设事件$B=$“指定的m个盒子各有一个球”，第二问的样本空间总数与第一问的相同，$n=M\times M\times\cdots\times M=M^m$，事件$B$所包含的基本事件数

$$k=m(m-1)\cdots2\cdot1=m!$$

所以

$$P(B)=\frac{m!}{M^m}$$

例 1.3.6　（生日问题）求n个人中，至少有两个人生日相同的概率（假设一年有365天，$n\leqslant365$）.

解　假设每个人的生日在一年365天的任一天是等可能的，易知，这是古典概型问题.以A表示事件“至少有两个人生日相同”，则$\overline{A}$表示事件“这n个人生日各不相同”.

下面用例1.3.5的模型来计算例1.3.6：本例中365天相当于是例1.3.5的盒子数M，n个人的生日各不相同，相当于n个球落到不同的盒子中，且每个盒子至多只有一个球，于是

$$P(\overline{A})=\frac{365\times364\times\cdots\times(365-n+1)}{365^n}$$

那么，n个人中，至少有两个人生日相同的概率为

$$P(A)=1-P(\overline{A})=1-\frac{365\times364\times\cdots\times(365-n+1)}{365^n}$$

若取$n=64$，则有$P(A)=0.997$，几乎是一个必然事件.

例 1.3.7　（中奖与次序无关问题）设袋中有a只白球，b只黑球，$k(k\leqslant a+b)$个人

依次从袋中取一只球，(1) 作放回抽样，(2) 作不放回抽样，试求第 $i(i=1,2,\cdots,k)$ 个人（记为事件 A_i）取出的球是白球的概率.

解 (1) 作放回抽样，显然有

$$P(A_i)=\frac{a}{a+b} \qquad (i=1,2,\cdots,k)$$

(2) 作不放回抽样. k 个人依次从袋中取一只球，则样本空间总数

$$n=(a+b)(a+b-1)\cdots(a+b-k+1)$$

事件 A_i 所包含的基本事件数为

$$k=\binom{a}{1}(a+b-1)(a+b-1-1)\cdots[a+b-1-(k-1)+1]$$

上式中 $\binom{a}{1}$ 表示第 i 个人取到白球的全体可能性，其他的人可以依次任意取，所以

$$P(A_i)=\frac{a}{a+b} \qquad (i=1,2,\cdots,k)$$

在本例中，放回抽样和不放回抽样结果相同，在不放回抽样中，$P(A_i)$ 的概率与 i 无关，即 k 个人取球，尽管取球的先后次序不同，各人取到白球的概率是一样的，这表明大家机会相同.

例 1.3.8 设一接待站曾在一周内接待来访 12 人次，且都集中在周二和周四（假设一周工作 7 天），问是否可以断定接待的时间是有规定的？

解 这是一道推断题，用反证法来进行推断：假设接待的时间是没有规定的，事件 A = “12 人都集中在周二和周四”，则可以用例 1.3.5 的模型来解决. 一周 7 天相当于是盒子数，12 个人相当于是球数，则样本空间总数相当于 12 个球随机地落入 7 个盒子中，所以 $n=7^{12}$；事件 A 所包含的基本事件数相当于 12 个球落入指定的 2 个盒子中，所以 $k=2^{12}$，于是

$$P(A)=\frac{2^{12}}{7^{12}}=3\times10^{-7}$$

上述事件 A 的概率非常小，人们在长期的实践中总结得到：概率很小的事件在一次试验中几乎是不会发生的（称之为**实际推断原理**），现在概率很小的事件（A 事件）在一次试验中竟然发生了，因此有理由怀疑假设的正确性，从而推断接待站不是每天都接待来访者，即认为其接待时间是有规定的.

1.3.2 几何概型

古典概型是关于有限等可能结果的随机试验的概率模型. 而在实际问题中，若某试验的样本空间有无限个样本点，同时又具有某种等可能性的情形，就不能按古典概型计算概率了. 将古典概型推广到有无限多的样本点而又具有某种等可能性的情形，这类问题可借助几何的方法来解决.

定义 1.3.1 如果一个随机试验有下列两个特点：(1) 试验的样本空间 Ω 是 m 维空间中的一有界区域，例如直线上的某条线段、平面上的某个平面区域或空间中的某个空间立

体等；（2）随机试验相当于向区域内任意的取点，且取到每一点都是等可能的，那么称这个随机试验为几何型随机试验，其概率模型称为**几何概型**.

设事件 A 表示“在区域 Ω 中随机地取一点，而该点落在 Ω 中的某个子区域 A 中”（为方便计，这里仍以 Ω 、A 分别表示样本空间 Ω 和事件 A 对应的区域），则事件 A 的概率为

$$P(A)=\frac{L(A)}{L(\Omega)} \tag{1-3}$$

其中，$L(\Omega)$ 和 $L(A)$ 分别表示区域 Ω 和 A 的测度（一维测度是指线段的长度、二维测度是指平面区域的面积，三维测度是指空间立体的体积）.

例 1.3.9　某市一市郊线路公共汽车站每隔 12 min 来一辆公汽，假定车到站后每人都能上车，求每位乘客到该停车站后等车时间不超过 4 min（事件 A ）的概率.

解　乘客可以在两辆公汽之间的任何时刻到达车站，因此，每位乘客到达车站的时刻可以看成均匀出现在长为 12 min 的时间区间上的一个随机点，不妨设 $\Omega=[0,12]$，其长度 $L(\Omega)=12$ ，则“每位乘客到该停车站后等车时间不超过 4 min”的时间区间可以表示为 $A=[8,12]$ ，其长度 $L(A)=4$ ，所以所求概率为

$$P(A)=\frac{L(A)}{L(\Omega)}=\frac{4}{12}=\frac{1}{3}$$

例 1.3.10　（会面问题）两人相约上午九点到十点在某地会面，先到者等候另一人 20 min，过时离去，试求这两人能会面的概率. 假定他们在九点到十点内任一时刻到达会面地点是等可能的.

解　以上午九点为坐标原点建立如图 1-2 所示坐标系. x,y 分别表示两人到达会面地点的时刻，由题意知 $0\leqslant x\leqslant 60$ ，$0\leqslant y\leqslant 60$. 所以该试验的样本空间为平面区域 $\Omega=\{(x,y)|0\leqslant x\leqslant 60,0\leqslant y\leqslant 60\}$，其面积 $L(\Omega)=60\times 60=3\,600$. 以 A 表示事件“两人能会面”，则事件 A 对应于子区域：$A=\{(x,y)\|x-y|\leqslant 20\}$ ，其面积 $L(A)=60\times 60-\frac{1}{2}\times 40\times 40\times 2=2\,000$. 所以两人能会面的概率为

$$P(A)=\frac{L(A)}{L(\Omega)}=\frac{2\,000}{3\,600}=\frac{5}{9}$$

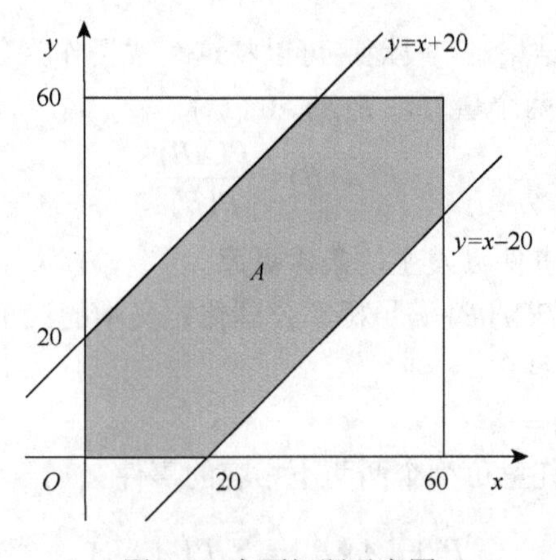

图 1-2　会面问题示意图

1.4　条件概率与概率公式

1.4.1　条件概率

前面讨论只涉及一个事件 A 的概率 $P(A)$ 的计算，而在实际问题中常常需要考虑另一事件 B 发生的条件下事件 A 发生的概率. 首先来看一个例子.

引例　抛掷一枚骰子，观察出现的点数. 设事件 A 为“出现的点数为 3”的事件，事件 B 为“出现的点数为奇数”的事件，试求：

（1）事件 A 发生的概率；

（2）在事件 B 发生的条件下，事件 A 发生的概率.

解　由题意知，样本空间 $\Omega=\{1,2,3,4,5,6\}$，事件 $A=\{3\}$，事件 $B=\{1,3,5\}$. 显然，这是古典概型问题.

（1）事件 A 发生的概率 $P(A)=\dfrac{1}{6}$；

（2）已知事件 B 已发生，即知试验所有可能结果所组成的集合就是 B，B 中共有 3 个元素，其中只有 $3\in A$. 于是，在 B 发生的条件下事件 A 发生的概率（记为 $P(A|B)$）为

$$P(A|B)=\frac{1}{3}$$

从引例可以看出，$P(A)\neq P(A|B)$. 这是很容易理解的，因为在求 $P(A|B)$ 时是限制在 B 已经发生的条件下考虑 A 发生的概率的.

另外，易知 $P(B)=\dfrac{1}{2}$，$P(AB)=\dfrac{1}{6}$，$P(A|B)=\dfrac{1}{3}=\dfrac{1/6}{1/2}$，故有

$$P(A|B)=\frac{P(AB)}{P(B)}$$

对于一般古典概型问题，若仍以 $P(A|B)$ 记事件 B 已经发生的条件下事件 A 发生的概率，则上述结论仍然成立. 事实上，设试验的样本空间 Ω 包含的样本点数为 n，B 所包含的基本事件数为 $m\ (m>0)$，AB 所包含的基本事件个数为 k，即有

$$P(A|B)=\frac{k}{m}=\frac{k/n}{m/n}=\frac{P(AB)}{P(B)}$$

在几何概型中，也有类似结果. 一般地，可以将这个式子作为条件概率的定义.

定义 1.4.1　设 A,B 是两个事件，$P(B)>0$，称

$$P(A|B)=\frac{P(AB)}{P(B)} \tag{1-4}$$

为在事件 B 发生的条件下事件 A 发生的**条件概率**.

不难验证，条件概率 $P(A|B)$ 满足概率公理化定义中的三个公理条件：

（1）非负性，$P(A|B)\geqslant 0$；

（2）规范性，$P(\Omega|B)=1$；

（3）可列可加性，对任意可列个两两不相容的事件 $A_1,A_2,\cdots,A_n\cdots$，有

$$P\left(\bigcup_{i=1}^{\infty}A_i\mid B\right)=\sum_{i=1}^{\infty}P\left(A_i\mid B\right)$$

由于条件概率符合上述三个条件，所以概率的所有性质对条件概率均适用. 例如：

（4）$P(\varnothing|B)=0$；

（5）$P(\overline{A}|B)=1-P(A|B)$；

（6）$P(A_1\cup A_2|B)=P(A_1|B)+P(A_2|B)-P(A_1A_2|B)$.

下面只对（5）式给出证明

$$左边=P(\overline{A}|B)=\frac{P(\overline{A}B)}{P(B)}=\frac{P(B)-P(AB)}{P(B)}=1-P(A|B)=右边$$

证毕.

同样，事件 A 也可以作为条件. 若 $P(A)>0$，则

$$P(B|A)=\frac{P(AB)}{P(A)} \tag{1-5}$$

条件概率的计算有两种方法：（1）用定义（1-4）式来计算；（2）将样本空间缩小在 B 中，再按照古典概型计算 $P(A|B)$.

例 1.4.1　将一枚质地均匀的硬币抛掷两次，其样本空间中所有样本点的出现是等可能的. 已知第一次抛出正面，求两次都抛出正面的概率.

解　样本空间 $\Omega=\{(H,H),(H,T),(T,H),(T,T)\}$（$H$ 表示出现正面，T 表示出现反面）. 以 A 表示"两次都抛出正面 H"的事件，以 B 表示"第一次抛出正面 H"的事件，则 $A=\{(H,H)\}$，$B=\{(H,H),(H,T)\}$.

方法 1　因为 $AB=\{(H,H)\}$，所以 $P(AB)=1/4$，$P(B)=2/4=1/2$，因此可得

$$P(A|B)=\frac{P(AB)}{P(B)}=\frac{1}{2}$$

方法 2　当 B 发生以后，试验的所有可能结果所构成的集合就是 B，B 中有 2 个元素，其中只有 $(H,H)\in A$，因此可得

$$P(A|B)=\frac{1}{2}$$

条件概率实际上是在缩小的样本空间上讨论问题.

例 1.4.2　设某种动物从出生起能活 20 岁以上的概率为 80%，能活 25 岁以上的概率为 60%. 如果现在有一个 20 岁的这种动物，问它能活到 25 岁以上的概率是多少？

解　以 A 表示事件"能活 20 岁以上"，以 B 表示事件"能活 25 岁以上". 由题意知 $P(A)=0.8$，$P(B)=0.6$. 由于 $B\subset A$，所以 $AB=B$. 从而 $P(AB)=P(B)=0.6$. 故根据（1-4）式，得所求概率为

$$P(B\mid A)=\frac{P(AB)}{P(A)}=\frac{0.6}{0.8}=\frac{3}{4}$$

1.4.2　乘法公式

设 $P(A)>0$，$P(B)>0$，则由条件概率的定义（1-4）和（1-5）式有

$$P(AB)=P(A)P(B|A)=P(B)P(A|B) \tag{1-6}$$

称（1-6）式为概率的**乘法公式**.

此公式可以推广到 n 个事件的情形. 设 $P(A_1A_2\cdots A_{n-1})>0$，则

$$P(A_1A_2\cdots A_n)=P(A_1)P(A_2\mid A_1)P(A_3\mid A_1A_2)\cdots P(A_n\mid A_1A_2\cdots A_{n-1})$$

特别地，当 $n=3$，$P(A_1A_2)>0$ 时，$P(A_1A_2A_3)=P(A_1)P(A_2\mid A_1)P(A_3\mid A_1A_2)$.

例 1.4.3　在一批由 90 件正品、10 件次品组成的产品中，不放回取产品两次，每次取一件，求第一件取到正品且第二件取到次品的概率.

解　以 A_i 表示事件“第 i 件取到正品”. 依题意，有 $P(A_1)=\dfrac{90}{100}=\dfrac{9}{10}$，$P(\overline{A}_2|A_1)=\dfrac{10}{99}$，则由乘法公式（1-6），得所求概率为

$$P(A_1\overline{A}_2)=P(A_1)P(\overline{A}_2|A_1)=\frac{9}{10}\times\frac{10}{99}=\frac{1}{11}$$

例 1.4.4　设一只袋中有 a 只红球，b 只白球. 从袋中随机取出一只，观察其颜色，再放回，并加进同色球 c 只. 连续这样取三次. 求第一次、第二次取到红球，第三次取到白球的概率.

解　以 A_i 表示事件“第 i 次取到红球”，则 $\overline{A}_i$ 表示事件“第 i 次取到白球”（$i=1,2,3$）. 依题意，有

$$P(A_1)=\frac{a}{a+b},\quad P(A_2\mid A_1)=\frac{a+c}{a+b+c},\quad P(\overline{A}_3\mid A_1A_2)=\frac{b}{a+b+2c}$$

则所求概率为

$$P(A_1A_2\overline{A}_3)=P(A_1)P(A_2\mid A_1)P(\overline{A}_3\mid A_1A_2)=\frac{a}{a+b}\cdot\frac{a+c}{a+b+c}\cdot\frac{b}{a+b+2c}$$

例 1.4.5　设某光学仪器厂制造的透镜，第一次落下时打破的概率为 1/2，若第一次落下未打破，第二次落下打破的概率为 7/10，若前两次落下未打破，第三次落下打破的概率为 9/10. 试求透镜落下三次而未打破的概率.

解　以 $A_i(i=1,2,3)$ 表示事件“第 i 次落下透镜打破”，以 B 表示事件“透镜落下三次而未打破”，则 $B=\overline{A}_1\overline{A}_2\overline{A}_3$，故

$$\begin{aligned}P(B)&=P(\overline{A}_1\overline{A}_2\overline{A}_3)=P(\overline{A}_1)P(\overline{A}_2|\overline{A}_1)P(\overline{A}_3|\overline{A}_1\,\overline{A}_2)\\&=\left(1-\frac{1}{2}\right)\left(1-\frac{7}{10}\right)\left(1-\frac{9}{10}\right)=\frac{3}{200}\end{aligned}$$

1.4.3　全概率公式

先来看一个简单的试验：设有 n 个盒子，每一盒中均有白球和黑球；现在任取一盒，再从中任取一球，则“取出的是白球”这一事件可由“从第一盒取出一白球”“从第二盒中取出一白球”…“从第 n 盒中取出一白球”复合而成. 这一问题的直观解释是某一事件的发生有多种原因，每一原因对这一事件的发生起一定的作用，而这事件的发生与否受各原因的综合影响.

为此，引入一个概念：

设事件 $A_1,A_2,\cdots,A_n$ 满足 $A_iA_j=\varnothing$ $(i\neq j;\ i,j=1,2,\cdots,n)$，且 $\bigcup_{i=1}^{n}A_i=\Omega$ 则称事件 $A_1,A_2,\cdots,$ A_n **是样本空间 Ω 的一个划分**.

例如：设 $\Omega=\{1,2,3,4,5,6\}$，则 $A_1=\{1,2\}$、$A_2=\{3,4,5\}$、$A_3=\{6\}$ 就是 Ω 的一个划分；而 $B_1=\{1,2,3\}$、$B_2=\{3,4\}$、$B_3=\{5,6\}$ 就不是 Ω 的一个划分，因为 $B_1B_2=\{3\}\neq\varnothing$. 另外，

任一事件：A与$\overline{A}$都是样本空间Ω的一个划分.

下面来介绍全概率公式.

事件$A_1,A_2,\cdots,A_n$是样本空间Ω的一个划分，且$P(A_i)>0(i=1,2,\cdots,n)$，则对于任一事件B，有$B=B\Omega=B(A_1\cup A_2\cup\cdots\cup A_n)=BA_1\cup BA_2\cup\cdots\cup BA_n$.

因$A_iA_j=\varnothing$，有$(A_iB)(A_jB)=\varnothing\ (i\neq j)$，故

$$P(B)=P\left(\bigcup_{i=1}^{n}A_iB\right)=\sum_{i=1}^{n}P(A_iB)=\sum_{i=1}^{n}P(A_i)P(B\mid A_i)$$

即

$$P(B)=\sum_{i=1}^{n}P(A_i)P(B\mid A_i) \tag{1-7}$$

（1-7）式称为**全概率公式**.

在很多实际问题中$P(B)$不易直接求得，但却容易找到Ω的一个划分$A_1,A_2,\cdots,A_n$，且$P(A_i)$和$P(B\mid A_i)$很容易求得或为已知，那么就可以根据（1-7）式求出$P(B)$.

例 1.4.6　一批播种用的小麦种子混合 95.5%的一等种子，2%的二等种子，1.5%的三等种子，1%的四等种子，用一等、二等、三等、四等种子长出的麦穗含 50 颗以上麦粒的概率分别为 0.5，0.15，0.1，0.05. 现从这批种子中任取一粒，求取得的种子长出的麦穗含有 50 颗以上麦粒的概率.

解　以A_i表示事件“从这批种子中任取一粒是i等种子”（$i=1,2,3,4$），则它们构成样本空间的一个划分，以B表示事件“取得的种子长出的麦穗含有 50 颗以上麦粒”. 依题意，有

$$P(A_1)=95.5\%,\quad P(A_2)=2\%,\quad P(A_3)=1.5\%,\quad P(A_4)=1\%$$
$$P(B\mid A_1)=0.5,\quad P(B\mid A_2)=0.15,\quad P(B\mid A_3)=0.1,\quad P(B\mid A_4)=0.05$$

由全概率公式（1-7），得所求概率为

$$\begin{aligned}P(B)&=\sum_{i=1}^{4}P(A_i)P(B\mid A_i)\\&=95.5\%\times0.5+2\%\times0.15+1.5\%\times0.1+1\%\times0.05\\&=48.25\%\end{aligned}$$

例 1.4.7　100 张彩票中有 7 张是有奖彩票，现有甲、乙两人且甲先乙后各买一张. 试计算：

（1）甲中奖的概率；（2）乙中奖的概率.

解　以A记事件“甲中奖”，以B记事件“乙中奖”.

（1）依题意显然有，$P(A)=\dfrac{7}{100}$；

（2）由（1）知，$P(\overline{A})=\dfrac{93}{100}$，且$P(B|A)=\dfrac{6}{99}$，$P(B|\overline{A})=\dfrac{7}{99}$，则由全概率公式（1-7），有

$$\begin{aligned}P(B)&=P(A)P(B\mid A)+P(\overline{A})P(B\mid\overline{A})\\&=\frac{7}{100}\times\frac{6}{99}+\frac{93}{100}\times\frac{7}{99}=\frac{7}{100}\end{aligned}$$

由例 1.4.7 可以看出：甲、乙两人中奖的概率相同，与抽奖的先后次序无关（将本例与例 1.3.7 进行比较. 两种方法都证明了中奖与次序无关）.

1.4.4　贝叶斯公式

设事件 $A_1,A_2,\cdots,A_n$ 是样本空间 Ω 的一个划分，B 是任一事件，且 $P(B)>0$，则由条件概率公式（1-4）、乘法公式（1-6）以及全概率公式（1-7）可得

$$P(A_i\mid B)=\frac{P(A_iB)}{P(B)}=\frac{P(A_i)P(B\mid A_i)}{\sum_{i=1}^{n}P(A_i)P(B\mid A_i)}\qquad (i=1,2,\cdots,n)\tag{1-8}$$

（1-8）式称为**贝叶斯（Bayes）公式**.

在实际问题中，常把事件 $A_1,A_2,\cdots,A_n$ 看作是试验结果发生的“原因”，称 $P(A_i)$ $(i=1,2,\cdots,n)$ 为**先验概率**，它反映各种“原因”发生的可能性大小，一般是以往经验的总结，且在试验前就知道；若事件 B 发生了，需要查找事件发生的“原因”，条件概率 $P(A_i\mid B)$ 称为**后验概率**，它反映事件 B 发生的条件下各种“原因”发生的可能性大小，条件概率 $P(A_i\mid B)$ 越大，则断定其相应“原因” A_i 导致事件 B 发生的可能性越大. 因此贝叶斯公式常用来查找分析事件发生的原因.

例 1.4.8　某超市出售由甲、乙、丙三家工厂生产的某种产品，其中乙厂产品在该超市卖场所占的份额为 50%，另两家各占 25%. 已知甲、乙、丙各厂产品的次品率分别为 1%，2%，3%. 现有一件产品因质量原因被退货，超市欲将该产品退给原生产厂家，或由其承担相关费用，但该产品的标识已脱落，从外观无法弄清真正的生产厂家，请你为该超市处理此事提出意见.

解　以 B 记事件“任取一件该产品，此产品是次品”，A_1，A_2，A_3 表示事件“所取产品来自甲、乙、丙三家工厂”，依题意，有

$$P(A_1)=25\%,\quad P(A_2)=50\%,\quad P(A_3)=25\%$$
$$P(B\mid A_1)=1\%,\quad P(B\mid A_2)=2\%,\quad P(B\mid A_3)=3\%$$

由贝叶斯公式（1-8），得

$$\begin{aligned}P(A_1\mid B)&=\frac{P(A_1)P(B\mid A_1)}{\sum_{i=1}^{n}P(A_i)P(B\mid A_i)}\\&=\frac{25\%\times1\%}{25\%\times1\%+50\%\times2\%+25\%\times3\%}=\frac{1}{8}\end{aligned}$$

类似地，有

$$P(A_2\mid B)=\frac{1}{2},\quad P(A_3\mid B)=\frac{3}{8}$$

计算结果表明，该次品最有可能来自乙厂，故超市应将产品退还给乙厂，也可以按 $P(A_1\mid B):P(A_2\mid B):P(A_3\mid B)=1:4:3$ 的比例让甲、乙、丙三家工厂分摊相关费用.

例 1.4.9　对有 100 名学生的班级考勤情况进行评估，在课堂上随机地点 10 位同学的名字，若没有人缺席，则该班级考勤为优，设班上学生的缺席人数从 0 到 2 是等可能的，(1) 求该班级考核为优的概率；(2) 已知该班级考核为优，求该班级实际上确实全勤的概率.

例 1.4.9　重点难点视频讲解

解　（1）设事件$A_i=\{有i个学生缺席\}$（$i=0,1,2$），则

$$P(A_i)=\frac{1}{3}$$

设事件$B=\{班级考核优秀\}$，则

$$P(B|A_0)=1,\quad P(B|A_1)=\binom{99}{10}\Big/\binom{100}{10}=\frac{9}{10}$$

$$P(B|A_2)=\binom{98}{10}\Big/\binom{100}{10}=\frac{89}{110}$$

由全概率公式得

$$P(B)=\sum_{i=0}^{2}P(A_i)P(B\mid A_i)=\frac{298}{330}$$

（2）由贝叶斯公式得

$$P(A_0|B)=\frac{P(A_0)P(B\mid A_0)}{P(B)}=\frac{110}{298}$$

例 1.4.10　发报台以概率0.6和0.4发出信号“+”和“−”，由于通信系统存在系统干扰，当发出信号为“+”和“−”时，收报台分别以概率0.2和0.1收到信号“−”和“+”. 求收报台收到信号“+”时，发报台确实发出信号“+”的概率.

解　假设事件A为收到信号“+”，事件B为发出信号“+”，则

$$P(B)=0.6,\quad P(\overline{B})=0.4,\quad P(A|B)=0.8,\quad P(B|\overline{A})=0.1$$

由贝叶斯公式得

$$P(B\mid A)=\frac{P(B)P(A\mid B)}{P(A)}=\frac{0.6\times0.8}{0.6\times0.8+0.4\times0.1}=\frac{12}{13}$$

1.5　事件的独立性

设A,B是两个随机事件，若事件A的发生与否对事件B的发生有影响，则一般有$P(B)\neq P(B\mid A)$；若事件A的发生与否对事件B的发生没有任何影响，则有$P(B)=P(B\mid A)$.

例如，一个袋中装有4个黑球和2个白球，现在任取一球观察颜色后放回，再取第二次，设A为“第一次取到白球”的事件，B为“第二次取到白球”的事件，显然$P(B)=P(B|A)=1/3$，这说明事件A与事件B之间有某种独立性，即事件A发生与否对事件B发生的概率无任何影响，此时，利用乘法公式可得

$$P(AB)=P(A)P(B\mid A)=P(A)P(B)$$

由此，引入事件独立性的定义.

定义 1.5.1　设A,B是试验E的两个随机事件，若

$$P(AB)=P(A)P(B)\tag{1-9}$$

则称**事件A与B相互独立**.

如果事件A与B相互独立（$P(A)>0$或$P(B)>0$），这显然有

$$P(B)=P(B|A)\quad 和\quad P(A)=P(A|B)$$

关于相互独立的事件有以下结论：

定理 若事件 A 与 B 相互独立，则 A 与 $\overline{B}$ ，$\overline{A}$ 与 B ，$\overline{A}$ 与 $\overline{B}$ 均分别相互独立.

证 下面证 $\overline{A}$ 与 $\overline{B}$ 相互独立，其他两种情况类似.

因为 A 与 B 相互独立，所以 $P(AB)=P(A)P(B)$ ，由德摩根律

$$\overline{A}\overline{B}=\overline{A\cup B}$$

于是

$$\begin{aligned}P(\overline{A}\overline{B})&=P(\overline{A\cup B})=1-P(A\cup B)=1-P(A)-P(B)+P(AB)\\&=1-P(A)-P(B)+P(A)P(B)=[1-P(A)][1-P(B)]=P(\overline{A})P(\overline{B})\end{aligned}$$

故有 $\overline{A}$ 与 $\overline{B}$ 也相互独立.

定义 1.5.2 设 $A_1,A_2,\cdots,A_n$ 是试验 E 的 n 个随机事件，若对于任意正整数 k（$2\leqslant k\leqslant n$），以及 $1\leqslant i_1\leqslant i_2\leqslant\cdots\leqslant i_k\leqslant n$ ，有

$$P(A_{i_1}A_{i_2}\cdots A_{i_k})=P(A_{i_1})P(A_{i_2})\cdots P(A_{i_k}) \tag{1-10}$$

成立，则称事件 $A_1,A_2,\cdots,A_n$ 是**相互独立**.

注意：（1-10）式包含的等式总数为

$$\binom{n}{2}+\binom{n}{3}+\cdots+\binom{n}{n}=2^n-n-1$$

特别地，三个事件 A,B,C 相互独立，当且仅当以下四个式子同时成立：

$$P(AB)=P(A)P(B)$$
$$P(AC)=P(A)P(C)$$
$$P(BC)=P(B)P(C)$$
$$P(ABC)=P(A)P(B)P(C)$$

其中前三个式子成立时，有 A 与 B ，A 与 C ，B 与 C 相互独立，即两两独立，显然若事件 A,B,C 相互独立，则必有 A,B,C 两两独立，但反之却不一定成立.

例 1.5.1 有四个小朋友进行才艺表演，其中三个小朋友分别只会唱歌、跳舞及画画中的一项，而另外一个小朋友唱歌、跳舞及画画都会. 现从这四个小朋友中随机选取一人，记 A 为“选取的小朋友会唱歌”； B 为“选取的小朋友会跳舞”； C 为“选取的小朋友会画画”，问事件 A,B,C 是否相互独立？

解 由题意，得

$$P(A)=P(B)=P(C)=\frac{1}{2},\quad P(AB)=P(BC)=P(AC)=P(ABC)=\frac{1}{4}$$

显然

$$P(AB)=P(A)P(B),\quad P(AC)=P(A)P(C),\quad P(BC)=P(B)P(C)$$

所以事件 A,B,C 两两独立，但由于

$$P(A)P(B)P(C)=\frac{1}{2}\times\frac{1}{2}\times\frac{1}{2}=\frac{1}{8}\neq\frac{1}{4}=P(ABC)$$

所以事件 A,B,C 不是相互独立的.

例 1.5.2 两门高射炮相互独立地射击一架敌机，设甲炮击中敌机的概率为 0.9，乙炮击中敌机的概率为 0.8，求敌机被击中的概率.

解 以 A 表示事件“甲炮击中敌机”，以 B 表示事件“乙炮击中敌机”. 依题意，A 与 B 相互独立，则 $P(AB)=P(A)P(B)$ ，又 $P(A)=0.9$ ， $P(B)=0.8$ ，所以所求概率为

$$
\begin{aligned}
P(A\cup B) &= P(A)+P(B)-P(AB)\\
&= P(A)+P(B)-P(A)P(B)\\
&= 0.9+0.8-0.9\times 0.8\\
&= 0.98
\end{aligned}
$$

例 1.5.3　设事件 A 与 B 相互独立，且 $P(A)=0.4$，$P(\overline{A}\cup\overline{B})=0.7$，求 $P(B)$.

解　由于事件 A 与 B 相互独立，所以 $P(AB)=P(A)P(B)$. 由德摩根律

$$\overline{A}\cup\overline{B}=\overline{AB}$$

于是

$$0.7=P(\overline{A}\cup\overline{B})=P(\overline{AB})=1-P(AB)=1-P(A)P(B)$$

即有

$$P(B)=0.75$$

例 1.5.4　试证：若 $P(B|A)=P(B|\overline{A})$，则事件 A 与 B 相互独立.

证　由条件概率的定义知 $P(A)>0$ 时，得

$$P(B|A)=\frac{P(AB)}{P(A)}$$

且 $P(\overline{A})>0$ 时，有

$$P(B|\overline{A})=\frac{P(\overline{A}B)}{P(\overline{A})}=\frac{P(B-A)}{1-P(A)}=\frac{P(B)-P(AB)}{1-P(A)}$$

又因为 $P(B|A)=P(B|\overline{A})$，则

$$\frac{P(AB)}{P(A)}=\frac{P(B)-P(AB)}{1-P(A)}$$

所以

$$P(AB)[1-P(A)]=P(A)[P(B)-P(AB)]$$

即

$$P(AB)=P(A)P(B)$$

故事件 A 与 B 相互独立. 证毕.

例 1.5.5　五人独立地破译一份密码，已知各人能译出的概率分别为 $\frac{1}{2}$，$\frac{1}{3}$，$\frac{1}{4}$，$\frac{1}{5}$，$\frac{1}{6}$. 问此密码能被破译的概率是多少？

例 1.5.5　重点难点视频讲解

解　以 A_i 表示事件“第 i 人译出密码”（$i=1,2,\cdots,5$），则 $\overline{A_i}$ 表示事件“第 i 人未能译出密码”. 依题意，有

$$P(A_1)=\frac{1}{2},\quad P(A_2)=\frac{1}{3},\quad P(A_3)=\frac{1}{4},\quad P(A_4)=\frac{1}{5},\quad P(A_5)=\frac{1}{6}$$

$$P(\overline{A_1})=\frac{1}{2},\quad P(\overline{A_2})=\frac{2}{3},\quad P(\overline{A_3})=\frac{3}{4},\quad P(\overline{A_4})=\frac{4}{5},\quad P(\overline{A_5})=\frac{5}{6}$$

又由题意知 $A_1,A_2,\cdots,A_5$ 相互独立，从而 $\overline{A_1},\overline{A_2},\cdots,\overline{A_5}$ 亦相互独立，于是

$$P(\overline{A_1}\,\overline{A_2}\cdots\overline{A_5})=P(\overline{A_1})P(\overline{A_2})\cdots P(\overline{A_5})$$

所以密码能被破译的概率为

$$
\begin{aligned}
P(A_1 \cup A_2 \cup \cdots \cup A_5) &= 1 - P(\overline{A_1 \cup A_2 \cup \cdots \cup A_5}) \\
&= 1 - P(\overline{A}_1 \overline{A}_2 \cdots \overline{A}_5) \\
&= 1 - P(\overline{A}_1) P(\overline{A}_2) \cdots P(\overline{A}_5) \\
&= 1 - \frac{1}{2} \times \frac{2}{3} \times \frac{3}{4} \times \frac{4}{5} \times \frac{5}{6} = \frac{5}{6}
\end{aligned}
$$

习　题　1

1. 写出下列随机试验的样本空间:

(1) 抛掷一枚硬币，观察正面为 H、反面为 T 出现的情况;

(2) 将一枚硬币抛掷两次，观察正面为 H、反面为 T 出现的情况;

(3) 抛掷一枚骰子 6 次，观察点数“3”出现的次数;

(4) 在某十字路口，一小时内通过的机动车辆数;

(5) 某城市一天内的用电量.

2. 某人连续三次购买体育彩票，每次一张，令 A，B，C 分别表示其第一、二、三次所买的彩票中奖的事件，试用 A，B，C 的运算关系表示下列事件:

(1) 第三次未中奖;(2) 只有第三次中了奖;(3) 恰有一次中奖;(4) 至少有一次中奖;(5) 不止一次中奖;(6) 至多中奖两次.

3. 向某目标射击三次，记 $A_k =$“第 k 次击中目标”$(k = 1, 2, 3)$，说明下列事件的具体含义:

(1) $\overline{A_1 \cup A_2}$;(2) $A_2 - A_1$;(3) $\overline{A_2 A_3}$;(4) $A_3 - (A_1 \cup A_2)$.

4. 设 x 为变量，其样本空间为 $S = \{0 \leqslant x \leqslant 2\}$，记事件 $A = \{0.5 \leqslant x \leqslant 1\}$，$B = \{0.25 \leqslant x \leqslant 1.5\}$，写出下列各事件:(1) $\overline{A}B$;(2) $\overline{A} \cup B$;(3) $\overline{AB}$;(4) $\overline{A \cup B}$.

5. 已知 $P(A) = 0.4$，$P(B) = 0.3$，$P(A \cup B) = 0.6$，试求:(1) $P(A\overline{B})$;(2) $P(\overline{A}\overline{B})$.

6. 已知 $P(A) = 0.7$，$P(A - B) = 0.3$，试求 $P(\overline{AB})$.

7. 已知 $P(A) = P(B) = P(C) = \dfrac{1}{4}$，$P(AB) = 0$，$P(AC) = P(BC) = \dfrac{1}{6}$，求 A、B、C 全不发生的概率.

8. 设事件 A，B 满足 $AB = \overline{A}\overline{B}$，试求 $P(A \cup B)$.

9. 设 A，B 是两事件，且 $P(A) = 0.6$，$P(B) = 0.7$，问:(1) 在什么条件下 $P(AB)$ 取到最大值，最大值是多少?(2) 在什么条件下 $P(AB)$ 取到最小值，最小值是多少?

10. 设 $P(A) = P(B) = 0.5$，试证 $P(AB) = P(\overline{A} \cap \overline{B})$.

11. 某市电话号码由 0～9 中的八个数字组成，求:(1) 能组成八个数字都不相同的电话号码的概率;(2) 能组成八位数电话号码的概率.

12. 设一批产品共 100 件，其中有 5 件次品，求任取 50 件都是正品的概率.

13. 某班有学生 35 名，其中女生 13 名，拟建 1 个由 5 名学生参加的班委会，试求该班委会中至少有 1 名女同学的概率.

14. 房间内有 4 个人，问至少 1 个人的生日是 12 月份的概率是多少?至少 2 个人的生日是同一个月的概率是多少?

15. 袋中有 6 只红球 3 只白球，从中任意取出 3 只球，求事件 $A =$“恰取到 3 只红球”

及 $B=$“恰取到2只红球”的概率.

16. 从一副52张的扑克牌中任取4张，求下列事件的概率：（1）全是黑桃；（2）全是同一花色；（3）没有两张同一花色；（4）同色（红或黑，红桃与方片同为红色）.

17. 某人午觉醒来发现表停了，他打开收音机想听电台报时，求他等待的时间短于10 min的概率.

18. 两人约定上午9点到10点在公园会面，试求一人等另一人半小时以上的概率.

19. 如果在一个50 000 km^2的海域里有表面积达40 km^2的大陆架贮藏着石油. 假如在这海域里随意选定一点钻探，问钻到石油的概率是多少？

20. 现有甲、乙两个品牌的外形完全一样的电池17只，甲牌有6只正品2只次品，乙牌有5只正品4只次品，从17只电池中任意取出1只，并设 $A=$“取到甲牌”，$B=$“取到正品”，求：$P(B|A)$，$P(B|\overline{A})$，$P(A|B)$，$P(A|\overline{B})$ 及 $P(AB)$.

21. 甲乙两班共有70名同学，其中女同学40名. 设甲班有30名同学，而女生15名，问在碰到甲班同学时，正好碰到的是一名女同学的概率.

22. 某地区气象资料表明，邻近的甲、乙两城市中的甲市全年雨天比例为12%，乙市全年雨天比例为9%，两市中至少有一市是雨天的比例为16.8%，试求下列事件的概率：（1）在甲市为雨天的条件下，乙市也为雨天；（2）在乙市为无雨的条件下，甲市也无雨.

23. 已知 $P(A)=0.8$，$P(A-B)=0.2$，求 $P(B|A)$.

24. 某厂的产品中有4%的废品，在100件合格品中有75件一等品，试求在该厂的产品中任取一件是一等品的概率.

25. 一批灯泡共100只，次品率为10%，不放回抽取3次，每次1只，求第3次才取得合格品的概率.

26. 一只袋装有8个白球、5个红球，无放回地抽球3次，每次取出1球，试求下列事件的概率：（1）第3次才取到红球；（2）3次内取到红球.

27. 某保险公司的统计资料表明，在一定年龄段内新保险的汽车司机可以分为两类：一类是容易出事故的，占20%，这种司机在一年内出一次事故的概率为0.25；另一类是较谨慎的司机，占80%，他们在一年内出一次事故的概率为0.05. 求一个新保险的汽车司机在他购买保险单后的一年内出一次事故从而获得相应的保险理赔的概率.

28. 某厂一、二、三车间生产同一元件，其产量占全厂此种元件总产量的比例依次为35%，50%和15%，已知三个车间产品的次品率分别为3%，4%和5%，求：（1）该厂此种元件的次品率；（2）若任取一件是次品，试分别求次品来自各车间的概率.

29. 设 A,B 的概率均不为0和1，$P(A|B)+P(\overline{A}|\overline{B})=1$，则下列结论中正确的是（　　）.

A. A 与 B 相互独立　　B. A 与 B 不相互独立

C. A 与 B 互不相容　　D. A 与 B 不相互对立

30. 通常情况下，股市中有些股票的涨跌是相互独立的，而有些则是不独立的（即所谓“有联动”），假设股票甲、乙下周涨的概率分布为0.9和0.8，某投资人因此而立即买入上述股票，若甲、乙股票的涨跌互相独立，求此人买入股票下周至少有一只涨的概率.

31. 有甲、乙两批种子，发芽率分别为0.8和0.7，在两批种子中各任取一粒，试求下列事件的概率：（1）两粒种子都能发芽；（2）至少有一粒种子能发芽；（3）恰好有一粒种子能发芽.

32. 工具箱中有四种工具，其中工具Ⅰ能做甲、乙、丙三种工作，工具Ⅱ只能做甲种工作，工具Ⅲ只能做乙种工作，工具Ⅳ只能做丙种工作，从工具箱中任取一种工具，记 $A=$ “任取的一种工具能做甲种工作”，$B=$ “任取的一种工具能做乙种工作”，$C=$ “任取的一种工具能做丙种工作”，问事件 A，B，C 是否独立？

33. 设 A_1，A_2，A_3 相互独立，且 $P(A_i)=2/3$（$i=1$，2，3），试求 A_1，A_2，A_3 中：

（1）至少出现一个的概率；（2）恰好出现一个的概率；（3）最多出现一个的概率.

第 2 章　一维随机变量及其分布

在第 1 章学习了“古典概率”，从第 2 章开始学习“现代概率”，随机变量的概念是“现代概率”的基础，它能全面刻画随机现象中的统计规律性，使对概率的研究由个别随机事件扩大到随机现象的全局. 本章将主要介绍一维随机变量及其分布.

2.1　一维随机变量的定义

在研究随机现象时，细心的读者会发现，很多随机现象中的随机事件和实数之间存在着某种必然的联系. 例如：某一段时间内正在工作的车床数；抽样检查产品质量时出现的废品个数；掷一颗骰子出现的点数等. 在另一些例子中，虽然随机事件与实数之间没有上述那种“自然的”联系，但是可以给它们建立起一个对应关系. 例如抛一枚均匀的硬币，可能出现正面，也可能出现反面，现在约定：若试验结果“出现正面”记为 1，若试验结果“出现反面”记为 0，这样，随机试验的结果就都可以用数量来描述了. 这种在随机事件和实数之间建立的一一对应的关系就是随机变量.

定义 2.1.1　设 E 是一个随机试验，Ω 是它的样本空间，若让 Ω 中的每一个样本点 e，都对应着一个实数 $X(e)$，而实数 $X(e)$ 又是随着试验结果不同而变化的一个变量，则称 $X(e)$ 为**一维随机变量**，随机变量一般用大写字母 X,Y,Z 等表示. 举例如下.

例 2.1.1　一个射手对目标进行射击，击中目标记为 1 分，没击中目标记为 0 分. 若用 X 表示射手在一次射击中的得分数，则它是一个随机变量，可以取 0 和 1 两个可能值.

例 2.1.2　将一段时间内候车室里的旅客数记为 X，则它是一个随机变量，X 可取值 0，1，2⋯.

例 2.1.3　将一件产品的寿命记为 X，则 X 是一个随机变量，它在 $[0,+\infty)$ 上取值.

例 2.1.4　一个质点在数轴上进行随机运动，那么它在数轴上的位置 X 是一个随机变量，X 可取任意的实数，即 $X\in(-\infty,+\infty)$.

从上述例子可以看出，所谓随机变量不过是随机试验结果和实数之间的一个对应关系，这与函数概念本质上是一回事. 只不过在函数概念中，函数 $f(x)$ 的自变量是实数；而在随机变量的概念中，随机变量 $X(e)$ 的自变量是样本点 e. 因为对每一个试验结果 e，都有实数 $X(e)$ 与之对应，所以 $X(e)$ 的定义域是样本空间.

引入随机变量的概念后，随机事件就可以用随机变量来描述了. 例如：在例 2.1.1 中，“$X=1$”表示击中目标这一事件；例 2.1.3 中，“$X>1000$”表示产品的寿命大于 1 000 h 这一事件. 用随机变量来表述随机事件在形式上简洁很多，也更符合数学语言.

在研究随机现象时，我们不仅关心随机试验会出现什么结果，更重要的是要知道这些结果将以什么样的概率出现. 虽然在试验之前不能确定随机变量 $X(e)$ 会取哪一个值，但对任一实数 a，可以研究 $\{X(e)=a\}$ 发生的概率，也就是 $X(e)$ 取值的统计规律，这是本章研究的重点内容.

随机变量 X 可以分为两大类：如果 X 的所有取值是有限个或是可列个，那么这种类型的随机变量称为**离散型随机变量**，如例 2.1.1 和例 2.1.2；如果 X 的所有取值充满某个区间，那么这种类型的随机变量称为**连续型随机变量**，如例 2.1.3 和例 2.1.4. 离散型随机变量和连续型随机变量在研究的方法上有所不同，下面分别加以讨论.

2.2 离散型随机变量

2.2.1 离散型随机变量的分布律

若随机变量 X 的全部可能值为有限个或可列个，则称这种随机变量为**离散型随机变量**. 容易知道，要掌握一个离散型随机变量 X 的统计规律，必须且只需知道 X 的所有可能取值及取每一个可能值的概率.

设离散型随机变量 X 所有可能取值为 $x_k(k=1,2,\cdots)$，而随机事件 $\{X=x_k\}$ 发生的概率为 p_k，则称

$$P\{X=x_k\}=p_k \quad (k=1,2,\cdots) \tag{2-1}$$

为离散型随机变量 X 的**概率分布或分布律**.

由概率的性质可知，任一离散型随机变量的分布律都具有下述两个性质：

（1）$P_k \geqslant 0 \quad (k=1,2,\cdots)$；

（2）$\sum\limits_{k=1}^{\infty} P_k = 1$.

分布律也可以通过列表的形式表示：

X	x_1	x_2	$\cdots$	x_n	$\cdots$
p_k	p_1	p_2	$\cdots$	p_n	$\cdots$

分布律不仅明确地给出了 $\{X=x_k\}$ 的概率，而且对于任意的实数 $a<b$，事件 $\{a\leqslant X\leqslant b\}$ 发生的概率均可由分布律算出，因为

$$\{a\leqslant X\leqslant b\}=\bigcup_{a\leqslant a_i\leqslant b}\{X=a_i\}$$

于是由概率的可列可加性有

$$P\{a\leqslant X\leqslant b\}=\sum_{i\in I_{a,b}}P\{X=a_i\}=\sum_{i\in I_{a,b}}P_i$$

式中，$I_{a,b}=\{i:a\leqslant a_i\leqslant b\}$. 因此，$X$ 取各值的概率都可以由它的分布律通过计算得到. 由此可见，分布律全面地描述了离散型随机变量的统计规律.

例 2.2.1 将一颗骰子抛掷两次，以 X 表示两次所得点数之和，试求 X 的分布律.

解 随机试验的样本空间 $\Omega=\{(i,j)|i,j=1,2,\cdots,6\}$，$X$ 的全体取值为 $2,\cdots,12$，当 $X=2$ 时等同于 $i=1$ 且 $j=1$ 时，所以 $P\{X=2\}=P\{i=1,j=1\}=\dfrac{1}{36}$，同理可得其他点对应的概率，所以 X 的分布律为

X	2	3	4	5	6	7	8	9	10	11	12
p	$\frac{1}{36}$	$\frac{2}{36}$	$\frac{3}{36}$	$\frac{4}{36}$	$\frac{5}{36}$	$\frac{6}{36}$	$\frac{5}{36}$	$\frac{4}{36}$	$\frac{3}{36}$	$\frac{2}{36}$	$\frac{1}{36}$

把例 2.2.1 和例 1.3.2 进行比较：在第 1 章里只求单个"点数之和等于 7"的事件的概率，而第 2 章求的是所有情况下对应的概率；与此同时，分布律反映了随机试验的统计规律，从上面的分布律可以看出点数之和等于 7 对应的概率最大. 这样就可以做到心中有数.

例 2.2.2　设一汽车在开往目的地的途中需经过三盏信号灯，各信号灯的工作是相互独立的，每盏信号灯红绿两种信号显示的时间相等，以 X 表示汽车首次停下时它已通过的信号灯的盏数，求 X 的分布律.

解　X 的可能取值为 0,1,2,3，以 A_i 表示事件"汽车在第 i 个路口遇到红灯"（$i=1,2,3$），则 $P(A_i)=P(\overline{A_i})=\dfrac{1}{2}$，且 A_1,A_2,A_3 相互独立. 于是

$$P\{X=0\}=P(A_1)=\frac{1}{2}$$

$$P\{X=1\}=P(\overline{A}_1A_2)=P(\overline{A}_1)P(A_2)=\frac{1}{4}$$

$$P\{X=2\}=P(\overline{A}_1\overline{A}_2A_3)=P(\overline{A}_1)P(\overline{A}_2)P(A_3)=\frac{1}{8}$$

$$P\{X=3\}=P(\overline{A}_1\overline{A}_2\overline{A}_3)=P(\overline{A}_1)P(\overline{A}_2)P(\overline{A}_3)=\frac{1}{8}$$

所以 X 的分布律为

X	0	1	2	3
p_i	$\frac{1}{2}$	$\frac{1}{4}$	$\frac{1}{8}$	$\frac{1}{8}$

例 2.2.3　问 c 取何值时下列式子

$$P\{X=k\}=c\frac{\lambda^k}{k!}\mathrm{e}^{-\lambda}\quad(k=1,2,\cdots;\lambda>0)$$

是一个概率分布？

解　由概率分布的性质，上式要是一个分布律应满足

$$\sum_{k=1}^{\infty}P\{X=k\}=1$$

即

$$1=c\mathrm{e}^{-\lambda}\sum_{k=1}^{\infty}\frac{\lambda^k}{k!}=c\mathrm{e}^{-\lambda}(\mathrm{e}^{\lambda}-1)$$

故

$$c=(1-\mathrm{e}^{-\lambda})^{-1}$$

2.2.2　常用离散型随机变量的分布

下面介绍几种重要的离散型随机变量的分布.

1.（0-1）分布

设随机变量 X 只可能取 0 与 1 两个值，它的分布律为

$$P\{X=k\}=p^k(1-p)^{1-k} \quad (k=0,1;0<p<1)$$

则称 X 服从参数为 p 的**（0-1）分布或两点分布**.

（0-1）分布的分布律也可以写为

X	0	1
p_k	$1-p$	p

对于一个随机试验，若它的样本空间只包含两个元素，即 $\Omega=\{e_1,e_2\}$，则可定义一个服从（0-1）分布的随机变量

$$X=X(e)=\begin{cases}0, & 当 e=e_1\\ 1, & 当 e=e_2\end{cases}$$

来描述这个随机试验的结果. 例如，检验一件产品是否合格，一电路系统的导通与否，某车间的电力消耗是否超过负荷以及多次讨论过的“抛硬币”试验等都可以用（0-1）分布的随机变量来描述.

2. *n* 重伯努利试验和二项分布

若随机试验 E 只有两种可能的结果：A 及 $\overline{A}$，并且 $P(A)=p$，$P(\overline{A})=1-p$ $(0<p<1)$，把试验 E 独立重复地做 n 次，则称这一串独立重复的试验为 ***n* 重伯努利（Bernoulli）试验**.

n 重伯努利试验有下面 4 个约定：(1) 每次试验至多出现两个可能结果，A 或 $\overline{A}$；(2) A 在每次试验中出现的概率 p 保持不变；(3) 各次试验相互独立；(4) 共进行 n 次试验.

例如：将一枚硬币抛 3 次观察其正反面出现的情况，就是一个 3 重的伯努利试验；从一批产品中任取 10 件出来，每次取一件，作放回抽样，观察合格品的个数，就是一个 10 重的伯努利试验. 伯努利试验也称为伯努利概型，它是“在相同条件下进行重复试验”的一种数学模型，在理论研究与实际应用上具有重要的意义.

在 n 重伯努利试验中，令 X 为这 n 次试验中事件 A 发生的次数，则 X 是一随机变量，X 所有可能的取值为 $0,1,2,\cdots,n$，下面来讨论 X 的分布律. 假设在 n 次试验中事件 A 发生了 k ($k=0,1,\cdots,n$) 次，那么该事件可以表示为 $\{X=k\}$，下面来求 $P\{X=k\}$. 由于各次试验是相互独立的，所以事件 A 在指定的 k $(0\leqslant k\leqslant n)$ 次试验中发生，在其他 $n-k$ 次试验中 A 不发生（例如在前 k 次试验中 A 发生，而后 $n-k$ 次试验中 A 不发生）的概率为

$$\underbrace{p\cdot p\cdot\cdots\cdot p}_{k个}\cdot\underbrace{(1-p)\cdot(1-p)\cdot\cdots\cdot(1-p)}_{n-k个}=p^k(1-p)^{n-k}$$

这种指定的方式有 $\binom{n}{k}$ 种，它们是两两互不相容的，故在 n 次试验中 A 出现 k 次的概率为 $\binom{n}{k}p^k(1-p)^{n-k}$，记 $q=1-p$. 即

$$P\{X=k\}=\binom{n}{k}p^kq^{n-k} \quad (k=0,1,\cdots,n)$$

显然

$$P\{X=k\}\geqslant 0 \quad (k=0,1,2,\cdots,n)$$

$$\sum_{k=0}^{n}P\{X=k\}=\sum_{k=0}^{n}\binom{n}{k}p^k q^{n-k}=(p+q)^n=1$$

所以

$$P\{X=k\}=\binom{n}{k}p^k q^{n-k} \quad (k=0,1,\cdots,n) \tag{2-2}$$

满足分布律的条件. 注意到$\binom{n}{k}p^k q^{n-k}$刚好是二项展开式$(p+q)^n$中出现p^k的那一项，故称随机变量X服从参数为(n,p)的二项分布，记为$X\sim b(n,p)$.

特别地，当$n=1$时，二项分布退化为（0-1）分布.

$$P\{X=k\}=p^k q^{1-k} \quad (k=0,1)$$

所以（0-1）分布也可以记为$b(1,p)$.

例 2.2.4　设有八门火炮独立地同时向同一目标各发射一枚炮弹，每门炮的命中率为0.6，若有不少于两发炮弹命中目标时，目标被击毁，求目标被击毁的概率？

解　设X为击中目标的炮弹数，则X是随机变量，八门火炮各射击一次，可以看成是8次独立重复试验，故

$$X\sim b(8,0.6)$$

那么目标被摧毁的概率为$P\{X\geqslant 2\}$，显然

$$P\{X\geqslant 2\}=\sum_{k=2}^{8}P\{X=k\}=1-P\{X=0\}-P\{X=1\}=0.991$$

例 2.2.5　设事件A在每次试验中发生的概率为0.3，当A发生不少于3次时指示灯发出信号. 求：（1）进行了5次独立试验，指示灯发出信号的概率；（2）进行了7次独立试验，指示灯发出信号的概率.

解　（1）设X表示在5次试验中事件A发生的次数，则$X\sim b(5,0.3)$，指示灯发出信号这一事件可表示为$\{X\geqslant 3\}$，故所求的概率为

$$P\{X\geqslant 3\}=\binom{5}{3}0.3^3(1-0.3)^2+\binom{5}{4}0.3^4(1-0.3)+\binom{5}{5}0.3^5=0.163$$

（2）令Y表示在7次试验中事件A发生的次数，则$Y\sim b(7,0.3)$，故指示灯发出信号的概率为

$$\begin{aligned}P\{Y\geqslant 3\}&=1-P\{Y=0\}-P\{Y=1\}-P\{Y=2\}\\&=1-(1-0.3)^7-\binom{7}{1}(1-0.3)^6 0.3-\binom{7}{2}(1-0.3)^5 0.3^2=0.353\end{aligned}$$

例 2.2.6　在正常情况下，鸭患某种传染病的概率为20%，现新发明两种疫苗A和B，给9只健康鸭注射A疫苗后无一只感染，给另外25只健康鸭注射B疫苗后仅有一只感染，试判断疫苗是否有效？并说明哪种疫苗更为有效.

解　这是一道推断题，采取反证法，假设两种疫苗都没有作用：设X表示在疫苗没有作用的情况下9只鸭染病的数目，Y表示在疫苗没有作用的情况下25只鸭染病的数目，则

$$X\sim b(9,0.2),\quad Y\sim b(25,0.2)$$

那么，9 只鸭子无一只染病的概率为

$$p_1 = P\{X=0\} = \binom{9}{0}(0.2)^0(0.8)^9 = 0.132\,4$$

而 25 只鸭子至多有一只染病的概率为

$$p_2 = P\{Y \leqslant 1\} = P\{Y=0\} + P\{Y=1\} = \binom{25}{0}(0.8)^{25} + \binom{25}{1}(0.2)(0.8)^{24} = 0.024\,7$$

从计算结果可以看出：上述两个事件的概率 p_1, p_2 都是小概率，认为小概率事件在一次试验中不会发生；而现在这两个事件都发生了，由此可以推断之前的假设"疫苗无效"是不对的，可认为这两个疫苗都有作用，而疫苗 B 的概率更小些，所以认为疫苗 B 比疫苗 A 更有效.

例 2.2.7　若在 N 件产品中有 M 件次品，现进行 n 次有放回的抽查，问共抽得 k 件次品的概率是多少？

解　由于抽样是有放回的，这是 n 重伯努利试验. 若以 A 记为各次试验中出现次品这一事件，则 $p = P(A) = \dfrac{M}{N}$，以 X 表示抽得的 n 件产品中的次品数，则 $X \sim b\left(n, \dfrac{M}{N}\right)$，故所求概率为

$$P\{X=k\} = \binom{n}{k}\left(\frac{M}{N}\right)^k\left(1-\frac{M}{N}\right)^{n-k}$$

如果取 $n=20, \dfrac{M}{N}=0.2$，由此计算得

$$P\{X=k\} = \binom{20}{k}0.2^k 0.8^{20-k} \quad (k=0,1,2,\cdots,20)$$

将结果列成表，X 的分布律为

X	0	1	2	3	4	5	6	7	8	9	10	$\geqslant 11$
p_k	0.012	0.058	0.137	0.205	0.218	0.175	0.109	0.055	0.022	0.007	0.002	<0.001

我们作出上表的分布图，如图 2-1 所示.

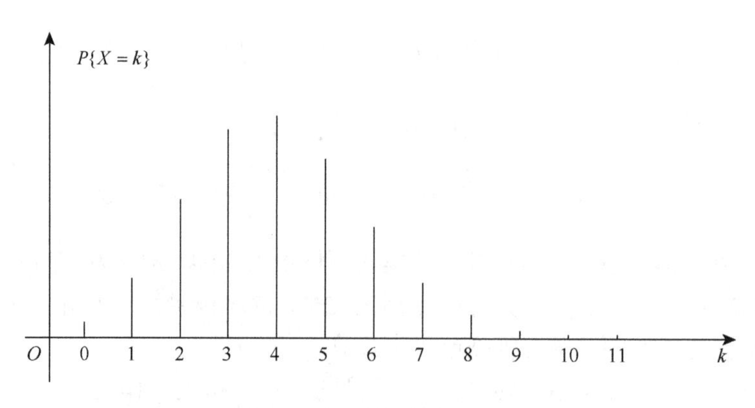

图 2-1　产品抽样概率分布图

图 2-1 称为概率分布的**线条图**，线条图能很直观看出每一点概率的大小. 考察 $P\{X=k\}$

随 k 及 n 变化的情况. 从图 2-1 中看到，当 k 增大时概率 $P\{X=k\}$ 先是单调增大直至达到最大值（本例中 $n=4$ 时概率达到最大），随后单调减少，二项分布中的概率分布都有这个特点，称概率最大的点为最有可能值，记为 K_0，本例中 $K_0=4$.

设 $X\sim b(n,p)$，则二项分布的最有可能值有如下计算公式

$$K_0=[(n+1)p] \tag{2-3}$$

下面简要证明.

因为

$$\frac{P\{X=k\}}{P\{X=k-1\}}=\frac{\dbinom{n}{k}p^k(1-p)^{n-k}}{\dbinom{n}{k}p^{k-1}(1-p)^{n-k+1}}=\frac{(n-k+1)p}{k(1-p)}=1+\frac{(n+1)p-k}{k(1-p)}$$

所以，当 $k<(n+1)p$ 时，

$$P\{X=k\}>P\{X=k-1\}$$

当 $k=(n+1)p$ 时，

$$P\{X=k\}=P\{X=k-1\}$$

当 $k>(n+1)p$ 时，

$$P\{X=k\}<P\{X=k-1\}$$

因此，在 $(n+1)p$ 处概率达到最大，但由于 $(n+1)p$ 不一定是正整数，而 k 只能取正整数，故有

$$K_0=[(n+1)p]$$

例 2.2.8　设某射手的命中率为 0.001，假设他独立射击 5 000 次，求：（1）最可能命中的次数及相应的概率；（2）至少命中一次的概率.

解　(1)射击 5 000 次可视为进行了 5 000 重伯努利试验, 令 X 表示射手的命中次数，则 $X\sim b(5\,000,0.001)$，而 $K_0=\left[(5\,000+1)\times 0.001\right]=\left[5.001\right]=5$. 故该射手最可能命中的次数为 5，相应的概率为

$$P\{X=5\}=\binom{5\,000}{5}\times 0.001^5\times 0.999^{5\,000-5}\approx 0.175\,6$$

（2）该射手至少命中一次的概率为

$$P\{X\geqslant 1\}=1-P\{X=0\}=1-(0.999)^{5\,000}=0.993\,4$$

注意：本例第二问的结论表明如果“小概率事件”大量重复的做，它必然会发生的，因此不能轻视“小概率事件”. 例 2.2.6 和例 2.2.8 反映了“小概率事件”的正反两面. “小概率事件”在一次试验中几乎不会发生，但在大量重复的试验中“小概率事件”几乎必定发生. 在处理实际问题时一定要合理利用好“小概率事件”的正反两面.

3. 泊松分布

设随机变量 X 所有可能取值为 $0,1,2,\cdots$，而取各个值的概率为

$$P\{X=k\}=\frac{\lambda^k}{k!}\mathrm{e}^{-\lambda}\quad(k=0,1,2,\cdots) \tag{2-4}$$

式中，$\lambda>0$ 是常数. 称 X 是服从参数为 λ 的**泊松（Poisson）分布**，记为 $X\sim P(\lambda)$.

易验证：

（1）$P\{X=k\}>0\quad(k=0,1,2,\cdots)$；

（2）$\sum_{k=0}^{\infty}P\{X=k\}=\sum_{k=0}^{\infty}\frac{\lambda^k}{k!}\mathrm{e}^{-\lambda}=\mathrm{e}^{-\lambda}\sum_{k=0}^{\infty}\frac{\lambda^k}{k!}=\mathrm{e}^{-\lambda}\mathrm{e}^{\lambda}=1$.

所以（2-4）式满足分布律的条件.

泊松分布是概率论中重要的分布之一，日常生活中许多随机现象都服从泊松分布. 例如：某电话亭在单位时间内收到传呼的次数、某公共汽车站在单位时间内来车站候车的乘客数、单位时间内网站的访问数、放射性物质在某段时间内放射的粒子数、显微镜下落在某区域的微生物的数目等，都服从泊松分布. 一般泊松分布总与计点过程相关联，并且计点是在一定时间内、一特定单位内的前提下进行的，参数 λ 表示特定单位内的平均计点数，学完第 4 章后，对参数 λ 的理解就会更透彻.

为了更好地理解泊松分布，先阐述下列定理.

定理 2.2.1（泊松逼近定理） 在 n 重伯努利试验中，事件 A 在一次试验中发生的概率为 p，记 $np=\lambda_n$，当 $n\to\infty$ 时，$np\to\lambda$，则

$$\lim_{n\to\infty}\binom{n}{k}p^k(1-p)^{n-k}=\frac{\lambda^k}{k!}\mathrm{e}^{-\lambda}\quad(k=0,1,2,\cdots)\tag{2-5}$$

证 设 $np=\lambda_n$，则有

$$\begin{aligned}\binom{n}{k}p^k(1-p)^{n-k}&=\frac{n(n-1)\cdots(n-k+1)}{k!}\left(\frac{\lambda_n}{n}\right)^k\left(1-\frac{\lambda_n}{n}\right)^{n-k}\\&=\frac{\lambda_n^{\ k}}{k!}\left(1-\frac{1}{n}\right)\left(1-\frac{2}{n}\right)\cdots\left(1-\frac{k-1}{n}\right)\left(1-\frac{\lambda_n}{n}\right)^{n-k}\end{aligned}$$

对于任一固定的 k，显然有

$$\lim_{n\to\infty}\left(1-\frac{\lambda}{n}\right)^{n-k}=\lim_{n\to\infty}\left\{\left(1-\frac{\lambda}{n}\right)^{-\frac{n}{\lambda}}\right\}^{-\lambda}\left(1-\frac{\lambda}{n}\right)^{-k}=\mathrm{e}^{-\lambda}$$

且

$$\lim_{n\to\infty}\left(1-\frac{1}{n}\right)\left(1-\frac{2}{n}\right)\cdots\left(1-\frac{k-1}{n}\right)=1$$

从而

$$\lim_{n\to\infty}\binom{n}{k}p^k(1-p)^{n-k}=\frac{\lambda^k}{k!}\mathrm{e}^{-\lambda}$$

对任意的数 $k(k=0,1,2,\cdots)$ 成立，定理证毕.

这个定理说明泊松分布是二项分布的极限形式，如果 n 比较大而 p 比较小，此时计算二项分布的概率计算量相当大，这时可用下面近似公式计算

$$\binom{n}{k}p^k(1-p)^{n-k}\approx\frac{\lambda^k}{k!}\mathrm{e}^{-\lambda}\quad(\text{其中 }\lambda=np)\tag{2-6}$$

而后者可通过查阅泊松分布表（附表 2）得到.

下面用定理的结论来计算例 2.2.8 的近似值.

由于 $\lambda\approx np=0.001\times 5\,000=5$，所以

（1）$P\{X=5\}\approx\sum_{k=5}^{\infty}\frac{5^k\mathrm{e}^{-5}}{k!}-\sum_{k=6}^{\infty}\frac{5^k\mathrm{e}^{-5}}{k!}=0.559\,5-0.384\,0=0.175\,5$；

（2）$P\{X \geqslant 1\} \approx \sum_{k=1}^{\infty} \frac{5^k e^{-5}}{k!} = 0.993\,3$.

和例 2.2.8 进行比较，可以看出近似程度很好.

例 2.2.9　某人购买彩票，设每次买一张，中奖率为 0.01，共买 500 次，试求他至少中奖两次的概率？

解　设中奖的次数为 X，则 $X \sim b(500, 0.01)$，且

$$P\{X \geqslant 2\} = \sum_{k=2}^{500} \binom{500}{k} 0.01^k 0.99^{500-k}$$

上式中，直接计算是相当麻烦的，由于 n 很大且 p 很小，可利用泊松定理来近似 $np = 500 \times 0.01 = 5$，取 $\lambda = np = 5$，有

$$P\{X \geqslant 2\} \approx \sum_{k=2}^{+\infty} \frac{5^k}{k!} e^{-5}$$

查泊松分布表得

$$\sum_{k=2}^{+\infty} \frac{5^k}{k!} e^{-5} = 0.959\,6$$

于是

$$P\{X \geqslant 2\} \approx 0.959\,6$$

泊松定理还可以说明单位时间内的计点数为什么可用泊松分布来描述. 以 1min 内接到传呼的次数为例, 设想, 把 1min 分成 n 等份, 取 n 充分大, 使在每一个等份的间隔 $\Delta t = \frac{1}{n}$ 内或收到一个传呼，或一个传呼也没有[构造了一个（0-1）事件]，如果在一个时间间隔内收到一个传呼的概率为 p 并在各个时间间隔内是否收到传呼是相互独立的，这时就构成了一个伯努利概型，于是在一分钟内收到 k 个传呼的概率为

$$P\{X = k\} = \binom{n}{k} p^k (1-p)^{n-k}$$

由于 n 充分大，那么利用泊松定理可得

$$P\{X = k\} \approx \frac{\lambda^k}{k!} e^{-\lambda} \quad (k = 0, 1, 2, \cdots)$$

式中，$\lambda = np$. 由此可知，电话交换台一分钟内收到传呼的次数 X 的确可用泊松分布来描述.

例 2.2.10　某商店出售某种商品. 根据以往经验，此商品的月销售量 X 服从参数 $\lambda = 3$ 的泊松分布，问在月初进货时要库存多少件此种商品，才能以 99%的概率保证不脱销？

解　设月初进货 M 件，依题意 $P\{X = k\} = \frac{3^k}{k!} e^{-3}$.

要使所售商品不脱销，则 $X \leqslant M$，于是

$$P\{X \leqslant M\} = \sum_{k=0}^{M} \frac{3^k}{k!} e^{-3} \geqslant 0.99$$

例 2.2.10　重点难点视频讲解

查泊松分布表，可知 M 最小应是 8，即月初进货时要库存 8 件此种商品，才能以 99%的概率保证不脱销.

4. 超几何分布

一类产品共有 N 件，其中有 M 件次品，现从中取 $n(n \leqslant M)$ 件，令 X 为取出 n 件产品

中的次品数，则 X 是一个随机变量，X 的分布律为

$$P\{X=k\}=\frac{\binom{M}{k}\binom{N-M}{n-k}}{\binom{N}{n}}\quad (k=0,1,\cdots,n) \tag{2-7}$$

称 X 服从**超几何分布**，记为 $X\sim H(n,M,N)$.

容易验证

$$P(X=k)\geqslant 0$$

利用组合的性质

$$\sum_{k=0}^{n}\binom{M}{k}\binom{N-M}{n-k}=\binom{N}{n}$$

可得

$$\sum_{k=0}^{n}P\{X=k\}=\sum_{k=0}^{n}\frac{\binom{M}{k}\binom{N-M}{n-k}}{\binom{N}{n}}=\frac{\binom{N}{n}}{\binom{N}{n}}=1$$

所以（2-7）式满足分布律的条件. 超几何分布是第 1.3 节超几何概型的“升级版”，凡是类似于“在含有次品的产品中取部分产品，问所取出的产品中次品件数”的问题，都属于超几何分布的模型. 例如：从全班中选取 n 个同学，其中女同学的人数；从扑克牌中取 n 张，取到黑桃的张数；买 n 张彩票，中奖的张数等都可用超几何分布来描述.

例 2.2.11　一批产品共 100 件，其中有 10 件是次品，求任意取出的 5 件产品中次品数的分布律.

解　设 5 件产品中的次品数为 X，则 $X\sim H(5,10,100)$.

X 的分布律为

$$P\{X=k\}=\frac{\binom{10}{k}\binom{90}{5-k}}{\binom{100}{5}}\quad (k=0,1,\cdots,5)$$

即

X	0	1	2	3	4	5
p_k	0.583 4	0.339 4	0.070 2	0.006 4	0.000 25	≈ 0

2.3　随机变量的分布函数

为了对随机变量有更深入的了解，引入一个新的数学工具——分布函数.

定义 2.3.1　设 X 是一个随机变量，x 是任意的实数，则函数

$$F(x)=P\{X\leqslant x\}\quad (-\infty<x<+\infty) \tag{2-8}$$

称为随机变量 X 的**分布函数.**

若将 x 看作是数轴上随机点的坐标，则 $F(x)$ 在 x 处的函数值就是随机变量 X 落在区间 $(-\infty,x]$ 内的概率. 显然，对于任意实数 $x_1,x_2(x_1<x_2)$，有

$$P\{x_1<X\leqslant x_2\}=P\{X\leqslant x_2\}-P\{X\leqslant x_1\}=F(x_2)-F(x_1)$$

因此，若已知随机变量 X 的分布函数，就可以知道 X 落在任一区间 $(x_1,x_2]$ 的概率，此概率就等于 $F(x)$ 在 $(x_1,x_2]$ 内的增量. 从这一点来说，分布函数完整地描述了随机变量的统计规律.

分布函数是一个普通的实函数，通过它所以借助于微积分的方法来研究随机变量.

分布函数 $F(x)$ 具有以下的性质：

（1）$F(x)$ 是一个不减的函数，若 $x_1<x_2$，则 $F(x_1)\leqslant F(x_2)$；事实上对于任意实数 $x_1,x_2(x_1<x_2)$，有 $F(x_2)-F(x_1)=P\{x_1<X\leqslant x_2\}\geqslant 0$.

（2）$0\leqslant F(x)\leqslant 1$，且 $F(-\infty)=\lim\limits_{x\to-\infty}F(x)=0$，$F(+\infty)=\lim\limits_{x\to+\infty}F(x)=1$.

上面两个式子,只从几何上加以说明:将区间 $(-\infty,x]$ 的端点 x 沿数轴无限向左移动(即 $x\to-\infty$)，则“随机点 X 落在 x 左边”这一事件趋于不可能事件，从而其概率趋于 0，即有 $F(-\infty)=0$；而将点 x 无限右移（即 $x\to+\infty$），则“随机点 X 落在 x 左边”这一事件趋于必然事件，从而其概率趋于 1，即有 $F(+\infty)=1$.

（3）$F(x+0)=F(x)$，即 $F(x)$ 是右连续的（证略）.

反之具备性质（1），（2），（3）的函数 $F(x)$ 必是某个随机变量的分布函数.

例 2.3.1　设随机变量 X 的分布律为

X	-1	2	3
p_i	$\frac{1}{4}$	$\frac{1}{2}$	$\frac{1}{4}$

求 X 的分布函数，并求 $P\left\{X\leqslant\frac{1}{2}\right\},P\left\{\frac{3}{2}<X\leqslant\frac{5}{2}\right\},P\{2\leqslant X\leqslant 3\}$.

解　X 仅在 $x=-1,2,3$ 三点处取概率不等于 0，而 $F(x)$ 的值是一个累加概率，由概率的有限可加性知，它是小于或等于 x 的那些 x_k 处的概率 p_k 之和，即所求分布函数为

$$F(x)=\begin{cases}0, & x<-1\\ \frac{1}{4}, & -1\leqslant x<2\\ \frac{1}{4}+\frac{1}{2}, & 2\leqslant x<3\\ \frac{1}{4}+\frac{1}{2}+\frac{1}{4}, & x\geqslant 3\end{cases}$$

$F(x)$ 的图形如图 2-2 所示，它是一条阶梯形的右连续函数. 显然

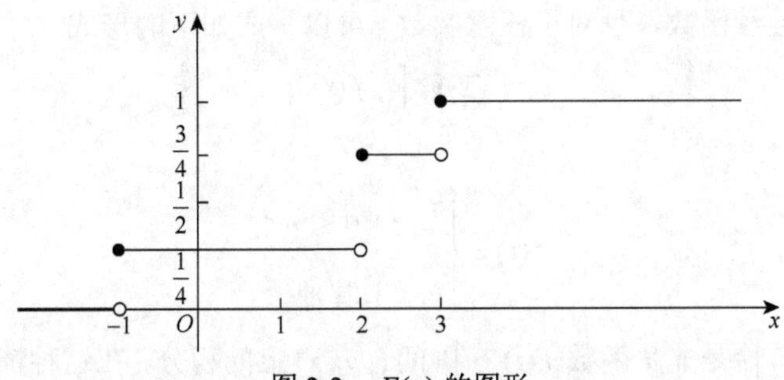

图 2-2　$F(x)$ 的图形

$$P\left\{X \leqslant \frac{1}{2}\right\} = F\left(\frac{1}{2}\right) = \frac{1}{4}$$

$$P\left\{\frac{3}{2} < X \leqslant \frac{5}{2}\right\} = F\left(\frac{5}{2}\right) - F\left(\frac{3}{2}\right) = \frac{3}{4} - \frac{1}{4} = \frac{1}{2}$$

$$P\{2 \leqslant X \leqslant 3\} = F(3) - F(2) + P\{X = 2\} = 1 - \frac{3}{4} + \frac{1}{2} = \frac{3}{4}$$

一般地，设离散型随机变量 X 的分布律为

$$P\{X = x_k\} = p_k \quad (k = 1, 2, \cdots)$$

由概率的可列可加性得，X 的分布函数为

$$F(x) = P\{X \leqslant x\} = \sum_{x_k \leqslant x} P\{X = x_k\} = \sum_{x_k \leqslant x} p_k \tag{2-9}$$

例 2.3.2　一个靶子是半径为 2 m 的圆盘，设击中靶上任一同心圆盘上的点的概率与该圆盘的面积成正比，并设射击都能中靶，以 X 表示弹着点与圆心的距离，试求随机变量 X 的分布函数.

解　若 $x<0$，则 $X \leqslant x$ 是不可能事件，于是

$$F(x) = P\{X \leqslant x\} = 0$$

若 $0 \leqslant x \leqslant 2$，由题意，$P\{0 \leqslant X \leqslant x\} = kx^2$，$k$ 是一个常数，为了确定 k 的值，取 $x = 2$，$P\{0 \leqslant X \leqslant 2\} = 2^2 k$，但已知 $P\{0 \leqslant X \leqslant 2\} = 1$（这个式子代表射击时都会中靶，即不会脱靶），故得 $k = \frac{1}{4}$，即

$$P\{0 \leqslant X \leqslant x\} = \frac{x^2}{4}$$

于是

$$F(x) = P\{X \leqslant x\} = P\{X<0\} + P\{0 \leqslant X<x\} = \frac{x^2}{4}$$

若 $x \geqslant 2$，由题意 $\{X \leqslant x\}$ 是必然事件，于是

$$F(x) = P\{X \leqslant x\} = 1$$

综合上述，即得 X 的分布函数为

$$F(x) = \begin{cases} 0, & x < 0 \\ \dfrac{x^2}{4}, & 0 \leqslant x \leqslant 2 \\ 1, & x > 2 \end{cases}$$

容易看出 $F(x)$ 是连续函数，且对于任意实数 x 可以写成如下的形式

$$F(x) = \int_{-\infty}^{x} f(t) \mathrm{d}t$$

其中

$$f(t) = \begin{cases} \dfrac{t}{2}, & 0 \leqslant t<2 \\ 0, & \text{其他} \end{cases}$$

这就是说 $F(x)$ 恰是非负函数 $f(t)$ 在区间 $(-\infty, x]$ 上的积分，在这种情况下称 X 为连续型随机变量. 下一节将给出连续型随机变量的一般定义.

2.4　连续型随机变量

2.4.1　连续型随机变量及其概率密度函数

这一节我们将研究另一类十分重要且常见的随机变量——连续型随机变量，由于它们的取值充满某个区间，所以不能一一列出，不能用分布律来描述它们的概率分布. 我们将用另外一种形式来刻画连续型随机变量的统计规律.

定义 2.4.1　若 X 是随机变量，$F(x)$ 是它的分布函数，若存在非负函数 $f(x)$，使对任意的实数 x，都有

$$F(x)=P\{X\leqslant x\}=\int_{-\infty}^{x}f(t)\mathrm{d}t \tag{2-10}$$

则称 X 为**连续型随机变量**，称 $f(x)$ 为随机变量 X 的**概率密度函数**.

对于连续型随机变量 X 来说，X 落在 x 这一点，长度为 Δx 区间的概率近似为 $f(x)\Delta x$，如图 2-3 所示，所以

$$F(x)=P\{X\leqslant x\}\approx\sum_{-\infty<t\leqslant x}f(t)\Delta t$$

从而由微元法的思想，即得

$$F(x)=P\{X\leqslant x\}=\sum_{-\infty<t\leqslant x}f(t)\Delta t=\int_{-\infty}^{x}f(t)\mathrm{d}t$$

所以（2-10）式是离散型随机变量分布函数的自然延伸.

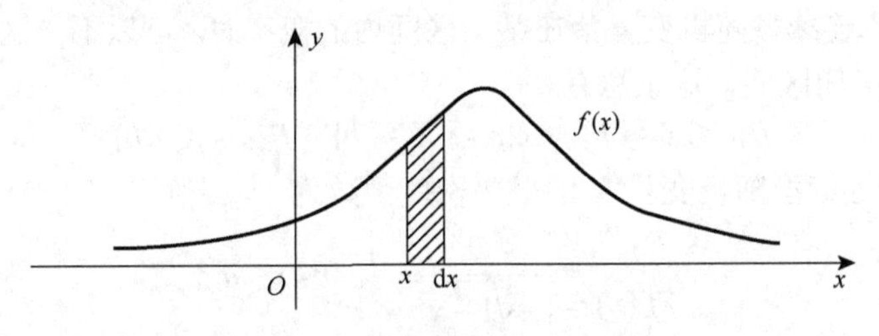

图 2-3　概率密度函数 $f(x)$ 图形

概率密度函数 $f(x)$ 具有下述性质：

（1）$f(x)\geqslant 0$；

（2）$\int_{-\infty}^{+\infty}f(x)\mathrm{d}x=F(+\infty)=1$；

（3）对于任意的实数 $x_1,x_2\ (x_1<x_2)$，$P\{x_1<X\leqslant x_2\}=F(x_2)-F(x_1)=\int_{x_1}^{x_2}f(x)\mathrm{d}x$；

（4）若 $f(x)$ 在点 x 连续，则有 $F'(x)=f(x)$.

反之，若一个定义在 $(-\infty,+\infty)$ 上的可积函数 $f(x)$，满足（1）和（2），则它可作为某一随机变量 X 的概率密度函数.

由（2）和定积分的性质知道介于曲线 $y=f(x)$ 与 x 轴之间的面积等于 1，如图 2-4 所示.

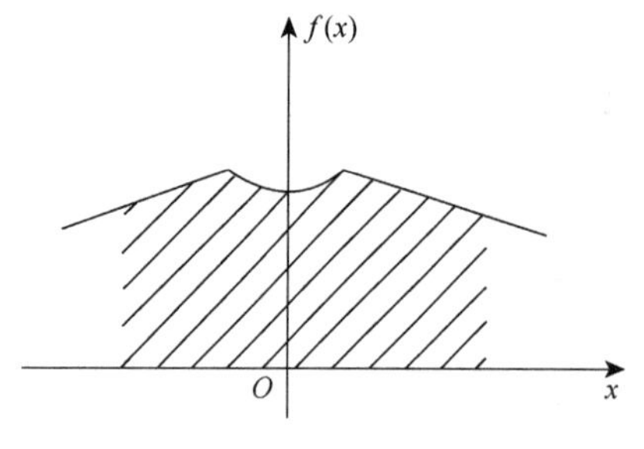

图 2-4　$f(x)$ 与 x 轴所围面积

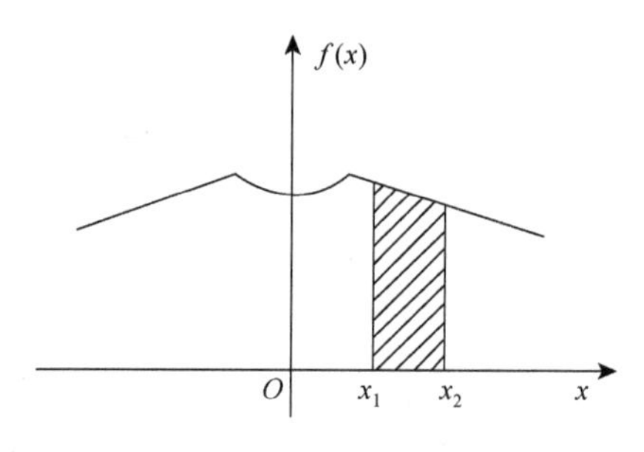

图 2-5　x 落入 $(x_1,x_2]$ 内的概率

由（3）可知，X 落在区间 $(x_1,x_2]$ 的概率等于区间 $(x_1,x_2]$ 上曲线 $y=f(x)$ 的曲边梯形的面积，如图 2-5 所示.

由（4）可知，在 $f(x)$ 的连续点 x 处有

$$f(x)=F'(x)=\lim_{\Delta x\to 0^+}\frac{F(x+\Delta x)-F(x)}{\Delta x}=\lim_{\Delta x\to 0^+}\frac{P\{x<X\leqslant x+\Delta x\}}{\Delta x}$$

从这里看到概率密度函数的定义与物理中的线密度定义相类似，这就是称 $f(x)$ 为密度函数的缘故. 另外，由微积分的知识可知，非负可积函数的变上限积分是连续函数，因此，连续型随机变量的分布函数是连续函数.

此外，对于连续型随机变量 X 来说，它取任一定值 a 的概率均为 0，即 $P\{X=a\}=0$，事实上，设 $\Delta x>0$，则有

$$\{X=a\}\subset\{a-\Delta x<X\leqslant a\}$$

故

$$0\leqslant P\{X=a\}\leqslant P\{a-\Delta x<X\leqslant a\}=F(a)-F(a-\Delta x)$$

在上述不等式中，令 $\Delta x\to 0$，并注意到 $F(x)$ 是连续的，即得 $P\{X=a\}=0$.

因此，在计算连续型随机变量落在某一区间内的概率时，可以不必区分是开区间或是闭区间还是半开半闭区间，这里总有

$$P\{a<X\leqslant b\}=P\{a\leqslant X\leqslant b\}=P\{a<X<b\}$$

例 2.4.1　设连续型随机变量 X 的概率密度函数为

$$f(x)=\begin{cases}\dfrac{2}{\pi\sqrt{1-x^2}}, & 0<x<a\\ 0, & \text{其他}\end{cases}$$

求：（1）常数 a 的值；（2）X 的分布函数.

解　（1）由概率密度函数的性质有

$$\int_{-\infty}^{+\infty}f(x)\mathrm{d}x=\int_0^a\frac{2}{\pi\sqrt{1-x^2}}\mathrm{d}x=\frac{2}{\pi}\arcsin a=1$$

于是

$$\arcsin a=\frac{\pi}{2}$$

得

$$a=1$$

（2）当 $x<0$ 时，有

$$F(x)=P\{X\leqslant x\}=\int_{-\infty}^{x}f(t)\mathrm{d}t=0$$

当$0\leqslant x<1$时，有

$$F(x)=P\{X\leqslant x\}=\int_{-\infty}^{x}f(t)\mathrm{d}t=\int_{0}^{x}\frac{2}{\pi\sqrt{1-t^2}}\mathrm{d}t=\frac{2}{\pi}\arcsin x$$

当$x\geqslant 1$时，有

$$F(x)=\int_{-\infty}^{x}f(t)\mathrm{d}t=\int_{-\infty}^{0}f(x)\mathrm{d}x+\int_{0}^{1}f(x)\mathrm{d}x+\int_{1}^{x}f(x)\mathrm{d}x=\int_{0}^{1}\frac{2}{\pi\sqrt{1-t^2}}\mathrm{d}t=1$$

因此，随机变量X的分布函数为

$$F(x)=\begin{cases}0, & x<0\\ \dfrac{2}{\pi}\arcsin x, & 0\leqslant x<1\\ 1, & x\geqslant 1\end{cases}$$

例 2.4.2　设随机变量X的分布函数为

$$F(x)=A+B\arctan x\quad(-\infty<x<+\infty)$$

求：（1）系数A及B；（2）X的概率密度函数$f(x)$；（3）$P\{-1<X<1\}$.

解　（1）由分布函数的性质$F(-\infty)=0,F(+\infty)=1$，得

$$A+B\left(-\frac{\pi}{2}\right)=0,\quad A+B\left(\frac{\pi}{2}\right)=1$$

解得

$$A=\frac{1}{2},\qquad B=\frac{1}{\pi}$$

于是有

$$F(x)=\frac{1}{2}+\frac{1}{\pi}\arctan x\quad(-\infty<x<+\infty)$$

（2）由概率密度函数的性质得

$$f(x)=F'(x)=\frac{1}{\pi(1+x^2)}\quad(-\infty<x<+\infty)$$

（3）求连续型随机变量落在一个区间内的概率有两种方法：

方法 1　用分布函数求解

$$P\{-1<X<1\}=F(1)-F(-1)=\left(\frac{1}{2}+\frac{1}{\pi}\times\frac{\pi}{4}\right)-\left(\frac{1}{2}-\frac{1}{\pi}\times\frac{\pi}{4}\right)=\frac{1}{2}$$

方法 2　用概率密度函数求解

$$P\{-1<X<1\}=\int_{-1}^{1}\frac{1}{\pi(1+x^2)}\mathrm{d}x=\frac{1}{\pi}\arctan x\Big|_{-1}^{1}=\frac{1}{\pi}\left(\frac{\pi}{4}+\frac{\pi}{4}\right)=\frac{1}{2}$$

例 2.4.3　设随机变量X具有概率密度函数

$$f(x)=\begin{cases}kx, & 0\leqslant x<3\\ 2-\dfrac{x}{2}, & 3\leqslant x\leqslant 4\\ 0, & \text{其他}\end{cases}$$

例 2.4.3　重点难点视频讲解

试求：（1）系数k；（2）X的分布函数；（3）$P\left\{1<X\leqslant\dfrac{7}{2}\right\}$.

解　（1）由

$$1=\int_{-\infty}^{\infty} f(x)\mathrm{d}x=\int_0^3 kx\mathrm{d}x+\int_3^4\left(2-\frac{x}{2}\right)\mathrm{d}x$$

解得 $k=\frac{1}{6}$，故 X 的密度函数为

$$f(x)=\begin{cases}\frac{x}{6}, & 0\leqslant x<3\\ 2-\frac{x}{2}, & 3\leqslant x\leqslant 4\\ 0, & \text{其他}\end{cases}$$

（2）对任意的实数 x，当 $x<0$ 时，有

$$F(x)=P\{X\leqslant x\}=0$$

当 $0\leqslant x<3$ 时，有

$$F(x)=P\{X\leqslant x\}=\int_{-\infty}^{x} f(t)\mathrm{d}t=\int_0^x \frac{t}{6}\mathrm{d}t=\frac{x^2}{12}$$

当 $3\leqslant x<4$ 时，有

$$F(x)=P\{X\leqslant x\}=\int_{-\infty}^{x} f(t)\mathrm{d}t=\int_0^3 \frac{t}{6}\mathrm{d}t+\int_3^x\left(2-\frac{t}{2}\right)\mathrm{d}t=-\frac{x^2}{4}+2x-3$$

当 $x\geqslant 4$ 时，有

$$F(x)=P\{X\leqslant x\}=\int_{-\infty}^{x} f(t)\mathrm{d}t=\int_0^3 \frac{t}{6}\mathrm{d}t+\int_3^4\left(2-\frac{t}{2}\right)\mathrm{d}t=1$$

所以 X 的分布函数为

$$F(x)=\begin{cases}0, & x<0\\ \frac{x^2}{12}, & 0\leqslant x<3\\ -\frac{x^2}{4}+2x-3, & 3\leqslant x<4\\ 1, & x\geqslant 4\end{cases}$$

（3）由方法 1，得

$$P\left\{1<X\leqslant\frac{7}{2}\right\}=F\left(\frac{7}{2}\right)-F(1)=\left(-\frac{3.5^2}{4}+2\times\frac{7}{2}-3\right)-\frac{1}{12}=\frac{41}{48}$$

由方法 2，得

$$P\left\{1<X\leqslant\frac{7}{2}\right\}=\int_1^{\frac{7}{2}} f(x)\mathrm{d}x=\int_1^3 \frac{x}{6}\mathrm{d}x+\int_3^{\frac{7}{2}}\left(2-\frac{x}{2}\right)\mathrm{d}x=\frac{41}{48}$$

例 2.4.4 设随机变量 X 和 Y 同分布，X 的概率密度为

$$f(x)=\begin{cases}\frac{3}{8}x^2, & 0<x<2\\ 0, & \text{其他}\end{cases}$$

已知事件 $A=\{X>a\}$ 和 $B=\{Y>a\}$ 相互独立，且满足 $P(A\cup B)=\frac{3}{4}$，试求常数 a.

解 显然 $P(A)=P\{X>a\}=\int_a^2 \frac{3}{8}x^2\mathrm{d}x=\frac{1}{8}x^3\big|_a^2=1-\frac{a^3}{8}(0<a<2)$，同理

$$P(B)=1-\frac{a^3}{8}$$

而

$$P(A\cup B)=P(A)+P(B)-P(AB)$$

由于事件 A 与 B 独立，所以

$$P(AB)=P(A)P(B)=\left(1-\frac{a^3}{8}\right)\left(1-\frac{a^3}{8}\right)$$

由已知条件可得

$$\frac{3}{4}=2\left(1-\frac{a^3}{8}\right)-\left(1-\frac{a^3}{8}\right)^2$$

即

$$4\left(1-\frac{a^3}{8}\right)^2-8\left(1-\frac{a^3}{8}\right)+3=0$$

解得

$$a=\sqrt[3]{4}$$

2.4.2　几种常见的连续型随机变量的分布

下面介绍几种重要的连续型随机变量.

1. 均匀分布

设连续型随机变量 X 具有概率密度函数

$$f(x)=\begin{cases}\dfrac{1}{b-a}, & a<x<b\\ 0, & \text{其他}\end{cases} \tag{2-11}$$

则称 X 服从区间 (a,b) 上的**均匀分布**，记为 $X\sim U(a,b)$；显然 $f(x)\geqslant 0$，且

$$\int_{-\infty}^{+\infty}f(x)\mathrm{d}x=\int_a^b\frac{1}{b-a}\mathrm{d}x=1$$

所以（2-11）式是概率密度函数. 下面来求 X 的分布函数.

对任意的实数 x，当 $x\leqslant a$ 时，有

$$F(x)=P\{X\leqslant x\}=0$$

当 $a<x<b$ 时，有

$$F(x)=P\{X\leqslant x\}=\int_{-\infty}^x f(t)\mathrm{d}t=\int_a^x\frac{1}{b-a}\mathrm{d}t=\frac{x-a}{b-a}$$

当 $x\geqslant b$ 时，有

$$F(x)=P\{X\leqslant x\}=\int_{-\infty}^x f(t)\mathrm{d}t=\int_a^b\frac{1}{b-a}\mathrm{d}t=1$$

所以 X 的分布函数为

$$F(x)=\begin{cases}0, & x\leqslant a\\ \dfrac{x-a}{b-a}, & a<x<b\\ 1, & x\geqslant b\end{cases} \tag{2-12}$$

图 2-6 分别为 X 均匀分布的密度函数和分布函数的图形.

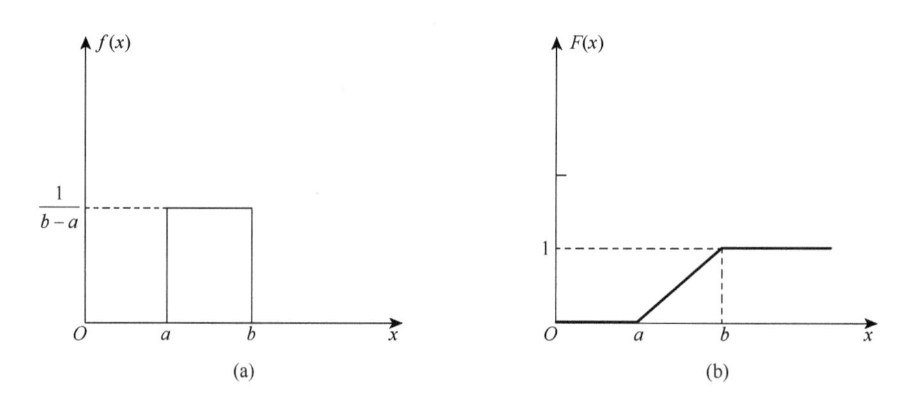

图 2-6　X 均匀分布的密度函数和分布函数的图形

若 $X\sim U(a,b)$，则 X 落在 (a,b) 中任一等长度的子区间内的可能性是相同的，或者说 X 落在 (a,b) 的子区间内的概率只依赖于子区间的长度，而与子区间的位置无关. 事实上，对任一长度为 l 的子区间 $(c,c+l)\subseteq(a,b)$，有

$$P\{c<X\leqslant c+l\}=\int_c^{c+l}f(x)\mathrm{d}x=\int_c^{c+l}\frac{1}{b-a}\mathrm{d}x=\frac{l}{b-a}$$

这也正是均匀分布的概率意义.

例 2.4.5　设 $X\sim U(-3,6)$，试求方程 $4y^2+4Xy+(X+2)=0$ 有实根的概率.

解　由（2-11）式，随机变量 X 的概率密度函数为

$$f(x)=\begin{cases}\dfrac{1}{9}, & -3<x<6\\ 0, & \text{其他}\end{cases}$$

方程有实根的条件为

$$\Delta=(4x)^2-4\times4(X+2)\geqslant0$$

解不等式得

$$X\leqslant-1\quad\text{或}\quad X\geqslant2$$

设事件 $A=\{\text{方程}4y^2+4Xy+(X+2)=0\text{有实根}\}$，所以

$$P(A)=P\{X\leqslant-1\}+P\{X\geqslant2\}=\int_{-3}^{-1}\frac{1}{9}\mathrm{d}x+\int_2^6\frac{1}{9}\mathrm{d}x=\frac{2}{3}$$

例 2.4.6　设随机变量 X 在 $[2,5]$ 上服从均匀分布，现对 X 进行三次独立观测，试求至少有两次观测值大于 3 的概率.

解　由题意知 $X\sim U(2,5)$，那么 X 的概率密度函数为

$$f(x)=\begin{cases}\dfrac{1}{3}, & 2<x<5\\ 0, & \text{其他}\end{cases}$$

令 A 表示事件“对 X 的观测值大于 3”，即 $A=\{X>3\}$，则

$$P(A)=P\{X>3\}=\int_3^5\frac{1}{3}\mathrm{d}x=\frac{2}{3}$$

若以 Y 表示三次观测中观测值大于 3 的次数，则 $Y\sim b\left(3,\frac{2}{3}\right)$，于是

$$P\{Y\geqslant 2\}=\binom{3}{2}\left(\frac{2}{3}\right)^2\left(\frac{1}{3}\right)+\binom{3}{3}\left(\frac{2}{3}\right)^3=\frac{20}{27}$$

2. 指数分布

设连续型随机变量 X 具有概率密度函数

$$f(x)=\begin{cases}\lambda e^{-\lambda x}, & x\geqslant 0\\ 0, & x<0\end{cases} \tag{2-13}$$

其中 $(\lambda>0)$ 为常数，则称 X 为服从参数为 λ 的指数分布，记为 $X\sim E(\lambda)$.

显然 $f(x)\geqslant 0$，而 $\int_{-\infty}^{+\infty}f(x)dx=\int_0^{+\infty}\lambda e^{-\lambda x}dx=-(e^{-\lambda x})_0^{+\infty}=1$，所以（2-13）式是概率密度函数. 下面来求 X 的分布函数.

对任意的实数 x，当 $x<0$ 时，有

$$F(x)=P\{X\leqslant x\}=\int_{-\infty}^{x}f(t)dt=0$$

当 $x\geqslant 0$ 时，有

$$F(x)=P\{X\leqslant x\}=\int_{-\infty}^{x}f(t)dt=\int_0^x\lambda e^{-\lambda t}dt=1-e^{-\lambda x}$$

所以 X 分布函数为

$$F(x)=\begin{cases}1-e^{-\lambda x}, & x\geqslant 0\\ 0, & x<0\end{cases} \tag{2-14}$$

图 2-7 分别为指数分布的密度函数和分布函数的图形.

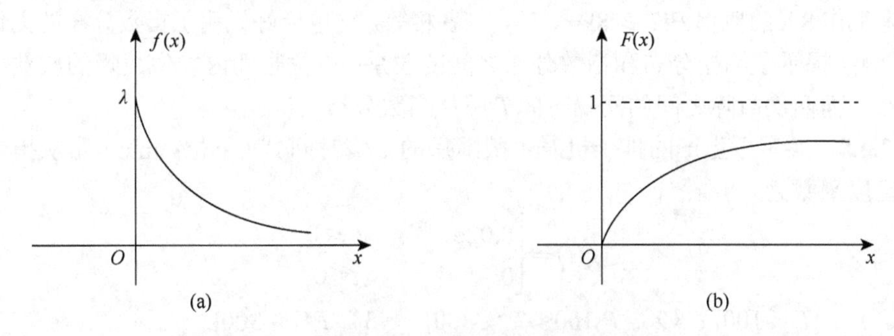

图 2-7　指数分布的密度函数和分布函数的图形

指数分布有着非常重要的应用，常用它来作为各种“寿命”分布的近似. 例如，电子元件的寿命、动物的寿命、电话问题中的通话时间、随机服务系统中的服务时间等都常假定服从指数分布，指数分布在可靠性理论和排队论中有广泛的应用.

服从指数分布的随机变量 X 具有一个有趣的性质：

假设 $X\sim E(\lambda)$，则对于任意的 $s,t>0$，有

$$P\{X>s+t\mid X>s\}=P\{X>t\}$$

事实上，

$$P\{X>s+t|X>s\}=\frac{P\{(X>s+t)\cap(X>s)\}}{P\{X>s\}}$$
$$=\frac{P\{X>s+t\}}{P\{X>s\}}=\frac{1-F(s+t)}{1-F(s)}=\frac{\mathrm{e}^{-\lambda(s+t)}}{\mathrm{e}^{-\lambda s}}=\mathrm{e}^{-\lambda t}=P\{X>t\}$$

这一性质称为指数分布的**无记忆性**. 若 X 是某一元器件的寿命，此性质表明：已知元器件使用了 s h，它总共能使用至少 $(s+t)$ h 的条件概率，与从开始使用时算起它能使用 t h 的概率相等，这就是说，元器件对它使用过 s h 没有记忆，所以有时也风趣地称指数分布是“永远年轻”的分布.

例 2.4.7 假设一大型设备在任何长为 t（单位：h）的时间内发生故障的次数 X 服从参数为 λt 的泊松分布，求：（1）相继两次故障之间时间间隔 T 的概率分布；（2）在设备已经无故障工作 8 h 的情形下，再无故障工作 8 h 的概率.

解 （1）当 $t<0$，由于随机变量 T 表示两次故障的时间间隔，所以 T 是非负的随机变量，故 $F(t)=P\{T\leqslant t\}=0$.

当 $t\geqslant 0$ 时，事件 $\{T>t\}$ 的含义是两次故障的时间间隔超过了 t，即在 t 长度的时间间隔内没有发生故障，与事件 $\{X=0\}$ 等价，故

$$F(t)=P\{T\leqslant t\}=1-P\{T>t\}=1-P\{X=0\}=1-\mathrm{e}^{-\lambda t}$$

故

$$F(t)=P\{T\leqslant t\}=\begin{cases}1-\mathrm{e}^{-\lambda t}, & t\geqslant 0\\ 0, & t<0\end{cases}$$

上式表明随机变量 T 服从参数为 λ 的指数分布 $E(\lambda)$.

（2）在无故障工作 8 h 的情形下，再无故障工作 8 h 的概率为

$$P\{T\geqslant 16|T\geqslant 8\}=\frac{P\{T\geqslant 16,T\geqslant 8\}}{P\{T\geqslant 8\}}=\frac{P\{T\geqslant 16\}}{P\{T\geqslant 8\}}=\frac{\mathrm{e}^{-16\lambda}}{\mathrm{e}^{-8\lambda}}=\mathrm{e}^{-8\lambda}$$

而无故障工作 8 h 的概率 $P\{T\geqslant 8\}=\mathrm{e}^{-8\lambda}$，二者相等，这也恰好说明了指数分布的无记忆性.

例 2.4.7 揭示了泊松分布和指数分布之间的关系：单位时间内发生故障的次数 X 服从泊松分布，而两次故障之间的间隔时间 T 服从指数分布.

例 2.4.8 某工厂生产的推土机发生故障后的维修时间 T（单位：min）服从指数分布. 其概率密度函数为

$$f(t)=\begin{cases}0.02\mathrm{e}^{-0.02t}, & t\geqslant 0\\ 0, & t<0\end{cases}$$

试求：（1）$P\{T\leqslant 100\}$；（2）$P\{100<T\leqslant 300\}$；（3）$P\{T>300\}$.

解 （1）$P\{T\leqslant 100\}=\int_0^{100}0.02\mathrm{e}^{-0.02t}\mathrm{d}t=-\mathrm{e}^{-0.02t}\big|_0^{100}=1-\mathrm{e}^{-2}=0.864\,7$

（2）$P\{100<T\leqslant 300\}=\int_{100}^{300}0.02\mathrm{e}^{-0.02t}\mathrm{d}t=-\mathrm{e}^{-0.02t}\big|_{100}^{300}=\mathrm{e}^{-2}-\mathrm{e}^{-6}=0.132\,9$

（3）$P\{T>300\}=\int_{300}^{+\infty}0.02\mathrm{e}^{-0.02t}\mathrm{d}t=-\mathrm{e}^{-0.02t}\big|_{300}^{+\infty}=\mathrm{e}^{-6}=0.002\,5$

上述结果表明：此推土机有 86.47% 的故障可以在 100 min 内修好，有 13.29% 的故障在 100～300 min 内修好，而超过 300 min 才能修好的故障只占 0.25%.

3. 正态分布

若连续型随机变量 X 具有概率密度函数

$$f(x)=\frac{1}{\sqrt{2\pi}\sigma}e^{-\frac{(x-\mu)^2}{2\sigma^2}}\quad(-\infty<x<+\infty)\tag{2-15}$$

其中，$\mu,\sigma^2(\sigma>0)$ 为常数，则称 X 为服从参数为 μ,σ^2 的**正态分布或高斯（Gauss）分布**，记为 $X\sim N(\mu,\sigma^2)$.

显然 $f(x)\geqslant 0$，下面来证明 $\int_{-\infty}^{+\infty}f(x)\mathrm{d}x=1$.

令 $\frac{x-\mu}{\sigma}=t$，得到

$$\int_{-\infty}^{+\infty}\frac{1}{\sqrt{2\pi}\sigma}e^{-\frac{(x-\mu)^2}{2\sigma^2}}\mathrm{d}x=\frac{1}{\sqrt{2\pi}}\int_{-\infty}^{+\infty}e^{-\frac{t^2}{2}}\mathrm{d}t$$

记 $I=\int_{-\infty}^{+\infty}e^{-\frac{t^2}{2}}\mathrm{d}t$，则有

$$I^2=\int_{-\infty}^{+\infty}\int_{-\infty}^{+\infty}e^{-\frac{t^2+u^2}{2}}\mathrm{d}t\mathrm{d}u$$

利用极坐标将其化为累次积分，得到

$$I^2=\int_0^{2\pi}\int_0^{+\infty}re^{-\frac{r^2}{2}}\mathrm{d}r\mathrm{d}\theta=2\pi$$

而 $I>0$，故有 $I=\sqrt{2\pi}$，即有

$$\int_{-\infty}^{+\infty}e^{-\frac{t^2}{2}}\mathrm{d}t=\sqrt{2\pi}$$

于是

$$\frac{1}{\sqrt{2\pi}\sigma}\int_{-\infty}^{+\infty}e^{-\frac{(x-\mu)^2}{2\sigma^2}}\mathrm{d}x=\frac{1}{\sqrt{2\pi}}\int_{-\infty}^{+\infty}e^{-\frac{t^2}{2}}\mathrm{d}t=1$$

所以（2-15）式是概率密度函数.

正态分布密度函数 $f(x)$ 的图形如图 2-8 所示. 它具有以下的性质：

（1）曲线关于 $x=\mu$ 对称，这表明对于任意 $h>0$，有 $P\{\mu-h<X\leqslant\mu\}=P\{\mu<X\leqslant\mu+h\}$；

（2）当 $x=\mu$ 时取最大值，$f(\mu)=\frac{1}{\sqrt{2\pi}\sigma}$；

（3）$f(x)$ 的图形在 $x=\mu\pm\sigma$ 处有拐点，曲线以 Ox 轴为水平渐近线；

（4）若固定 σ，则当改变 μ 值时，图形将水平平移但不改变其形状，故习惯称 μ 为位置参数；若固定 μ，则当 σ 越小时，图形将会变得很尖，从而 X 落在 μ 附近的概率越大，习惯上称 σ 为形状参数.

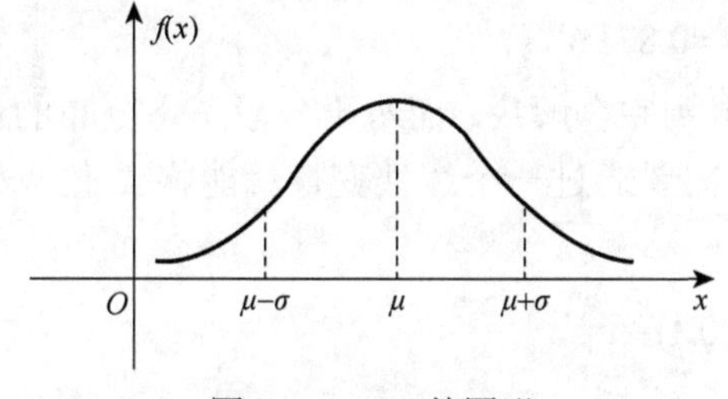

图 2-8　$f(x)$ 的图形

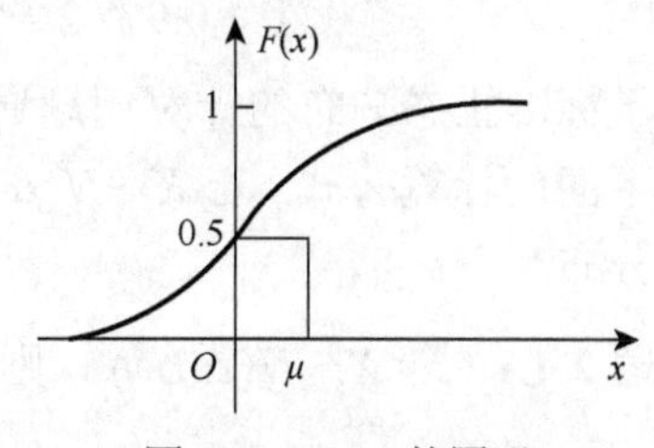

图 2-9　$F(x)$ 的图形

X 的分布函数为

$$F(x)=\frac{1}{\sqrt{2\pi}\sigma}\int_{-\infty}^{x}\mathrm{e}^{-\frac{(t-\mu)^2}{2\sigma^2}}\mathrm{d}t \quad (-\infty<x<+\infty) \tag{2-16}$$

它的图形如图 2-9 所示，由于（2-16）式积分的原函数求不出来，所以正态分布的分布函数只能用积分式子表示.

特别地，当 $\mu=0,\sigma=1$ 时，称 X 服从**标准正态分布**，记为 $X\sim N(0,1)$，其概率密度函数和分布函数分别记为 $\varphi(x)$ 及 $\Phi(x)$，即

$$\varphi(x)=\frac{1}{\sqrt{2\pi}}\mathrm{e}^{-\frac{x^2}{2}} \quad (-\infty<x<+\infty) \tag{2-17}$$

$$\Phi(x)=\int_{-\infty}^{x}\varphi(t)\mathrm{d}t=\frac{1}{\sqrt{2\pi}}\int_{-\infty}^{x}\mathrm{e}^{-\frac{t^2}{2}}\mathrm{d}t \quad (-\infty<x<+\infty) \tag{2-18}$$

由于标准正态的概率密度函数的对称轴与 y 轴重合，如图 2-10 所示，从而有

$$\Phi(-x)=1-\Phi(x) \tag{2-19}$$

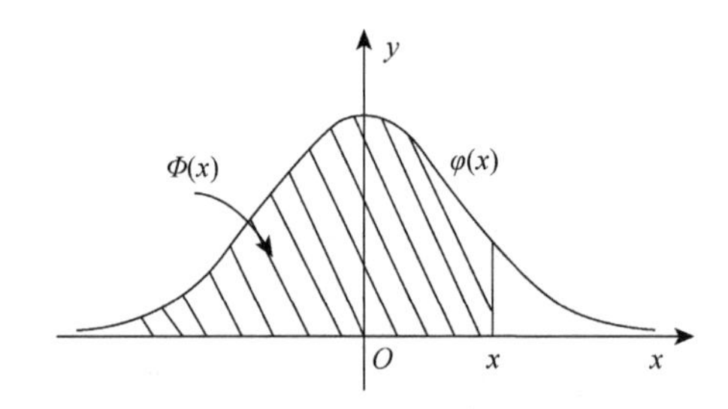

图 2-10　标准正态密度函数 $\varphi(x)$ 图形

虽然分布函数 $\Phi(x)$ 的积分求不出来，但是可以将被积函数按幂函数展开，从而可以求出它的近似值，在本书的附表 1 中给出了 $\Phi(x)$ 的近似值的函数表，可供查用.

例如查表得

$$\Phi(1)=P\{X\leqslant 1\}=\int_{-\infty}^{1}\frac{1}{\sqrt{2\pi}}\mathrm{e}^{-\frac{x^2}{2}}\mathrm{d}x\approx 0.841\,3$$

而

$$\Phi(-1)=1-\Phi(1)=1-0.841\,3=0.158\,7$$

例 2.4.9　设 $X\sim N(0,1)$，试求 $P\{-1.25<X<2\}$.

解　$P\{-1.25<X<2\}=\Phi(2)-\Phi(-1.25)$

$$=0.977\,2-(1-0.894\,4)=0.871\,6$$

关于标准正态分布的计算问题通过查表可得到完全解决，而对于一般正态分布的计算则有下面的计算公式. 若 $X\sim N(\mu,\sigma^2)$，则只需要通过一个线性变换就能将 X 化成标准正态分布.

定理 2.4.1　若 $X\sim N(\mu,\sigma^2)$，则 $\dfrac{X-\mu}{\sigma}\sim N(0,1)$.

证　设 $Y=\dfrac{X-\mu}{\sigma}$，先求 Y 的分布函数，对任意的实数 y，

$$F(y)=P\{Y\leqslant y\}=P\left\{\frac{X-\mu}{\sigma}\leqslant y\right\}$$

$$=P\{X\leqslant \mu+\sigma y\}=\frac{1}{\sqrt{2\pi}}\int_{-\infty}^{\mu+\sigma y}\mathrm{e}^{-\frac{(x-\mu)^2}{2\sigma^2}}\mathrm{d}x$$

令 $\frac{x-\mu}{\sigma}=u$，得

$$F(y)=P\{Y\leqslant y\}=\frac{1}{\sqrt{2\pi}}\int_{-\infty}^{y}\mathrm{e}^{-\frac{u^2}{2}}\mathrm{d}u=\Phi(y)$$

可见

$$Y=\frac{X-\mu}{\sigma}\sim N(0,1)$$

于是，若 $X\sim N(\mu,\sigma^2)$，则它的分布函数 $F(x)$ 可写为

$$F(x)=P\{X\leqslant x\}=P\left\{\frac{X-\mu}{\sigma}\leqslant\frac{x-\mu}{\sigma}\right\}=\Phi\left(\frac{x-\mu}{\sigma}\right)$$

对于任意区间 $(x_1,x_2]$，有

$$P\{x_1<X\leqslant x_2\}=P\left\{\frac{x_1-\mu}{\sigma}<\frac{X-\mu}{\sigma}\leqslant\frac{x_2-\mu}{\sigma}\right\}=\Phi\left(\frac{x_2-\mu}{\sigma}\right)-\Phi\left(\frac{x_1-\mu}{\sigma}\right)$$

例 2.4.10　设 $X\sim N(3,4)$，求：（1）$P\{2<X\leqslant 5\}$，$P\{X>3\}$；（2）确定常数 c，使得 $P\{X>c\}=P\{X\leqslant c\}$.

解　（1）$P\{2<X\leqslant 5\}=P\left\{\frac{2-3}{2}<\frac{X-3}{2}\leqslant\frac{5-3}{2}\right\}$

$$=\Phi(1)-\Phi(-0.5)=\Phi(1)-1+\Phi(0.5)$$

$$=0.8413-1+0.6915=0.5328$$

又

$$P\{X>3\}=1-P\{X\leqslant 3\}=1-\Phi\left(\frac{3-3}{2}\right)=1-\Phi(0)=1-0.5=0.5$$

（2）由 $P\{X>c\}=P\{X\leqslant c\}$，得

$$1-P\{X\leqslant c\}=P\{X\leqslant c\}$$

所以

$$P\{X\leqslant c\}=0.5$$

于是

$$P\{X\leqslant c\}=P\left\{\frac{X-3}{2}\leqslant\frac{c-3}{2}\right\}=\Phi\left(\frac{c-3}{2}\right)=0.5$$

而 $\Phi(0)=0.5$，故 $\frac{c-3}{2}=0$，$c=3$.

在标准正态分布中 $\Phi(0)=0.5$（一般要求学生记住），在一般正态分布中 $x=\mu$ 是密度函数的对称轴，所以 $P\{X>\mu\}=P\{X\leqslant\mu\}=0.5$，在（2）中的 c 就具有这种含义，也可直接得 $c=\mu=3$.

例 2.4.11　设 $X\sim N(\mu,\sigma^2)$，试求：

（1）$P\{|X-\mu|<\sigma\}$；（2）$P\{|X-\mu|<2\sigma\}$；（3）$P\{|X-\mu|<3\sigma\}$.

解　由定理 2.4.1 的结论，得

（1）$P\{|X-\mu|<\sigma\}=P\{-\sigma<X-\mu<\sigma\}=P\left\{-1<\dfrac{X-\mu}{\sigma}<1\right\}$

$$=\Phi(1)-\Phi(-1)=2\Phi(1)-1=0.682\,6$$

同理可得

（2）$P\{|X-\mu|<2\sigma\}=\Phi(2)-\Phi(-2)=2\Phi(2)-1=0.954\,4$

（3）$P\{|X-\mu|<3\sigma\}=\Phi(3)-\Phi(-3)=2\Phi(3)-1=0.997\,4$

如图 2-11 所示，上例的结论很有意思，在正态分布中无论 μ，σ 取什么值，落在 $(\mu-\sigma,\mu+\sigma)$，$(\mu-2\sigma,\mu+2\sigma)$，$(\mu-3\sigma,\mu+3\sigma)$ 内的概率均相等. 同时可以看到，尽管正态分布变量的取值范围是 $(-\infty,+\infty)$，但值落在 $(\mu-3\sigma,\mu+3\sigma)$ 内的概率为 0.997 4，几乎是必然事件. 这就是人们所说的"3σ"法则. 该法则在数理统计应用中有很重要的作用.

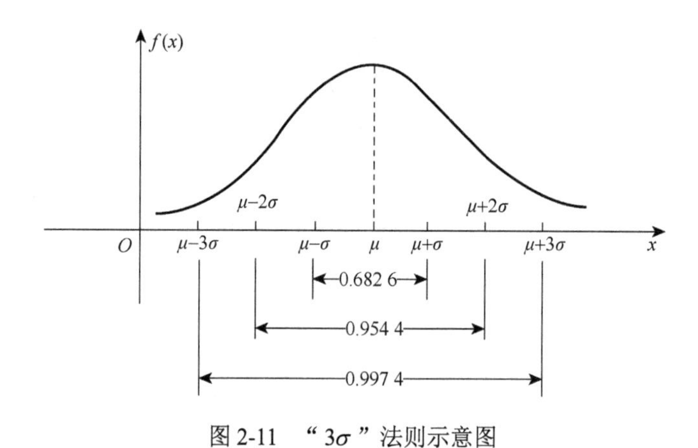

图 2-11 "3σ"法则示意图

例 2.4.12 一工厂生产的某种元件的寿命 $X\sim N(160,\sigma^2)$，若要求 $P\{120<X\leqslant 200\}\geqslant 0.80$，则允许 σ 最大为多少？

解 由于 $X\sim N(160,\sigma^2)$，要求

$$P\{120<X\leqslant 200\}=\Phi\left(\frac{40}{\sigma}\right)-\Phi\left(-\frac{40}{\sigma}\right)=2\Phi\left(\frac{40}{\sigma}\right)-1\geqslant 0.80$$

即

$$\Phi\left(\frac{40}{\sigma}\right)\geqslant 0.9$$

查表得

$$\Phi(1.282)=0.9$$

即

$$\frac{40}{\sigma}\geqslant 1.282$$

所以

$$\sigma\leqslant\frac{40}{1.282}=31.20$$

即允许 σ 最大为 31.20.

为了便于后面数理统计中的应用，对于标准正态分布的随机变量，引入上 α 分位点的定义：设 $X\sim N(0,1)$，若 u_α 满足条件

$$P\{X > u_\alpha\} = \alpha \quad (0 < \alpha < 1)$$

则称点 u_α 为标准正态分布的上 α 分位点，如图 2-12 所示，对于上述等式有两种不同的表述：① α 是随机变量 X 大于点 u_α 的概率；②点 u_α 把标准正态分布密度函数 $\varphi(x)$ 下的面积分为左右两块，左侧一块面积为 $1-\alpha$，右侧一块面积为 α.

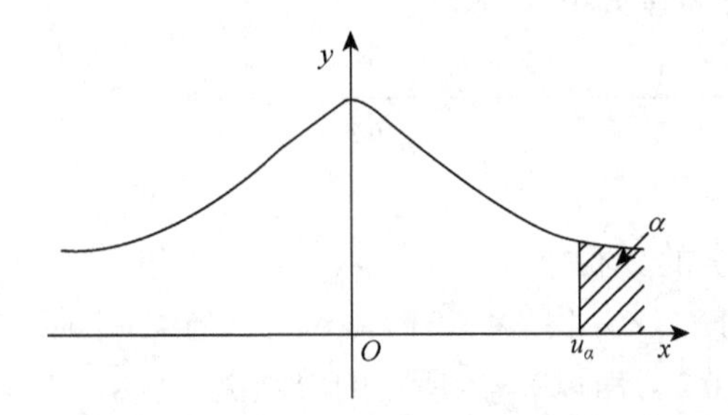

图 2-12　标准正态上 α 分位点示意图

分位点亦可用标准正态分布表查得，例如，$u_{0.25} = 0.675$.

因为 $P\{X > u_{0.25}\} = 1 - P\{X \leqslant u_{0.25}\} = 0.25$，所以 $P\{X \leqslant u_{0.25}\} = 0.75$. 查表得 $u_{0.25} = 0.675$.

另外，由 $\varphi(x)$ 图形的对称性可知 $u_{1-\alpha} = -u_\alpha$，所以

$$u_{0.75} = -u_{0.25} = -0.675$$

许多实际问题中的随机变量，如测量误差、学生的考试成绩、热力学中理想气体的分子速度、某地区成年男人的身高等都服从正态分布. 在概率论与数理统计的理论研究和实际应用中正态分布起着特别重要的作用. 在第 5 章将进一步说明正态随机变量的重要性.

2.5　随机变量函数的分布

在实际问题中，不仅要研究随机变量，往往还要研究随机变量的函数. 例如某电影院每场所售出的门票数是一个随机变量，而票房的收入就是售出门票数的函数；又如在分子物理学中，已知分子的速度 v 是一个随机变量，而分子的动能 $\omega = \frac{1}{2}mv^2$ 是随机变量 v 的一个函数. 这类问题既普遍又重要，在本节将讨论这类问题. 这类问题一般的提法是设 X 是随机变量，则显然，$Y = g(X)$（g 是已知的连续函数）也是随机变量，若 X 的分布已知，试求 $Y = g(X)$ 的分布. 下面就离散型随机变量和连续型随机变量分别加以讨论.

2.5.1　离散型随机变量函数的分布

设 X 是一个离散型随机变量，其分布律为

X	x_1	x_2	$\cdots$	x_n
p_i	p_1	p_2	$\cdots$	p_n

则 $Y = g(X)$ 的分布律为

$Y=g(X)$	$g(x_1)$	$g(x_2)$	$\cdots$	$g(x_n)$
p_i	p_1	p_2	$\cdots$	p_n

这里可能有某些项 $g(x_i)$ 的值相等，把它们适当并项即可.

例 2.5.1 设 X 的分布律如下：

X	-1	0	1	2
p_i	0.2	0.3	0.1	0.4

又设 $Y=(X-1)^2$，试求 Y 的分布律.

解 显然当 $X=-1$ 时，$Y=4$；$X=0$ 时，$Y=1$；当 $X=1$ 时，$Y=0$；$X=2$ 时，$Y=1$. 而 $X=-1$ 所占的份额是 0.2，所以 $Y=4$ 所占的份额也是 0.2；$X=1$ 所占的份额是 0.1，所以 $Y=0$ 所占的份额也是 0.1；$X=0$ 和 $X=2$ 时，Y 都等于 1，所以 $Y=1$ 所占的份额是这两个部分的和

$$P(Y=1)=P(X=0)+P(X=2)=0.7$$

于是

$Y=(X-1)^2$	4	1	0	1
p_i	0.2	0.3	0.1	0.4

并项，得

Y	0	1	4
p_i	0.1	0.7	0.2

2.5.2 连续型随机变量函数的分布

设 X 是连续型随机变量，其密度函数为 $f_X(x)$，g 是已知的连续函数，$Y=g(X)$ 是 X 的函数，下面来求 Y 的概率密度函数. 在前面的学习中曾见过这样的问题：若 $X\sim N(\mu,\sigma^2)$，则 $Y=\dfrac{X-\mu}{\sigma}\sim N(0,1)$，显然 X 是连续型随机变量，而 Y 是 X 的函数. 当时处理上述问题的方法对于解决连续型随机变量函数的分布问题具有一般性，即所谓分布函数两步法：首先求出 Y 的分布函数 F_Y，再求 Y 的概率密度函数 f_y. 下面通过例子来讲解.

例 2.5.2 设随机变量 X 具有概率密度函数 $f_X(x)=\begin{cases}\dfrac{x}{8}, & 0<x<4,\\ 0, & 其他,\end{cases}$ 试求随机变量 $Y=2X+8$ 的概率密度函数.

解 记 X,Y 的分布函数分别为 $F_X(x),F_Y(y)$，先求 $F_Y(y)$，对于任意的实数 y，

$$F_Y(y)=P\{Y\leqslant y\}=P\{2X+8\leqslant y\}=P\left\{X\leqslant\frac{y-8}{2}\right\}=F_X\left(\frac{y-8}{2}\right)=\int_0^{\frac{y-8}{2}}f_X(x)\mathrm{d}x$$

再求 $f_y(y)$，将 $F_Y(y)$ 关于 y 求导，上式是关于 y 的变上限的定积分，用变上限积分的求

导公式，得 Y 的概率密度函数为

$$f_Y(y)=f_X\left(\frac{y-8}{2}\right)\left(\frac{y-8}{2}\right)'=\begin{cases}\dfrac{1}{8}\left(\dfrac{y-8}{2}\right)\times\dfrac{1}{2}, & 0<\dfrac{y-8}{2}<4\\ 0, & \text{其他}\end{cases}=\begin{cases}\dfrac{y-8}{32}, & 8<y<16\\ 0, & \text{其他}\end{cases}$$

该例题所用的方法归结起来是借助于分布函数来求概率密度函数；在解题的过程中，并不需要真的求出分布函数，只要写出它的表达形式即可.

例 2.5.3　若 $X\sim N(0,1)$，求 $Y=X^2$ 的概率密度函数.

解　记 X,Y 的分布函数分别为 $F_X(x),F_Y(y)$，先求 $F_Y(y)$．对任意的实数 y，当 $y\leqslant 0$ 时，有

$$F_Y(y)=P\{Y\leqslant y\}=P\{X^2\leqslant y\}=0$$

当 $y>0$ 时，有

$$\begin{aligned}F_Y(y)&=P\{Y\leqslant y\}=P\{X^2\leqslant y\}\\&=P\left\{-\sqrt{y}\leqslant X\leqslant\sqrt{y}\right\}=\Phi\left(\sqrt{y}\right)-\Phi\left(-\sqrt{y}\right)\\&=2\Phi\left(\sqrt{y}\right)-1=2\int_{-\infty}^{\sqrt{y}}\frac{1}{\sqrt{2\pi}}e^{-\frac{x^2}{2}}dx-1\end{aligned}$$

再求 $f_y(y)$，对 $F_Y(y)$ 求关于 y 的导数，由此得 Y 的概率密度函数为

$$f_Y(y)=F_Y'(y)=\begin{cases}\dfrac{1}{\sqrt{2\pi}\sqrt{y}}e^{-\frac{y}{2}}, & y>0\\ 0, & y\leqslant 0\end{cases}$$

例 2.5.4　设随机变量 $X\sim N(\mu,\sigma^2)$，试证 $Y=aX+b\,(a\neq 0)$ 也服从正态分布.

例 2.5.4　重点难点视频讲解

证　记 X,Y 的分布函数分别为 $F_X(x),F_Y(y)$，先求 $F_Y(y)$．对任意的实数 y，当 $a>0$ 时，

$$\begin{aligned}F_Y(y)&=P\{Y\leqslant y\}=P\{aX+b\leqslant y\}\\&=P\left\{X\leqslant\frac{y-b}{a}\right\}=\int_{-\infty}^{\frac{y-b}{a}}\frac{1}{\sqrt{2\pi}\sigma}e^{-\frac{(x-\mu)^2}{2\sigma^2}}dx\end{aligned}$$

再求 $f_y(y)$，对 $F_Y(y)$ 关于 y 求导，由此得 Y 的概率密度函数

$$f_Y(y)=\frac{1}{a}\frac{1}{\sqrt{2\pi}\sigma}e^{-\frac{\left(\frac{y-b}{a}-\mu\right)^2}{2\sigma^2}}$$

当 $a<0$ 时，

$$\begin{aligned}F_Y(y)&=P\{Y\leqslant y\}=P\{aX+b\leqslant y\}\\&=P\left\{X\geqslant\frac{y-b}{a}\right\}=1-P\left\{X\leqslant\frac{y-b}{a}\right\}=1-\int_{-\infty}^{\frac{y-b}{a}}\frac{1}{\sqrt{2\pi}\sigma}e^{-\frac{(x-\mu)^2}{2\sigma^2}}dx\end{aligned}$$

再求 $f_y(y)$，对 $F_Y(y)$ 关于 y 求导，由此得 Y 的概率密度函数

$$f_Y(y)=-\frac{1}{a}\frac{1}{\sqrt{2\pi}\sigma}e^{-\frac{\left(\frac{y-b}{a}-\mu\right)^2}{2\sigma^2}}$$

综合起来可得 Y 的概率密度函数为

$$f_Y(y)=\frac{1}{|a|}\frac{1}{\sqrt{2\pi}\sigma}\mathrm{e}^{-\frac{[y-(a\mu+b)]^2}{2a^2\sigma^2}}\quad(-\infty<y<+\infty)$$

即 $Y\sim N(a\mu+b,a^2\sigma^2)$. 证毕.

关于连续型随机变量函数的分布也可用下面的定理求解.

定理 2.5.1 设 X 是一个连续型随机变量，其密度函数为 $f_X(x)$，又函数 $y=g(x)$ 严格单调，其反函数 $h(y)$ 有连续导数，则 $Y=g(X)$ 也是一个连续型随机变量，且密度函数为

$$f_y(y)=\begin{cases}f_x[h(y)]\,|\,h'(y)\,|, & \alpha<y<\beta\\ 0, & 其他\end{cases}\tag{2-20}$$

其中 $\alpha=\min[g(-\infty),g(\infty)],\beta=\max[g(-\infty),g(\infty)]$.

证 不妨设 $g(x)$ 是严格单调上升的函数，这时它的反函数 $h(x)$ 也严格单调上升，于是

$$\begin{aligned}F_Y(y)&=P\{Y\leqslant y\}=P\{g(X)\leqslant y\}=P\{X\leqslant h(y)\}\\&=\int_{-\infty}^{h(y)}f_X(x)\mathrm{d}x\quad(f(-\infty)<y<f(+\infty))\end{aligned}$$

由此得 Y 的概率密度函数为

$$f_Y(y)=F_Y'(y)=\begin{cases}f_X(h(y))(h'(y)), & \alpha<y<\beta\\ 0, & 其他\end{cases}$$

若 $g(x)$ 是严格单调下降的函数，则它的反函数 $h(x)$ 也严格单调下升降，$h'(y)<0$，得

$$f_Y(y)=F_Y'(y)=\begin{cases}f_X(h(y))(-h'(y)), & \alpha<y<\beta\\ 0, & 其他\end{cases}$$

合并有

$$f_y(y)=\begin{cases}f_x[h(y)]\,|\,h'(y)\,|, & \alpha<y<\beta\\ 0, & 其他\end{cases}$$

其中 $\alpha=\min[g(-\infty),g(\infty)],\beta=\max[g(-\infty),g(\infty)]$，定理证毕.

例 2.5.5 用定理的结论来证明例 2.5.4.

证 已知 X 的概率密度为

$$f_X(x)=\frac{1}{\sqrt{2\pi}\sigma}\mathrm{e}^{-\frac{(x-\mu)^2}{2\sigma^2}}\quad(-\infty<x<\infty)$$

而 $y=ax+b$，解得 $x=h(y)=\dfrac{y-b}{a}$，且有 $h'(y)=\dfrac{1}{a}$.

由定理得 $Y=aX+b$ 的概率密度为

$$f_Y(y)=\frac{1}{|a|}f_X\left(\frac{y-b}{a}\right)\quad(-\infty<x<\infty)$$

即

$$f_Y(y)=\frac{1}{|a|}\frac{1}{\sqrt{2\pi}\sigma}\mathrm{e}^{-\frac{\left(\frac{y-b}{a}-\mu\right)^2}{2\sigma^2}}=\frac{1}{|a|\sigma\sqrt{2\pi}}\mathrm{e}^{-\frac{[y-(b+a\mu)]^2}{2(a\sigma)^2}}\quad(-\infty<y<\infty)$$

所以有

$$Y = aX + b \sim N(a\mu + b, (a\sigma)^2)$$

在用定理解题时，一定要注意条件即函数 $y = g(x)$ 需严格单调；例 2.5.3 就不能用定理的结论来证明，因为 $y = x^2$ 不是单调的函数. 如果定理的条件不满足，那就用前面讲的借助分布函数的方法求解.

例 2.5.6　假设随机变量 X 服从参数为 2 的指数分布. 证明：$Y = 1 - \mathrm{e}^{-2X}$ 在区间 $(0,1)$ 上服从均匀分布.

证　已知 X 的密度函数为

$$f(x) = \begin{cases} 2\mathrm{e}^{-2x}, & x > 0 \\ 0, & x \leqslant 0 \end{cases}$$

而 $y = 1 - \mathrm{e}^{-2x}$ 在 $0 < x < +\infty$ 上严格单调上升，且当 $x = 0$ 时，$y = 1$；$x = \infty$ 时，$y = 0$.

y 的反函数为

$$x = h(y) = \frac{1}{2}\ln(1 - y) \quad (0 < y < 1)$$

其反函数的导函数为

$$h'(y) = -\frac{1}{2}\frac{1}{(1 - y)} \quad (0 < y < 1)$$

由定理知，Y 的密度函数为

$$f_Y(y) = f_X(h(y))\left|h'(y)\right| = 2(1 - y)\left|-\frac{1}{2(1 - y)}\right| = 1 \quad (0 < y < 1)$$

可见 $Y \sim U(0,1)$，证毕.

习　题　2

1. 常数 $b =$（　　）时，$p_k = \dfrac{b}{k(k+1)}(k = 1,2,\cdots)$ 为离散型随机变量的概率分布.

A. 2　　B. 1　　C. $\dfrac{1}{2}$　　D. 3

2. 设随机变量 X 的概率分布为 $P\{X = k\} = \dfrac{\lambda^k}{k!}\mathrm{e}^{-2}, k = 0,1,2,\cdots$，则 $\lambda =$__________.

3. 某射手对目标独立射击 4 次，若至少命中一次的概率为 $\dfrac{80}{81}$，则此射手的命中率为__________.

4. 设随机变量 $X \sim b(2, p)$，$Y \sim b(3, p)$，若 $P\{X \geqslant 1\} = \dfrac{5}{9}$，则 $P\{Y \geqslant 1\} =$__________.

5. 设随机变量 X 服从二项分布 $b(3,0.4)$，则 X 的最可能取值为__________.

6. 一袋中装有 5 只球，编号为 1，2，3，4，5. 从袋中同时取 3 只，以 X 表示取出的 3 只球中的最大号码，写出随机变量 X 的分布律.

7. 将一颗骰子抛掷两次，以 X_1 表示两次中得到的大的点数，以 X_2 表示两次中得到的小的点数，试分别求 X_1，X_2 的分布律.

8. 一大楼有 5 台供水设备，调查表明在任一 t 时刻每台设备被使用的概率为 0.1，问在同一时刻：

(1)恰好有 2 台设备被使用的概率是多少？(2)至少有 1 台设备被使用的概率是多少？

9. 一批产品共 10 件，其中 7 件正品，3 件次品，每次从这批产品中任取一件，在下述两种情况下，分别求直至取得正品为止所需次数 X 的概率分布：

(1) 每次取出的产品不再放回去；(2) 每次取出的产品仍放回去.

10. 一批灯泡共有 40 只，其中 3 只是坏的，其余 37 只是好的. 现从中随机地抽取 4 只进行检验. 令 X 表示 4 只灯中坏的只数，试写出 X 的分布.

11. 设随机变量 $X \sim P(\lambda)$，已知 $P\{X=1\}=P\{X=2\}$，求 $P\{X=4\}$.

12. 在保险公司里有 2 500 名同一年龄和同社会阶层的人购买人寿保险，在一年中每个人死亡的概率为 0.002，每个参加保险的人在 1 月 1 日须交 12 元保险费，而在死亡时家属可从保险公司领取 2 000 元赔偿金. 求：

(1) 保险公司亏本的概率；

(2) 保险公司获利分别不少于 10 000 元、20 000 元的概率（用泊松逼近计算）.

13. 设 $F_1(x)$ 与 $F_2(x)$ 分别为随机变量 X_1 与 X_2 的分布函数，为使 $F(x)=aF_1(x)-bF_2(x)$ 是某一随机变量的分布函数，则 a,b 应满足的条件是__________.

14. 设随机变量 X 的分布函数为 $F(x)=\begin{cases}0, & x<0\\ Ax^2, & 0\leqslant x<1\\ 1, & x\geqslant 1\end{cases}$，则 $A=$__________，$P\left(-1<X\leqslant\dfrac{1}{2}\right)=$__________.

15. 设随机变量 X 的分布函数为 $F(x)=P\{X\leqslant x\}=\begin{cases}0, & x<-1\\ 0.4, & -1\leqslant x<1\\ 0.8, & 1\leqslant x<3\\ 1, & x\geqslant 3\end{cases}$，则 X 的概率分布为__________.

16. 设随机变量 X 的分布函数为 $F(x)=\begin{cases}0, & x<0\\ \dfrac{1}{2}, & 0\leqslant x<1\\ 1-\mathrm{e}^{-x}, & x\geqslant 1\end{cases}$，则 $P\{X=1\}=(\quad)$.

A. 0　　B. $\dfrac{1}{2}$　　C. $\dfrac{1}{2}-\mathrm{e}^{-1}$　　D. $1-\mathrm{e}^{-1}$

17. 已知随机变量 X 的概率分布为

$$P\{X=1\}=0.2,\quad P\{X=2\}=0.3,\quad P\{X=3\}=0.5$$

试写出分布函数 $F(x)$.

18. 设随机变量 X 的分布函数为 $F(x)=\begin{cases}0, & x<-1\\ \dfrac{1}{8}, & x=-1\\ ax+b, & -1<x<1\\ 1, & x\geqslant 1\end{cases}$，且 $P\{X=1\}=\dfrac{1}{4}$. 求未知参数 a,b.

19. 设随机变量 X 的分布函数为 $F(x)=\begin{cases}0, & x<0\\ A\sin x, & 0\leqslant x\leqslant\dfrac{\pi}{2}\\ 1, & x>\dfrac{\pi}{2}\end{cases}$，求 $P\left\{-\dfrac{\pi}{6}<X\leqslant\dfrac{\pi}{6}\right\}$.

20. 设随机变量 $X\sim N(0,1)$，已知 $\Phi(2)=0.992$，则 $P\{-2<X\leqslant 0\}=$_________.

21. 设随机变量 $X\sim N(1,5)$，则 $P\{X<0\}=$_________.

22. 设 $F_1(x),F_2(x)$ 为两个分布函数，其相应的概率密度 $f_1(x),f_2(x)$ 是连续函数，则必为概率密度的是（　　）.

A. $f_1(x)f_2(x)$　　B. $2f_1(x)f_2(x)$

C. $f_1(x)F_2(x)$　　D. $f_1(x)F_2(x)+f_2(x)F_1(x)$

23. 当随机变量 X 的可能值充满（　　）区间，则 $f(x)=\cos x$ 可以成为随机变量 X 的密度函数.

A. $\left[0,\dfrac{\pi}{2}\right]$　　B. $\left[\dfrac{\pi}{2},\pi\right]$　　C. $[0,\pi]$　　D. $\left[\dfrac{3}{2}\pi,\dfrac{7}{4}\pi\right]$

24. 设随机变量 X 的密度函数为 $f(x)=\dfrac{1}{2\sqrt{\pi}}\mathrm{e}^{-\frac{(x+3)^2}{4}}\ (-\infty<x<+\infty)$，则服从标准正态分布 $N(0,1)$ 的随机变量是（　　）.

A. $\dfrac{X+3}{2}$　　B. $\dfrac{X+3}{\sqrt{2}}$　　C. $\dfrac{X-3}{2}$　　D. $\dfrac{X-3}{\sqrt{2}}$

25. 设随机变量 X 的密度函数为

$$f(x)=a\mathrm{e}^{-|x|}\quad(-\infty<x<+\infty)$$

求：（1）常数 a；（2）$P\{-1<X<2\}$；（3）X 的分布函数 $F(x)$.

26. 设随机变量 X 的分布函数为 $F(x)=\begin{cases}0, & x<-a\\ A+B\arcsin\dfrac{x}{a}, & -a\leqslant x<a\ (a>0)\\ 1, & x\geqslant a\end{cases}$，试求：

（1）A 和 B 取何值时分布函数是连续的；

（2）随机变量 X 的密度函数；

（3）方程 $t^2+Xt+\dfrac{a^2}{16}=0$ 有实根的概率.

27. 某地区 18 岁的女青年的血压（收缩压，以 mmHg 计，1 mmHg = 133.322 4 Pa）服从 $N(110,12^2)$ 分布. 在该地区任选一 18 岁的女青年，测量她的血压 X.

（1）求 $P\{100<X\leqslant 120\}$；（2）确定最小的 x，使 $P\{X>x\}\leqslant 0.05$.

28. 某元件寿命 $X\sim E(\lambda)(\lambda^{-1}=1\,000\ \mathrm{h})$. 3 个这样的元件使用 1 000 h 后，都没有损坏的概率是多少？

29. 由某机器生产的螺栓的长度（单位：cm）服从参数 $\mu=10.05$、$\sigma=0.06$ 的正态分布. 规定长度在范围 10.05 ± 0.12 内为合格品. 求一螺栓为不合格品的概率.

30. 设随机变量 X 的分布律

X	-1	0	1	2	3
p_i	0.2	0.3	0.1	0.2	0.2

求$Y=X+1$，$Z=\sin\left(\dfrac{\pi}{2}X\right)$的分布律.

31. 设随机变量X在区间$(-1,2)$服从均匀分布$Y=\begin{cases}1, & X>0\\ 0, & X=0\\ -1 & X<0\end{cases}$，试求随机变量$Y$的分布律.

32. 设随机变量$X\sim U(0,2)$，求$Y=X^2$的密度函数.

33. 设随机变量$X\sim N(0,1)$，求$Y=4-X^2$的概率密度函数.

34. 对圆的直径做近似测量，设其值均匀分布在区间$[a,b]$内，求圆面积的概率密度函数.

35. 设随机变量X的概率密度为$f_X(x)=\begin{cases}\mathrm{e}^{-x}, & x\geqslant 0\\ 0, & x<0\end{cases}$，求随机变量$Y=\mathrm{e}^X$的概率密度$f_Y(y)$.

第 3 章　多维随机变量及其分布

在生产实际与理论研究中，常常会遇到这种情况：需要同时使用几个随机变量才能较好地描述某一随机试验或随机现象. 例如，为了考察某地区学龄前儿童的身体发育情况，对该地区的儿童进行抽查. 对于每个被抽到的儿童 e 都可以观察到他的身高 $X(e)$ 和体重 $Y(e)$，则 $X(e)$、$Y(e)$ 是建立在同一个样本空间上 $\Omega=(e)=$(学龄前儿童）的两个随机变量，它们组成的向量 $(X(e),Y(e))$ 称为二维随机变量，简记为 (X,Y). 进一步，若观察抽查到的儿童 e 的头围 $Z(e)$，则 $(X(e),Y(e),Z(e))$ 构成三维随机变量，简记为 (X,Y,Z).

类似地，定义在同一个样本空间上的 n 个随机变量 $X_1,X_2,\cdots,X_n$ 组成的向量 $(X_1,X_2,\cdots,X_n)$ 称为 n 维随机变量. 由于二维随机变量与 $n(n\geqslant 3)$ 维随机变量没有原则性的区别，为了便于表述与理解，本章着重讨论二维随机变量.

二维随机变量的许多概念、性质与一维随机变量的类似. 例如，二维随机变量 (X,Y) 也有最常用的两大类型：离散型与连续型. 但由于 (X,Y) 的性质不仅与 X 及 Y 有关，还依赖于这两个随机变量间的关系，所以逐个地来研究 X 或 Y 的性质是不够的，还需将 (X,Y) 看作一个整体来进行研究.

3.1　二维随机变量的分布函数

与一维的情况类似，也可借助“分布函数”来研究二维随机变量.

3.1.1　联合分布函数

定义 3.1.1　设 (X,Y) 是二维随机变量，对任意的实数 x,y，称二元函数

$$F(x,y)=P\{X\leqslant x\cap Y\leqslant y\}=P\{X\leqslant x,Y\leqslant y\} \tag{3-1}$$

为二维随机变量 (X,Y) 的**分布函数**，或称为 X 和 Y 的**联合分布函数**.

如果把二维随机变量 (X,Y) 看作平面上随机点的坐标，那么分布函数 $F(x,y)$ 就是二维随机变量 (X,Y) 落在如图 3-1 所示的阴影区域内全体概率的和，它是平面上的一个累加概率.

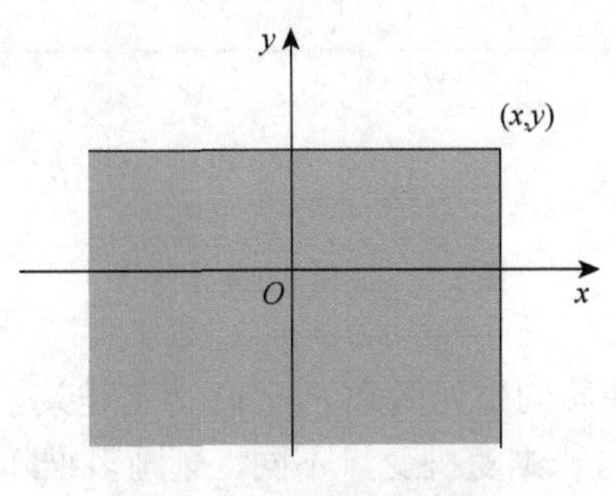

图 3-1　$F(x,y)$ 示意图

由定义可知，二维随机变量(X,Y)的联合分布函数$F(x,y)$是定义在R^2上的一个普通实值函数，其性质与一维随机变量分布函数的性质类似. 分布函数$F(x,y)$具有以下性质.

性质 3.1.1　$F(x,y)$关于变量x,y都是单调不减的，即

对于任意固定的y，当$x_1<x_2$时，$F(x_1, y)\leqslant F(x_2, y)$；

对于任意固定的x，当$y_1<y_2$时，$F(x, y_1)\leqslant F(x, y_2)$.

性质 3.1.2　$0\leqslant F(x, y)\leqslant 1$，且

对于任意固定的y，$\lim\limits_{x\to-\infty}F(x,y)\overset{\text{记为}}{=\!=}F(-\infty,y)=0$；

对于任意固定的x，$\lim\limits_{y\to-\infty}F(x,y)\overset{\text{记为}}{=\!=}F(x,-\infty)=0$；

对任意的x,y，$\lim\limits_{\substack{x\to-\infty\\y\to-\infty}}F(x,y)\overset{\text{记为}}{=\!=}F(-\infty,-\infty)=0$，$\lim\limits_{\substack{x\to+\infty\\y\to+\infty}}F(x,y)\overset{\text{记为}}{=\!=}F(+\infty,+\infty)=1$.

性质 3.1.3　$F(x, y)$关于变量x,y都是右连续的，即

对于任意的x_0和任意固定的y，$\lim\limits_{x\to x_0^+}F(x,y)\overset{\text{记为}}{=\!=}F(x_0+0,y)=F(x_0,y)$；

对于任意的y_0和任意固定的x，$\lim\limits_{y\to y_0^+}F(x,y)\overset{\text{记为}}{=\!=}F(x,y_0+0)=F(x,y_0)$.

性质 3.1.4　对于任意的实数$x_1<x_2$，$y_1<y_2$，有

$$F(x_2,y_2)-F(x_1,y_2)-F(x_2,y_1)+F(x_1,y_1)\geqslant 0$$

上述性质的证明需用到测度论的知识，所以从略；而性质 3.1.2，性质 3.1.3，性质 3.1.4可以从几何上加以说明. 例如：若在图 3-1 中将无穷区域的右边界保存不动，将上边界向下无限平移（即$y\to-\infty$），则“(X,Y)落在这一矩形区域内”这一事件趋于不可能事件，故其概率为 0，即$F(x,-\infty)=0$；若在图 3-1 中将无穷区域的右边界向右无限平移，将上边界向上无限平移（即$x\to+\infty,y\to+\infty$），则这一矩形区域将扩展成整个平面，“(X,Y)落在这一无穷矩形区域内”这一事件将趋于必然，其概率为 1，即$F(+\infty,+\infty)=1$. 性质 3.1.4中，$F(x_2,y_2)-F(x_1,y_2)-F(x_2,y_1)+F(x_1,y_1)$就是随机点$(X,Y)$落在如图 3-2 所示的矩形区域内$\{(x,y)|x_1<x\leqslant x_2,y_1<y\leqslant y_2\}$的概率，必大于等于 0.

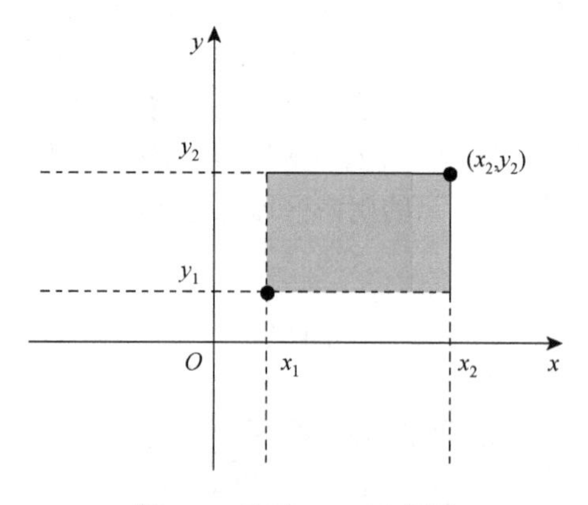

图 3-2　性质 3.1.4 示意图

反之，满足上述 4 个性质的二元函数$F(x,y)$必定是某个二维随机变量(X,Y)的联合分布函数. 值得注意的是，与一维随机变量不同，刻画多维随机变量的联合分布函数需要加上性质 3.1.4，从下面的例子可以看出，性质 3.1.1～性质 3.1.3 并不一定能推出性质 3.1.4.

例 3.1.1 二元函数 $F(x,y)=\begin{cases}1, & x+y>-1\\ 0, & x+y\leqslant -1\end{cases}$ 是否是某个随机变量 (X,Y) 的分布函数.

解 $F(x,y)$ 满足性质 3.1.1～性质 3.1.3，但不满足性质 3.1.4，因为

$$F(1,1)-F(1,-1)-F(-1,1)+F(-1,-1)=1-1-1+0=-1<0$$

所以 $F(x,y)$ 不是分布函数.

例 3.1.2 设二维随机变量 (X,Y) 的联合分布函数为

$$F(x,y)=A(B+\arctan x)(C+\arctan y)\quad(-\infty<x,y<+\infty)$$

求常数 A,B,C.

解 根据性质 3.1.2，得

$\forall x\in R$，有

$$F(x,-\infty)=A(B+\arctan x)\left(C-\frac{\pi}{2}\right)=0$$

$\forall y\in R$，有

$$F(-\infty,y)=A\left(B-\frac{\pi}{2}\right)(C+\arctan y)=0$$

且

$$F(+\infty,+\infty)=A\left(B+\frac{\pi}{2}\right)\left(C+\frac{\pi}{2}\right)=1$$

联合上述三式解得

$$A=\frac{1}{\pi^2},\quad B=C=\frac{\pi}{2}$$

联合分布函数的概念可推广到任意有限多维的情形：

设 $(X_1,X_2,\cdots,X_n)$ 为 n 维随机变量，$x_1,x_2,\cdots,x_n$ 为 n 个任意实数，称 n 元函数

$$F(x_1,x_2,\cdots,x_n)=P(X_1\leqslant x_1,X_2\leqslant x_2,\cdots,X_n\leqslant x_n)$$

为 $(X_1,X_2,\cdots,X_n)$ 的联合分布函数.

3.1.2 边缘分布函数

二维随机变量 (X,Y) 作为一个整体，具有联合分布函数 $F(x,y)$，而它的分量 X 与 Y 都是一维随机变量，也均有各自的分布函数.

定义 3.1.2 设二维随机变量 (X,Y) 的联合分布函数为 $F(x,y)$，对于任意的实数 $x\in R$，定义一元函数

$$F_X(x)=P\{X\leqslant x\}=P\{X\leqslant x,Y<+\infty\}=F(x,+\infty)\tag{3-2}$$

称 $F_X(x)$ 为 (X,Y) 的关于 X 的**边缘分布函数**；同理，对于任意的实数 $y\in R$，定义一元函数

$$F_Y(y)=P(Y\leqslant y)=P\{X<+\infty,Y\leqslant y\}=F(+\infty,y)$$

称 $F_Y(y)$ 为 (X,Y) 的关于 Y 的**边缘分布函数**.

在一维随机变量下 $P\{X\leqslant x\}$ 表示的是区间 $(-\infty,x]$ 内全体概率的和，而在二维随机变量下 $P\{X\leqslant x\}$ 表示的是区域 $\{(u,v)|u\leqslant x,v<\infty\}$ 内全体概率的和，如图 3-3 所示. 同时（3-2）式还表明只要在 (X,Y) 的联合分布函数 $F(x,y)$ 中令 $y\to+\infty$ 就可得到 (X,Y) 的关于 X 的边缘分布 $F_X(x)$，即

$$F_X(x)=F(x,+\infty) \tag{3-3}$$

同样，在$F(x,y)$中令$x\to+\infty$就可得到(X,Y)的关于Y的边缘分布函数$F_Y(y)$，即

$$F_Y(y)=F(+\infty,y)$$

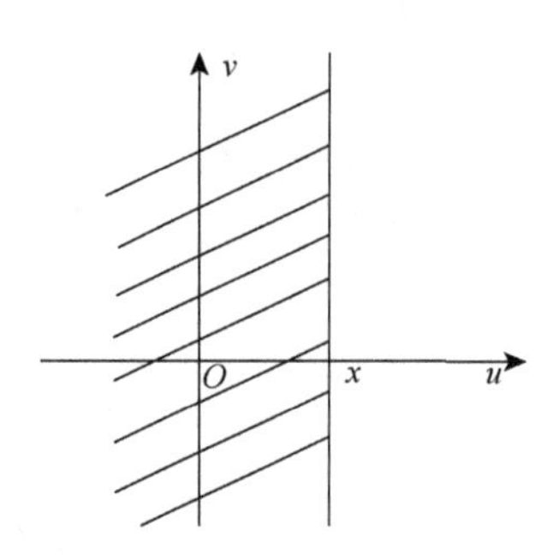

图 3-3　边缘分布函数示意图

例 3.1.3　设二维随机变量(X,Y)的分布函数为

$$F(x,y)=\frac{1}{\pi^2}\left(\frac{\pi}{2}+\arctan x\right)\left(\frac{\pi}{2}+\arctan y\right)\quad(-\infty<x,y<+\infty),$$

试求(X,Y)关于X和Y的边缘分布函数.

解　(X,Y)关于X的边缘分布函数为

$$F_X(x)=\lim_{y\to+\infty}F(x,y)=\frac{1}{\pi}\left(\frac{\pi}{2}+\arctan x\right)\quad(-\infty<x<+\infty)$$

(X,Y)关于Y的边缘分布函数为

$$F_Y(y)=\lim_{x\to+\infty}F(x,y)=\frac{1}{\pi}\left(\frac{\pi}{2}+\arctan y\right)\quad(-\infty<y<+\infty)$$

边缘分布函数的概念同样可以推广到任意有限多维的情形. 设n维随机变量$(X_1,X_2,\cdots,X_n)$的分布函数为$F(x_1,x_2,\cdots,x_n)$，则$(X_1,X_2,\cdots,X_k)$的分布函数为$F_{1,2,\cdots,k}(x_1,x_2,\cdots,x_k)=\lim\limits_{x_{k+1},\cdots,x_n\to+\infty}F(x_1,x_2,\cdots,x_k,x_{k+1},\cdots,x_n)=F(x_1,x_2,\cdots,x_k,+\infty,\cdots,+\infty)$，称$F_{1,2,\cdots,k}(x_1,x_2,\cdots,x_k)$为$(X_1,X_2,\cdots,X_n)$关于$(X_1,X_2,\cdots,X_k)$的**边缘分布函数**. 上述定义对于$(X_{i_1},X_{i_2},\cdots,X_{i_k})$（其中，$i_1,i_2,\cdots,i_k$为$1,2,\cdots,n$的任一子排列）也成立. 特别地，$(X_1,X_2,\cdots,X_n)$关于$X_i$的边缘分布函数为

$$F_{X_i}(x_i)=\lim_{\substack{x_1,x_2,\cdots,x_{i-1},\\ x_{i+1},\cdots,x_n\to+\infty}}F(x_1,x_2,\cdots,x_{i-1},x_i,x_{i+1},\cdots,x_n)=F(+\infty,\cdots,+\infty,x_i,+\infty,\cdots,\infty).$$

3.1.3　随机变量的独立性

在第 1 章学习了事件独立性的概念，现在把这个概念引入随机变量中：设X与Y为随机变量，对于任意的实数x,y，若事件$A=\{X\leqslant x\}$与事件$B=\{Y\leqslant y\}$相互独立，则有

$$P(AB)=P(A)P(B)$$

即

$$P\{X\leqslant x\cap Y\leqslant y\}=P\{X\leqslant x\}P\{Y\leqslant y\}$$

上式恰好就是

$$F(x,y)=F_X(x)F_Y(y)$$

于是引入随机变量独立性的概念.

定义 3.1.3　设二维随机变量 (X,Y) 的联合分布函数为 $F(x,y)$，(X,Y) 关于 X 和 Y 的边缘分布函数为 $F_X(x)$ 和 $F_Y(y)$. 若对于任意的实数 x,y 有

$$P\{X\leqslant x,Y\leqslant y\}=P\{X\leqslant x\}P\{Y\leqslant y\}$$

即

$$F(x,y)=F_X(x)F_Y(y) \tag{3-4}$$

则称随机变量 X 与 Y 相互独立.

例 3.1.4　二维随机变量 (X,Y) 的联合分布函数为

$$F(x,y)=\frac{1}{\pi^2}\left(\frac{\pi}{2}+\arctan x\right)\left(\frac{\pi}{2}+\arctan y\right)\quad(-\infty<x,y<+\infty)$$

判断 X 与 Y 是否相互独立的.

解　由例 3.1.3 可知

$$F_X(x)=\frac{1}{\pi}\left(\frac{\pi}{2}+\arctan x\right)\quad(-\infty<x<+\infty)$$

$$F_Y(y)=\frac{1}{\pi}\left(\frac{\pi}{2}+\arctan y\right)\quad(-\infty<y<+\infty)$$

而，$F(x,y)=F_X(x)F_Y(y)$ 成立，所以随机变量 X 与 Y 相互独立.

类似地，若对于任意的实数 $x_1,x_2,\cdots,x_n$，n 维随机变量 $(X_1,X_2,\cdots,X_n)$ 的联合分布函数 $F(x_1,x_2,\cdots,x_n)$ 及关于 X_i 的边缘分布函数 $F_{X_i}(x_i)$ 满足

$$F(x_1,x_2,\cdots,x_n)=F_{X_1}(x_1)F_{X_2}(x_2)\cdots F_{X_n}(x_n)$$

则称 $X_1,X_2,\cdots,X_n$ 是**相互独立的**.

若对于任意的实数 $x_1,x_2,\cdots,x_n,y_1,y_2,\cdots,y_m$ 有

$$F(x_1,x_2,\cdots,x_n,y_1,y_2,\cdots,y_m)=F_1(x_1,x_2,\cdots,x_n)F_2(y_1,y_2,\cdots,y_m)$$

其中，F,F_1,F_2 分别为 $(X_1,X_2,\cdots,X_n,Y_1,Y_2\cdots,Y_m)$，$(X_1,X_2,\cdots,X_n)$ 和 $(Y_1,Y_2,\cdots,Y_m)$ 的分布函数，则称随机变量 $(X_1,X_2,\cdots,X_n)$ 与 $(Y_1,Y_2,\cdots,Y_m)$ 是相互独立的.

下面不加证明地给出如下定理，它在数理统计中有着重要的应用.

定理 3.1.1　若随机变量 $(X_1,X_2,\cdots,X_n)$ 与 $(Y_1,Y_2,\cdots,Y_m)$ 相互独立，则

（1）$X_i\ (i=1,2,\cdots,n)$ 与 $Y_j\ (j=1,2,\cdots,m)$ 相互独立；

（2）若 h,g 为连续函数，则 $h(X_1,X_2,\cdots,X_n)$ 与 $g(Y_1,Y_2,\cdots,Y_m)$ 相互独立.

3.1.4　条件分布函数

若随机变量 X 与 Y 不相互独立，则 X (Y)的取值将会影响 Y (X)的取值分布规律，根据条件概率公式，可定义在 X (Y)取值给定情况下 Y (X)的条件分布.

定义 3.1.4　对于任意给定的实数 y，称条件概率 $P\{X\leqslant x|Y=y\}$ 为在 $Y=y$ 的条件下 X 的**条件分布函数**，记为 $F_{X|Y}(x|y)$，即

$$F_{X|Y}(x|y)=P\{X\leqslant x|Y=y\} \tag{3-5}$$

同理，称 $F_{Y|X}(y|x)=P\{Y\leqslant y|X=x\}$ 为在 $X=x$ 的条件下 Y 的**条件分布函数**，条件分布将在 3.2 节离散型和 3.3 节连续型分别给出具体表示式.

下面就二维离散型随机变量和二维连续型随机变量按上面的四个问题（联合分布、边缘分布、独立性、条件分布）分别展开讨论.

3.2 二维离散型随机变量

若二维随机变量(X,Y)的所有可能取值是有限对或可列无穷多对，则称(X,Y)为二维离散型随机变量. 易见(X,Y)为二维离散型随机变量当且仅当X,Y均为离散型随机变量.

与一维时的情形类似，研究二维离散型随机变量(X,Y)，不仅要讨论(X,Y)可以取哪些值，还要讨论其取各个值的概率.

3.2.1 联合分布律

定义 3.2.1 设二维离散型随机变量(X,Y)所有可能取值为(x_i,y_j) $(i,j=1,2,\cdots)$, 称

$$p_{ij}=P\{X=x_i,Y=y_j\}=P\{(X=x_i)\bigcap(Y=y_j)\}\quad(i,j=1,2,\cdots)\tag{3-6}$$

为二维离散型随机变量(X,Y)的分布律，或称为X与Y的**联合分布律**.

与一维时的情形类似，用表格给出其取值的概率分布情况，更为直观与方便，如表 3-1 所示.

表 3-1 概率分布情况

Y \ X	x_1	x_2	$\cdots$	x_i	$\cdots$
y_1	p_{11}	p_{21}	$\cdots$	p_{i1}	$\cdots$
y_2	p_{12}	p_{22}	$\cdots$	p_{i2}	$\cdots$
$\vdots$	$\vdots$	$\vdots$		$\vdots$	
y_j	p_{1j}	p_{2j}	$\cdots$	p_{ij}	$\cdots$
$\vdots$	$\vdots$	$\vdots$		$\vdots$	

由概率的定义和性质可知

$$p_{ij}\geqslant 0,\quad \sum_{j=1}^{\infty}\sum_{i=1}^{\infty}p_{ij}=1$$

若二维离散型随机变量(X,Y)的分布律为

$$P\{X=x_i,Y=y_j\}=p_{ij}\quad(i,j=1,2,\cdots)$$

则(X,Y)的联合分布函数为

$$\begin{aligned}F(x,y)&=P\{X\leqslant x,Y\leqslant y\}=P\{\bigcup_{\substack{x_i\leqslant x\\ y_i\leqslant y}}(X=x_i,Y=y_j)\}\\&=\sum_{x_i\leqslant x,y_i\leqslant y}P\{X=x_i,Y=y_j\}=\sum_{x_i\leqslant x,y_i\leqslant y}p_{ij}\end{aligned}\tag{3-7}$$

例 3.2.1 设(X,Y)的分布律为

X \ Y	0	1
0	$1-p$	0
1	0	p

求 (X,Y) 的分布函数.

解　根据式（3-7），(X,Y) 的分布函数为

$$F(x,y)=\begin{cases}0, & x<0 \text{ 或 } y<0\\ 1-p, & 0\leqslant x<1, y\geqslant 0 \text{ 或 } x\geqslant 0, 0\leqslant y<1\\ 1, & x\geqslant 1, y\geqslant 1\end{cases}$$

可见，与二维离散型随机变量的分布律相比，多维随机变量的分布函数往往比较复杂，因此对于二维离散型随机变量通常更关注其分布律.

例 3.2.2　袋中有 6 只黑球和 4 只白球，若采用有放回摸球和不放回摸球两种方式从中取出两只球. 令

$$X=\begin{cases}1, & \text{第一次取出黑球}\\ 0, & \text{第一次取出白球}\end{cases},\quad Y=\begin{cases}1, & \text{第二次取出黑球}\\ 0, & \text{第二次取出白球}\end{cases}$$

分别求两种方式下 (X,Y) 的分布律.

解　设事件 $A_i(i=1,2)$ 表示第 i 次取出白球.

（1）在有放回摸球方式下，A_1, A_2 相互独立且

$$P(A_1)=P(A_2)=\frac{4}{10}$$

$$P\{X=0,\ Y=0\}=P(A_1A_2)=P(A_1)P(A_2)=\frac{4}{25}$$

$$P\{X=0,\ Y=1\}=P(A_1\overline{A}_2)=P(A_1)P(\overline{A}_2)=\frac{6}{25}$$

$$P\{X=1,\ Y=0\}=P(\overline{A}_1A_2)=P(\overline{A}_1)P(A_2)=\frac{6}{25}$$

$$P\{X=1,\ Y=1\}=P(\overline{A}_1\overline{A}_2)=P(\overline{A}_1)P(\overline{A}_2)=\frac{9}{25}$$

用表格表示即为

X \ Y	0	1
0	$\frac{4}{25}$	$\frac{6}{25}$
1	$\frac{6}{25}$	$\frac{9}{25}$

（2）在不放回摸球方式下，A_1, A_2 不独立且

$$P(A_1)=\frac{4}{10},\qquad P(A_2|A_1)=\frac{3}{9}$$

$$P\{X=0,\ Y=0\}=P(A_1A_2)=P(A_1)P(A_2|A_1)=\frac{2}{15}$$

$$P\{X=0,\ Y=1\}=P(A_1\overline{A}_2)=P(A_1)P(\overline{A}_2|A_1)=\frac{4}{15}$$

$$P\{X=1,\ Y=0\}=P(\overline{A}_1A_2)=P(\overline{A}_1)P(A_2|\overline{A}_1)=\frac{4}{15}$$

$$P\{X=1,\ Y=1\}=P(\overline{A}_1\overline{A}_2)=P(\overline{A}_1)P(\overline{A}_2|\overline{A}_1)=\frac{1}{3}$$

用表格表示即为

X \ Y	0	1
0	$\frac{2}{15}$	$\frac{4}{15}$
1	$\frac{4}{15}$	$\frac{1}{3}$

例 3.2.3 将一枚均匀的硬币连续投掷 3 次，设 X 为“前两次投掷中反面出现的次数”，Y 为“三次投掷中正面与反面出现次数差的绝对值”.

试求：（1）(X,Y) 的分布律；（2）(X,Y) 的联合分布函数值 $F(1,2)$；（3）X 的边缘分布函数值 $F_X(1)$.

解 （1）X 的可取值为 0，1，2；Y 的可取值为 1，3. 则有

$$P\{X=0,Y=1\}=P\left\{\text{前两次出现正面，第三次出现反面}\right\}=\frac{1}{8}$$

$$P\{X=0,Y=3\}=P\left\{\text{三次都出现正面}\right\}=\frac{1}{8}$$

$$P\{X=1,Y=1\}=P\left\{\text{前两次中反面出现一次}\right\}=\frac{1}{2}$$

$$P\{X=1,Y=3\}=P\left\{\text{前两次中反面出现一次且三次出现同一面}\right\}=P(\varnothing)=0$$

$$P\{X=2,Y=1\}=P\left\{\text{前两次出现反面，第三次出现正面}\right\}=\frac{1}{8}$$

$$P\{X=2,Y=3\}=P\left\{\text{三次都出现反面}\right\}=\frac{1}{8}$$

用表格表示即为

X \ Y	1	3
0	$\frac{1}{8}$	$\frac{1}{8}$
1	$\frac{1}{2}$	0
2	$\frac{1}{8}$	$\frac{1}{8}$

（2）由（3-1）式，得

$$F(1,2)=P\{X\leqslant 1,Y\leqslant 2\}=P\{X=0,Y=1\}+P\{X=1,Y=1\}=\frac{5}{8}$$

（3）由（3-2）式，得

$$F_X(1)=P\{X\leqslant 1\}=P\{X=0,Y=1\}+P\{X=0,Y=3\}$$

$$+P\{X=1,Y=1\}+P\{X=1,Y=3\}=\frac{6}{8}=\frac{3}{4}$$

例 3.2.4　连续不断地掷一颗均匀的骰子，直到出现的点数大于 4 点为止，令 X 表示最后一次出现的点数，Y 表示掷骰子的次数，试求 (X,Y) 的分布律.

解　X 的取值为 $i=5,6$；Y 的取值为 $j=1,2,3,\cdots$. 则有

$$P\{X=i,Y=j\}=P\left\{\text{共掷骰子}\,j\,\text{次，前}\,j-1\,\text{次出现的点数不超过4，最后一次出现}\,i\,\text{点}\right\}=\left(\frac{2}{3}\right)^{j-1}\cdot\frac{1}{6}$$

用表格表示即为

X \ Y	1	2	3	…	j	…
5	$\frac{1}{6}$	$\frac{1}{9}$	$\frac{2}{27}$	…	$\left(\frac{2}{3}\right)^{j-1}\cdot\frac{1}{6}$	…
6	$\frac{1}{6}$	$\frac{1}{9}$	$\frac{2}{27}$	…	$\left(\frac{2}{3}\right)^{j-1}\cdot\frac{1}{6}$	…

3.2.2　边缘分布律

设二维离散型随机变量 (X,Y) 的联合分布律为

$$P\{X=x_i,Y=y_j\}=p_{ij}\quad (i,j=1,2,\cdots)$$

其分布函数为 $F(x,y)$，则 (X,Y) 关于 X 的边缘分布函数为

$$F_X(x)=F(x,+\infty)=\sum_{x_i\leqslant x,y_i<+\infty}P\{X=x_i,Y=y_j\}=\sum_{x_i\leqslant x}\sum_{y_j}p_{ij}$$

根据第 2 章中分布函数与分布律的关系，可得 X 的分布律为

$$P\{X=x_i\}=\sum_{y_j}p_{ij}=\sum_{j=1}^{\infty}p_{ij}\quad (i=1,2,\cdots)$$

同理，随机变量 Y 的分布律为

$$P\{Y=y_j\}=\sum_{x_i}p_{ij}=\sum_{i=1}^{\infty}p_{ij}\quad (j=1,2,\cdots)$$

定义 3.2.2　设二维离散型随机变量 (X,Y) 的联合分布律为

$$P\{X=x_i,Y=y_j\}=p_{ij}\quad (i,j=1,2,\cdots)$$

记

$$P\{X=x_i\}=\sum_{j=1}^{\infty}p_{ij}=p_{i\cdot}\quad (i=1,2,\cdots)\tag{3-8}$$

$$P\{Y=y_j\}=\sum_{i=1}^{\infty}p_{ij}=p_{\cdot j}\quad (j=1,2,\cdots)\tag{3-9}$$

分别称 $p_{i\cdot}(i=1,2,\cdots)$ 和 $p_{\cdot j}(j=1,2,\cdots)$ 为 (X,Y) 关于 X 和 Y 的**边缘分布律**.

为了方便理解与计算，可以将两个边缘分布律与联合分布律结合在一个表中，如表 3-2 所示.

表 3-2　两个边缘分布律与联合分布律结合情况

X \ Y	y_1	y_2	…	y_j	…	$p_{i\cdot}$
x_1	p_{11}	p_{12}	…	p_{1j}	…	$p_{1\cdot}$
x_2	p_{21}	p_{22}	…	p_{2j}	…	$p_{2\cdot}$
⋮	⋮	⋮		⋮		⋮
x_i	p_{i1}	p_{i2}	…	p_{ij}	…	$p_{i\cdot}$
⋮	⋮	⋮		⋮		⋮
$p_{\cdot j}$	$p_{\cdot 1}$	$p_{\cdot 2}$	…	$p_{\cdot j}$	…	

可以看到，将边缘分布律在计算过程中并入联合分布律表格的边缘上，使计算过程更快更清晰，这也是“边缘分布律”这个名称的来源.

例 3.2.5　设二维离散型随机变量(X,Y)的分布律为

X \ Y	-2	0	1
-1	0.3	0.1	0.1
1	0.05	0.2	0
2	0.2	0	0.05

求(X,Y)关于X和Y的边缘分布律.

解　由表 3-1 可得

X \ Y	-2	0	1	$P\{X=x_i\}=p_{i\cdot}$
-1	0.3	0.1	0.1	0.5
1	0.05	0.2	0	0.25
2	0.2	0	0.05	0.25
$P\{Y=y_i\}=p_{\cdot j}$	0.55	0.3	0.15	

例 3.2.6　（例 3.2.2 续）分别在有放回摸球和不放回摸球两种方式下，求(X,Y)关于X和Y的边缘分布律.

解　(1) 由例 3.2.2 得，在有放回摸球的方式下，(X,Y)关于X的边缘分布律为

X	0	1
p	0.4	0.6

(X,Y)关于Y的边缘分布律为

Y	0	1
p	0.4	0.6

(2) 在不放回摸球的方式下，(X,Y)关于X的边缘分布律为

X	0	1
p	0.4	0.6

(X,Y) 关于 Y 的边缘分布律为

Y	0	1
p	0.4	0.6

在例 3.2.2 中，两种情况下 (X,Y) 的联合分布律是不同的，但其边缘分布律却是相同的. 这说明相同的边缘分布可能是由不同的联合分布律得来的. 因此，由边缘分布不能唯一的确定联合分布律，除非加上其他限定条件.

例 3.2.7　设随机变量 X_1,X_2 的分布律分别为

X_1	0	1
p	$\frac{1}{2}$	$\frac{1}{2}$

X_2	-1	0	1
p	$\frac{1}{4}$	$\frac{1}{2}$	$\frac{1}{4}$

且 $P(X_1X_2=0)=1$，求 X_1 和 X_2 的联合分布律.

解　因 $P\{X_1X_2=0\}=1$，故 $P(X_1X_2\neq 0)=0$.

而事件“$X_1X_2\neq 0$”是互不相容的两事件“$X_1=1,X_2=1$”与“$X_1=1,X_2=-1$”的和事件，故 $P\{X_1=1,X_2=1\}=P\{X_1=1,X_2=-1\}=0$.

设 (X_1,X_2) 的分布律及关于 X_1和X_2 边缘分布律如下

X_1 \ X_2	-1	0	1	$p_{i\cdot}$
0	p_{11}	p_{12}	p_{13}	$\frac{1}{2}$
1	$p_{21}=0$	p_{22}	$p_{23}=0$	$\frac{1}{2}$
$p_{\cdot j}$	$\frac{1}{4}$	$\frac{1}{2}$	$\frac{1}{4}$	

则 $p_{11}=\dfrac{1}{4},p_{12}=0,p_{13}=\dfrac{1}{4},p_{22}=\dfrac{1}{2}$.

故 (X_1,X_2) 的分布律为

X_1 \ X_2	-1	0	1
0	0.25	0	0.25
1	0	0.5	0

3.2.3　离散型随机变量的独立性

在 3.1 节，给出了随机变量 X 和 Y 相互独立的条件（3-4）式，显然若 (X,Y) 为二维离散型随机变量，其分布律见表 3-2，则（3-4）式等价于

$$P\{X = x_i, Y = y_j\} = P\{X = x_i\}P\{Y = y_j\} \tag{3-10}$$

即

$$p_{ij} = p_{i\cdot}p_{\cdot j}$$

对 $i, j = 1,2,\cdots$，每一点都成立.

例 3.2.8　设 (X,Y) 的联合分布律如下，判断 X,Y 是否相互独立.

X \ Y	1	2	$p_{i\cdot}$
0	$\frac{1}{6}$	$\frac{1}{6}$	$\frac{1}{3}$
1	$\frac{2}{6}$	$\frac{2}{6}$	$\frac{2}{3}$
$p_{\cdot j}$	$\frac{1}{2}$	$\frac{1}{2}$	1

解　先求边缘分布律，如上表所示，又

$$P\{X = 0, Y = 1\} = \frac{1}{6} = P\{X = 0\}P\{Y = 1\}$$

$$P\{X = 0, Y = 2\} = \frac{1}{6} = P\{X = 0\}P\{Y = 2\}$$

$$P\{X = 1, Y = 1\} = \frac{2}{6} = P\{X = 1\}P\{Y = 1\}$$

$$P\{X = 1, Y = 2\} = \frac{2}{6} = P\{X = 1\}P\{Y = 2\}$$

因而 X,Y 是相互独立的.

例 3.2.9　设 (X,Y) 的分布律为

X \ Y	-1	0	2
0	0.1	0.2	0
1	0.3	0.1	0.1
2	0.15	0	0.05

判断 X 与 Y 是否相互独立.

解　由 (X,Y) 的分布律可得，(X,Y) 关于 X 与 Y 的边缘分布律为

X \ Y	-1	0	2	$p_{i\cdot}$
0	0.1	0.2	0	0.3
1	0.3	0.1	0.1	0.5
2	0.15	0	0.05	0.2
$p_{\cdot j}$	0.55	0.3	0.15	

因 $P\{X = 0, Y = 2\} \neq P\{X = 0\}P\{Y = 2\}$，故 X 和 Y 不相互独立.

上面两个例子可以看出：证明 X 和 Y 不独立，只要有一点不满足条件（3-10）式即可；而证明 X 和 Y 相互独立性，需证每一点都满足（3-10）式.

例 3.2.10　设随机变量 X 和 Y 相互独立，下表给出了 (X,Y) 的分布律及其关于 X 与 Y 的边缘分布律中的部分数据，试将其余数值填入表中空白处.

$X \backslash Y$	y_1	y_2	y_3	$p_{i\cdot}$
x_1		$\frac{1}{8}$		
x_2	$\frac{1}{8}$			
$p_{\cdot j}$	$\frac{1}{6}$			

解　由 $P\{Y=y_1\}=P\{X=x_1,Y=y_1\}+P\{X=x_2,Y=y_1\}$，所以得

例 3.2.10　重点难点视频讲解

$$P\{X=x_1,Y=y_1\}=\frac{1}{24}$$

又 X 和 Y 相互独立，所以有

$$P\{X=x_1,Y=y_1\}=P\{X=x_1\}P\{Y=y_1\}$$

得

$$P\{X=x_1\}=\frac{1}{4}$$

由 $P\{X=x_1,Y=y_2\}=P\{X=x_1\}P\{Y=y_2\}$ 得

$$P\{Y=y_2\}=\frac{1}{2}$$

故

$$P\{X=x_3\}=\frac{1}{12},\quad P\{Y=y_3\}=\frac{1}{3}$$

类似计算可得，(X,Y) 的分布律及其关于 X 与 Y 的边缘分布律为

$X \backslash Y$	y_1	y_2	y_3	$p_{i\cdot}$
x_1	$\frac{1}{24}$	$\frac{1}{8}$	$\frac{1}{12}$	$\frac{1}{4}$
x_2	$\frac{1}{8}$	$\frac{3}{8}$	$\frac{1}{4}$	$\frac{3}{4}$
$p_{\cdot j}$	$\frac{1}{6}$	$\frac{1}{2}$	$\frac{1}{3}$	

3.2.4　条件分布律

设 (X,Y) 为二维离散型随机变量，其分布律见表 3-2，已知 $P\{Y=y_j\}>0$，先来求一个条件概率. 在事件 $\{Y=y_j\}$ 已经发生的条件下，事件 $\{X=x_i\}$ $(i=1,2,...)$ 发生的概率，即求 $P\{X=x_i|Y=y_j\}$.

由条件概率计算公式可得

$$P\{X=x_i|Y=y_j\}=\frac{P\{X=x_i,Y=y_j\}}{P\{Y=y_j\}}=\frac{p_{ij}}{p_{\cdot j}}\quad (i=1,2,\cdots)$$

不难验证，条件概率 $P\left\{X=x_i \middle| Y=y_j\right\}$ $(i=1,2,\cdots)$ 满足分布律的两个特征：

（1）$P\{X=x_i|Y=y_j\} \geqslant 0$ $(i=1,2,\cdots)$；

（2）$\sum_{i=1}^{\infty} P\{X=x_i|Y=y_j\}=\sum_{i=1}^{\infty}\frac{P\{X=x_i,Y=y_j\}}{P\{Y=y_j\}}=\frac{\sum_{i=1}^{\infty}p_{ij}}{p_{\cdot j}}=1$.

由此给出以下定义：

定义 3.2.3 设 (X,Y) 为二维离散型随机变量，对于确定的 y_j，若 $P\{Y=y_j\}>0$，则称

$$P\{X=x_i|Y=y_j\}=\frac{P\{X=x_i,Y=y_j\}}{P\{Y=y_j\}}=\frac{p_{ij}}{p_{\cdot j}} \quad (i=1,2,\cdots) \tag{3-11}$$

为在 $Y=y_j$ 的条件下随机变量 X 的**条件分布律**.

同样，对于确定的 x_i，若 $P\{X=x_i\}>0$，则称

$$P\{Y=y_j|X=x_i\}=\frac{P\{X=x_i,Y=y_j\}}{P\{X=x_i\}}=\frac{p_{ij}}{p_{i\cdot}} \quad (j=1,2,\cdots) \tag{3-12}$$

为在 $X=x_i$ 的条件下随机变量 Y 的**条件分布律**.

例 3.2.11 已知 (X,Y) 的联合分布律如下表，试求：（1）$Y=1$ 条件下的 X 的条件分布律；（2）$X=2$ 的条件下的 Y 的条件分布律.

Y \ X	1	2	3	4
1	$\frac{1}{4}$	$\frac{1}{8}$	$\frac{1}{12}$	$\frac{1}{16}$
2	0	$\frac{1}{8}$	$\frac{1}{12}$	$\frac{1}{16}$
3	0	0	$\frac{1}{12}$	$\frac{2}{16}$

解 先求出 (X,Y) 关于 X 和 Y 的边缘分布律

Y \ X	1	2	3	4	$p_{\cdot j}$
1	$\frac{1}{4}$	$\frac{1}{8}$	$\frac{1}{12}$	$\frac{1}{16}$	$\frac{25}{48}$
2	0	$\frac{1}{8}$	$\frac{1}{12}$	$\frac{1}{16}$	$\frac{13}{48}$
3	0	0	$\frac{1}{12}$	$\frac{2}{16}$	$\frac{10}{48}$
$p_{i\cdot}$	$\frac{1}{4}$	$\frac{1}{4}$	$\frac{1}{4}$	$\frac{1}{4}$	

于是（1）

$$P\left\{X=1\middle|Y=1\right\}=\frac{P\left\{X=1,\ Y=1\right\}}{P\left\{Y=1\right\}}=\frac{1}{4}\Big/\frac{25}{48}=\frac{12}{25}$$

$$P\{X=2|Y=1\}=\frac{1}{8}\bigg/\frac{25}{48}=\frac{6}{25}$$

$$P\{X=3|Y=1\}=\frac{1}{12}\bigg/\frac{25}{48}=\frac{4}{25}$$

$$P\{X=4|Y=1\}=\frac{1}{16}\bigg/\frac{25}{48}=\frac{3}{25}$$

因此，在 $Y=1$ 条件下的 X 的条件分布律为

X	1	2	3	4
$P\{X=k\|Y=1\}$	$\frac{12}{25}$	$\frac{6}{25}$	$\frac{4}{25}$	$\frac{3}{25}$

（2）

$$P\{Y=1|X=2\}=\frac{P\{X=2,Y=1\}}{P\{X=2\}}=\frac{1}{8}\bigg/\frac{1}{4}=\frac{1}{2}$$

$$P\{Y=2|X=2\}=\frac{P\{X=2,Y=2\}}{P\{X=2\}}=\frac{1}{8}\bigg/\frac{1}{4}=\frac{1}{2}$$

$$P\{Y=3|X=2\}=\frac{P\{X=2,Y=3\}}{P\{X=2\}}=0\bigg/\frac{1}{4}=0$$

因此，在 $X=2$ 的条件下的 Y 的条件分布律为

Y	1	2	3
$P\{Y=k\|X=2\}$	$\frac{1}{2}$	$\frac{1}{2}$	0

例 3.2.12　将编号为 1，2 的两个球，随机地投入到编号为 1，2，3，4 的四个盒子中，设 X_i 表示第 $i(i=1,2)$ 个盒子中球的个数，试求：（1）(X_1,X_2) 的联合分布律；（2）X_1,X_2 的边缘分布律；（3）$X_2=1$ 的条件下 X_1 的条件分布律.

解　（1）X_1,X_2 分别可取值 0，1，2，这是一个古典概率的问题，试验共有 4^2 种不同的等可能结果，于是

$$P(X_1=0,X_2=0)=P\{\text{两个球落入3、4号盒子中}\}=\frac{2^2}{4^2}=\frac{4}{16}$$

同理

$$P(X_1=0,X_2=1)=\frac{4}{16},\quad P(X_1=1,X_2=0)=\frac{4}{16}$$

$$P(X_1=1,X_2=1)=\frac{2}{16},\quad P(X_1=0,X_2=2)=\frac{1}{16},\quad P(X_1=2,X_2=0)=\frac{1}{16}$$

其他对应点处的概率都等于零.

（2）X_1,X_2 的边缘分布律为

X_1 \ X_2	0	1	2	$p_{i\cdot}$
0	$\frac{4}{16}$	$\frac{4}{16}$	$\frac{1}{16}$	$\frac{9}{16}$
1	$\frac{4}{16}$	$\frac{2}{16}$	0	$\frac{6}{16}$
2	$\frac{1}{16}$	0	0	$\frac{1}{16}$
$p_{\cdot j}$	$\frac{9}{16}$	$\frac{6}{16}$	$\frac{1}{16}$	

（3）由（3-11）式，得

$$P\{X_1=0|X_2=1\}=\frac{P\{X_1=0,X_2=1\}}{P\{X_2=1\}}=\frac{4}{16}\Big/\frac{6}{16}=\frac{2}{3}$$

$$P\{X_1=1|X_2=1\}=\frac{P\{X_1=1,X_2=1\}}{P\{X_2=1\}}=\frac{2}{16}\Big/\frac{6}{16}=\frac{1}{3}$$

$$P\{X_1=2|X_2=1\}=\frac{P\{X_1=2,X_2=1\}}{P\{X_2=1\}}=0\Big/\frac{6}{16}=0$$

所以 $X_2=1$ 的条件下 X_1 的条件分布律为

X_1	0	1	2
$P\{X_1=k\|X_2=1\}$	$\frac{2}{3}$	$\frac{1}{3}$	0

3.3　二维连续型随机变量

3.3.1　联合概率密度函数

定义 3.3.1　若存在一个非负可积函数 $F(x,y)$，使得二维随机变量 (X,Y) 的联合分布函数 $f(x,y)$，对于任意实数 x,y 都有

$$F(x,y)=P\{X\leqslant x,Y\leqslant y\}=\int_{-\infty}^{x}\int_{-\infty}^{y}f(u,v)\mathrm{d}u\mathrm{d}v \tag{3-13}$$

则称 (X,Y) 是**二维连续型随机变量**. 函数 $f(x,y)$ 称为 (X,Y) 的**概率密度函数**，或称为随机变量 X 与 Y 的**联合概率密度函数**.

与一维连续随机变量的理解一样，对二维连续型随机变量 (X,Y) 来说，(X,Y) 落在 (x,y) 这个点，面积为 $\Delta x\Delta y$ 的区域内的概率近似为 $f(x,y)\Delta x\Delta y$，所以

$$F(x,y)=P\{X\leqslant x,Y\leqslant y\}=\sum_{\substack{-\infty<u\leqslant x\\-\infty<v\leqslant y}}f(u,v)\Delta u\Delta v$$

由微元法的思想，即得

$$F(x,y)=P\{X\leqslant x,Y\leqslant y\}=\sum_{\substack{-\infty<u<x\\-\infty<v<y}}f(u,v)\mathrm{d}u\mathrm{d}v=\int_{-\infty}^{x}\int_{-\infty}^{y}f(u,v)\mathrm{d}u\mathrm{d}v$$

它是离散型随机变量联合分布律的自然延伸.

二维连续型随机变量的概率密度函数 $f(x,y)$ 有如下性质：

性质 3.3.1　$f(x,y)\geqslant 0$；

性质 3.3.2　$\int_{-\infty}^{+\infty}\int_{-\infty}^{+\infty}f(x,y)\mathrm{d}x\mathrm{d}y=F(+\infty,+\infty)=1$；

性质 3.3.3　(X,Y) 落在平面区域 D 内的概率，等于 (X,Y) 的密度函数 $f(x,y)$ 在该区域上的二重积分，即

$$P\{(X,Y)\in D\}=\iint_D f(x,y)\mathrm{d}x\mathrm{d}y \tag{3-14}$$

（3-14）式是显然的，因为

$$P\{(X,Y)\in D\}=\sum_x\sum_y f(x,y)\Delta x\Delta y\quad[(x,y)\in D]$$

所以

$$P\{(X,Y)\in D\}=\iint_D f(x,y)\mathrm{d}x\mathrm{d}y$$

性质 3.3.4　若 $f(x,y)$ 在点 (x,y) 连续，则有

$$\frac{\partial^2 F(x,y)}{\partial x\partial y}=f(x,y) \tag{3-15}$$

因为

$$F(x,y)=\int_{-\infty}^{x}\int_{-\infty}^{y} f(u,v)\mathrm{d}u\mathrm{d}v$$

而 $f(x,y)$ 在点 (x,y) 连续，所以由微积分的知识即可得（3-15）式.

例 3.3.1　设二维连续型随机变量 (X,Y) 的概率密度为

$$f(x,y)=\begin{cases}C\mathrm{e}^{-x-2y}, & x>0, y>0\\ 0, & \text{其他}\end{cases}$$

求：（1）常数 C；（2）(X,Y) 的分布函数 $F(x,y)$；（3）概率 $P\{X\leqslant Y\}$.

解　（1）由 $1=\int_{-\infty}^{+\infty}\int_{-\infty}^{+\infty} f(x,y)\mathrm{d}x\mathrm{d}y=\int_{0}^{+\infty}\int_{0}^{+\infty} C\mathrm{e}^{-x-2y}\mathrm{d}x\mathrm{d}y=C\int_0^{+\infty}\mathrm{e}^{-x}\mathrm{d}x\cdot\int_0^{+\infty}\mathrm{e}^{-2y}\mathrm{d}y=\frac{C}{2}$，得 $C=2$.

（2）当 $x<0$ 或者 $y<0$ 时，$f(x,y)=0$，因此 $F(x,y)=\int_{-\infty}^{x}\int_{-\infty}^{y} f(u,v)\mathrm{d}u\mathrm{d}v=0$.

当 $x>0$ 且 $y>0$ 时，则

$$F(x,y)=\int_{-\infty}^{x}\int_{-\infty}^{y} f(u,v)\mathrm{d}u\mathrm{d}v=\int_0^x\int_0^y 2\mathrm{e}^{-u-2v}\mathrm{d}u\mathrm{d}v=(1-\mathrm{e}^{-x})(1-\mathrm{e}^{-2y})$$

于是，(X,Y) 的分布函数为

$$F(x,y)=\begin{cases}(1-\mathrm{e}^{-x})(1-\mathrm{e}^{-2y}), & x>0,\quad y>0\\ 0, & \text{其他}\end{cases}$$

（3）设区域 D 为平面上直线 $y=x$ 及其上方部分，如图 3-4 阴影部分所示，则

$$P\{X\leqslant Y\}=P\{(X,Y)\in D\}=\iint_D f(x,y)\mathrm{d}x\mathrm{d}y=\int_0^{+\infty}\mathrm{d}x\int_x^{+\infty}2\mathrm{e}^{-x-2y}\mathrm{d}y=\frac{1}{3}$$

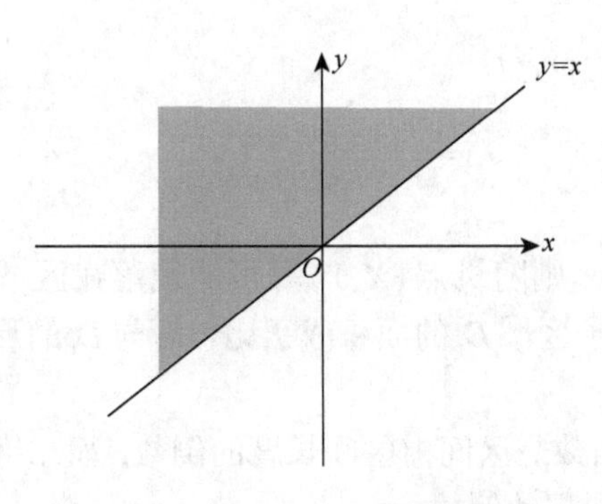

图 3-4　例 3.3.1（3）的积分区域

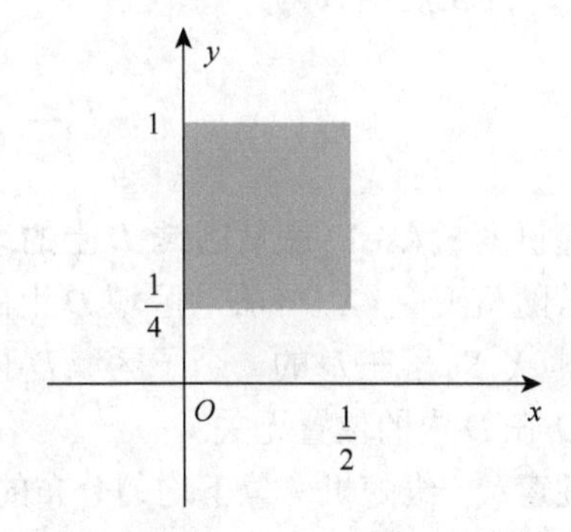

图 3-5　例 3.3.2（1）的积分区域

例 3.3.2　设二维随机变量 (X,Y) 的概率密度函数为

$$f(x,y)=\begin{cases}4xy, & 0<x<1, 0<y<1\\ 0, & \text{其他}\end{cases}$$

试求：（1）$P\left\{0<X<\frac{1}{2},\frac{1}{4}<Y<1\right\}$；（2）$P\{X=Y\}$；（3）$P\{X+Y<1\}$.

解　（1）设区域D为平面上矩形区域$\left\{(x,y)\middle|0<x<\frac{1}{2},\frac{1}{4}<y<1\right\}$，如图 3-5 阴影部分所示，则

$$P\left\{0<X<\frac{1}{2},\frac{1}{4}<Y<1\right\}=P\{(X,Y)\in D\}=\iint_D f(x,y)\mathrm{d}x\mathrm{d}y=\int_0^{1/2}\left[\int_{1/4}^1 4xy\mathrm{d}y\right]\mathrm{d}x=\frac{15}{64}$$

（2）$P\{X=Y\}=0$

不加证明地给出：在二维连续型随机变量(X,Y)下，任意一条曲线上的概率等于 0，这类似于在一维连续型随机变量下，任意一点的概率等于 0，也可以理解为二重积分

$$P\{(X,Y)\in D\}=\iint_D f(x,y)\mathrm{d}x\mathrm{d}y$$

的积分的区域是一条曲线，所以该积分值等于 0.

（3）设区域D为平面上直线$x+y=1$下方部分，如图 3-6 阴影部分所示，则

$$P\{X+Y<1\}=P\{(X,Y)\in D\}=\iint_D f(x,y)\mathrm{d}x\mathrm{d}y=\int_0^1[\int_0^{1-x}4xy\mathrm{d}y]\mathrm{d}x=\int_0^1 2x(1-x)^2\mathrm{d}x=\frac{1}{6}$$

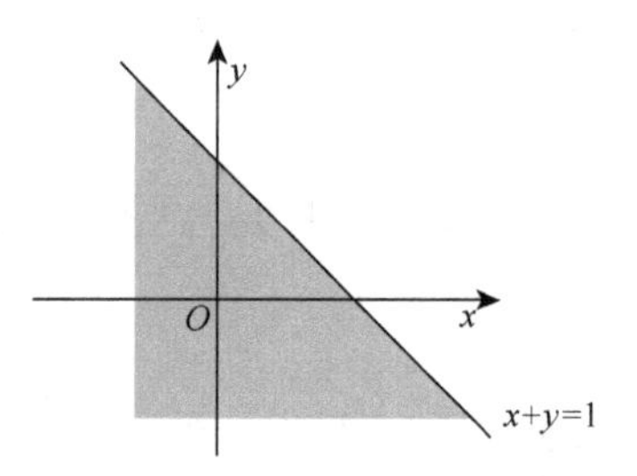

图 3-6　例 3.3.2（3）的积分区域

下面介绍两个常用的二维连续型随机变量.

二维均匀分布　设D是平面上的一个有界区域，其面积为A，若二维连续型随机变量(X,Y)的密度函数为

$$f(x,y)=\begin{cases}\frac{1}{A}, & (x,y)\in D\\ 0, & \text{其他}\end{cases}\tag{3-16}$$

则称随机变量(X,Y)服从**区域 D 上的均匀分布**.

若随机变量(X,Y)服从区域D上的均匀分布，则随机点(X,Y)等可能地落在区域D内，即(X,Y)落在D的一个子区域D_1内的概率与子区域D_1的面积成正比，而与D_1的形状以及D_1在D内的位置无关.

注意：一维随机变量下均匀分布的概率密度函数是区间内区间长度的倒数；而二维随机变量下均匀分布的概率密度函数是区域内区域面积的倒数.

二维正态分布　若二维连续型随机变量(X,Y)的密度函数为

$$f(x,y)=\frac{1}{2\pi\sigma_1\sigma_2\sqrt{1-\rho^2}}\exp\left\{-\frac{1}{2(1-\rho^2)}\left[\frac{(x-\mu_1)^2}{\sigma_1^2}-\frac{2\rho(x-\mu_1)(y-\mu_2)}{\sigma_1\sigma_2}+\frac{(y-\mu_2)^2}{\sigma_2^2}\right]\right\}\tag{3-17}$$

其中 $\mu_1,\mu_2,\sigma_1,\sigma_2,\rho$ 均为常数，且 $\sigma_i>0\ (i=1,2)$，$|\rho|<1$，则称 (X,Y) 服从参数为 $\mu_1,\mu_2,\sigma_1,\sigma_2,\rho$ 的**二维正态分布**，记为 $(X,Y)\sim N(\mu_1,\mu_2,\sigma_1^2,\sigma_2^2,\rho)$.

注意：二维正态分布有 5 个参数 $\mu_1,\mu_2,\sigma_1,\sigma_2,\rho$，每个参数都是有含义的，这个在后面会学习到.

3.3.2　边缘概率密度函数

定义 3.3.2　设二维连续型随机变量 (X,Y) 的联合概率密度函数为 $f(x,y)$，则 X 的边缘分布函数为

$$F_X(x)=P\{X\leqslant x\}=F(x,+\infty)=\int_{-\infty}^{x}\left[\int_{-\infty}^{+\infty}f(u,y)\mathrm{d}y\right]\mathrm{d}u$$

由第 2 章的知识可知，若 X 为连续型随机变量，则其概率密度函数为

$$f_X(x)=\frac{\mathrm{d}F_X(x)}{\mathrm{d}x}=\int_{-\infty}^{+\infty}f(x,y)\mathrm{d}y \tag{3-18}$$

同理，Y 也为连续型随机变量，其概率密度函数为

$$f_Y(y)=\int_{-\infty}^{+\infty}f(x,y)\mathrm{d}x \tag{3-19}$$

分别称 $f_X(x)$、$f_Y(y)$ 为 (X,Y) 关于 X 和 Y 的**边缘概率密度函数**.

为了便于理解，给出边缘概率密度函数的“几何含义”．$f_X(x)=\int_{-\infty}^{+\infty}f(x,y)\mathrm{d}y$ 是指垂直直线 x 上的全体点概率密度值的和，可以理解为是“垂直直线的线密度”；$f_Y(y)=\int_{-\infty}^{+\infty}f(x,y)\mathrm{d}x$ 是指水平直线 y 上的全体点概率密度值的和，可以理解为是“水平直线的线密度”．下面通过例子来加以说明.

例 3.3.3　设 (X,Y) 服从区域 D 上的均匀分布，其中 D 由 $y=x$ 与 $y=x^2$ 所围成，试求 X 和 Y 的边缘概率密度.

例 3.3.3　重点难点视频讲解

解　区域 D 如图 3-7 阴影部分所示，首先求其面积 S

$$S=\int_0^1\mathrm{d}x\int_{x^2}^{x}\mathrm{d}y=\int_0^1(x-x^2)\mathrm{d}x=\frac{1}{6}$$

所以 (X,Y) 的概率密度函数为

$$f(x,y)=\begin{cases}6, & x^2\leqslant y\leqslant x\\ 0, & 其他\end{cases}$$

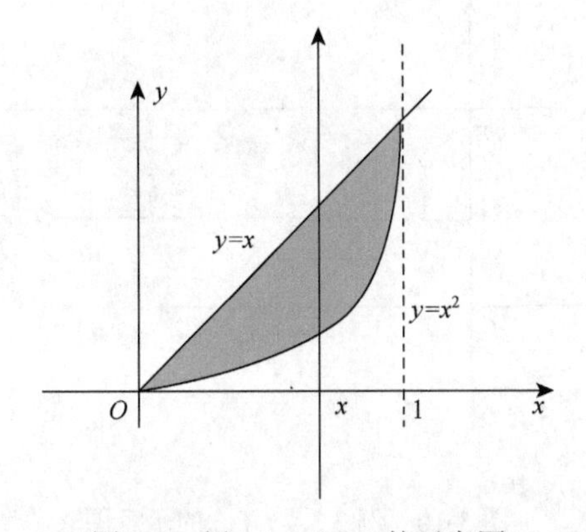

图 3-7　例 3.3.3 $f_X(x)$ 的示意图

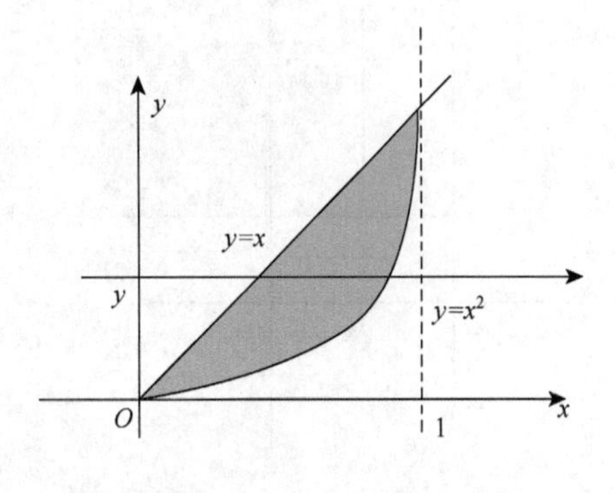

图 3-8　例 3.3.3 $f_Y(y)$ 的示意图

当$0<x<1$时，在垂直直线x上，只在$x^2<y<x$这一段上的概率密度值$f(x,y)\neq 0$，而在其他点处$f(x,y)=0$，如图 3-7 所示. 因此有

$$f_X(x)=\int_{x^2}^{x}6\mathrm{d}y=6(x-x^2)$$

当$x\leqslant 0$或$x\geqslant 1$时，因$f(x,y)=0$，有

$$f_X(x)=\int_{-\infty}^{\infty}f(x,y)\mathrm{d}y=0$$

故

$$f_X(x)=\int_{-\infty}^{+\infty}f(x,y)\mathrm{d}y=\begin{cases}\int_{x^2}^{x}6\mathrm{d}y=6(x-x^2), & 0<x<1\\ 0, & \text{其他}\end{cases}$$

同理，当$0<y<1$时，在水平直线y上，只在$y<x<\sqrt{y}$这一段上的概率密度值$f(x,y)\neq 0$，而在其他点处$f(x,y)=0$，如图 3-8 所示，因此有

$$f_Y(y)=\int_{y}^{\sqrt{y}}6\mathrm{d}x=6\left(\sqrt{y}-y\right)$$

当$y\leqslant 0$或$y\geqslant 1$时，因$f(x,y)=0$，有

$$f_Y(y)=\int_{-\infty}^{+\infty}f(x,y)\mathrm{d}x=0$$

故

$$f_Y(y)=\int_{-\infty}^{+\infty}f(x,y)\mathrm{d}y=\begin{cases}\int_{y}^{\sqrt{y}}6\mathrm{d}x=6\left(\sqrt{y}-y\right), & 0<y<1\\ 0, & \text{其他}\end{cases}$$

由例 3.3.2 还可以看到，虽然(X,Y)服从均匀分布，但是其分量X与Y都不服从均匀分布.

例 3.3.4　设二维随机变量(X,Y)的概率密度函数为

$$f(x,y)=\begin{cases}\dfrac{2\mathrm{e}^{-y+1}}{x^3}, & x>1,y>1\\ 0, & \text{其他}\end{cases}$$

试求X和Y的边缘概率密度函数.

解　$f(x,y)\neq 0$的区域如图 3-9 阴影部分所示.

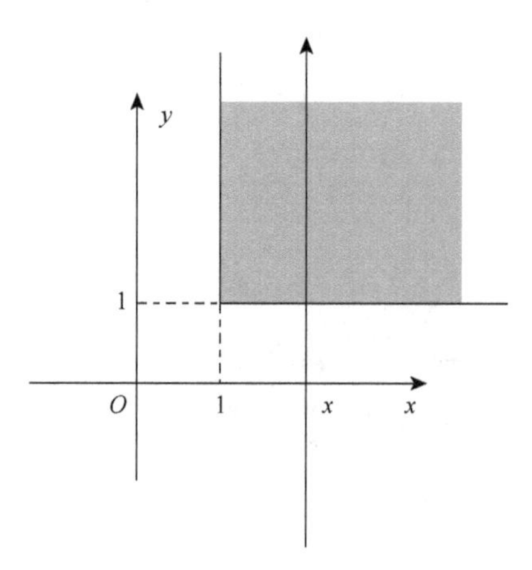

图 3-9　例 3.3.4 $f_X(x)$的示意图

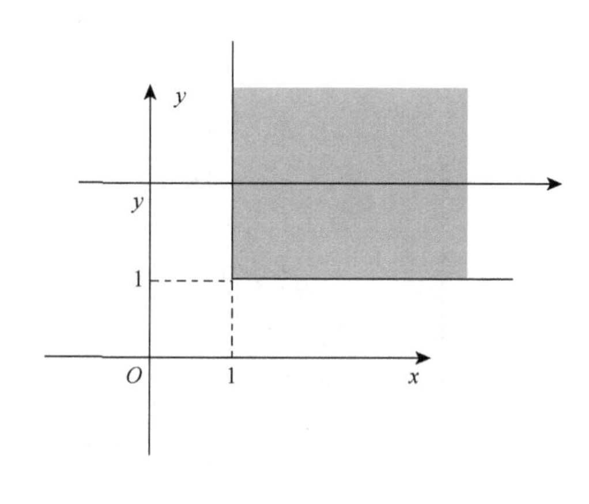

图 3-10　例 3.3.4 $f_Y(y)$的示意图

当 $x>1$ 时，在垂直直线 x 上，只在 $y>1$ 这一段上的概率密度值 $f(x,y)\neq 0$，而在其他点处 $f(x,y)=0$，如图 3-9 所示，因此有

$$f_X(x)=\int_{-\infty}^{+\infty} f(x,y)\mathrm{d}y=\int_1^{+\infty}\frac{2\mathrm{e}^{-y+1}}{x^3}\mathrm{d}y=\frac{2\mathrm{e}}{x^3}(-\mathrm{e}^{-y})\Big|_1^{+\infty}=\frac{2}{x^3}$$

当 $x\leqslant 1$ 时，因 $f(x,y)=0$，有

$$f_X(x)=\int_{-\infty}^{+\infty} f(x,y)\mathrm{d}y=0$$

故

$$f_X(x)=\begin{cases}\dfrac{2}{x^3}, & x>1\\ 0, & x\leqslant 1\end{cases}$$

当 $y>1$ 时，在水平直线 y 上，只在 $x>1$ 这一段上的概率密度值 $f(x,y)\neq 0$，而在其他点处 $f(x,y)=0$，如图 3-10 所示，因此有

$$f_Y(y)=\int_{-\infty}^{+\infty} f(x,y)\mathrm{d}x=\int_1^{+\infty}\frac{2\mathrm{e}^{-y+1}}{x^3}\mathrm{d}x=\mathrm{e}^{-y+1}\left(-\frac{1}{x^2}\right)\Bigg|_1^{+\infty}=\mathrm{e}^{-y+1}$$

当 $y\leqslant 1$ 时，因 $f(x,y)=0$，有

$$f_Y(y)=\int_{-\infty}^{+\infty} f(x,y)\mathrm{d}x=0$$

故

$$f_Y(y)=\begin{cases}\mathrm{e}^{-y+1}, & y>1\\ 0, & y\leqslant 1\end{cases}$$

例 3.3.5　设 (X,Y) 服从二维正态分布 $(X,Y)\sim N(\mu_1,\mu_2,\sigma_1^2,\sigma_2^2,\rho)$，试求 (X,Y) 关于 X 和 Y 的边缘概率密度.

解　由于 $\dfrac{(y-\mu_2)^2}{\sigma_2^2}-\dfrac{2\rho(x-\mu_1)(y-\mu_2)}{\sigma_1\sigma_2}=\left(\dfrac{y-\mu_2}{\sigma_2}-\rho\dfrac{x-\mu_1}{\sigma_1}\right)^2-\rho^2\left(\dfrac{x-\mu_1}{\sigma_1}\right)^2$，于是

$$f_X(x)=\int_{-\infty}^{+\infty} f(x,y)\mathrm{d}y=\frac{1}{2\pi\sigma_1\sigma_2\sqrt{1-\rho^2}}\mathrm{e}^{-\frac{(x-\mu_1)^2}{\sigma_1^2}}\int_{-\infty}^{+\infty}\mathrm{e}^{-\frac{1}{2(1-\rho^2)}\left(\frac{y-\mu_2}{\sigma_2}-\rho\frac{x-\mu_1}{\sigma_1}\right)^2}\mathrm{d}y$$

令 $t=\dfrac{1}{\sqrt{1-\rho^2}}\left(\dfrac{y-\mu_2}{\sigma_2}-\rho\dfrac{x-\mu_1}{\sigma_1}\right)$，则有

$$f_X(x)=\frac{1}{2\pi\sigma_1}\mathrm{e}^{-\frac{(x-\mu_1)^2}{\sigma_1^2}}\int_{-\infty}^{+\infty}\mathrm{e}^{-\frac{t^2}{2}}\mathrm{d}t=\frac{1}{\sqrt{2\pi}\sigma_1}\mathrm{e}^{-\frac{(x-\mu_1)^2}{\sigma_1^2}}$$

同理可得

$$f_Y(y)=\frac{1}{\sqrt{2\pi}\sigma_2}\mathrm{e}^{-\frac{(y-\mu_2)^2}{2\sigma_2^2}}$$

因此

$$X\sim N(\mu_1,\sigma_1^2),\quad Y\sim N(\mu_2,\sigma_2^2)$$

可以看到，二维正态随机变量的两个边缘分布都是一维正态分布，且不依赖于参数 ρ，亦即对给定的 $\mu_1,\mu_2,\sigma_1^2,\sigma_2^2$，不同的 ρ 对应不同的二维正态分布，但它们的边缘分布都是相同的. 这一事实说明，在连续型的情形下，仅由 X 和 Y 的边缘分布，一般来说是不能确

定 (X,Y) 的联合分布的；还值得一提的是假设 X,Y 都服从正态分布，但 (X,Y) 不一定是二维正态分布.

例 3.3.6　设 (X,Y) 的概率密度函数为

$$f(x,y)=\frac{1}{2\pi}\mathrm{e}^{-\frac{x^2+y^2}{2}}(1+\sin x\sin y)\quad(-\infty<x,y<+\infty)$$

试求：$f_X(x)$ 和 $f_Y(y)$.

解　可以验证 $f(x,y)\geqslant 0$，且

$$\int_{-\infty}^{+\infty}\int_{-\infty}^{+\infty}\frac{1}{2\pi}\mathrm{e}^{-\frac{x^2+y^2}{2}}(1+\sin x\sin y)\mathrm{d}x\mathrm{d}y=1$$

所以

$$f(x,y)=\frac{1}{2\pi}\mathrm{e}^{-\frac{x^2+y^2}{2}}(1+\sin x\sin y)\quad(-\infty<x,y<+\infty)$$

是概率密度函数，于是有

$$f_X(x)=\int_{-\infty}^{+\infty}f(x,y)\mathrm{d}y=\int_{-\infty}^{+\infty}\frac{1}{2\pi}\mathrm{e}^{-\frac{x^2+y^2}{2}}\mathrm{d}y+\int_{-\infty}^{+\infty}\frac{1}{2\pi}\mathrm{e}^{-\frac{x^2+y^2}{2}}\sin x\sin y\mathrm{d}y=\frac{1}{\sqrt{2\pi}}\mathrm{e}^{-\frac{x^2}{2}}$$

注意： $\int_{-\infty}^{+\infty}\frac{1}{2\pi}\mathrm{e}^{-\frac{x^2+y^2}{2}}\sin x\sin y\mathrm{d}y=0$（被积函数绝对可积，且关于 y 是奇函数），同理

$$f_Y(y)=\frac{1}{\sqrt{2\pi}}\mathrm{e}^{-\frac{y^2}{2}}$$

所以 X,Y 都服从 $N(0,1)$ 分布，但 (X,Y) 不是二维正态分布.

3.3.3　二维连续型随机变量的独立性

设二维随机变量 (X,Y) 的联合分布函数为 $F(x,y)$，(X,Y) 关于 X 和 Y 的边缘分布函数为 $F_X(x)$ 和 $F_Y(y)$，由 3.1 节知道，X 与 Y 相互独立的条件为

$$F(x,y)=F_X(x)F_Y(y)$$

对上式两边同时求 x,y 的二阶混合偏导数，即得

$$f(x,y)=f_X(x)f_Y(y)\tag{3-20}$$

其中 $f(x,y)$ 为 (X,Y) 的联合概率密度函数，$f_X(x)$ 和 $f_Y(y)$ 分别为 X 与 Y 的边缘概率密度函数，(3-20) 式是二维连续型随机变量独立性的判别条件.

(3-20) 式还有推广形式. 设 $(X_1,X_2,\cdots,X_n)$ 是 n 维连续型随机变量，它的联合概率密度函数为 $f(x_1,x_2,\cdots,x_n)$，相应的边缘密度函数分别为 $f_{X_1}(x_1),f_{X_2}(x_2),\cdots,f_{X_n}(x_n)$，则 $X_1,X_2,\cdots,X_n$ 相互独立的条件为

$$f(x_1,x_2,\cdots,x_n)=f_{X_1}(x_1),f_{X_2}(x_2),\cdots,f_{X_n}(x_n)$$

例 3.3.7　（例 3.3.4 续）设二维随机变量 (X,Y) 的概率密度函数为

$$f(x,y)=\begin{cases}\dfrac{2\mathrm{e}^{-y+1}}{x^3}, & x>1,y>1\\ 0, & \text{其他}\end{cases}$$

试判断 X 与 Y 是否独立？

解　由例 3.3.4 的结论

$$f_X(x)=\begin{cases}\dfrac{2}{x^3}, & x>1\\ 0, & \text{其他}\end{cases},\quad f_Y(Y)=\begin{cases}e^{-y+1}, & x>1\\ 0, & \text{其他}\end{cases}$$

显然有

$$f(x,y)=f_X(x)f_Y(y)$$

所以 X 与 Y 相互独立.

例 3.3.8　设随机变量 (X,Y) 的概率密度为 $f(x,y)=\begin{cases}1, & |y|<x, 0<x<1\\ 0, & \text{其他}\end{cases}$，判断 X 与 Y 是否相互独立.

解　$f(x,y)\neq 0$ 的区域如图 3-11 三角阴影部分所示.

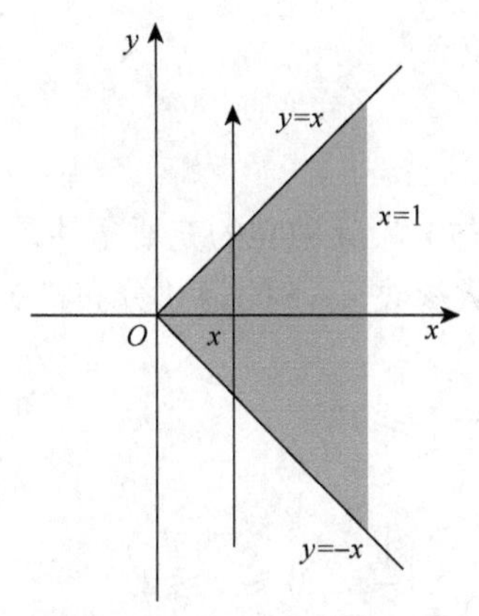

图 3-11　例 3.3.8 $f_X(x)$ 的示意图

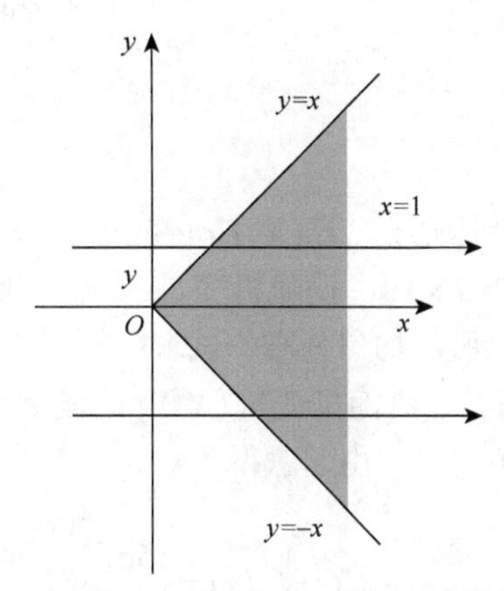

图 3-12　例 3.3.8 $f_Y(y)$ 的示意图

当 $0<x<1$ 时，在垂直直线 x 上，只在 $-x<y<x$ 这一段上的概率密度值 $f(x,y)\neq 0$，而在其他点处 $f(x,y)=0$，如图 3-11 所示. 当 $x\leqslant 0$ 或 $x\geqslant 1$ 时，$f(x,y)=0$. 因此有 X 的边缘概率密度为

$$f_X(x)=\int_{-\infty}^{+\infty}f(x,y)\mathrm{d}y=\begin{cases}\int_{-x}^{x}\mathrm{d}y=2x, & 0<x<1\\ 0, & \text{其他}\end{cases}$$

同理，当 $0<y<1$ 时，在水平直线 y 上，只在 $y<x<1$ 这一段上的概率密度值 $f(x,y)\neq 0$，而在其他点处 $f(x,y)=0$. 当 $-1<y<0$ 时，在水平直线 y 上，只在 $-y<x<1$ 这一段上的概率密度值 $f(x,y)\neq 0$，而在其他点处 $f(x,y)=0$. 如图 3-12 所示. 当 $|y|\geqslant 1$ 时，$f(x,y)=0$. 因此 Y 的边缘概率密度为

$$f_Y(y)=\int_{-\infty}^{+\infty}f(x,y)\mathrm{d}x=\begin{cases}\int_{y}^{1}1\mathrm{d}x=1-y, & 0<y<1\\ \int_{-y}^{1}1\mathrm{d}x=1+y, & -1<y<0\\ 0, & \text{其他}\end{cases}$$

由于 $f(x,y)\neq f_X(x)f_Y(y)$，所以 X 与 Y 不相互独立.

例 3.3.9　设 $(X,Y)\sim N(\mu_1,\mu_2,\sigma_1^2,\sigma_2^2,\rho)$，试求 X 与 Y 相互独立的充要条件.

解　(X,Y) 的联合概率密度为

$$f(x,y)=\frac{1}{2\pi\sigma_1\sigma_2\sqrt{1-\rho^2}}\exp\left\{-\frac{1}{2(1-\rho^2)}\left[\frac{(x-\mu_1)^2}{\sigma_1^2}-\frac{2\rho(x-\mu_1)(y-\mu_2)}{\sigma_1\sigma_2}+\frac{(y-\mu_2)^2}{\sigma_2^2}\right]\right\}$$

其边缘概率密度的乘积为

$$f_X(x)f_Y(y)=\frac{1}{2\pi\sigma_1\sigma_2}\mathrm{e}^{-\frac{(x-\mu_1)^2}{2\sigma_1^2}-\frac{(y-\mu_2)^2}{2\sigma_2^2}}$$

若 $\rho=0$，则对于所有 x,y 有 $f(x,y)=f_X(x)f_Y(y)$，即 X 与 Y 相互独立.

反之，若 X 与 Y 相互独立，则对所有的 x,y 都有 $f(x,y)=f_X(x)f_Y(y)$. 特别地，令 $x=\mu_1,y=\mu_2$ 得

$$\frac{1}{2\pi\sigma_1\sigma_2\sqrt{1-\rho^2}}=\frac{1}{2\pi\sigma_1\sigma_2}$$

从而

$$\rho=0$$

综上所述，若 $(X,Y)\sim N\left(\mu_1,\mu_2,\sigma_1^2,\sigma_2^2,\rho\right)$，则 X 与 Y 相互独立的充要条件是 $\rho=0$.

例 3.3.10　设随机变量 X 与 Y 相互独立，X 服从参数 $\lambda=5$ 的指数分布，Y 在区间 $[0,2]$ 上服从均匀分布，试求：

（1）二维随机变量 (X,Y) 的概率密度函数；（2）$P\{X\geqslant Y\}$.

解　（1）由题意得

$$X\sim f_X(x)=\begin{cases}5\mathrm{e}^{-5x}, & x>0\\ 0, & x\leqslant 0\end{cases},\quad Y\sim f_Y(y)=\begin{cases}\frac{1}{2}, & 0\leqslant y\leqslant 2\\ 0, & 其他\end{cases}$$

由于 X 与 Y 相互独立，所以有

$$f(x,y)=f_X(x)f_Y(y)=\begin{cases}\frac{5}{2}\mathrm{e}^{-5x}, & x>0,0\leqslant y\leqslant 2\\ 0, & 其他\end{cases}$$

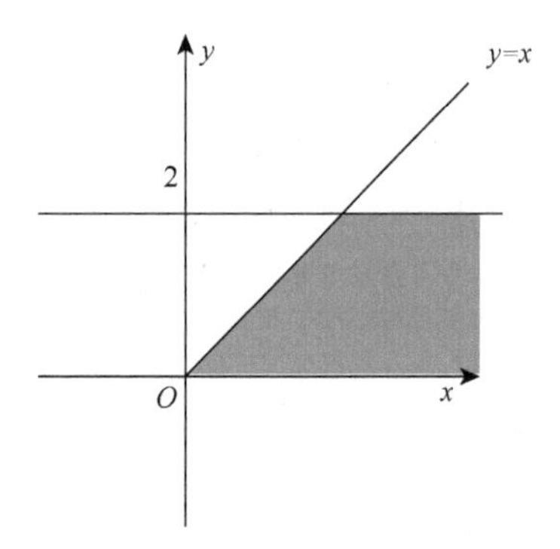

图 3-13　例 3.3.10 的积分区域

（2）设区域 D 为平面上如图 3-13 所示阴影部分，则

$$P\{X\geqslant Y\}=\iint_D f(x,y)\mathrm{d}x\mathrm{d}y=\int_0^2\left[\int_y^{+\infty}\frac{5}{2}\mathrm{e}^{-5x}\mathrm{d}x\right]\mathrm{d}y$$

$$=\int_0^2\frac{1}{2}\mathrm{e}^{-5y}\mathrm{d}y=\frac{1}{10}(1-\mathrm{e}^{-10})$$

3.3.4　条件概率密度函数

由于连续型随机变量对任意实数 x,y，总有 $P\{X=x\}=0$，$P\{Y=y\}=0$，所以不能像二维离散型随机变量那样直接利用条件概率公式来定义条件分布，为此利用极限来进行处理.

任取一个正数 $\varepsilon>0$，设 $P\{y-\varepsilon<Y\leqslant y+\varepsilon\}>0$，则对于任意实数 x，总有

$$P\{X \leqslant x | y-\varepsilon < Y \leqslant y+\varepsilon\} = \frac{P\{X \leqslant x, y-\varepsilon < Y \leqslant y+\varepsilon\}}{P\{y-\varepsilon < Y \leqslant y+\varepsilon\}}$$

这是在 $y-\varepsilon < Y \leqslant y+\varepsilon$ 的条件下随机变量 X 的条件分布函数. 进一步，有

$$F_{X|Y}(x|y) = \lim_{\varepsilon\to 0^+} \frac{P\{X \leqslant x, y-\varepsilon < Y \leqslant y+\varepsilon\}}{P\{y-\varepsilon < Y \leqslant y+\varepsilon\}} = \lim_{\varepsilon\to 0^+} \frac{F(x,y+\varepsilon)-F(x,y-\varepsilon)}{F_Y(y+\varepsilon)-F_Y(y-\varepsilon)}$$

$$= \lim_{\varepsilon\to 0^+} \frac{\dfrac{F(x,y+\varepsilon)-F(x,y-\varepsilon)}{2\varepsilon}}{\dfrac{F_Y(y+\varepsilon)-F_Y(y-\varepsilon)}{2\varepsilon}} = \frac{\dfrac{\partial F(x,y)}{\partial y}}{\dfrac{\partial F_Y(y)}{\partial y}}$$

根据分布函数与概率密度函数间的关系，得

$$F_{X|Y}(x|y) = \frac{\int_{-\infty}^{x} f(u,y)\mathrm{d}u}{f_Y(y)} = \int_{-\infty}^{x} \frac{f(u,y)}{f_Y(y)}\mathrm{d}u \tag{3-21}$$

（3-21）式是（3-5）式在连续型随机变量下条件分布函数的表示式.

定义 3.3.3　设 $f(x,y)$ 为（X, Y）的联合概率密度函数，$f_X(x)$和 $f_Y(y)$分别为 X 与 Y 的边缘概率密度函数，称 $\dfrac{\mathrm{d}F_{X|Y}(x|y)}{\mathrm{d}x} = \dfrac{f(x,y)}{f_Y(y)}$ 为在 $Y=y$ 的条件下 X 的**条件概率密度函数**，记为 $f_{X|Y}(x|y)$，即

$$f_{X|Y}(x|y) = \frac{\mathrm{d}F_{X|Y}(x|y)}{\mathrm{d}x} = \frac{f(x,y)}{f_Y(y)} \tag{3-22}$$

同理，在 $X=x$ 的条件下 Y 的条件分布函数及条件概率密度分别为

$$F_{Y|X}(y|x) = \int_{-\infty}^{y} \frac{f(x,v)}{f_X(x)}\mathrm{d}v \tag{3-23}$$

$$f_{Y|X}(y|x) = \frac{f(x,y)}{f_X(x)} \tag{3-24}$$

注意：在求 $f_{X|Y}(x|y)$ 或 $f_{Y|X}(y|x)$ 之前，首先要明确哪些 y 或 x 可以作为条件，由于 $f_Y(y)$ 或 $f_x(x)$ 要放在分母上，只有边缘密度 $f_Y(y)>0$ 或 $f_x(x)>0$ 的那些 y 或 x 才可以作为条件，下面通过例题来进一步地讲解.

例 3.3.11　已知二维随机变量 (X,Y) 的联合概率密度函数为

$$f(x,y) = \begin{cases} \dfrac{1}{2x^2 y}, & 1 < x < +\infty, \dfrac{1}{x} < y < x \\ 0, & \text{其他} \end{cases}$$

试求：$f_{X|Y}(x|y)$ 与 $f_{Y|X}(y|x)$.

解　联合概率密度函数如图 3-14 所示，先求 X,Y 的边缘概率密度 $f_X(x)$ 和 $f_Y(y)$.

当 $x>1$ 时，

$$f_X(x) = \int_{\frac{1}{x}}^{x} \frac{1}{2x^2 y}\mathrm{d}y = \frac{1}{2x^2}\ln y\Big|_{\frac{1}{x}}^{x} = \frac{\ln x}{x^2}$$

所以有

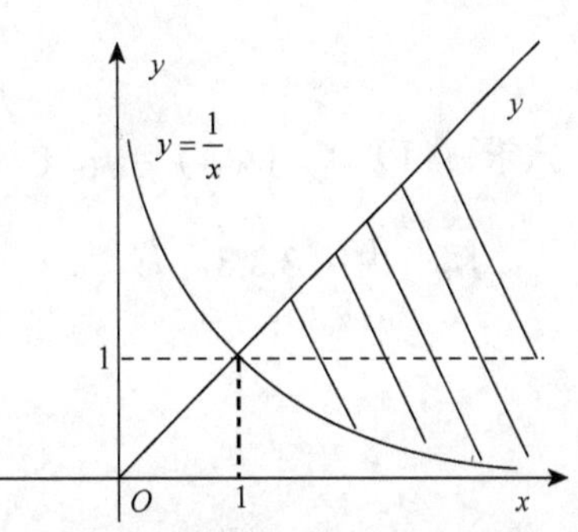

图 3-14　例 3.3.11 的积分区域

$$f_X(x)=\begin{cases}\dfrac{\ln x}{x^2}, & x>1\\ 0, & \text{其他}\end{cases}$$

当 $0<y<1$ 时，

$$f_Y(y)=\int_{\frac{1}{y}}^{+\infty}\frac{1}{2x^2y}\mathrm{d}x=\frac{1}{2y}\left(-\frac{1}{x}\right)\Bigg|_{\frac{1}{y}}^{+\infty}=\frac{1}{2}$$

当 $1\leqslant y<+\infty$ 时，

$$f_Y(y)=\int_{y}^{+\infty}\frac{1}{2x^2y}\mathrm{d}x=\frac{1}{2y}\left(-\frac{1}{x}\right)\Bigg|_{y}^{+\infty}=\frac{1}{2y^2}$$

所以有

$$f_Y(y)=\begin{cases}\dfrac{1}{2}, & 0<y<1\\ \dfrac{1}{2y^2}, & 1\leqslant y<+\infty\\ 0, & \text{其他}\end{cases}$$

下面来求 $f_{X|Y}(x\,|\,y)$，由于 $f_Y(y)$ 不为零的范围有两段，所以要分开讨论：

当 $0<y<1$ 时，

$$f_{X|Y}(x|y)=\frac{f(x,y)}{f_Y(y)}=\frac{\dfrac{1}{2x^2y}}{\dfrac{1}{2}}=\frac{1}{x^2y}\quad\left(\frac{1}{y}<x<+\infty\right)$$

当 $1\leqslant y<+\infty$ 时，

$$f_{X|Y}(x|y)=\frac{f(x,y)}{f_Y(y)}=\frac{\dfrac{1}{2x^2y}}{\dfrac{1}{2y^2}}=\frac{y}{x^2}\quad(y<x<+\infty)$$

再来求 $f_{Y|X}(y\,|\,x)$. 当 $x>1$ 时，

$$f_{Y|X}(y|x)=\frac{f(x,y)}{f_X(x)}=\frac{\dfrac{1}{2x^2y}}{\dfrac{\ln x}{x^2}}=\frac{1}{2y\ln x}\quad\left(\frac{1}{x}<y<x\right)$$

例 3.3.12　（续例 3.3.8）设随机变量 (X,Y) 的概率密度为

$$f(x,y)=\begin{cases}1, & |y|<x,0<x<1\\ 0, & \text{其他}\end{cases}$$

试求：（1）$f_{X|Y}(x\,|\,y)$ 与 $f_{Y|X}(y\,|\,x)$；（2）$P\left\{X\leqslant\frac{1}{2}\middle|Y=\frac{1}{4}\right\}$.

解　由例 3.3.8，有

$$f_X(x)=\begin{cases}2x, & 0<x<1\\ 0, & \text{其他}\end{cases}$$

$$f_Y(y)=\begin{cases}1-|y|, & |y|<1\\ 0, & \text{其他}\end{cases}$$

（1）下面来求 $f_{X|Y}(x|y)$．当 $|y|<1$，X 的条件概率密度为

$$f_{X|Y}(x|y)=\frac{f(x,y)}{f_Y(y)}=\begin{cases}\dfrac{1}{1-|y|}, & |y|<x<1\\ 0, & 其他\end{cases}$$

再来求 $f_{Y|X}(y|x)$．当 $0<x<1$，Y 的条件密度函数为

$$f_{Y|X}(y|x)=\frac{f(x,y)}{f_X(x)}=\begin{cases}\dfrac{1}{2x}, & |y|<x\\ 0, & 其他\end{cases}$$

（2）因为 $f_{X|Y}\left(x\middle|\frac{1}{4}\right)=\begin{cases}\dfrac{4}{3}, & \dfrac{1}{4}<x<1\\ 0, & 其他\end{cases}$，所以

$$P\left\{X\leqslant\frac{1}{2}\middle|Y=\frac{1}{4}\right\}=\int_{-\infty}^{\frac{1}{2}}f_{X|Y}\left(x\middle|\frac{1}{4}\right)\mathrm{d}x=\int_{\frac{1}{4}}^{\frac{1}{2}}\frac{4}{3}\mathrm{d}x=\frac{1}{3}$$

例 3.3.13　设数 X 在区间（0，1）上随机地取值，当观察到 $X=x$（$0<x<1$）时，数 Y 在区间 $(x,1)$ 上随机地取值，求 Y 的概率密度 $f_Y(y)$．

解　由题意可知，$X\sim U(0,1)$，其概率密度为

$$f_X(x)=\begin{cases}1, & 0<x<1\\ 0, & 其他\end{cases}$$

给定 $X=x\ (0<x<1)$ 时，$Y\sim U(x,1)$．故在 $X=x$ 的条件下，Y 的条件概率密度为

$$f_{Y|X}(y|x)=\frac{f(x,y)}{f_X(x)}=\begin{cases}\dfrac{1}{1-x}, & x<y<1\\ 0, & 其他\end{cases}$$

由式（3-24）得，(X,Y) 的概率密度为

$$f(x,y)=f_X(y)f_{Y|X}(y|x)=\begin{cases}\dfrac{1}{1-x}, & 0<x<y<1\\ 0, & 其他\end{cases}$$

于是得 (X,Y) 关于 Y 的边缘概率密度为

$$f_Y(y)=\int_{-\infty}^{+\infty}f(x,y)\mathrm{d}x=\begin{cases}\displaystyle\int_0^y\frac{1}{1-x}\mathrm{d}x=-\ln(1-y), & 0<y<1\\ 0, & 其他\end{cases}$$

3.4　二维随机变量函数的分布

设 $Z=g(X,Y)$ 是二维随机变量 (X,Y) 的函数，显然，Z 为一维随机变量；本节要研究的主要问题是在 (X,Y) 的分布已知的情况下，怎样求 $Z=g(X,Y)$ 的分布．下面分 (X,Y) 为离散型与连续型两种情况来加以讨论．

3.4.1 二维离散型随机变量函数的分布

设 (X,Y) 是二维离散型随机变量，则 $Z=g(X,Y)$ 是一维离散型随机变量，那么可将 Z 的取值一一列出，然后再合并整理就可得出 Z 的分布律.

例 3.4.1 已知二维离散型随机变量 (X,Y) 的分布律为

X \ Y	1	2
-1	$\frac{5}{20}$	$\frac{3}{20}$
1	$\frac{2}{20}$	$\frac{3}{20}$
2	$\frac{6}{20}$	$\frac{1}{20}$

试求：（1）$Z=X+Y$ 的分布律；（2）$Z=X^2Y$ 的分布律；（3）$Z=\max(X,Y)$ 的分布律.

解 （1）由分布律表格知，(X,Y) 的可取值有 $(-1,\ 1)$，$(-1,\ 2)$，$(1,\ 1)$，$(1,\ 2)$，$(2,\ 1)$，$(2,\ 2)$. 对应地，$Z=X+Y$ 的可取值有 0，1，2，3，4.

$$P\{Z=0\}=P\{X+Y=0\}=P\{X=-1,Y=1\}=\frac{5}{20}$$

$$P\{Z=1\}=P\{X+Y=1\}=P\{X=-1,Y=2\}=\frac{3}{20}$$

$$P\{Z=2\}=P\{X+Y=2\}=P\{X=1,Y=1\}=\frac{2}{20}$$

$$P\{Z=3\}=P\{X+Y=3\}=P\{X=1,Y=2\}+P\{X=2,Y=1\}=\frac{3}{20}+\frac{6}{20}=\frac{9}{20}$$

$$P\{Z=4\}=P\{X+Y=4\}=P\{X=2,Y=2\}=\frac{1}{20}$$

故有 $Z=X+Y$ 的分布律为

$Z=X+Y$	0	1	2	3	4
P	$\frac{5}{20}$	$\frac{3}{20}$	$\frac{2}{20}$	$\frac{9}{20}$	$\frac{1}{20}$

（2）类似可得，$Z=X^2Y$ 的分布律为

$Z=X^2Y$	1	2	4	8
P	$\frac{7}{20}$	$\frac{6}{20}$	$\frac{6}{20}$	$\frac{1}{20}$

（3）$Z=\max(X,Y)$ 的可取值有 1，2，有

$$P\{Z=1\}=P\{X=-1,Y=1\}+P\{X=1,Y=1\}=\frac{7}{20}$$

$$P\{Z=2\}=P\{X=-1,Y=2\}+P\{X=1,Y=2\}+P\{X=2,Y=1\}+P\{X=2,Y=2\}=\frac{13}{20}$$

故有 $Z=\max(X,Y)$ 的分布律为

$Z=\max(X,Y)$	1	2
P	$\frac{7}{20}$	$\frac{13}{20}$

例 3.4.2　设 X 服从参数为 λ_1 的泊松分布 $X\sim P(\lambda_1)$，Y 服从参数为 λ_2 的泊松分布 $Y\sim P(\lambda_2)$，且 X 与 Y 相互独立，试求 $Z=X+Y$ 的分布.

解　X,Y 的可取值为 $0,1,2,\cdots$，故 $Z=X+Y$ 的可取值为 $0,1,2,\cdots$.

显然

$$P\{Z=0\}=P\{X=0,Y=0\}$$

而 X 与 Y 相互独立，所以

$$P\{Z=0\}=P\{X=0,Y=0\}=P\{X=0\}P\{Y=0\}=\frac{\lambda_1^{\ 0}\mathrm{e}^{-\lambda_1}}{0!}\frac{\lambda_2^{\ 0}\mathrm{e}^{-\lambda_2}}{0!}=\mathrm{e}^{-(\lambda_1+\lambda_2)}$$

同理

$$P\{Z=1\}=P\{X=0,Y=1\}+P\{X=1,Y=0\}=\frac{(\lambda_1+\lambda_2)\mathrm{e}^{-(\lambda_1+\lambda_2)}}{1!}$$

$$P\{Z=2\}=P\{X=0,Y=2\}+P\{X=1,Y=1\}+P\{X=2,Y=0\}=\frac{(\lambda_1+\lambda_2)^2\mathrm{e}^{-(\lambda_1+\lambda_2)}}{2!}$$

…

对任意的正整数 k 有

$$\begin{aligned}P\{Z=k\}&=P\{X+Y=k\}=\sum_{i=0}^{k}P\{X=i,Y=k-i\}\\&=\sum_{i=0}^{k}P\{X=i\}P\{Y=k-i\}=\sum_{i=0}^{k}\frac{\lambda_1^{i}\mathrm{e}^{-\lambda_1}}{i!}\frac{\lambda_2^{k-i}\mathrm{e}^{-\lambda_2}}{(k-i)!}\\&=\frac{\mathrm{e}^{-(\lambda_1+\lambda_2)}}{k!}\sum_{i=0}^{k}\frac{k!\lambda_1^{i}}{i!}\frac{\lambda_2^{k-i}}{(k-i)!}=\frac{(\lambda_1+\lambda_2)^k}{k!}\mathrm{e}^{-(\lambda_1+\lambda_2)}\end{aligned}$$

可见 $Z=X+Y$ 服从参数为 $\lambda_1+\lambda_2$ 的泊松分布. 这个性质称为**泊松分布的可加性**.

由例 3.4.1 与例 3.4.2，可以得出求离散型随机变量函数分布律的一般方法：(X, Y) 有有限个或可列无穷个可取值 (x_i, y_j) $(i,j=1,2,\cdots)$，相应地 $Z=g(X, Y)$ 有有限个或可列无穷个可取值 $z_k(k=1,2,\cdots)$，即 $Z=g(X, Y)$ 为离散型随机变量，其分布律为

$$P\{Z=z_k\}=P\{g(X, Y)=z_k\}=\sum_{g(x_i, y_j)=z_k}P\{X=x_i, Y=y_j\} \tag{3-25}$$

例 3.4.3　设 X,Y 是相互独立且服从同一分布的两个离散型随机变量，已知 X 的分布律为 $P\{X=i\}=1/3$ $(i=1,2,3)$，又设 $M=\max\{X,Y\}$，$N=\min\{X,Y\}$，试求：

例 3.4.3　重点难点视频讲解

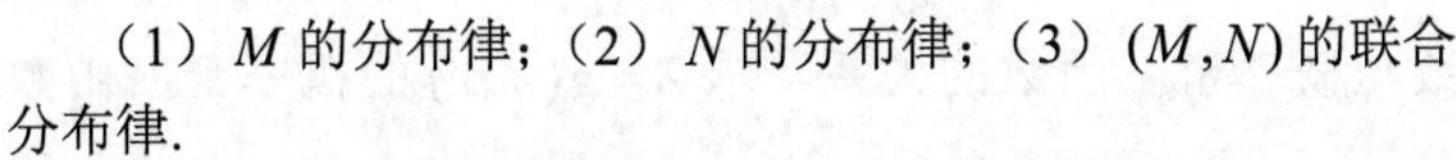

（1）M 的分布律；（2）N 的分布律；（3）(M,N) 的联合分布律.

解　（1）因为 X 的取值为 1, 2, 3，Y 的取值为 1, 2, 3，所以 $M=\max\{X,Y\}$ 可取值为 1, 2, 3, 则

$$P\{M=1\}=P\{X=1,Y=1\}=P\{X=1\}P\{Y=1\}=\frac{1}{3}\times\frac{1}{3}=\frac{1}{9}$$

$$P\{M=2\}=P\{X=1,Y=2\}+P\{X=2,Y=2\}+P\{X=2,Y=1\}=\frac{3}{9}$$

$$P\{M=3\}=P\{X=1,Y=3\}+P\{X=2,Y=3\}+P\{X=3,Y=3\}$$
$$+P\{X=3,Y=2\}+P\{X=3,Y=1\}=\frac{5}{9}$$

故 M 的分布律为

M	1	2	3
p	$\frac{1}{9}$	$\frac{3}{9}$	$\frac{5}{9}$

（2）同理，可得 N 的分布律

N	1	2	3
p	$\frac{5}{9}$	$\frac{3}{9}$	$\frac{1}{9}$

（3）(M,N) 的联合分布律为

M \ N	1	2	3
1	$\frac{1}{9}$	0	0
2	$\frac{2}{9}$	$\frac{1}{9}$	0
3	$\frac{2}{9}$	$\frac{2}{9}$	$\frac{1}{9}$

其中

$$P\{M=1,N=1\}=P\{X=1,Y=1\}=\frac{1}{9}$$

$$P\{M=2,N=1\}=P\{X=2,Y=1\}+P\{X=1,Y=2\}=\frac{2}{9}$$

同理可求出其他点对应的概率.

3.4.2　连续型随机变量函数的分布

设二维连续型随机变量 (X,Y) 的概率密度函数为 $f(x,y)$， $Z=g(X,Y)$ (g 为连续函数)，为此，通常采用**分布函数两步法**来求解 $Z=g(X,Y)$ 的分布（这与求一维连续型随机变量的函数的方法类似）.

第一步，求 $Z=g(X,Y)$ 的分布函数，即

$$F_Z(z)=P\{Z\leqslant z\}=P\{g(X,Y)\leqslant z\}=\iint\limits_{g(x,y)\leqslant z} f(x,y)\mathrm{d}x\mathrm{d}y$$

第二步，根据分布函数与概率密度函数的关系，求 $Z=g(X,Y)$ 的概率密度函数 $f_Z(z)=F_Z'(z)$.

下面讨论几种具体的连续型随机变量函数的分布.

1. $Z=X+Y$（或 $Z=X-Y$）的分布

设二维连续型随机变量 (X, Y) 的概率密度为 $f(x, y)$，z 为任意实数，则 Z 的分布函数为

$$F_Z(z)=P\{Z\leqslant z\}=\iint\limits_{x+y\leqslant z} f(u,v)\mathrm{d}u\mathrm{d}v$$

这里积分区域 $G: x+y\leqslant z$ 是直线 $x+y=z$ 及其左下方的半平面，如图 3-15 所示.

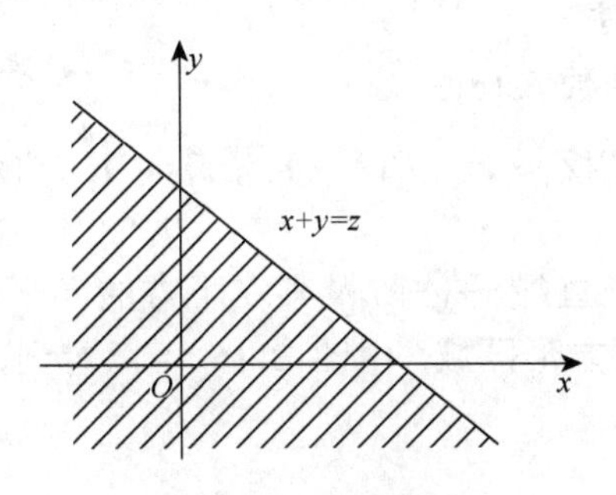

图 3-15　积分区域 G

将二重积分化为二次积分可得

$$F_Z(z)=\iint\limits_{x+y\leqslant z} f(x,y)\mathrm{d}x\mathrm{d}y=\int_{-\infty}^{+\infty}\left[\int_{-\infty}^{z-y} f(x,y)\mathrm{d}x\right]\mathrm{d}y$$

令 $x=t-y$，则

$$\int_{-\infty}^{z-y} f(x,y)\mathrm{d}x=\int_{-\infty}^{z} f(t-y,y)\mathrm{d}t$$

于是

$$F_Z(z)=\int_{-\infty}^{+\infty}\left[\int_{-\infty}^{z} f(t-y,y)\mathrm{d}t\right]\mathrm{d}y$$

交换积分顺序可得

$$F_Z(z)=\int_{-\infty}^{z}\left[\int_{-\infty}^{+\infty} f(t-y,y)\mathrm{d}y\right]\mathrm{d}t$$

根据连续型随机变量及其概率密度的定义，可得其概率密度为

$$f_Z(z)=F_Z'(z)=\int_{-\infty}^{+\infty} f(z-y,y)\mathrm{d}y \tag{3-26}$$

考虑到 X 与 Y 的对称性，$f_Z(z)$ 也可以写为

$$f_Z(z)=F_Z'(z)=\int_{-\infty}^{+\infty} f(x,z-x)\mathrm{d}x \tag{3-27}$$

当 X 与 Y 独立时，有

$$f_Z(z)=\int_{-\infty}^{+\infty} f_X(x)f_Y(z-x)\mathrm{d}x=\int_{-\infty}^{+\infty} f_X(z-y)f_Y(y)\mathrm{d}y \tag{3-28}$$

（3-28）式中的两个等式也称为 X 与 Y 的**卷积公式**，记为 $f_X * f_Y$，即

$$f_Z(z)=f_X * f_Y=\int_{-\infty}^{+\infty} f_X(z-y)f_Y(y)\mathrm{d}y=\int_{-\infty}^{+\infty} f_X(x)f_Y(z-x)\mathrm{d}x$$

例 3.4.4　设随机变量 X,Y 相互独立，且都服从区间（0，1）上的均匀分布，试求 $Z=X+Y$ 的概率密度.

解　X,Y 的概率密度为

$$f_X(x)=\begin{cases}1, & 0<x<1\\ 0, & \text{其他}\end{cases},\quad f_Y(y)=\begin{cases}1, & 0<y<1\\ 0, & \text{其他}\end{cases}$$

由于 X,Y 相互独立，所以

$$f(x,y)=f_X(x)f_Y(y)=\begin{cases}1, & 0<x<1,0<y<1\\ 0, & \text{其他}\end{cases}$$

下面用两种方法来求解.

方法 1：分布函数两步法

先求 $Z=X+Y$ 的分布函数 $F_Z(z)$.

$$F_Z(z)=P\{Z\leqslant z\}=P\{X+Y\leqslant z\}=\iint\limits_{x+y\leqslant z} f(x,y)\mathrm{d}x\mathrm{d}y$$

这里积分区域 $G: x+y\leqslant z$ 是直线 $x+y=z$ 及其左下方的半平面，而 $f(x,y)\neq 0$ 的区域为图 3-16 阴影部分所示的正方形区域. 由图 3-16 可以看到，根据 z 的不同取值，直线 $x+y=z$ 有如下四种情况.

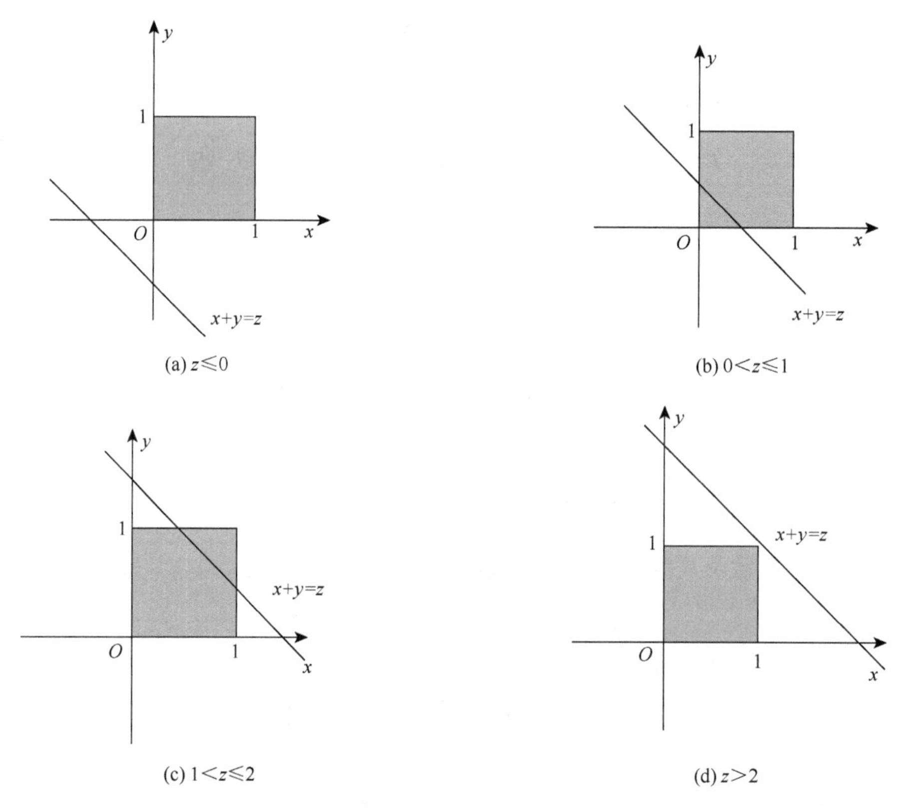

图 3-16　直线 $x+y=z$ 的四种情况

（1）当 $z\leqslant 0$ 时，在积分区域内 $f(x,y)=0$，所以 $F_Z(z)=0$.

（2）当 $0<z\leqslant 1$ 时，$F_Z(z)=\iint\limits_{x+y\leqslant z} f(x,y)\mathrm{d}x\mathrm{d}y=\int_0^z \mathrm{d}x\int_0^{z-x} 1\mathrm{d}y=\dfrac{z^2}{2}$.

（3）当 $1<z\leqslant 2$ 时，$F_Z(z)=\iint\limits_{x+y\leqslant z} f(x,y)\mathrm{d}x\mathrm{d}y=1-\int_{z-1}^1 \mathrm{d}x\int_{z-x}^1 1\mathrm{d}y=1-\dfrac{(2-z)^2}{2}$.

（4）当 $z>2$ 时，$F_Z(z)=1$.

再求概率密度函数 $f_Z(z)$，所以有

$$f_Z(z)=F_Z'(z)=\begin{cases} z, & 0<z\leqslant 1 \\ 2-z, & 1<z\leqslant 2 \\ 0, & \text{其他} \end{cases}$$

方法 2：用卷积公式

由卷积公式，$Z=X+Y$ 的概率密度为

$$f_Z(z)=\int_{-\infty}^{+\infty} f_X(x)f_Y(z-x)\mathrm{d}x$$

易知仅当

$$\begin{cases} 0<x<1 \\ 0<z-x<1 \end{cases} \quad \text{即} \quad \begin{cases} 0<x<1 \\ x<z<x+1 \end{cases}$$

时，上述积分的被积函数不等于零，即在阴影部分内被积函数不等于零，如图 3-17 所示，将变量 x 放在 y 轴上，将变量 z 放在 x 轴上，于是有

$$f_Z(z)=\begin{cases} \int_0^z 1\mathrm{d}x, & 0\leqslant z\leqslant 1 \\ \int_{z-1}^1 1\mathrm{d}x, & 1<z\leqslant 2 \\ 0, & \text{其他} \end{cases}=\begin{cases} z, & 0\leqslant z\leqslant 1 \\ 2-z, & 1<z\leqslant 2 \\ 0, & \text{其他} \end{cases}$$

显然，均匀分布随机变量之和不再符合均匀分布.

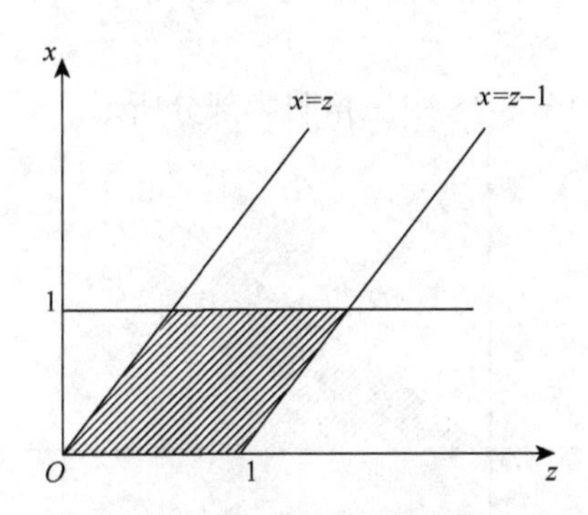

图 3-17　卷积公式非零区域示意图

例 3.4.5　设 X 与 Y 相互独立，且均服从标准正态分布 $N(0,1)$，求 $Z=X+Y$ 的概率密度函数.

解　由式（3-28）的卷积公式，可得

$$f_Z(z)=\int_{-\infty}^{+\infty}\frac{1}{2\pi}\mathrm{e}^{-\frac{x^2}{2}}\mathrm{e}^{-\frac{(z-x)^2}{2}}\mathrm{d}x=\frac{1}{2\pi}\mathrm{e}^{-\frac{z^2}{4}}\int_{-\infty}^{+\infty}\mathrm{e}^{-(x-\frac{z}{2})^2}\mathrm{d}x$$

$$\xlongequal{t=x-\frac{z}{2}}\frac{1}{2\pi}\mathrm{e}^{-\frac{z^2}{4}}\int_{-\infty}^{+\infty}\mathrm{e}^{-t^2}\mathrm{d}t$$

$$=\frac{1}{\sqrt{2\pi}\sqrt{2}}\mathrm{e}^{-\frac{z^2}{4}}\int_{-\infty}^{+\infty}\frac{1}{\sqrt{2\pi}\sqrt{1/2}}\mathrm{e}^{\frac{-t^2}{2(\sqrt{1/2})^2}}\mathrm{d}t$$

$$=\frac{1}{\sqrt{2\pi}\sqrt{2}}\mathrm{e}^{-\frac{z^2}{4}}$$

即

$$Z \sim N(0,2)$$

注意：$\frac{1}{\sqrt{2\pi}\sqrt{1/2}}\mathrm{e}^{\frac{-t^2}{2(\sqrt{1/2})^2}}$ 为 $N\left(0,\frac{1}{2}\right)$ 的密度，故 $\int_{-\infty}^{+\infty}\frac{1}{\sqrt{2\pi}\sqrt{1/2}}\mathrm{e}^{\frac{-t^2}{2(\sqrt{1/2})^2}}\mathrm{d}t=1$．从 $Z\sim N(0,2)$ 中看出 $\mu_Z=\mu_X+\mu_Y=0$，$\sigma_Z^2=\sigma_X^2+\sigma_Y^2=2$．

一般地，当 X，Y 相互独立且 $X\sim N(u_1,\sigma_1^2)$，$Y\sim N(u_2,\sigma_2^2)$ 时，计算可得

$$Z=X+Y\sim N(u_1+u_2,\sigma_1^2+\sigma_2^2).$$

这个结论还可以推广到 n 个服从正态分布且相互独立的随机变量之和的情况，即若 $X_i\sim N(u_i,\sigma_i^2)\ (i=1,2,\cdots,n)$，且它们相互独立，则它们的线性组合仍服从正态分布，即

$$\sum_{i=1}^{n}a_iX_i+b\sim N\left(b+\sum_{i=1}^{n}a_iu_i,\sum_{i=1}^{n}(a_i\sigma_i)^2\right) \tag{3-29}$$

其中，$b,a_i\ (i=1,2,\cdots,n)$ 均为任意常数.

例 3.4.6　设二维随机变量 (X, Y) 的概率密度为

$$f(x,y)=\begin{cases}3x, & 0<x<1,0<y<x\\ 0, & \text{其他}\end{cases}$$

试求 $Z=X-Y$ 的概率密度函数.

解　先求 $Z=X-Y$ 的分布函数

$$F_Z(z)=P\{Z\leqslant z\}=P\{X-Y\leqslant z\}=\iint\limits_{x-y\leqslant z}f(x,y)\mathrm{d}x\mathrm{d}y$$

$f(x,y)$ 取非零值的区域 G 如图 3-18 中三角阴影部分所示.

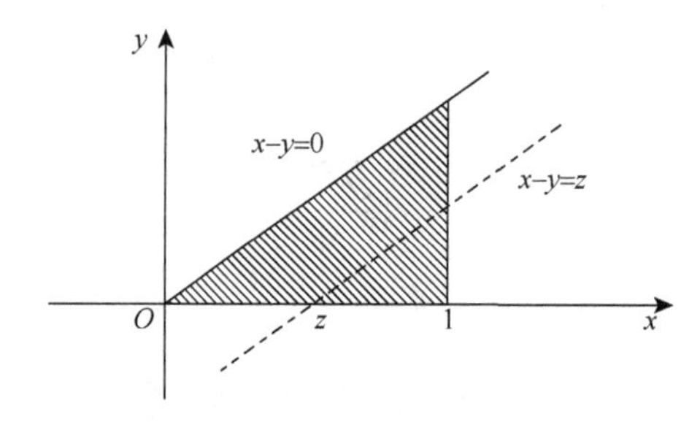

图 3-18　$f(x,y)$ 取非零值的区域 G

当 $z\leqslant 0$ 时，

$$F_Z(z)=0$$

当 $0<z<1$ 时，

$$F_Z(z)=\iint\limits_{D}3x\mathrm{d}x\mathrm{d}y$$

其中，积分区域 D 为区域 G 中介于 $x-y=0$ 与 $x-y=z$ 之间的区域，所以

$$F_Z(z)=\iint\limits_{D}3x\mathrm{d}x\mathrm{d}y=\int_0^z\mathrm{d}x\int_0^x3x\mathrm{d}y+\int_z^1\mathrm{d}x\int_{x-z}^{x}3x\mathrm{d}y=\frac{3}{2}z-\frac{1}{2}z^3$$

当 $z\geqslant 1$ 时，

$$F_Z(z)=\iint\limits_{G}3x\mathrm{d}x\mathrm{d}y=1$$

于是，$Z=X-Y$ 的概率密度为

$$f_Z(z)=F_Z'(z)=\begin{cases}\dfrac{3}{2}(1-z^2), & 0<z<1\\ 0, & 其他\end{cases}$$

2. $M=\max(X,Y)$及 $N=\min(X,Y)$的分布

设 X, Y 是两个相互独立的随机变量，其分布函数分别为 $F_X(x)$ 和 $F_Y(y)$，设 z 为任意实数，为了求 M 的分布函数，下面构造两个事件.

事件 $A=\{M\leqslant z\}$，事件 $B=\{X\leqslant z,Y\leqslant z\}$，显然 $A\subseteq B$，$A\supseteq B$，所以 A 与 B 相等，即 $P(A)=P(B)=P\{M\leqslant z\}=P\{X\leqslant z,Y\leqslant z\}$，结合 X,Y 相互独立的条件，于是，$M=\max(X,Y)$ 的分布函数为

$$\begin{aligned}F_M(z)&=P(M\leqslant z)=P(X\leqslant z,Y\leqslant z)=P(X\leqslant z)P(Y\leqslant z)\\&=F_X(z)F_Y(z)\end{aligned}\tag{3-30}$$

类似地，构造事件 $A=\{N>z\}$，事件 $B=\{X>z,Y>z\}$，则显然 A 与 B 相等，于是，$N=\min(X,Y)$ 的分布函数为

$$\begin{aligned}F_N(z)&=P\{N\leqslant z\}=1-P\{N>z\}=1-P\{X>z,Y>z\}\\&=1-P\{X>z\}\cdot P\{Y>z\}=1-\left[1-F_X(z)\right]\cdot\left[1-F_Y(z)\right]\end{aligned}\tag{3-31}$$

以上结果可推广到有限个相互独立的随机变量的情况. 设 $X_1,X_2,\cdots,X_n$ 是 n 个相互独立的随机变量，它们的分布函数分别为 $F_{X_i}(x_i)(i=1,2,\cdots,n)$，则 $M=\max(X_1,X_2,\cdots,X_n)$，$N=\min(X_1,X_2,\cdots,X_n)$ 的分布函数分别为

$$F_M(z)=F_{X_1}(z)F_{X_2}(z)\cdots F_{X_n}(z)\tag{3-32}$$

$$F_N(z)=1-[1-F_{X_1}(z)][1-F_{X_2}(z)]\cdots[1-F_{X_n}(z)]\tag{3-33}$$

特别地，当 $X_1,X_2,\cdots,X_n$ 相互独立且有相同的分布函数 $F(x)$ 时，有

$$F_M(z)=[F(z)]^n$$

$$F_N(z)=1-[1-F(x)]^n$$

例 3.4.7　设随机变量 X，Y 相互独立，且都服从 $(0,\theta)$ 的均匀分布，试求：

（1）$M=\max(X,Y)$ 的概率密度函数；（2）$N=\min(X,Y)$ 的概率密度函数.

解　（1）由于 X,Y 都服从 $(0,\theta)$ 的均匀分布，所以 X,Y 的分布函数分别为

$$F_X(z)=\begin{cases}0, & z\leqslant 0\\ \dfrac{z}{\theta}, & 0<z<\theta,\\ 1, & z\geqslant\theta\end{cases}\quad F_Y(z)=\begin{cases}0, & z\leqslant 0\\ \dfrac{z}{\theta}, & 0<z<\theta\\ 1, & z\geqslant\theta\end{cases}$$

于是由（3-30）式得

$$F_M(z)=F_X(z)F_Y(z)=\left(\frac{z}{\theta}\right)^2\quad(0<z<\theta)$$

故有

$$f_M(z)=\begin{cases}\dfrac{2z}{\theta^2}, & 0<z<\theta\\ 0, & 其他\end{cases}$$

（2）由（3-31）式得

$$F_N(z)=1-(1-F_X(z))(1-F_Y(z))=1-\left(1-\frac{z}{\theta}\right)^2 \quad (0<z<\theta)$$

故有

$$f_N(z)=\begin{cases}\dfrac{2}{\theta}\left(1-\dfrac{z}{\theta}\right), & 0<z<\theta\\ 0, & \text{其他}\end{cases}$$

例 3.4.8 设系统 L 由两个相互独立的子系统 L_1,L_2 连接而成，连接的方式分别是（1）串联，（2）并联. 设 L_1,L_2 的寿命分别是 X,Y，它们分别服从参数为 5 和 10 的指数分布，求以上两种连接方式寿命 Z 的概率密度函数.

解 X,Y 的概率密度函数分别为

$$f_X(x)=\begin{cases}\dfrac{1}{5}\mathrm{e}^{-\frac{x}{5}}, & x>0\\ 0, & x\leqslant 0\end{cases},\quad f_Y(y)=\begin{cases}\dfrac{1}{10}\mathrm{e}^{-\frac{y}{10}}, & y>0\\ 0, & y\leqslant 0\end{cases}$$

（1）串联的情形

当 L_1,L_2 有一个损坏时，系统就停止工作，所以这时系统的寿命为

$$Z=\min(X,Y)$$

X,Y 的分布函数分别为

$$F_X(x)=\begin{cases}1-\mathrm{e}^{-\frac{x}{5}}, & x>0\\ 0, & x\leqslant 0\end{cases},\quad F_Y(y)=\begin{cases}1-\mathrm{e}^{-\frac{y}{10}}, & y>0\\ 0, & y\leqslant 0\end{cases}$$

由（3-31）式，$Z=\min(X,Y)$ 的分布函数为

$$F_{\min}(z)=1-[1-F_X(z)]\cdot[1-F_Y(z)]=\begin{cases}1-\mathrm{e}^{-\frac{3}{10}z}, & z>0\\ 0, & z\leqslant 0\end{cases}$$

于是 $Z=\min(X,Y)$ 的概率密度函数为

$$f_{\min}(z)=F'_{\min}(z)=\begin{cases}\dfrac{3}{10}\mathrm{e}^{-\frac{3}{10}z}, & z>0\\ 0, & z\leqslant 0\end{cases}$$

（2）并联的情形

当且仅当 L_1,L_2 都损坏时，系统才停止工作，所以这时系统的寿命为

$$Z=\max(X,Y)$$

由（3-30）式，$Z=\max(X,Y)$ 的分布函数为

$$F_{\max}(z)=F_X(z)\cdot F_Y(z)=\begin{cases}(1-\mathrm{e}^{-\frac{z}{5}})(1-\mathrm{e}^{-\frac{z}{10}}), & z>0\\ 0, & z\leqslant 0\end{cases}$$

于是 $Z=\max(X,Y)$ 的概率密度函数为

$$f_{\max}(z)=F'_{\max}(z)=\begin{cases}\dfrac{1}{10}\mathrm{e}^{-\frac{z}{10}}+\dfrac{1}{5}\mathrm{e}^{-\frac{z}{5}}-\dfrac{3}{10}\mathrm{e}^{-\frac{3}{10}z}, & z>0\\ 0, & z\leqslant 0\end{cases}$$

下面再举一些一般的例子.

例 3.4.9　设二维随机变量 (X, Y) 的概率密度为

$$f(x,y)=\begin{cases}2, & 0<x<1, 0<y<1-x\\ 0, & 其他\end{cases}$$

令 $Z=\begin{cases}1, & X<Y\\ X+Y, & X\geqslant Y\end{cases}$，求 Z 的分布函数.

解　设 z 为任意实数，由全概率公式可得，Z 的分布函数为

$$\begin{aligned}F_Z(z)&=P\{Z\leqslant z\}=P\{Z\leqslant z|X<Y\}P\{X<Y\}+P\{Z\leqslant z|X\geqslant Y\}P\{X\geqslant Y\}\\&=P\{1\leqslant z|X<Y\}P\{X<Y\}+P\{X+Y\leqslant z|X\geqslant Y\}P\{X\geqslant Y\}\\&=P\{1\leqslant z|X<Y\}P\{X<Y\}+P\{X+Y\leqslant z,X\geqslant Y\}\\&=\frac{1}{2}P\{1\leqslant z|X<Y\}+P\{X+Y\leqslant z,X\geqslant Y\}\end{aligned}$$

显然，$P\{1\leqslant z|X<Y\}=\begin{cases}0, & z<1\\ 1, & z\geqslant 1\end{cases}$. 当 $z\leqslant 0$ 时，

$$P\{X+Y\leqslant z,X\geqslant Y\}=\iint\limits_{x+y\leqslant z,x>y}f(x,y)\mathrm{d}x\mathrm{d}y=\iint\limits_{x+y\leqslant z,x>y}0\mathrm{d}x\mathrm{d}y=0$$

当 $0<z<1$ 时，

$$P\{X+Y\leqslant z,X\geqslant Y\}=\iint\limits_{x+y\leqslant z,x>y}2\mathrm{d}x\mathrm{d}y=\frac{z^2}{2}$$

当 $z\geqslant 1$ 时，

$$P\{X+Y\leqslant z,X\geqslant Y\}=\iint\limits_{x+y\leqslant z,x>y}2\mathrm{d}x\mathrm{d}y=\frac{1}{2}$$

故 Z 的分布函数为

$$F_Z(z)=\begin{cases}0, & z\leqslant 0\\ \dfrac{z^2}{2}, & 0<z<1\\ 1, & z\geqslant 1\end{cases}$$

可以看到，Z 的分布函数既不是阶梯函数，也不是连续函数，既不是离散型的也不是连续型的，而是混合型随机变量，描述其取值的概率分布情况用分布函数即可.

最后来研究一种特殊随机变量函数的分布. 设 X 是离散型随机变量，Y 是连续型随机变量，求 $z=g(X,Y)$ 的分布.

例 3.4.10　设 X 与 Y 相互独立，X 的分布律为 $P\{X=0\}=P\{X=1\}=\dfrac{1}{2}$，$Y$ 的概率密度为 $f_Y(y)=\begin{cases}1, & 0<y<1\\ 0, & 其他\end{cases}$. 求 $Z=X+Y$ 的分布.

解　设 z 为任意实数，由全概率公式可得，Z 的分布函数为

$$\begin{aligned}F_Z(z)&=P\{Z\leqslant z\}=P\{Z\leqslant z|X=0\}P\{X=0\}+P\{Z\leqslant z|X=1\}P\{X=1\}\\&=P\{X+Y\leqslant z|X=0\}P\{X=0\}+P\{X+Y\leqslant z|X=1\}P\{X=1\}\\&=\frac{1}{2}P\{Y\leqslant z|X=0\}+\frac{1}{2}P\{Y\leqslant z-1|X=1\}\end{aligned}$$

因为 X 与 Y 相互独立，则有

$$F_Z(z)=\frac{1}{2}P\{Y\leqslant z\}+\frac{1}{2}P\{Y\leqslant z-1\}=\begin{cases}0, & z\leqslant 0\\ \dfrac{z}{2}, & 0<z<2\\ 1, & z\geqslant 2\end{cases}$$

所以 Z 的概率密度为

$$f_Z(z)=F_Z'(z)=\begin{cases}\dfrac{1}{2}, & 0<z<2\\ 0, & \text{其他}\end{cases}$$

即 Z 服从区间 $(0,2)$ 上的均匀分布.

习　题　3

1. 用 (X,Y) 的联合分布函数 $F(x,y)$ 表示下述概率：

（1）$P\{a\leqslant X\leqslant b,Y<c\}=$____________；（2）$P\{X<a,Y=b\}=$____________；

（3）$P\{0<Y\leqslant a\}=$____________；（4）$P\{X\geqslant a,Y>b\}=$____________.

2. 下列四个二元函数，不能作为二维随机变量 (X,Y) 的分布函数是（　）.

A. $F(x,y)=\begin{cases}(1-\mathrm{e}^{-x})(1-\mathrm{e}^{-y}), & x>0,y>0\\ 0, & \text{其他}\end{cases}$

B. $F(x,y)=\begin{cases}\sin x\sin y, & 0\leqslant x\leqslant\dfrac{\pi}{2},0\leqslant y\leqslant\dfrac{\pi}{2}\\ 0, & \text{其他}\end{cases}$

C. $F(x,y)=\begin{cases}1, & x+2y\geqslant 1\\ 0, & x+2y<1\end{cases}$

D. $F(x,y)=1+2^{-x}-2^{-y}+2^{-x-y}$

3. 设二维随机变量 (X,Y) 的分布函数为

$$F(x,y)=\begin{cases}C-3^{-x}-3^{-y}+3^{-x-y}, & x\geqslant 0,y\geqslant 0\\ 0, & \text{其他}\end{cases}$$

试求：（1）常数 C；（2）(X,Y) 关于 X 和 Y 的边缘分布函数；（3）X 与 Y 是否相互独立.

4. 设二维随机变量 (X,Y) 的分布函数为

$$F(x,y)=\begin{cases}(1-\mathrm{e}^{-2x})(1-\mathrm{e}^{-2y}), & x\geqslant 0,y\geqslant 0\\ 0, & \text{其他}\end{cases}$$

求 $P(X>1,Y>1)$.

5. 一口袋中有四个球，它们依次标有数字1, 2, 2, 3. 从这袋中任取一球后，不放回袋中，再从袋中任取一球. 设每次取球时，袋中每个球被取到的可能性相同. 以 X 、Y 分别记第一、二次取到的球上标有的数字，求 (X,Y) 的分布律及 $P\{X=Y\}$.

6. 袋中有五个号码 1，2，3，4，5，从中任取三个，记取到的三个号码中最小号码为 X，最大的号码为 Y. 试求：(1) (X,Y) 的分布律；(2) X 与 Y 是否相互独立.

7. 设随机变量 Y 服从参数为 $\lambda=1$ 的指数分布，随机变量 X_k 定义如下：

$$X_k=\begin{cases}0, & Y\leqslant k\\ 1, & Y>k\end{cases}\quad (k=1,2)$$

求 X_1 和 X_2 的联合分布律.

8. 一批产品中 30%为一等品，50%为二等品，20%为三等品，从这批产品中有放回地每次抽取一件，共抽取 5 次，以 X 、Y 分别记取出的 5 件产品中一等品和二等品的件数，求 (X,Y) 的分布律及关于 X 和 Y 的边缘分布律.

9. 设二维随机变量 (X,Y) 的分布律为

X \ Y	0.40	0.80
2	0.15	0.05
5	0.30	0.12
8	0.35	0.03

试求：(1) (X,Y) 关于 X 和 Y 的边缘分布律；(2) 在 $Y=0.4$ 的条件下 X 的条件分布律；(3) 在 $X=5$ 的条件下 Y 的条件分布律；(4) X 与 Y 是否相互独立.

10. 设随机变量 X 与 Y 的联合分布律为

X \ Y	0	1
0	$\frac{2}{25}$	b
1	a	$\frac{3}{25}$
2	$\frac{1}{25}$	$\frac{2}{25}$

且 $P\{Y=1\mid X=0\}=\dfrac{3}{5}$，试求：(1) 常数 a,b 的值；(2) 当 a,b 取 (1) 中的值时，X 与 Y 是否相互独立？为什么？

11. 设二维随机变量 (X,Y) 的分布律为

X \ Y	1	2	3
1	$\frac{1}{8}$	α	$\frac{1}{24}$
2	β	$\frac{1}{4}$	$\frac{1}{8}$

且已知 X 与 Y 相互独立，求 α,β.

12. 设二维随机变量 (X,Y) 的分布律为

X \ Y	0	1
0	$\frac{1}{4}$	α
1	β	$\frac{1}{4}$

已知事件 $\{X=0\}$ 与事件 $\{X+Y=1\}$ 相互独立，求 α,β.

13. 设随机变量 (X,Y) 的概率密度函数为 $f(x,y)=\begin{cases}\dfrac{A}{4}xy, & 0\leqslant x\leqslant 4, 0\leqslant y\leqslant\sqrt{x}\\ 0, & \text{其他}\end{cases}$.
试求：（1）常数 A；（2）$P\{X\leqslant 1\}$ 和 $P\{Y\leqslant 1\}$.

14. 设随机变量 (X,Y) 在区域 $D=\{(x,y)|0\leqslant x\leqslant 2,-1\leqslant y\leqslant 2\}$ 上服从均匀分布，试求：（1）(X,Y) 的概率密度函数；（2）$P\{X+Y\leqslant 1\}$.

15. 已知 (X,Y) 的分布函数 $F(x,y)=\begin{cases}1-\mathrm{e}^{-x}-\mathrm{e}^{-y}+\mathrm{e}^{-(x+y)}, & x>0,y>0\\ 0, & \text{其他}\end{cases}$，试求：（1）$(X,Y)$ 的概率密度函数 $f(x,y)$；（2）$P\{Y\geqslant X\}$.

16. 设随机变量 (X,Y) 的概率密度函数为 $f(x,y)=\begin{cases}2-x-y, & 0<x<1,\ 0<y<1\\ 0, & \text{其他}\end{cases}$，求 $P\{X>2Y\}$.

17. 设 (X,Y) 服从有界区域 G 上的均匀分布，其中 G 是由直线 $\dfrac{x}{2}+y=1$，x 轴及 y 轴所围成的三角形区域，求 (X, Y) 关于 X 和 Y 的边缘概率密度函数.

18. 设 $(X, Y)\sim N(-1,2,1,4,0)$，试求：（1）$f_X(x)$ 和 $f_Y(y)$；（2）X 和 Y 是否相互独立.

19. 设 (X, Y) 的概率密度函数为 $f(x,y)=\begin{cases}\mathrm{e}^{-y}, & 0<x<y\\ 0, & \text{其他}\end{cases}$，试求：（1）$(X, Y)$ 关于 X 和 Y 的边缘概率密度函数；（2）判断 X 和 Y 是否相互独立.

20. 设 X 和 Y 相互独立，X 在区间 $(0,1)$ 上服从均匀分布，Y 的概率密度函数为

$$f_y(y)=\begin{cases}\dfrac{1}{2}\mathrm{e}^{-\frac{y}{2}}, & y>0\\ 0, & y\leqslant 0\end{cases}$$

试求：（1）X 和 Y 的联合概率密度函数；（2）二次方程 $a^2+2Xa+y=0$ 有实根的概率.

21. 设平面区域 D 由曲线 $y=\dfrac{1}{x}$ 及直线 $y=0,x=1,x=\mathrm{e}^2$ 围成，随机变量 (X,Y) 在 D 上服从均匀分布，求条件概率密度函数 $f_{X|Y}(x|y)$ 和 $f_{Y|X}(y|x)$.

22. 二维随机变量 (X, Y) 的概率密度函数 $f(x, y)=\begin{cases}3x, & 0\leqslant x<1,\ 0\leqslant y<x\\ 0, & \text{其他}\end{cases}$，试求：（1）$f_{X|Y}(x|y)$ 和 $f_{Y|X}(y|x)$；（2）$P\left\{Y\leqslant\dfrac{1}{8}\middle|X=\dfrac{1}{4}\right\}$；（3）$P\left\{Y\leqslant\dfrac{1}{8}\middle|X\leqslant\dfrac{1}{4}\right\}$.

23. 设二维随机变量 (X,Y) 的分布律

X \ Y	1	2	3
1	$\frac{1}{4}$	$\frac{1}{4}$	$\frac{1}{8}$
2	$\frac{1}{8}$	0	0
3	$\frac{1}{8}$	$\frac{1}{8}$	0

求以下随机变量的分布律：（1）$Z_1 = X+Y$；（2）$Z_2 = X-Y$；（3）$Z_3 = \max(X,Y)$；（4）$Z_4 = XY$.

24. 随机变量 X, Y 相互独立，$P\{X=0\}=P\{X=1\}=\dfrac{1}{2}, P\{Y=0\}=\dfrac{1}{3}, P\{Y=1\}=\dfrac{2}{3}$. 设 $M=\max(X,Y\}$，$N=\min\{X,Y\}$，试求：（1）M 的分布律；（2）N 的分布律；（3）M 与 N 的联合分布律.

25. 设二维随机变量 (X,Y) 服从区域 D 上的均匀分布，其中 D 为直线 $x=0, y=0$，$x=2, y=2$ 所围成的区域，求 $Z=X-Y$ 的分布函数及概率密度函数.

26. 设二维随机变量 $(X,Y) \sim N(1,1,1,3,0)$，求 $P\{X \geqslant Y\}$ 和 $P\{2X-Y \leqslant 1\}$.

27. 设随机变量 X 的概率密度函数为 $f_X(x)=\begin{cases}1, & 0 \leqslant x \leqslant 1 \\ 0, & 其他\end{cases}$，随机变量 Y 的概率密度函数为 $f_Y(y)=\begin{cases}\mathrm{e}^{-y}, & y>0 \\ 0, & y \leqslant 0\end{cases}$，且 X 与 Y 相互独立，求 $Z=2X+Y$ 的概率密度函数.

28. 设某种型号的电子显像管的寿命（单位：h）近似地服从 $N(160,20^2)$ 分布，随机地从中选取 4 只，求其中没有一只电子管寿命小于 180 h 的概率.

29. 在线段 $(0,a)$ 上任意投掷两点，求两点间距离 Z 的分布函数及概率密度函数.

30. 设 (X,Y) 的概率密度函数为 $f(x,y)=\begin{cases}\mathrm{e}^{-(x+y)}, & x>0, y>0 \\ 0, & 其他\end{cases}$，设 $Z_1=\begin{cases}1, & X \leqslant 1 \\ 2, & X>1\end{cases}$，$Z_2=\begin{cases}3, & Y \leqslant 2 \\ 4, & Y>2\end{cases}$，求 (Z_1,Z_2) 的分布律.

31. 设随机变量 X 与 Y 相互独立，且 $P\{X=1\}=0.3, P\{X=2\}=0.7$，$Y$ 的概率密度函数为 $f(y)$，求 $Z=X+Y$ 的概率密度函数 $f_Z(z)$.

第 4 章　随机变量的数字特征

前两章学习了随机变量的分布函数，分布函数能完整地描述随机变量的统计规律性. 然而，在许多实际问题中，要确定随机变量的分布函数是较为困难的，有时候人们并不需要全面地考察随机变量的变化情况，只要知道它的某个侧面就可以了，而这个侧面往往可以用一个或几个数字来描述. 这些数字不能完整地描述随机变量，但能刻画随机变量的某些方面的重要特征，把这样的数字称为随机变量的数字特征. 本章将介绍随机变量的一些常用的数字特征.

4.1　随机变量的数学期望

在实际问题中，平均值的概念被广泛地采用. 例如：课程考试的平均成绩、电子产品的平均寿命、农作物的平均亩产量、某地区人的平均寿命等. 数学期望的概念是从平均数这个概念中提炼抽象出来的. 为了理解数学期望的概念，先来看一个例子.

例 4.1.1　(射击问题) 设某射击手在相同的条件下，瞄准靶子相继射击 90 次，命中的环数 X 是一个随机变量，射中次数记录如下：

命中的环数 X	命中的次数 n_k	频率 n_k/n
0	2	2/90
1	13	13/90
2	15	15/90
3	10	10/90
4	20	20/90
5	30	30/90

试求该射手击中靶子的平均环数？

解　这是一个加权平均的问题

$$\text{平均环数}=\frac{\text{射中的总环数}}{\text{射击总次数}}=\frac{0\times2+1\times13+2\times15+3\times10+4\times20+5\times30}{90}$$

$$=0\times\frac{2}{90}+1\times\frac{13}{90}+2\times\frac{15}{90}+3\times\frac{10}{90}+4\times\frac{20}{90}+5\times\frac{30}{90}=\sum_{k=0}^{5}k\frac{n_k}{n}=3.37(\text{环})$$

上面的平均环数是一个波动值，它随着频率波动，而在实际问题中往往希望得到一个稳定值，如果想得到平均环数的稳定值，可以增加试验次数，甚至让 $n\to\infty$，这时频率值 $\frac{n_k}{n}$ 稳定在概率值 $p_k=P\{X=k\}$（$k=0,1,\cdots,5$）(频率收敛于概率的结论会在第 5 章给出证明)，那么“平均环数的稳定值”可用下面的式子计算：

$$\text{平均环数的稳定值}=\sum_{k=0}^{5}kp_k$$

受上例启发，引进一个表示平均值概念的数字特征量——数学期望.

4.1.1　离散型随机变量的数学期望

定义 4.1.1　设 X 为离散型随机变量，其分布律为

$$p_i = P\{X = x_i\} \quad (i = 1, 2, \cdots)$$

若级数 $\sum_{i=1}^{\infty} x_i p_i$ 绝对收敛，则称此级数的和为随机变量 X 的数学期望，简称为 X 的**期望**或**均值**，记为 $E(X)$，即

$$E(X) = \sum_{i=1}^{\infty} x_i p_i \tag{4-1}$$

若级数 $\sum_{i=1}^{\infty} |x_i| p_i$ 发散（$\sum_{i=1}^{\infty} x_i p_i$ 不绝对收敛），则称 X 的数学期望不存在.

在上面的射击问题中，平均环数的稳定值应为随机变量（击中环数）X 的数学期望 $E(X)$，即

$$E(X) = 0 \times p_0 + 1 \times p_1 + 2 \times p_2 + 3 \times p_3 + 4 \times p_4 + 5 \times p_5$$

对数学期望的定义作几点说明.

（1）$E(X)$是一个实数，而非变量，它是一种加权平均，与一般的平均值不同，它从本质上体现了随机变量 X 取可能值的真正的平均值，也称均值.

（2）级数的绝对收敛性保证了级数的和不随级数各项次序的改变而改变，之所以这样要求是因为数学期望是反映随机变量 X 取可能值的平均值，它不应随可能值的排列次序而改变.

例 4.1.2　设离散型随机变量 X 的分布律为

X	1	2	3	4
p_k	0.4	0.3	0.2	0.1

求 $E(X)$.

解　由期望的定义，得

$$E(X) = 1 \times 0.4 + 2 \times 0.3 + 3 \times 0.2 + 4 \times 0.1 = 2$$

例 4.1.3　设随机变量 X 服从泊松分布 $X \sim P(\lambda)$，即

$$P(X = k) = \frac{\lambda^k}{k!} \mathrm{e}^{-\lambda} \quad (k = 0, 1, \cdots)$$

试求 $E(X)$.

解　由期望的定义，得

$$E(X) = \sum_{k=0}^{\infty} k \frac{\lambda^k}{k!} \mathrm{e}^{-\lambda} = \lambda \mathrm{e}^{-\lambda} \sum_{k=1}^{\infty} \frac{\lambda^{k-1}}{(k-1)!} = \lambda \mathrm{e}^{-\lambda} \mathrm{e}^{\lambda} = \lambda$$

这个例子可以看出，泊松分布的参数 λ 就是随机变量 X 的数学期望.

例 4.1.4　从学校去火车站要经过 3 个交叉路口，设在每个路口遇到红绿灯的事件是相互独立的，其概率均为 0.5，记 X 表示途中遇到的红灯数，求 X 的数学期望 $E(X)$.

解　由题意易知 $X \sim b(3, 0.5)$，用二项分布的计算公式

$$P\{X=k\}=\binom{3}{k}\left(\frac{1}{2}\right)^k\left(\frac{1}{2}\right)^{3-k} \quad (k=0,1,2,3)$$

其分布律为

X	0	1	2	3
p_k	$\frac{1}{8}$	$\frac{3}{8}$	$\frac{3}{8}$	$\frac{1}{8}$

所以

$$E(X)=0\times\frac{1}{8}+1\times\frac{3}{8}+2\times\frac{3}{8}+3\times\frac{1}{8}=\frac{3}{2}$$

一般，若 X 服从二项分布 $X\sim b(n,p)$，则有下面的计算公式

$$E(X)=np$$

该公式的证明留在学习数学期望的性质后进行，本例中 $n=3,p=0.5$，所以有 $E(X)=np=\frac{3}{2}$，今后求二项分布的期望直接用公式计算即可.

例 4.1.5 质检员从 7 个元件中抽样. 这 7 个元件由 4 个正品和 3 个次品组成. 质检员从中取出 3 个样品，求此样品中正品数的期望值.

解 令 X 为取出的样品中正品的数量，则 X 服从超几何分布，$X\sim H(3,4,7)$，

$$P\{X=k\}=\frac{\binom{4}{k}\binom{7-4}{3-k}}{\binom{7}{3}} \quad (k=0,1,2,3)$$

所以 X 的分布律为

X	0	1	2	3
p_k	$\frac{1}{35}$	$\frac{12}{35}$	$\frac{18}{35}$	$\frac{4}{35}$

因此

$$E(X)=0\times\frac{1}{35}+1\times\frac{12}{35}+2\times\frac{18}{35}+3\times\frac{4}{35}=\frac{12}{7}$$

超几何分布的数学期望也有计算公式，设 $X\sim H(n,M,N)$，则有

$$E(X)=\frac{nM}{N}$$

该公式的证明也留在学习数学期望的性质后进行，本例中 $N=7,M=4,n=3$，所以

$$E(X)=\frac{3\times4}{7}=\frac{12}{7}$$

4.1.2 连续型随机变量的数学期望

定义 4.1.2 设连续型随机变量 X 的概率密度函数为 $f(x)$，若积分 $\int_{-\infty}^{+\infty}xf(x)\mathrm{d}x$ 绝对收敛，则称此积分值为随机变量 X 的数学期望，记为

$$E(X)=\int_{-\infty}^{+\infty}xf(x)\mathrm{d}x \tag{4-2}$$

（4-2）式可理解为对连续型随机变量 X 来说，X 落在 x 这一点，长度为 Δx 区间的概率近似为 $f(x)\Delta x$，所以 $E(X)=\sum\limits_{x} xf(x)\Delta x(-\infty<x<+\infty)$，从而由微元法的思想，即得 $E(X)=\sum\limits_{x} xf(x)\mathrm{d}x=\int_{-\infty}^{+\infty} xf(x)\mathrm{d}x$，这就得到连续型随机变量 X 数学期望的定义，它是离散型随机变量数学期望定义的自然延伸，如图 4-1 所示.

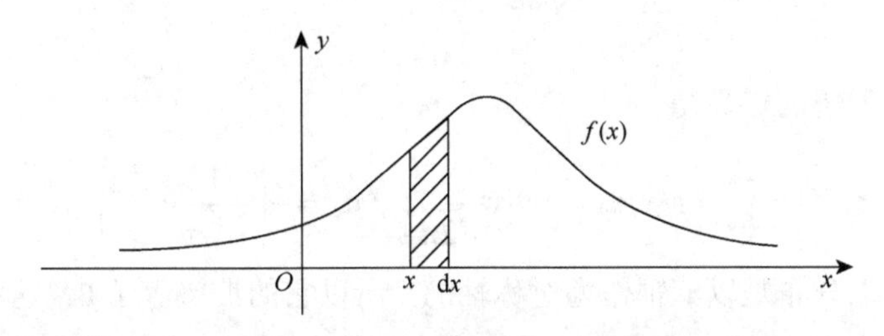

图 4-1　概率密度函数 $f(x)$ 的图形

例 4.1.6　设 X 是连续随机变量，其概率密度函数为

$$f(x)=\begin{cases}1+x, & -1\leqslant x<0\\ 1-x, & 0\leqslant x<1\\ 0, & \text{其他}\end{cases}$$

求 $E(X)$.

解　由期望的定义得

$$\begin{aligned}E(X)&=\int_{-\infty}^{+\infty} xf(x)\mathrm{d}x=\int_{-1}^{0} x(1+x)\mathrm{d}x+\int_{0}^{1} x(1-x)\mathrm{d}x\\&=\left(\frac{x^2}{2}+\frac{x^3}{3}\right)_{-1}^{0}+\left(\frac{x^2}{2}-\frac{x^3}{3}\right)_{0}^{1}=0\end{aligned}$$

例 4.1.7　设随机变量 X 服从均匀分布 $X\sim U(a,b)$，X 的概率密度函数为

$$f(x)=\begin{cases}\dfrac{1}{b-a}, & a<x<b\\ 0, & \text{其他}\end{cases}$$

试求 X 的数学期望 $E(X)$.

解　由期望的定义得

$$E(X)=\int_{-\infty}^{+\infty} xf(x)\mathrm{d}x=\int_{a}^{b} x\frac{1}{b-a}\mathrm{d}x=\frac{a+b}{2}$$

均匀分布的数学期望恰好是区间 (a,b) 的中点，这与均匀分布的概念相符合；另外，上式可以当作公式.

例如，设 $X\sim U(-1,5)$，则 $E(X)=\dfrac{a+b}{2}=\dfrac{-1+5}{2}=2$.

例 4.1.8　设随机变量 X 服从指数分布 $X\sim E(\lambda)$，X 的概率密度函数为

$$f(x)=\begin{cases}\lambda \mathrm{e}^{-\lambda x}, & x>0\\ 0, & \text{其他}\end{cases}$$

其中 $\lambda>0$ 是常数，试求 X 的数学期望 $E(X)$.

解　由数学期望的定义得

$$E(X)=\int_{-\infty}^{+\infty}xf(x)\mathrm{d}x=\int_{0}^{+\infty}x\lambda\mathrm{e}^{-\lambda x}\mathrm{d}x=-\int_{0}^{+\infty}x\mathrm{d}\mathrm{e}^{-\lambda x}\mathrm{d}x$$
$$=-\left(x\mathrm{e}^{-\lambda x}\right)_{0}^{+\infty}+\int_{0}^{+\infty}\mathrm{e}^{-\lambda x}\mathrm{d}x=\frac{1}{\lambda}$$

例 4.1.9 设随机变量 X 服从标准正态分布 $X\sim N(0,1)$，X 的概率密度函数为

$$\varphi(x)=\frac{1}{\sqrt{2\pi}}\mathrm{e}^{-\frac{x^2}{2}}\quad(-\infty<x<\infty)$$

试求 $E(X)$.

解 由数学期望的定义得

$$E(X)=\int_{-\infty}^{+\infty}x\varphi(x)\mathrm{d}x=\int_{-\infty}^{+\infty}x\frac{1}{\sqrt{2\pi}}\mathrm{e}^{-\frac{x^2}{2}}\mathrm{d}x=-\left(\frac{1}{\sqrt{2\pi}}\mathrm{e}^{-\frac{x^2}{2}}\right)_{-\infty}^{+\infty}=0$$

由于标准正态分布是以 y 轴作为对称轴的，所以它的期望等于 0，这和期望的概念相符合；而正态分布 $X\sim N(\mu,\sigma^2)$ 是以 $x=\mu$ 作为对称轴，那么它的期望是不是等于 μ 呢？答案是肯定的，这个结论在学习数学期望的性质后给予证明.

下面来看一个数学期望不存在的例子.

例 4.1.10 设随机变量 X 服从柯西分布，其概率密度函数为

$$f(x)=\frac{1}{\pi}\frac{1}{1+x^2}\quad(-\infty<x<+\infty)$$

试求 $E(X)$.

解 由于

$$\int_{-\infty}^{+\infty}|x|f(x)\mathrm{d}x=\frac{2}{\pi}\int_{0}^{+\infty}x\frac{1}{1+x^2}\mathrm{d}x=\frac{1}{\pi}\ln(1+x^2)\Big|_{0}^{+\infty}=+\infty$$

所以柯西分布的数学期望 $E(X)$ 不存在.

4.1.3 随机变量的函数的数学期望

在第 2 章学习了一维随机变量的函数的分布，在第 3 章学习了多维随机变量的函数的分布，这一章将学习随机变量的函数的数学期望，下面分两种情况来讨论.

1. 一维随机变量函数的数学期望的计算

（1）设 X 是离散型随机变量，其分布律为

X	x_1	x_2	…	x_n
p_i	p_1	p_2	…	p_n

又设 $Y=g(X)$（g 为连续函数），由第 2 章的知识可得 $Y=g(X)$ 的分布律为

$Y=g(X)$	$g(x_1)$	$g(x_2)$	…	$g(x_n)$
p_i	p_1	p_2	…	p_n

那么，若级数 $\sum\limits_{i=1}^{\infty}g(x_i)p_i$ 绝对收敛，则由数学期望的定义有

$$E(Y)=E[g(X)]=\sum_{i=1}^{\infty}g(x_i)p_i \tag{4-3}$$

例 4.1.11　（例 4.1.2 续）设离散型随机变量 X 的分布律为

X	1	2	3	4
p_k	0.4	0.3	0.2	0.1

又设 $Y=X^2$，$Z=2X-1$. 试求 $E(Y)$，$E(Z)$.

解　由（4-3）式，得

$$E(Y)=E(X^2)=1^2\times 0.4+2^2\times 0.3+3^2\times 0.2+4^2\times 0.1=5$$
$$E(Z)=E(2X-1)=1\times 0.4+3\times 0.3+5\times 0.2+7\times 0.1=3$$

（2）设 X 是连续型随机变量，其概率密度函数为 $f(x)$，又设 $Y=g(X)$（g 为连续函数），若积分 $\int_{-\infty}^{+\infty}g(x)f(x)\mathrm{d}x$ 绝对收敛，则有

$$E(Y)=E[g(X)]=\int_{-\infty}^{+\infty}g(x)f(x)\mathrm{d}x \tag{4-4}$$

（4-4）式是（4-3）式的微元形式，所以结论是显然的；上述公式在求 Y 的期望时，避开了求 Y 的概率密度函数的过程，给计算带来了极大的便利. 下面以例 2.5.2 来对照两种计算方法.

例 4.1.12　设随机变量 X 具有概率密度函数 $f_X(x)=\begin{cases}\dfrac{x}{8}, & 0<x<4,\\ 0, & 其他,\end{cases}$ 又设 $Y=2X+8$，试求 $E(Y)$.

解　方法 1　先求 Y 的概率密度函数 $f_Y(y)$，参考例 2.5.2 的结论，得

$$f_Y(y)=f_X\left(\frac{y-8}{2}\right)\left(\frac{y-8}{2}\right)'=\begin{cases}\dfrac{1}{8}\left(\dfrac{y-8}{2}\right)\times\dfrac{1}{2}, & 0<\dfrac{y-8}{2}<4,\\ 0, & 其他\end{cases}$$
$$=\begin{cases}\dfrac{y-8}{32}, & 8<y<16,\\ 0, & 其他\end{cases}$$

所以

$$E(Y)=\int_{-\infty}^{+\infty}yf_Y(y)\mathrm{d}y=\int_8^{16}y\frac{y-8}{32}\mathrm{d}y=\left(\frac{y^3}{32\times 3}-\frac{y^2}{8}\right)\Bigg|_8^{16}=\frac{20}{3}$$

方法 2　由（4-4）式，得

$$E(Y)=E[g(X)]=\int_{-\infty}^{+\infty}g(x)f(x)\mathrm{d}x=\int_0^4(2x+8)\frac{x}{8}\mathrm{d}x=\left(\frac{x^3}{12}+\frac{x^2}{2}\right)\Bigg|_0^4=\frac{40}{3}$$

比较上面两种方法，显然方法 2 比方法 1 要简便很多. 以后求连续型随机变量的函数的数学期望都可用（4-4）式计算.

例 4.1.13　设随机变量 X 服从均匀分布 $X\sim U(a,b)$，X 的概率密度函数为

$$f(x)=\begin{cases}\dfrac{1}{b-a}, & a<x<b\\ 0, & 其他\end{cases}$$

试求 $E(X^2)$.

解 由（4-4）式，得

$$E(X^2)=\int_a^b x^2\frac{1}{b-a}\mathrm{d}x=\frac{b^2+ab+a^2}{3}$$

例 4.1.14 某公司计划开发一种新产品的市场，并试图确定该产品的产量，估计出售一件产品可获利 m 元，而积压一件产品可损失 n 元，预测销售量 Y 服从参数为 $\frac{1}{\theta}$ 的指数分布，概率密度函数为

$$f(y)=\begin{cases}\frac{1}{\theta}\mathrm{e}^{-\frac{1}{\theta}x}, & x>0\\ 0, & x\leqslant 0\end{cases}\quad(\theta>0)$$

问若要获得利润的数学期望最大，则应生产多少件产品（m，n，θ 均已知）？

解 设生产的产品的件数为 x，获得的利润为 Q，则有

$$Q(x)=\begin{cases}mY-n(x-Y), & Y\leqslant x\\ mx, & Y>x\end{cases}$$

$$E(Q)=\int_0^{+\infty}Qf(y)\mathrm{d}y=\int_0^x[my-n(x-y)]\frac{1}{\theta}\mathrm{e}^{-\frac{y}{\theta}}\mathrm{d}y+\int_x^{+\infty}my\frac{1}{\theta}\mathrm{e}^{-\frac{y}{\theta}}\mathrm{d}y$$

$$=(m+n)\theta-(m+n)\theta\mathrm{e}^{-\frac{x}{\theta}}-nx$$

令

$$\frac{\mathrm{d}E(Q)}{\mathrm{d}x}=(m+n)\mathrm{e}^{-\frac{x}{\theta}}-n=0$$

得

$$x=-\theta\ln\left(\frac{n}{n+m}\right)$$

易知

$$\frac{\mathrm{d}^2E(Q)}{\mathrm{d}x^2}=-\frac{m+n}{\theta}\mathrm{e}^{-\frac{x}{\theta}}<0$$

因此，当 $x=-\theta\ln\left(\frac{n}{n+m}\right)$ 时，$E(Q)$ 取最大值.

2. 二维随机变量函数的数学期望的计算

（1）设 (X,Y) 为二维离散型随机变量，$Z=g(X,Y)$（g 为连续函数），以下面的例子来讨论 $E(Z)$ 的计算方法.

例 4.1.15 设 (X,Y) 的联合分布律如下：

X \ Y	-1	1	2
-1	$\frac{5}{20}$	$\frac{2}{20}$	$\frac{6}{20}$
2	$\frac{3}{20}$	$\frac{3}{20}$	$\frac{1}{20}$

又设 $Z_1=X+Y$，$Z_2=X-Y$，$Z_3=\max\{X,Y\}$. 试求：(i) $E(Z_1)$；(ii) $E(Z_2)$；(iii) $E(Z_3)$.

解 (i) 先求 Z_1 的分布律

$Z_1 = X+Y$	-2	0	1	3	4
P	$\frac{5}{20}$	$\frac{2}{20}$	$\frac{9}{20}$	$\frac{3}{20}$	$\frac{1}{20}$

由期望的计算公式得

$$E(Z_1) = -2\times\frac{5}{20} + 0\times\frac{2}{20} + 1\times\frac{9}{20} + 3\times\frac{3}{20} + 4\times\frac{1}{20} = \frac{12}{20}$$

(ii) Z_2 的分布律为

$Z_2 = X-Y$	-3	-2	0	1	3
P	$\frac{6}{20}$	$\frac{2}{20}$	$\frac{6}{20}$	$\frac{3}{20}$	$\frac{3}{20}$

所以得

$$E(Z_2) = -3\times\frac{6}{20} - 2\times\frac{2}{20} + 1\times\frac{3}{20} + 3\times\frac{3}{20} = -\frac{1}{2}$$

(iii) Z_3 的分布律为

$Z_3 = \max\{X,Y\}$	-1	1	2
P	$\frac{5}{20}$	$\frac{2}{20}$	$\frac{13}{20}$

所以得

$$E(Z_3) = -1\times\frac{5}{20} + 1\times\frac{2}{20} + 2\times\frac{13}{20} = \frac{23}{20}$$

一般设 (X,Y) 为二维离散型随机变量，$Z = g(X,Y)$（g 为连续函数），又设其分布律为

$$P\{X = x_i, Y = y_j\} = p_{ij} \quad (i, j = 1, 2, \cdots)$$

若级数 $\sum\limits_{i=1}^{\infty}\sum\limits_{j=1}^{\infty} g(x_i, y_j)p_{ij}$ 绝对收敛，则有

$$E(g(X,Y)) = \sum_{i=1}^{\infty}\sum_{j=1}^{\infty} g(x_i, y_j)p_{ij} \tag{4-5}$$

(4-5) 式的结论是显然的，它表示 (X,Y) 所对应的每一点的函数值 $g(x_i, y_j)$ 和其所占份额 $p_{ij}\ (i, j = 1, 2, \cdots)$乘积的和，恰好就是加权平均的含义. 在做具体题目时，(4-5) 式用得比较少，更多是像例 4.1.15 一样，先求函数的分布律，再来求期望.

(2) 设 (X,Y) 为二维连续型随机变量，$Z = g(X,Y)$（g 为连续函数），(X,Y) 的概率密度函数为 $f(x,y)$，若反常积分 $\int_{-\infty}^{+\infty}\int_{-\infty}^{+\infty} g(x,y)f(x,y)\mathrm{d}x\mathrm{d}y$ 绝对收敛，则有

$$E[g(x,y)] = \int_{-\infty}^{+\infty}\int_{-\infty}^{+\infty} g(x,y)f(x,y)\mathrm{d}x\mathrm{d}y \tag{4-6}$$

(4-6) 式是 (4-5) 式的微元形式，与一维连续型随机变量的函数的数学期望的处理思路类似，上述公式在求 $Z = g(X,Y)$ 期望时，也避开了求 $Z = g(X,Y)$ 的概率密度函数的过程.

例 4.1.16　设 (X,Y) 服从单位圆域 $G=\{(x,y)\mid x^2+y^2\leqslant 1\}$ 上的均匀分布，试求：（1）$E(XY)$；（2）$E(X)$.

解　(X,Y) 的概率密度函数为

$$f(x,y)=\begin{cases}\dfrac{1}{\pi}, & (x,y)\in G\\ 0, & \text{其他}\end{cases}$$

（1）由（4-6）式，得

$$E(XY)=\int_{-\infty}^{+\infty}\int_{-\infty}^{+\infty}g(x,y)f(x,y)\mathrm{d}x\mathrm{d}y=\iint_G xy\frac{1}{\pi}\mathrm{d}x\mathrm{d}y$$

$$=\frac{1}{\pi}\int_0^{2\pi}\mathrm{d}\theta\int_0^1\rho\cos\theta\rho\sin\theta\rho\mathrm{d}\rho=0$$

（2）令 $g(x,y)=x$，$g(x,y)=x$ 可以看成是一个特殊的二元函数，因此也可用（4-6）式计算，得

$$E(X)=\iint_G xf(x,y)\mathrm{d}x\mathrm{d}y=\frac{1}{\pi}\int_0^{2\pi}\mathrm{d}\theta\int_0^1\rho\cos\theta\rho\mathrm{d}\rho=0$$

例 4.1.17　设随机变量 (X,Y) 的概率密度为

$$f(x,y)=\begin{cases}\dfrac{3}{2x^3y^2}, & \dfrac{1}{x}<y<x,x>1\\ 0, & \text{其他}\end{cases}$$

试求：（1）$E(Y)$；（2）$E\left(\dfrac{1}{XY}\right)$.

解　（1）$E(Y)=\int_{-\infty}^{+\infty}\int_{-\infty}^{+\infty}yf(x,y)\mathrm{d}y\mathrm{d}x=\int_1^{+\infty}\int_{\frac{1}{x}}^{x}\dfrac{3}{2x^3y}\mathrm{d}y\mathrm{d}x$

$$=\frac{3}{2}\int_1^{+\infty}\frac{1}{x^3}[\ln y]_{\frac{1}{x}}^{x}\mathrm{d}x=3\int_1^{+\infty}\frac{\ln x}{x^3}\mathrm{d}x=\frac{3}{4}$$

（2）$E\left(\dfrac{1}{XY}\right)=\int_{-\infty}^{+\infty}\int_{-\infty}^{+\infty}\dfrac{1}{xy}f(x,y)\mathrm{d}y\mathrm{d}x=\int_1^{+\infty}\mathrm{d}x\int_{\frac{1}{x}}^{x}\dfrac{3}{2x^4y^3}\mathrm{d}y=\dfrac{3}{5}$

4.1.4　数学期望的性质

下面来讨论数学期望的基本性质，以连续型为例给出证明，设 X 的概率密度函数为 $f(x)$（假设以下所遇到的随机变量的数学期望都存在）.

性质 4.1.1　设 C 是常数，则有 $E(C)=C$.

证　$E(C)=\int_{-\infty}^{+\infty}Cf(x)\mathrm{d}x=C\int_{-\infty}^{+\infty}f(x)\mathrm{d}x=C$

证毕.

性质 4.1.2　设 X 是一个随机变量，C 是常数，则有 $E(CX)=CE(X)$.

证　$E(CX)=\int_{-\infty}^{+\infty}Cxf(x)\mathrm{d}x=C\int_{-\infty}^{+\infty}xf(x)\mathrm{d}x=CE(X)$

证毕.

性质 4.1.3　设 X,Y 是两个随机变量，则有 $E(X+Y)=E(X)+E(Y)$.

证　设 (X,Y) 的概率密度函数为 $f(x,y)$，由（4-6）式有

$$
\begin{aligned}
E(X+Y)&=\int_{-\infty}^{+\infty}\int_{-\infty}^{+\infty}(x+y)f(x,y)\mathrm{d}x\mathrm{d}y\\
&=\int_{-\infty}^{+\infty}\int_{-\infty}^{+\infty}xf(x,y)\mathrm{d}x\mathrm{d}y+\int_{-\infty}^{+\infty}\int_{-\infty}^{\infty}yf(x,y)\mathrm{d}x\mathrm{d}y\\
&=E(X)+E(Y)
\end{aligned}
$$

证毕.

性质 4.1.1、性质 4.1.2 和性质 4.1.3 合在一起有

$$E(aX+b)=E(aX)+E(b)=aE(X)+b \quad (a,b\text{ 是任意常数})$$

即**数学期望具有线性性**.

下面用期望的线性性来求正态分布 $X\sim N(\mu,\sigma^2)$ 的数学期望 $E(X)$.

设 $Y=\dfrac{X-\mu}{\sigma}$，则 $Y\sim N(0,1)$，由例 4.1.10 得 $E(Y)=0$，而 $X=\sigma Y+\mu$，所以

$$E(X)=E(\sigma X+\mu)=\sigma E(Y)+E(\mu)=\mu$$

性质 4.1.3 可以推广到任意有限个随机变量之和的情况：

$$E(X_1+X_2+\cdots+X_n)=E(X_1)+E(X_2)+\cdots+E(X_n) \tag{4-7}$$

下面用（4-7）式来求二项分布的数学期望.

设 $X\sim b(n,p)$，则 X 表示在 n 重伯努利试验中事件 A 出现的次数，其中事件 A 在每次试验中出现的概率为 p. 令

$$X_i=\begin{cases}1, & \text{在第}i\text{次试验中事件}A\text{出现}\\ 0, & \text{在第}i\text{次试验中事件}A\text{不出现}\end{cases} \quad (i=0,1,\cdots,n) \tag{4-8}$$

显然

$$X=X_1+X_2+\cdots+X_n \tag{4-9}$$

而 X_i 服从 $(0-1)$ 分布，所以有

$$E(X_i)=p \quad (i=0,1,\cdots,n)$$

由性质 4.1.3 得

$$E(X)=E(X_1+X_2+\cdots+X_n)=E(X_1)+E(X_2)+\cdots+E(X_n)=np$$

在上述计算中，把一个比较复杂的随机变量 X 分解成 n 个比较简单的随机变量 X_i 之和，这样的方法是概率论中常用的一种方法，（4-9）式的结论在数理统计中被广泛应用，它的一个通常的表述是：二项分布可以分解成 n 个（0–1）的和.

例 4.1.18　一民航客车载有 20 位旅客自机场开出，旅客有 10 个车站可以下车，如到达一个车站没有旅客下车就不停车，以 X 表示停车的次数，求 $E(X)$（设每位旅客在各个车站下车是等可能的，并设各旅客是否下车相互独立）.

解　引入随机变量，有

$$X_i=\begin{cases}0, & \text{在第}i\text{站没有人下车},\\ 1, & \text{在第}i\text{站有人下车},\end{cases} \quad (i=1,2,\cdots,10)$$

易见

$$X=X_1+X_2+\cdots+X_{10}$$

现在来求 $E(X)$.

按题意，任一旅客在第 i 站不下车的概率为 $\dfrac{9}{10}$，因此 20 位旅客都不在第 i 站下车的概率为 $\left(\dfrac{9}{10}\right)^{20}$，在第 i 站有人下车的概率为 $1-\left(\dfrac{9}{10}\right)^{20}$，也就是

$$P\{X=0\}=\left(\frac{9}{10}\right)^{20},\quad P\{X=1\}=1-\left(\frac{9}{10}\right)^{20}\quad (i=1,2,\cdots,10)$$

由此

$$E(X_i)=1-\left(\frac{9}{10}\right)^{20}\quad (i=1,2,\cdots,10)$$

进而

$$E(X)=E(X_1+\cdots+X_{10})=E(X_1)+\cdots+E(X_{10})=10\left[1-\left(\frac{9}{10}\right)^{20}\right]$$

例 4.1.19　设 N 件产品中有 M 件次品，在该批产品中任取 $n(n\leqslant M)$ 件，记取出的次品个数为 X，则 X 服从超几何分布，试求 $E(X)$.

例 4.1.19　重点难点视频讲解

解　X 的分布律为

$$p_k=P\{X=k\}=\frac{\binom{M}{k}\binom{N-M}{n-k}}{\binom{N}{n}}\quad (k=0,1,\cdots,n)$$

若直接用数学期望的定义求 $E(X)=\sum_{k=0}^{n}kp_k$ 是很复杂的，下面用随机变量的分解来求解，为此，引入随机变量，有

$$X_i=\begin{cases}1, & 第i件取出次品,\\ 0, & 第i件取出正品,\end{cases}\quad (i=1,2,\cdots,n)$$

则 $X=X_1+X_2+\cdots+X_n$，且

$$P\{X_i=1\}=\frac{M}{N},\quad P\{X_i=0\}=\frac{N-M}{N}\quad (i=1,2,\cdots,n)$$

所以

$$E(X_i)=\frac{M}{N}\quad (i=1,2,\cdots,n)$$

于是 X 的数学期望为

$$E(X)=E(X_1+X_2+\cdots+X_n)=E(X_1)+E(X_2)+\cdots+E(X_n)=\frac{nM}{N}$$

注意：在解例 4.1.19 时，用了下面两个结论.

（1）一次抽取 n 件，等同于每次抽一件，共取 n 次，作不放回抽样，所以有

$$X=X_1+X_2+\cdots+X_n$$

（2）参考例 1.3.7 或例 1.4.7（中奖与次序无关的问题），即使是作不放回抽样，每次抽取次品的概率也是相等的，所以有

$$P\{X_i=1\}=\frac{M}{N},\quad P\{X_i=0\}=\frac{N-M}{N}\quad (i=1,2,\cdots,n)$$

性质 4.1.4　设 X,Y 是相互独立的随机变量，则有 $E(XY)=E(X)E(Y)$.

证　设 (X,Y) 的联合概率密度函数为 $f(x,y)$，X,Y 的边缘概率密度函数分别为 $f_X(x),f_Y(y)$，由于 X,Y 相互独立，所以有

$$f(x,y)=f_X(x)f_Y(y)$$

由（4-6）式有

$$E(XY)=\int_{-\infty}^{+\infty}\int_{-\infty}^{+\infty}(xy)f(x,y)\mathrm{d}x\mathrm{d}y=\int_{-\infty}^{+\infty}\int_{-\infty}^{+\infty}xyf_X(x)f_Y(y)\mathrm{d}x\mathrm{d}y$$
$$=\int_{-\infty}^{+\infty}xf_X(x)\mathrm{d}x\int_{-\infty}^{+\infty}yf_Y(y)\mathrm{d}y=E(X)E(Y)$$

证毕.

性质 4.1.4 也有推广式：设 $X_1,X_2,\cdots,X_n$ 是 n 个相互独立的随机变量，则有

$$E(X_1\cdots X_n)=E(X_1)\cdots E(X_n)$$

例 4.1.20　设 $X\sim b\left(10,\dfrac{1}{3}\right)$，$Y\sim E\left(\dfrac{1}{2}\right)$，且 X,Y 相互独立. 试求：（1）$E(3X-2Y)$；（2）$E(XY)$.

解　由公式 $E(X)=np=10\times\dfrac{1}{3}=\dfrac{10}{3}$，$E(Y)=\dfrac{1}{\lambda}=2$，所以

（1）$E(3X-2Y)=3E(X)-2E(Y)=3\times\dfrac{10}{3}-2\times2=6$

（2）$E(XY)=E(X)E(Y)=\dfrac{10}{3}\times2=\dfrac{20}{3}$

4.2　方　差

方差是用来衡量随机变量稳定性的一个数字特征量，在引入方差定义之前，先来分析一个例子.

例 4.2.1　甲乙两种品牌电子温度计的测温误差分别为 X，Y，其分布律如下所示，问如何评估这两种温度计的质量？

X的分布律　（单位：℃）

X	−0.5	0	0.5
P_X	0.1	0.8	0.1

Y的分布律　（单位：℃）

Y	−1	−0.5	0	0.5	1
P_Y	0.2	0.1	0.4	0.1	0.2

显然 $E(X)=E(Y)=0$，但能认为两种温度计的质量一样吗？数学期望实际是随机变量所有“取值”的平均，对甲、乙两种温度计而言，测温误差期望为零是一大批温度计统计后大量正、负测量值抵消的结果. 从甲品牌中选到一只没有测量误差温度计的概率明显比乙品牌要大，即甲品牌温度计误差的离散度比乙品牌的要小，故甲品牌温度计的质量比乙品牌要好. 那么用什么样的数字特征量来描述温度计测量误差的离散度呢？

例子中的“离散度”，实际上是指随机变量的取值在它的均值附近的集中程度，可用 $|X-E(X)|$ 来描述这种集中度，但 $|X-E(X)|$ 是随机变量，且绝对值运算不方便，故考虑用与 $E|X-E(X)|$ 等价的量 $E[X-E(X)]^2$ 来描述集中度，为此，引入如下定义.

4.2.1 方差的定义

定义 4.2.1 设 X 为随机变量，若期望 $E[X-E(X)]^2$ 存在，则称 $E[X-E(X)]^2$ 为 X 的方差，记为 $D(X)$，即

$$D(X)=E[X-E(X)]^2 \tag{4-10}$$

在实际应用中，称 $\sqrt{D(X)}$ 为 X 的**标准差**或**均方差**，记为 $\sigma(X)$.

从方差的定义可以看出：方差反映了随机变量 X 离开数学期望 $E(X)$ 的平均偏离程度，方差越小，表明随机变量 X 在数学期望 $E(X)$ 的附近取值越密集，从而越稳定.

下面用方差的定义来计算例 4.2.1 中 X 和 Y 的方差 $D(X),D(Y)$，显然，方差是随机变量函数的期望，所以可以用随机变量函数的期望公式来计算.

$$D(X)=E[X-E(X)]^2=(-0.5-0)^2\times 0.1+(0-0)^2\times 0.8+(0.5-0)^2\times 0.1=0.05$$

$$D(Y)=E[Y-E(Y)]^2$$

$$=(-1-0)^2\times 0.2+(-0.5-0)^2\times 0.1+(0-0)^2\times 0.4+(0.5-0)^2\times 0.1+(1-0)^2\times 0.2=0.45$$

$D(X)<D(Y)$，说明乙品牌温度计的测量值离散度比较大，即甲品牌温度计的质量更稳定一些，所以质量更好一点.

例 4.2.2 有甲、乙两个射手，他们的射击技术用下表表示：

甲射手

击中环数	8	9	10
概率	0.3	0.1	0.6

乙射手

击中环数	8	9	10
概率	0.2	0.5	0.3

试问哪一个射手的射击技术要好一些？哪一个射手的射击技术要稳定一些？

解 用期望来表示射手的射击技术.

$$E(X)=8\times 0.3+9\times 0.1+10\times 0.6=9.3 \text{（环）}$$

$$E(Y)=8\times 0.2+9\times 0.5+10\times 0.3=9.1 \text{（环）}$$

因此，甲射手的射击技术要好一些.

用方差来表示射手的射击技术的稳定性：

$$D(X)=E[X-E(X)]^2=(8-9.3)^2\times 0.3+(9-9.3)^2\times 0.1+(10-9.3)^2\times 0.6=0.81$$

$$D(Y)=E[Y-E(Y)]^2=(8-9.1)^2\times 0.2+(9-9.1)^2\times 0.5+(10-9.1)^2\times 0.3=0.49$$

因此，乙射手的射击技术要稳定一些.

注意：本例中，在期望的后面带有单位（环），而在方差的后面没带单位（环），这是因为方差与随机变量及期望的量纲是不同的，但是标准差和随机变量及期望的量纲是相同的.

在生产质量管理中，我们都希望产品既要经久耐用又要稳定可靠，这就是期望与方差的实际意义，期望和方差是衡量产品好坏最重要的质量指标.

4.2.2 方差的计算公式

方差除了用定义计算以外，还有下面的计算公式.

$$D(X)=E(X^2)-[E(X)]^2 \tag{4-11}$$

由方差的定义和期望的性质可得

$$\begin{aligned}D(X)&=E[X-E(X)]^2=E[X^2-2XE(X)+E^2(X)]\\&=E(X^2)-2E^2(X)+E^2(X)=E(X^2)-E^2(X)\end{aligned}$$

例 4.2.3　设随机变量 X 服从泊松分布 $X\sim P(\lambda)$，即

$$P(X=k)=\frac{\lambda^k}{k!}\mathrm{e}^{-\lambda}\quad(k=0,1,\cdots)$$

试求 $D(X)$.

解　已知 $E(X)=\lambda$，又

$$\begin{aligned}E(X^2)&=\sum_{k=0}^{\infty}k^2\frac{\lambda^k}{k!}\mathrm{e}^{-\lambda}=\sum_{k=0}^{\infty}[k(k-1)+k]\frac{\lambda^k}{k!}\mathrm{e}^{-\lambda}\\&=\lambda^2\mathrm{e}^{-\lambda}\sum_{k=2}^{\infty}\frac{\lambda^{k-2}}{(k-2)!}+\lambda\mathrm{e}^{-\lambda}\sum_{k=1}^{\infty}\frac{\lambda^{k-1}}{(k-1)!}=\lambda^2+\lambda\end{aligned}$$

所以

$$D(X)=E(X^2)-[E(X)]^2=\lambda$$

这是个很有意思的结论：泊松分布的期望和方差都等于参数 λ.

例 4.2.4　某流水生产线上每个产品是不合格品的概率为 $p(0<p<1)$，各产品合格与否相互独立. 当出现一个不合格产品时，即停机检修，设开机后第一次停机时已生产的产品个数为 X . 求 X 的数学期望 $E(X)$ 和方差 $D(X)$.

解　记 $q=1-p$，若把出现次品看作是"成功"，X 表示首次"成功"出现时的试验次数，则称 X 服从**几何分布**，X 分布律为

$$P(X=k)=q^{k-1}p\quad(k=1,2,\cdots)$$

于是有

$$E(X)=\sum_{k=1}^{\infty}kq^{k-1}p=p\sum_{k=1}^{\infty}kq^{k-1}$$

令

$$S(q)=\sum_{k=1}^{\infty}kq^{k-1}$$

用幂级数求和公式

$$\int_0^q S(q)\mathrm{d}q=\int_0^q\sum_{k=1}^{\infty}kq^{k-1}\mathrm{d}q=\sum_{k=1}^{\infty}\int_0^q kq^{k-1}\mathrm{d}q=\sum_{k=1}^{\infty}q^k=\frac{q}{1-q}$$

上式两边对 q 求导得

$$S(q)=\frac{1}{(1-q)^2}=\frac{1}{p^2}$$

代入即得

$$E(X)=\frac{1}{p}$$

同理

$$E(X^2)=\sum_{k=1}^{\infty}k^2q^{k-1}p=\sum_{k=2}^{\infty}k(k-1)pq^{k-1}+\sum_{k=1}^{\infty}kq^{k-1}p$$

$$=pq\left(\sum_{k=1}^{\infty}q^k\right)''+\frac{1}{p}=pq\left(\frac{q^2}{1-q}\right)''+\frac{1}{p}=\frac{2-p}{p^2}$$

所以 X 的方差为

$$D(X)=E(X^2)-[E(X)]^2=\frac{2-p}{p^2}-\frac{1}{p^2}=\frac{1-p}{p^2}$$

例 4.2.5 设随机变量 X 的概率密度函数为

$$f(x)=\begin{cases}0, & x\leqslant 0\\ \dfrac{3}{(x+1)^4}, & x>0\end{cases}$$

试求 $E(X),D(X)$.

解

$$E(X)=\int_{-\infty}^{+\infty}xf(x)\mathrm{d}x=\int_0^{+\infty}\frac{3x}{(x+1)^4}\mathrm{d}x=\frac{1}{2}$$

又

$$E(X^2)=\int_{-\infty}^{+\infty}x^2f(x)\mathrm{d}x=\int_0^{+\infty}x^2\frac{3}{(x+1)^4}\mathrm{d}x=1$$

所以

$$D(X)=E(X^2)-[E(X)]^2=\frac{3}{4}$$

例 4.2.6 设随机变量 X 服从均匀分布 $X\sim U(a,b)$，X 的概率密度函数为

$$f(x)=\begin{cases}\dfrac{1}{b-a}, & a<x<b\\ 0, & 其他\end{cases}$$

试求 $D(X)$.

解 由例 4.1.7、例 4.1.13 分别得

$$E(X)=\frac{a+b}{2},\quad E(X^2)=\frac{b^2+ab+a^2}{3}$$

所以

$$D(X)=E(X^2)-E^2(X)=\frac{(b-a)^2}{12}$$

和期望一样，上面的式子也可以当公式用. 例如 $X\sim U(-1,5)$，则

$$D(X)=\frac{(b-a)^2}{12}=\frac{[5-(-1)]^2}{12}=\frac{36}{12}=3$$

例 4.2.7 设随机变量 X 服从指数分布 $X\sim E(\lambda)$，即 X 的概率密度函数为

$$f(x)=\begin{cases}\lambda\mathrm{e}^{-\lambda x}, & x>0\\ 0, & 其他\end{cases}$$

其中 $\lambda>0$ 为常数，试求 $D(X)$.

解 已知 $E(X)=\dfrac{1}{\lambda}$，又

$$E(X^2)=\int_{-\infty}^{+\infty}x^2f(x)\mathrm{d}x=\int_0^{+\infty}x^2\lambda\mathrm{e}^{-\lambda x}\mathrm{d}x=2\frac{1}{\lambda^2}$$

于是

$$D(X)=E(X^2)-[E(X)]^2=2\frac{1}{\lambda^2}-\frac{1}{\lambda^2}=\frac{1}{\lambda^2}$$

例 4.2.8　设随机变量 X 服从标准正态分布 $X\sim N(0,1)$，X 的概率密度函数为

$$\varphi(x)=\frac{1}{\sqrt{2\pi}}\mathrm{e}^{-\frac{x^2}{2}}\quad(-\infty<x<\infty)$$

试求 $D(X)$.

解　已知 $E(X)=0$，又

$$E(X^2)=\int_{-\infty}^{+\infty}x^2\frac{1}{\sqrt{2\pi}}\mathrm{e}^{-\frac{x^2}{2}}\mathrm{d}x=-\frac{1}{\sqrt{2\pi}}\int_{-\infty}^{+\infty}x\mathrm{d}\mathrm{e}^{-\frac{x^2}{2}}$$

$$=-\frac{1}{\sqrt{2\pi}}x\mathrm{e}^{-\frac{x^2}{2}}\Big|_{-\infty}^{+\infty}+\int_{-\infty}^{+\infty}\frac{1}{\sqrt{2\pi}}\mathrm{e}^{-\frac{x^2}{2}}\mathrm{d}x=\Phi(+\infty)=1$$

于是

$$D(X)=E(X^2)-E^2(X)=1$$

若 $X\sim N(\mu,\sigma^2)$，则 $D(X)=\sigma^2$，这个结论在方差的性质中给予证明.

例 4.2.9　设 $\varphi(x)=E[X-x]^2$，试证：当 $x=E(X)$ 时，函数 $\varphi(x)$ 取最小值，即对一切实数 x，有 $D(X)\leqslant E(X-x)^2$.

证　该证明题相当于求函数 $\varphi(x)$ 的最小值.

$$\varphi(x)=E[X-x]^2=E(X^2-2xX+x^2)=E(X^2)-2xE(X)+x^2$$

将 $\varphi(x)$ 对 x 求导，并令其等于 0，得

$$\frac{\mathrm{d}\varphi}{\mathrm{d}x}=-2E(X)+2x=0$$

$$x=E(X)\text{（唯一驻点）}$$

而 $\frac{\mathrm{d}^2\varphi}{\mathrm{d}x^2}=2>0$，所以 $x=E(X)$ 是 $\varphi(x)$ 的最小值点. 即

$$\varphi_{\min}=E[X-E(X)]^2=D(X)$$

所以

$$D(X)\leqslant E(X-x)^2$$

证毕.

不等式 $D(X)\leqslant E(X-x)^2$ 意味着随机变量 X 与数学期望 $E(X)$ 的“均方偏差”比 X 与其他任何数 x 的“均方偏差”都要小，这表明随机变量 X 的取值集中在 $E(X)$ 的周围.

4.2.3　方差的性质

性质 4.2.1　设 C 是常数，则 $D(C)=0$.

证　$D(C)=E(C^2)-E^2(C)=C^2-C^2=0$

性质 4.2.1 的含义相当于随机变量 X 恒取常数 C，没有任何偏差产生，所以方差当然等于 0.

性质 4.2.2　对于任意随机变量 X 有：（1）$D(X)\geqslant 0$；（2）$D(X)=0$ 的充分必要条件是存在常数 C 使 $P\{X=C\}=1$ 成立.

证　(1) 由方差的定义 $D(X)=E[X-E(X)]^2$，显然有 $D(X)\geqslant 0$.

(2) 充分性，设 $P\{X=C\}=1$，则 $E(X)=C$，$E(X^2)=C^2$，所以有

$$D(X)=E(X^2)-E^2(X)=C^2-C^2=0$$

必要性的证明写在切比雪夫不等式证明的后面.

性质 4.2.3　设 X 是随机变量，C 是常数，则有 $D(CX)=C^2D(X)$.

证　由方差的计算公式

$$D(CX)=E(C^2X^2)-E^2(CX)=C^2[E(X^2)-E^2(X)]=C^2D(X)$$

性质 4.2.3 说明方差没有线性性. 特别

$$D(\pm X)=(\pm 1)^2D(X)=D(X)$$

性质 4.2.4　设 X,Y 是两个独立的随机变量，则有 $D(X+Y)=D(X)+D(Y)$.

证　由方差的计算公式

$$\begin{aligned}D(X+Y)&=E(X+Y)^2-E^2(X+Y)\\&=E(X^2+2XY+Y^2)-[E^2(X)+2E(X)E(Y)+E^2(Y)]\\&=D(X)+D(Y)+2[E(XY)-E(X)E(Y)]\end{aligned}$$

而 X,Y 是两个独立的随机变量，由期望的性质 4.2.4 有 $E(XY)=E(X)E(Y)$，所以

$$D(X+Y)=D(X)+D(Y)$$

下面用性质 4.2.1、性质 4.2.3 和性质 4.2.4 来求正态分布 $X\sim N(\mu,\sigma^2)$ 的方差 $D(X)$.

设 $Y=\dfrac{X-\mu}{\sigma}$，则 $Y\sim N(0,1)$，由例 4.2.8 得

$$D(Y)=1$$

而 $X=\sigma Y+\mu$，μ 是常数，所以 μ 与 Y 相互独立，由性质 4.2.4 得

$$D(X)=D(\sigma Y+\mu)=D(\sigma Y)+D(\mu)$$

由性质 4.2.1 和性质 4.2.3 即得

$$D(X)=D(\sigma Y+\mu)=\sigma^2D(Y)=\sigma^2$$

到目前为止，正态分布的两个参数的含义就都很清楚了，参数 μ,σ^2 是正态分布 $X\sim N(\mu,\sigma^2)$ 的期望与方差.

性质 4.2.4 可以推广至有限个相互独立的随机变量和方差的情形.

若 $X_1,X_2,\cdots,X_n$ 是 n 个相互独立的随机变量，则有

$$D(X_1\pm X_2\pm\cdots\pm X_n)=D(X_1)+D(X_2)+\cdots+D(X_n)$$

性质 4.2.4 的推广形式应用非常广泛. 与求二项分布的期望类似，性质 4.2.4 的推广形式也可用来求二项分布的方差.

设 $X\sim b(n,p)$，则有

$$X=X_1+X_2+\cdots+X_n$$

其中 $X_i(i=1,2,\cdots,n)$ 的含义与 (4-8) 式相同，从而 X_i 服从 $(0-1)$ 分布，所以有 $E(X_i)=p$，$E(X_i^2)=p$，于是 $D(X_i)=E(X_i^2)-E^2(X_i)=p-p^2=p(1-p)$，并且 X_i 之间相互独立（n 重伯努利试验的条件）.

由性质 4.2.4 得

$$D(X)=D(X_1+X_2+\cdots+X_n)=D(X_1)+D(X_2)+\cdots+D(X_n)=np(1-p)$$

例如：$X\sim b\left(10,\dfrac{1}{3}\right)$，则 $D(X)=np(1-p)=10\times\dfrac{1}{3}\times\dfrac{2}{3}=\dfrac{20}{9}$.

注意：性质 4.2.4 的推广形式不能用来求超几何分布的方差（见例 4.1.19），由于超几何分布相当于是作不放回抽样，所以 $X_1,X_2,\cdots,X_n$ 不相互独立，那么要求它的方差就只能用定义来计算. 本节的后面有超几何分布方差的公式，有兴趣的读者可自行推导.

例 4.2.10 设 X 表示 10 次独立重复射击命中目标的次数，每次射中目标的概率为 0.4，试求 $E(X^2)$.

解 按题意 $X \sim b(10,0.4)$，所以

$$E(X)=np=10\times 0.4=4, \quad D(X)=np(1-p)=10\times 0.4\times 0.6=2.4$$

于是

$$E(X^2)=D(X)+[E(X)]^2=2.4+4^2=18.4$$

另外，性质 4.2.4 还可推出一个非常重要的结论. 由第 3 章知道若 $X_i \sim N(\mu_i,\sigma_i^2)$（$i=1,2,\cdots,n$），且它们相互独立，则线性组合 $C_1X_1+C_2X_2+\cdots+C_nX_n$（$C_1,C_2,\cdots,C_n$ 是不全为 0 的常数）仍然服从正态分布，于是由数学期望和方差的性质得

$$E(C_1X_1+C_2X_2+\cdots+C_nX_n)=C_1E(X_1)+C_2E(X_2)+\cdots+C_nE(X_n)=\sum_{i=1}^{n}C_i\mu_i$$

$$D(C_1X_1+C_2X_2+\cdots+C_nX_n)=C_1^2D(X_1)+C_2^2D(X_2)+\cdots+C_n^2D(X_n)=\sum_{i=1}^{n}C_i^2\sigma_i^2$$

即有

$$C_1X_1+C_2X_2+\cdots+C_nX_n \sim N\left(\sum_{i=1}^{n}C_i\mu_i,\sum_{i=1}^{n}C_i^2\sigma_i^2\right) \tag{4-12}$$

（4-12）式应用非常广泛，下面来看几个例子.

例 4.2.11 重点难点视频讲解

例 4.2.11 设 $X \sim N(1,3)$，$Y \sim N(2,1)$，且 X,Y 相互独立，试求：（1）$Z=X-Y$ 的概率密度函数 $f_Z(z)$；（2）$P\{X<Y\}$.

解 （1）由（4-12）式，$Z=X-Y$ 服从正态分布，而

$$E(Z)=E(X-Y)=E(X)-E(Y)=1-2=-1$$
$$D(Z)=D(X-Y)=D(X)+D(Y)=3+1=4$$

所以

$$Z \sim N(-1,4)$$

即有

$$f_Z(z)=\frac{1}{\sqrt{2\pi}2}\mathrm{e}^{-\frac{(z+1)^2}{2\times 2^2}} \quad (-\infty<z<+\infty)$$

（2）$P\{X<Y\}=P\{X-Y<0\}=P\{Z<0\}$

$$=P\left\{\frac{Z-(-1)}{2}<\frac{0-(-1)}{2}\right\}=\Phi(0.5)=0.6915$$

例 4.2.12 设活塞的直径 $X \sim N(22.4,0.03^2)$，汽缸的直径 $Y \sim N(22.5,0.04^2)$，X,Y 相互独立，任取一只汽缸，求活塞能入汽缸的概率.

解 按题意需求 $P\{X<Y\}=P\{X-Y<0\}$，由于 X,Y 相互独立，所以 $X-Y$ 服从正态分布，又

$$E(X-Y)=E(X)-E(Y)=22.4-22.5=-0.1$$
$$D(X-Y)=D(X)+D(Y)=0.03^2+0.04^2=0.05^2$$

故有

$$X-Y\sim N(-0.1,0.05^2)$$

从而有

$$P\{X-Y<0\}=P\left\{\frac{X-Y-(-0.1)}{0.05}<\frac{0-(-0.1)}{0.05}\right\}=\Phi(2)=0.977$$

例 4.2.13 设两个随机变量 X,Y 相互独立，且都服从正态分布 $N\left(0,\frac{1}{2}\right)$，试求 $D(|X-Y|)$.

解 令 $Z=X-Y$，由于

$$X\sim N\left(0,\frac{1}{2}\right),\quad Y\sim N\left(0,\frac{1}{2}\right)$$

且 X,Y 相互独立，故 $Z=X-Y$ 服从正态分布，又

$$E(X-Y)=E(X)-E(Y)=0$$

$$D(X-Y)=D(X)+D(Y)=\frac{1}{2}+\frac{1}{2}=1$$

所以

$$Z\sim N(0,1)$$

因为

$$D(|X-Y|)=E(|X-Y|^2)-E^2(|X-Y|)=E(Z^2)-E^2|Z|$$

而

$$E(Z^2)=D(Z)+[E(Z)]^2=1$$

$$E(|Z|)=\int_{-\infty}^{+\infty}|Z|\frac{1}{\sqrt{2\pi}}\mathrm{e}^{-\frac{z^2}{2}}\mathrm{d}z=\frac{2}{\sqrt{2\pi}}\int_0^{+\infty}z\mathrm{e}^{-\frac{z^2}{2}}\mathrm{d}z=\sqrt{\frac{2}{\pi}}$$

所以

$$D(|X-Y|)=1-\frac{2}{\pi}$$

4.2.4 切比雪夫不等式

下面介绍一个非常重要的不等式

定理 4.2.1 设随机变量 X 的期望和方差都存在，则对任意常数 $\varepsilon>0$，有

$$P\left(|X-E(X)|\geqslant\varepsilon\right)\leqslant\frac{D(X)}{\varepsilon^2}\tag{4-13}$$

（4-13）式称为切比雪夫（Chebyshev）不等式.

证 只就连续型随机变量的情况来证明，设 X 的概率密度函数为 $f(x)$，则

$$\begin{aligned}P\left(|X-E(X)|\geqslant\varepsilon\right)&=\int_{|X-E(X)|\geqslant\varepsilon}f(x)\mathrm{d}x\\&\leqslant\int_{|X-E(X)|\geqslant\varepsilon}\frac{[X-E(X)]^2}{\varepsilon^2}f(x)\mathrm{d}x\\&\leqslant\int_{-\infty}^{+\infty}\frac{[X-E(X)]^2}{\varepsilon^2}f(x)\mathrm{d}x=\frac{D(X)}{\varepsilon^2}\end{aligned}$$

证毕.

切比雪夫不等式也可写成如下形式：

$$P\left(|X-E(X)|<\varepsilon\right)\geqslant 1-\frac{D(X)}{\varepsilon^2}$$

这个不等式给出了在随机变量 X 的分布未知的情况下，只要知道了期望 $E(X)=\mu$ 和方差 $D(X)=\sigma^2$，事件 $\{|X-\mu|>\varepsilon\}$ 概率可求其下限的估计. 例如，若取 $\varepsilon=3\sigma$，得到

$$P\{|X-\mu|>\varepsilon\}=P\{|X-\mu|>3\sigma\}\leqslant\frac{\sigma^2}{(3\sigma)^2}=\frac{1}{9}$$

切比雪夫不等式作为一个工具，其应用非常普遍，同时，它也是第 5 章的理论基础.

方差性质 4.2.2 必要性的证明：

设 $D(X)=0$，则 $E(X)$ 存在，用反正法，假设 $P\{X=E(X)\}<1$，那么对于某一个数 $\varepsilon>0$，有 $P\{|X-E(X)|\geqslant\varepsilon\}>0$，但由切比雪夫不等式，对于任意 $\varepsilon>0$，由（4-13）式，因 $D(X)=0$，有

$$P\{|X-E(X)|\geqslant\varepsilon\}=0$$

产生矛盾，故 $P\{X=E(X)\}=1$.证毕.

例 4.2.14　已知正常男性成人血液中，每一毫升白细胞数平均是 7 300，均方差是 700，利用切比雪夫不等式估计每毫升含白细胞数在 5 200～9 400 之间的概率 p.

解　设每毫升所含白细胞数 X，则

$$\begin{aligned}p&=P(5\,200<X<9\,400)\\&=P(5\,200-7\,300<X-7\,300<9\,400-7\,300)\\&=P(-2\,100<X-7\,300<2\,100)\\&=P\left(|X-7\,300|<2\,100\right)=1-P\left(|X-7\,300|\geqslant 2\,100\right)\end{aligned}$$

利用切比雪夫不等式

$$P\left(|X-E(X)|\geqslant\varepsilon\right)\leqslant\frac{D(X)}{\varepsilon^2}$$

则

$$p=1-P\left(|X-7\,300|\geqslant 2\,100\right)\geqslant 1-\left(\frac{700}{2\,100}\right)^2=1-\frac{1}{9}=\frac{8}{9}$$

即 $p\geqslant\frac{8}{9}$.

常用分布的期望和方差如表 4-1 所示，便于查用.

表 4-1　常用分布的期望和方差

名称	分布律或概率密度	数学期望 $E(X)$	方差 $D(X)$
两点分布	$P(X=k)=p^k(1-p)^{1-k}\ (k=0,1)$	p	$p(1-p)$
二项分布	$P(X=k)=\binom{n}{k}p^k(1-p)^{n-k}\ (k=0,1,2,\cdots,n)$	np	$np(1-p)$
泊松分布	$P(X=k)=\frac{\lambda^k}{k!}\mathrm{e}^{-\lambda}\ (k=0,1,2,\cdots,n,\cdots)$	λ	λ

续表

名称	分布律或概率密度	数学期望 $E(X)$	方差 $D(X)$
超几何分布	$P\{X=k\}=\dfrac{\dbinom{M}{k}\dbinom{N-M}{n-k}}{\dbinom{N}{n}}$ $[k=0,1,2,\cdots,\min(n,M)]$	$\dfrac{nM}{N}$	$\dfrac{Mn(N-M)(N-n)}{N^2(N-1)}$
几何分布	$P(X=k)=(1-p)^{k-1}P \quad (k=1,2,3\cdots)$	$\dfrac{1}{p}$	$\dfrac{1-p}{p^2}$
均匀分布	$f(x)=\begin{cases}\dfrac{1}{b-a}, & a\leqslant x\leqslant b\\ 0, & 其他\end{cases}$	$\dfrac{a+b}{2}$	$\dfrac{1}{12}(b-a)^2$
正态分布	$f(x)=\dfrac{1}{\sqrt{2\pi}\sigma}\mathrm{e}^{-\frac{(x-\mu)^2}{2\sigma^2}} \quad (-\infty<x<+\infty)$	μ	σ^2
指数分布	$f(x)=\begin{cases}\lambda\mathrm{e}^{-\lambda}, & x\geqslant 0\\ 0, & x<0\end{cases}$	$\dfrac{1}{\lambda}$	$\dfrac{1}{\lambda^2}$
伽马分布	$f(x)=\begin{cases}\dfrac{\lambda^r}{\Gamma(r)}x^{r-1}\mathrm{e}^{-\lambda x}, & x>0\\ 0, & x\leqslant 0\end{cases}$	$\dfrac{r}{\lambda}$	$\dfrac{r}{\lambda^2}$

4.3 协方差、相关系数与矩

若随机变量 X 与 Y 相互独立，则意味着 X 与 Y 之间不存在任何关系，若随机变量 X 与 Y 不相互独立，则意味着 X 与 Y 之间存在某种关系；而协方差和相关系数是刻画 X 与 Y 之间线性相关性的数字特征量.

4.3.1 协方差

定义 4.3.1 对于二维随机变量 (X, Y)，若 $E\{[X-E(X)][Y-E(Y)]\}$ 存在，则称此数学期望为 X 与 Y 的协方差，记为

$$Cov(X,Y)=E\{[X-E(X)][Y-E(Y)]\} \tag{4-14}$$

利用期望的性质可得

$$\begin{aligned}&E\{[X-E(X)][Y-E(Y)]\}\\ =&E[XY-YE(X)-XE(Y)+E(X)E(Y)]\\ =&E(XY)-E(X)E(Y)-E(X)E(Y)+E(X)E(Y)\\ =&E(XY)-E(X)E(Y)\end{aligned}$$

所以协方差还可以表示为

$$Cov(X,Y)=E(XY)-E(X)E(Y) \tag{4-15}$$

有了协方差的定义，那么，对于任意两个随机变量 X 和 Y，下列等式成立

$$D(X\pm Y)=D(X)+D(Y)\pm 2Cov(X,Y) \tag{4-16}$$

用方差的计算公式，很容易推出（4-16）式（请读者自己证之）.

常常用（4-15）式来计算协方差.

例 4.3.1　从装有 3 支蓝色、2 支红色和 3 支绿色圆珠笔笔芯的盒子中随机地挑选 2 支，如果 X 表示选出蓝色笔芯的数目，Y 表示选出红色笔芯的数目. 试求：（1）$Cov(X,Y)$；（2）$D(X+Y)$.

解　由题意知 X 的全部取值为 0、1、2；Y 的全部取值为 0、1、2，那么 (X,Y) 的联合分布律为

Y \ X	0	1	2	$p_{\cdot j}$
0	$\frac{3}{28}$	$\frac{9}{28}$	$\frac{3}{28}$	$\frac{15}{28}$
1	$\frac{6}{28}$	$\frac{6}{28}$	0	$\frac{12}{28}$
2	$\frac{1}{28}$	0	0	$\frac{1}{28}$
$p_{i\cdot}$	$\frac{10}{28}$	$\frac{15}{28}$	$\frac{3}{28}$	1

所以有

$$E(X)=0\times\frac{5}{14}+1\times\frac{15}{28}+2\times\frac{3}{28}=\frac{21}{28}$$

$$E(X^2)=0^2\times\frac{5}{14}+1^2\times\frac{15}{28}+2^2\times\frac{3}{28}=\frac{27}{28}$$

$$E(Y)=0\times\frac{15}{28}+1\times\frac{12}{28}+2\times\frac{1}{28}=\frac{14}{28}$$

$$E(Y^2)=0^2\times\frac{15}{28}+1^2\times\frac{12}{28}+2^2\times\frac{1}{28}=\frac{16}{28}$$

而 XY 的分布律为

XY	0	1	2	4
P	$\frac{22}{28}$	$\frac{6}{28}$	0	0

所以有

$$E(XY)=\frac{6}{28}$$

于是

（1）$Cov(X,Y)=E(XY)-E(X)E(Y)=\frac{6}{28}-\frac{21}{28}\times\frac{14}{28}=-\frac{9}{56}$

（2）$D(X)=E(X^2)-E^2(X)=\frac{27}{28}-\frac{9}{16}=\frac{45}{112}$

$$D(Y)=E(Y^2)-E^2(Y)=\frac{16}{28}-\frac{1}{4}=\frac{9}{28}$$

$$D(X+Y)=D(X)+D(Y)+2Cov(X,Y)=\frac{45}{112}+\frac{9}{28}+2\times\left(-\frac{9}{56}\right)=\frac{45}{112}$$

例 4.3.2　完成马拉松比赛的男性参赛者比例 X 和女性参赛者比例 Y 有联合密度函数

$$f(x,y)=\begin{cases}8xy, & 0\leqslant y\leqslant x\leqslant 1\\ 0, & \text{其他}\end{cases}$$

求 $Cov(X,Y)$.

解　因为
$$E(X)=\int_{-\infty}^{+\infty}\int_{-\infty}^{+\infty}xf(x,y)\mathrm{d}x\mathrm{d}y=\int_0^1\mathrm{d}x\int_0^x x8xy\mathrm{d}y=\frac{4}{5}$$

$$E(Y)=\int_{-\infty}^{+\infty}\int_{-\infty}^{+\infty}yf(x,y)\mathrm{d}x\mathrm{d}y=\int_0^1\mathrm{d}x\int_0^x y8xy\mathrm{d}y=\frac{8}{15}$$

$$E(XY)=\int_{-\infty}^{+\infty}\int_{-\infty}^{+\infty}xyf(x,y)\mathrm{d}x\mathrm{d}y=\int_0^1\mathrm{d}x\int_0^x xy8xy\mathrm{d}y=\frac{4}{9}$$

所以

$$Cov(X,Y)=E(XY)-E(X)E(Y)=\frac{4}{9}-\frac{4}{5}\times\frac{8}{15}=\frac{4}{225}$$

协方差具有如下性质：

性质 4.3.1　$Cov(X,X)=D(X)$

性质 4.3.2　$Cov(X,C)=0$（C 为任意常数）

性质 4.3.3　$Cov(X,Y)=Cov(Y,X)$（对称性）

性质 4.3.4　对于任意常数 a，b 有

$$Cov(aX,bY)=abCov(X,Y)$$

性质 4.3.5　设 X,Y,Z 是任意三个随机变量，则

$$Cov(X+Y,Z)=Cov(X,Z)+Cov(Y,Z)\text{（分配性）}$$

性质 4.3.6　若 X,Y 相互独立，则

$$Cov(X,Y)=0$$

以上性质由协方差的定义很容易验证，请读者自证.

例 4.3.3　设随机变量 $X_1,X_2,\cdots,X_n$（$n>1$）相互独立且同分布，设其方差为 $\sigma^2>0$，令 $Y=\frac{1}{n}\sum_{i=1}^{n}X_i$，试求：(1) $Cov(X_1,Y)$；(2) $D(X_1+Y)$.

解　(1) 由于 $X_1,X_2,\cdots,X_n$（$n>1$）相互独立，所以

$$Cov(X_i,X_j)=0\quad(i\neq j)$$

于是

$$Cov(X_1,Y)=Cov\left(X_1,\frac{1}{n}\sum_{i=1}^{n}X_i\right)=\frac{1}{n}\sum_{i=1}^{n}Cov(X_1,X_i)=\frac{1}{n}Cov(X_1,X_1)=\frac{D(X_1)}{n}=\frac{\sigma^2}{n}$$

(2) 因为 $D(Y)=D\left(\frac{1}{n}\sum_{i=1}^{n}X_i\right)=\frac{1}{n^2}\sum_{i=1}^{n}D(X_i)=\frac{\sigma^2}{n}$，所以

$$\begin{aligned}D(X_1+Y)&=D(X_1)+D(Y)+2Cov(X_1,Y)\\&=\sigma^2+\frac{\sigma^2}{n}+2\frac{\sigma^2}{n}=\frac{(n+3)\sigma^2}{n}\end{aligned}$$

4.3.2　相关系数

定义 4.3.2　设 (X,Y) 是一个二维随机变量，且 $D(X)>0, D(Y)>0$，则称

$$\frac{Cov(X,Y)}{\sqrt{D(X)}\sqrt{D(Y)}}$$

为 X 与 Y 的**相关系数**，记为 ρ_{XY}，即

$$\rho_{XY}=\frac{Cov(X,Y)}{\sqrt{D(X)}\sqrt{D(Y)}} \tag{4-17}$$

相关系数是协方差的“标准化形式”，设

$$X^*=\frac{X-E(X)}{\sqrt{D(X)}},\quad Y^*=\frac{Y-E(Y)}{\sqrt{D(Y)}} \tag{4-18}$$

显然

$$E(X^*)=E\left[\frac{X-E(X)}{\sqrt{D(X)}}\right]=\frac{1}{\sqrt{D(X)}}[E(X)-E(X)]=0$$

$$D(X^*)=D\left[\frac{X-E(X)}{\sqrt{D(X)}}\right]=\frac{1}{D(X)}D(X)=1$$

同理

$$E(Y^*)=0,\ D(Y^*)=1$$

那么

$$\begin{aligned}Cov(X^*,Y^*)&=Cov\left(\frac{X-E(X)}{\sqrt{D(X)}},\frac{Y-E(Y)}{\sqrt{D(Y)}}\right)=\frac{Cov[X-E(X),Y-E(Y)]}{\sqrt{D(X)}\sqrt{D(Y)}}\\&=\frac{E\{[X-E(X)][Y-E(Y)]\}}{\sqrt{D(X)}\sqrt{D(Y)}}=\frac{Cov(X,Y)}{\sqrt{D(X)}\sqrt{D(Y)}}=\rho_{XY}\end{aligned} \tag{4-19}$$

相关系数相当于剔除了一些扰动因素，所以它表达 X 与 Y 的关系时比协方差更精准；本节开头就给出了协方差和相关系数是反映 X 与 Y 之间线性相关性的数字特征量，下面就来证明这个结论.

定理 4.3.1　相关系数有如下性质：

（1）$|\rho_{XY}|\leqslant 1$；

（2）$\rho_{XY}=\pm 1$ 的充分必要条件是 X 与 Y 几乎处处存在线性关系，即存在常数 a,b，使 $P\{Y=aX+b\}=1$.

证　（1）由（4-16）式、（4-18）式、（4-19）式，得

$$D(X^*\pm Y^*)=D(X^*)+D(Y^*)\pm 2Cov(X^*,Y^*)=2\pm 2\rho_{XY}$$

而方差不会为负数，所以有

$$2\pm 2\rho_{XY}\geqslant 0$$

即有

$$|\rho_{XY}|\leqslant 1$$

证毕.

（2）先证充分性. 若 $Y=aX+b$，则有

$$Cov(X,Y)=Cov(X,aX+b)=Cov(X,aX)+Cov(X,b)=aCov(X,X)=aD(X)$$

而

$$D(Y)=D(aX+b)=a^2D(X)$$

所以

$$\rho_{XY}=\frac{Cov(X,Y)}{\sqrt{D(X)}\sqrt{D(Y)}}=\frac{aD(X)}{\sqrt{D(X)}\sqrt{a^2D(X)}}=\frac{a}{|a|}=\pm1$$

再证必要性. 若 $\rho_{XY}=\pm1$，则有

$$D(X^*\mp Y^*)=D(X^*)+D(Y^*)\mp 2Cov(X^*,Y^*)=2\mp2\rho_{XY}=0$$

那么，由方差的性质 4.2.2，存在常数 C，使

$$1=P\{X^*\mp Y^*=C\}=P\left\{\frac{X-E(X)}{\sqrt{D(X)}}\mp\frac{Y-E(Y)}{\sqrt{D(Y)}}=C\right\}$$

即存在常数 a,b，使 $P\{Y=aX+b\}=1$ 成立[其中 $E(X),D(X)$ $E(Y),D(Y)$ 都是常数]. 证毕.

定理的结论刻画了相关系数的实际意义：它是随机变量 X 与 Y 之间线性关系强弱程度的一个度量：当 $|\rho_{XY}|=1$ 时，X 与 Y 之间存在线性关系（两个变量之间的线性关系就是直线关系），即 X 与 Y 绝对地在一条直线上，若 $\rho_{XY}=1$，则斜率 $a>0$，若 $\rho_{XY}=-1$，则斜率 $a<0$；当 $|\rho_{XY}|<1$ 时，X 和 Y 之间有近似的线性关系，$|\rho_{XY}|$ 越靠近 1，近似程度越好；当 $\rho_{XY}=0$ 时，称 X 和 Y 不相关，也就是说 X 与 Y 之间不存在线性相关性.

注意:（1）相互独立可以推出不相关，但不相关推不出相互独立；独立是指 X 与 Y 之间没有任何关系，而不相关只是说明 X 与 Y 之间没有线性相关性.

（2）不相关的充要条件：① X,Y不相关 $\Leftrightarrow \rho_{XY}=0$；② X,Y不相关 $\Leftrightarrow Cov(X,Y)=0$；③ X,Y不相关 $\Leftrightarrow E(XY)=E(X)E(Y)$；④ X,Y不相关 $\Leftrightarrow D(X+Y)=D(X)+D(Y)$.

例 4.3.4　设随机变量 X 的概率密度为

$$f(x)=\frac{1}{2}\mathrm{e}^{-|x|}\quad(-\infty<x<+\infty)$$

试求：（1）X 的数学期望 $E(X)$ 和方差 $D(X)$；

（2）X 与 $|X|$ 的协方差，并问 X 与 $|X|$ 是否不相关？

（3）X 与 $|X|$ 是否相互独立，为什么？

解　（1）$E(X)=\int_{-\infty}^{+\infty}x\cdot\frac{1}{2}\mathrm{e}^{-|x|}\mathrm{d}x=0$

$$D(X)=E(X^2)=\int_{-\infty}^{+\infty}x^2\cdot\frac{1}{2}\mathrm{e}^{-|x|}\mathrm{d}x=\int_0^{+\infty}x^2\mathrm{e}^{-x}\mathrm{d}x=2$$

（2）$Cov(X,|X|)=E(X|X|)-E(X)E(|X|)$

$$=E(X|X|)=\frac{1}{2}\int_{-\infty}^{+\infty}x|x|\frac{1}{2}\mathrm{e}^{-|x|}\mathrm{d}x=0$$

所以 X 与 $|X|$ 不相关.

（3）对任意正数 $0<a<+\infty$，$\{|X|\leqslant a\}\subset\{X\leqslant a\}$，且 $P\{X\leqslant a\}<1$，$P\{|X|<a\}>0$，故

$$P\{|X|\leqslant a,X\leqslant a\}=P\{|X|\leqslant a\}>P\{X\leqslant a\}P\{|X|\leqslant a\}$$

因此 X 与 $|X|$ 不独立.

随机变量的独立性与不相关的关系中有一种特殊情况.

例 4.3.5　设 (X,Y) 服从二维正态分布：$(X,Y)\sim N(\mu_1,\mu_2,\sigma_1^2,\sigma_2^2,\rho)$.

（1）试求 ρ_{XY}；（2）试证 X 与 Y 相互独立的充分必要条件是 X 与 Y 不相关.

证　（1）(X,Y) 的联合密度函数为

$$f(x,y)=\frac{1}{2\pi\sigma_1\sigma_2\sqrt{1-\rho^2}}\cdot\exp\left\{-\frac{1}{2(1-\rho^2)}\left[\frac{(x-\mu_1)^2}{\sigma_1^2}-2\rho\frac{x-\mu_1}{\sigma_1}\cdot\frac{y-\mu_2}{\sigma_2}+\frac{(y-\mu_2)^2}{\sigma_2^2}\right]\right\}$$

X 与 Y 的边缘密度函数分别为

$$X\sim N(\mu_1,\sigma_1^2),\quad f_X(x)=\frac{1}{\sqrt{2\pi}\sigma_1}e^{-\frac{(x-\mu_1)^2}{2\sigma_1^2}}$$

$$Y\sim N(\mu_2,\sigma_2^2),\quad f_Y(y)=\frac{1}{\sqrt{2\pi}\sigma_2}e^{-\frac{(y-\mu_2)^2}{2\sigma_2^2}}$$

$$\begin{aligned}Cov(X,Y)&=E\{[X-E(X)][Y-E(Y)]\}\\&=\int_{-\infty}^{+\infty}\int_{-\infty}^{+\infty}(x-\mu_1)(y-\mu_2)f(x,y)\mathrm{d}x\mathrm{d}y\\&=\frac{1}{2\pi\sigma_1\sigma_2\sqrt{1-\rho^2}}\int_{-\infty}^{+\infty}\int_{-\infty}^{+\infty}(x-\mu_1)(y-\mu_2)e^{-\frac{(x-\mu_1)^2}{2\sigma_1^2}}e^{-\frac{1}{2(1-\rho^2)}\left[\frac{y-\mu_2}{\sigma_2}-\rho\frac{x-\mu_1}{\sigma_1}\right]^2}\mathrm{d}y\mathrm{d}x\end{aligned}$$

令

$$t=\frac{1}{\sqrt{1-\rho^2}}\left(\frac{y-\mu_2}{\sigma_2}-\rho\frac{x-\mu_1}{\sigma_1}\right),\quad u=\frac{x-\mu_1}{\sigma_1}$$

就有

$$\begin{aligned}Cov(X,Y)&=\frac{1}{2\pi}\int_{-\infty}^{+\infty}\int_{-\infty}^{+\infty}(\sigma_1\sigma_2\sqrt{1-\rho^2}tu+\rho\sigma_1\sigma_2u^2)e^{-\frac{u^2+t^2}{2}}\mathrm{d}t\mathrm{d}u\\&=\frac{\rho\sigma_1\sigma_2}{2\pi}\left(\int_{-\infty}^{+\infty}u^2e^{-\frac{u^2}{2}}\mathrm{d}u\right)\left(\int_{-\infty}^{+\infty}e^{-\frac{t^2}{2}}\right)+\frac{\sigma_1\sigma_2\sqrt{1-\rho^2}}{2\pi}\left(\int_{-\infty}^{+\infty}ue^{-\frac{u^2}{2}}\mathrm{d}u\right)\left(\int_{-\infty}^{+\infty}te^{-\frac{t^2}{2}}\mathrm{d}t\right)\\&=\frac{\rho\sigma_1\sigma_2}{2\pi}\sqrt{2\pi}\sqrt{2\pi}=\rho\sigma_1\sigma_2\end{aligned}$$

于是

$$\rho_{XY}=\frac{\rho\sigma_1\sigma_2}{\sigma_1\sigma_2}=\rho$$

可见二维正态分布中的第 5 个参数 ρ 正是 X 与 Y 的相关系数.

（2）先证充分性：设 X 与 Y 不相关，即 $\rho_{XY}=\rho=0$，则有

$$f(x,y)=\frac{1}{2\pi\sigma_1\sigma_2}e^{-\frac{(x-\mu_1)^2}{2\sigma_1^2}-\frac{(y-\mu_2)^2}{2\sigma_2^2}}=f_X(x)f_Y(y)$$

所以 X 与 Y 独立.

再证必要性：设 X 与 Y 相互独立，则有

$$f(x,y)=f_X(x)f_Y(y)$$

上式对任意 x，y 都成立. 特别地，令 $x=\mu_1$，$y=\mu_2$ 有

$$\frac{1}{2\pi\sigma_1\sigma_2\sqrt{1-\rho^2}}=\frac{1}{\sqrt{2\pi}\sigma_1}\cdot\frac{1}{\sqrt{2\pi}\sigma_2}$$

故 $\rho=0$，即 X 与 Y 不相关.

二维正态分布 $(X,Y)\sim N(\mu_1,\mu_2,\sigma_1,\sigma_2,\rho)$ 中，X 与 Y 相互独立和 X 与 Y 不相关是等价的.

4.3.3 矩、协方差矩阵与 n 维正态分布

除了前面已讨论过的数字特征外，随机变量其他的数字特征有时也会用到.

定义 4.3.3 对随机变量 X，若 $E(X^k)(k=1,2,\cdots)$ 存在，则称它为 X 的 **k 阶原点矩**；若 $E[X-E(X)]^k(k=1,2,\cdots)$ 存在，则称它为 X 的 **k 阶中心矩**.

显然，随机变量的数学期望是其一阶原点矩，方差是其二阶中心矩.

定义 4.3.4 对于 n 维随机变量 $(X_1,X_2,\cdots,X_n)$，设

$$E(X_i)=\mu_i \quad (i=1,2,\cdots,n),\ Cov(X_i,X_j)=C_{ij} \quad (i,j=1,2,\cdots,n)$$

都存在，则称

$$\boldsymbol{\mu}=(\mu_1,\mu_2,\cdots,\mu_n)^{\mathrm{T}}$$

为 n 维随机变量 $(X_1,X_2,\cdots,X_n)$ 的期望，称

$$\boldsymbol{C}=\begin{pmatrix} C_{11} & C_{12} & \cdots & C_{1n} \\ C_{21} & C_{22} & \cdots & C_{2n} \\ \vdots & \vdots & & \vdots \\ C_{n1} & C_{n2} & \cdots & C_{nn} \end{pmatrix}$$

为 n 维随机变量 $(X_1,X_2,\cdots,X_n)$ 的**协方差矩阵**.

对于协方差矩阵，有如下的性质：

n 维随机变量的协方差矩阵 $\boldsymbol{C}$ 是一对称的非负定的矩阵. 下面给出 n 维正态分布的定义.

定义 4.3.5 设 n 维随机变量 $(X_1,X_2,\cdots,X_n)$ 的数学期望为 $\boldsymbol{\mu}=(\mu_1,\mu_2,\cdots,\mu_n)^{\mathrm{T}}$，其协方差矩阵为

$$\boldsymbol{C}=\begin{pmatrix} C_{11} & C_{12} & \cdots & C_{1n} \\ C_{21} & C_{22} & \cdots & C_{2n} \\ \vdots & \vdots & & \vdots \\ C_{n1} & C_{n2} & \cdots & C_{nn} \end{pmatrix}$$

若 $(X_1,X_2,\cdots,X_n)$ 的联合概率密度函数为

$$f(x_1,x_2,\cdots,x_n)=\frac{1}{(2\pi)^{\frac{n}{2}}|\boldsymbol{C}|^{\frac{1}{2}}}\exp\left[-\frac{1}{2}(x-\mu)^{\mathrm{T}}C^{-1}(x-\mu)\right]$$

则称其为 **n 元正态分布**，其中 $\boldsymbol{x}=(x_1,x_2,\cdots,x_n)^{\mathrm{T}}$ 为 n 维一般变量，$|\boldsymbol{C}|$ 为协方差矩阵的行列式.

定理 4.3.2 下面不加证明地给出 n 维正态分布的三条性质.

（1）n 维随机变量 $(X_1,X_2,\cdots,X_n)$ 服从 n 维正态分布的充要条件是 $X_1,X_2,\cdots,X_n$ 的任意的线性组合

$$l_1X_1+l_2X_2+\cdots+l_nX_n$$

服从一维正态分布；

（2）设 $(X_1,X_2,\cdots,X_n)$ 服从 n 维正态分布，若

$$Y_j = a_{j1}X_1 + a_{j2}X_2 + \cdots + a_{jn}X_n \quad (j=1,2,\cdots,k)$$

式中，a_{ij} $(i=1,2,\cdots,k;\ j=1,2,\cdots,n)$ 为常数，则 $(Y_1,Y_2,\cdots,Y_n)$ 也服从 k 维正态分布；

（3）设 $(X_1,X_2,\cdots,X_n)$ 服从 n 维正态分布，则“$X_1,X_2,\cdots,X_n$ 相互独立”与“$X_1,X_2,\cdots,X_n$ 两两不相关”是等价的.

例 4.3.6　设随机变量 X 与 Y 相互独立，且都服从正态分布 $N(0,\sigma^2)$，记：$U=\alpha X+\beta Y$，$V=\alpha X-\beta Y$（α,β 为不相等的常数），求：

例 4.3.6　重点难点视频讲解

（1）U 与 V 的相关系数 ρ_{UV}；

（2）U 与 V 相互独立的条件.

解（1）由题意

$$E(X)=E(Y)=0,\quad D(X)=D(Y)=\sigma^2$$

$$E(U)=E(\alpha X+\beta Y)=0,\quad E(V)=E(\alpha X-\beta Y)=0$$

$$D(U)=D(\alpha X+\beta Y)=(\alpha^2+\beta^2)\sigma^2,\quad D(V)=D(\alpha X-\beta Y)=(\alpha^2+\beta^2)\sigma^2$$

$$E(UV)=E(\alpha^2X^2-\beta^2Y^2)=\alpha^2\sigma^2-\beta^2\sigma^2=(\alpha^2-\beta^2)\sigma^2$$

所以

$$Cov(U,V)=E(UV)-E(U)E(V)=(\alpha^2-\beta^2)\sigma^2$$

$$\rho_{UV}=\frac{Cov(U,V)}{\sqrt{D(U)}\sqrt{D(V)}}=\frac{\alpha^2-\beta^2}{\alpha^2+\beta^2}$$

（2）因 X 与 Y 是相互独立的随机变量，故 (X,Y) 是二维正态随机变量，从而 (U,V) 也服从二维正态分布，那么 U 与 V 相互独立的条件是 $\rho_{UV}=0$，即

$$\frac{\alpha^2-\beta^2}{\alpha^2+\beta^2}=0$$

从而 $\alpha=-\beta$（α,β 为不相等的常数）.

习　题　4

1. 设随机变量 X 的分布律为

X	-1	0	1	2
p	$\frac{1}{8}$	$\frac{1}{2}$	$\frac{1}{8}$	$\frac{1}{4}$

求 $E(X)$，$E(X^2)$，$E(2X+3)$.

2. 设随机变量 X，Y，Z 相互独立，且 $E(X)=5$，$E(Y)=11$，$E(Z)=8$，求下列随机变量的数学期望.

（1）$U=2X+3Y+1$；（2）$V=YZ-4X$.

3. 设 X，Y 是相互独立的随机变量，其概率密度分别为

$$f_X(x)=\begin{cases}2x, & 0\leqslant x\leqslant 1\\ 0, & \text{其他}\end{cases},\quad f_Y(y)=\begin{cases}\mathrm{e}^{-(y-5)}, & y>5\\ 0, & \text{其他}\end{cases}$$

求 $E(XY)$.

4. 设随机变量 X，Y 的概率密度分别为

$$f_X(x)=\begin{cases}2e^{-2x}, & x>0\\ 0, & x\leqslant 0\end{cases},\quad f_Y(y)=\begin{cases}4e^{-4y}, & y>0,\\ 0, & y\leqslant 0.\end{cases}$$

求：（1）$E(X+Y)$；（2）$E(2X-3Y^2)$.

5. 两位轮胎质量专家检查许多轮胎，并对每一个轮胎给予质量等级评价，该质量评价分为 3 个等级，令 X 表示专家 A 给出的等级，Y 表示专家 B 给出的等级，下表给出 X 和 Y 的联合分布：

$f(x,y)$		y		
		1	2	3
x	1	0.10	0.05	0.02
	2	0.10	0.35	0.05
	3	0.03	0.10	0.20

求 $E(X)$，$E(X^2)$，$E(XY)$.

6. 假设两个随机变量 (X,Y) 均匀分布在半径为 a 的圆上，则联合概率密度函数为

$$f(x,y)=\begin{cases}\dfrac{1}{\pi a^2}, & x^2+y^2\leqslant a^2\\ 0, & \text{其他}\end{cases}$$

求 $E(X)$，$E(X^2)$，$E(XY)$.

7. 令 X 是表示某类电子设备寿命（h）的随机变量，概率密度函数为

$$f(x)=\begin{cases}\dfrac{20\,000}{x^3}, & x>100,\\ 0, & \text{其他},\end{cases}$$

求这类电子设备寿命的期望.

8. 一辆飞机场的交通车，送 25 名乘客到 9 个站，假设每位乘客都等可能地在任一站下车，且他们下车与否相互独立，又知交通车只在有人下车时才停车，求该交通车停车次数的数学期望.

9. 某产品的次品率为 0.1，检验员每天检验 4 次，每次随机地取 10 件产品进行检验，如发现其中的次品数多于 1，就去调整设备，以 X 表示一天中调整设备的次数，试求 $E(X)$（设各产品是否为次品是相互独立的）.

10. 某车间生产的圆盘其直径在区间 (a,b) 服从均匀分布，试求圆盘面积的数学期望.

11. 设随机变量 X 的分布律为

X	-1	0	1	2
p	$\frac{1}{8}$	$\frac{1}{2}$	$\frac{1}{8}$	$\frac{1}{4}$

求 $D(X)$.

12. 设随机变量 X，Y，Z 相互独立，且 $X\sim U(-1,5)$，$Y\sim P(3)$，$Z\sim b\left(10,\dfrac{1}{3}\right)$，求下列随机变量的方差.

（1）$U=2X+3Y+1$；（2）$V=X-2Y+Z$.

13. 设 X，Y 是相互独立的随机变量，其概率密度分别为

$$f_X(x)=\begin{cases}2x, & 0\leqslant x\leqslant 1\\ 0, & \text{其他}\end{cases},\quad f_Y(y)=\begin{cases}e^{-(y-5)}, & y>5\\ 0, & \text{其他}\end{cases}$$

求 $D(X-Y)$.

14. 设随机变量 X，Y 的概率密度分别为

$$f_X(x)=\begin{cases}2e^{-2x}, & x>0\\ 0, & x\leqslant 0\end{cases},\quad f_Y(y)=\begin{cases}4e^{-4y}, & y>0\\ 0, & y\leqslant 0\end{cases}$$

求 $E(X^2+Y^2)$.

15. 两位轮胎质量专家检查许多轮胎，并对每一个轮胎给予质量等级评价，该质量评价分为 3 个等级，令 X 表示专家 A 给出的等级，Y 表示专家 B 给出的等级，下表给出 X 和 Y 的联合分布为

$f(x,y)$		y		
		1	2	3
x	1	0.10	0.05	0.02
	2	0.10	0.35	0.05
	3	0.03	0.10	0.20

求 $D(X)$，$D(XY)$.

16. 假设两个随机变量 (X,Y) 均匀分布在半径为 a 的圆上，则联合概率密度函数为

$$f(x,y)=\begin{cases}\dfrac{1}{\pi a^2}, & x^2+y^2\leqslant a^2\\ 0, & \text{其他}\end{cases}$$

求 $D(X)$，$D(Y)$.

17. 设随机变量 X 的概率密度为 $f(x)=\begin{cases}ax^2+bx+c, & 0<x<1\\ 0, & \text{其他}\end{cases}$，且已知 $E(X)=0.5$，$D(X)=0.15$，求常数 a,b,c.

18. 某产品的次品率为 0.1，检验员每天检验 4 次，每次随机地取 10 件产品进行检验，如发现其中的次品数多于 1，就去调整设备，以 X 表示一天中调整设备的次数，试求 $D(X)$（设各产品是否为次品是相互独立的）.

19. 5 家商店联营，他们每两周售出的某农产品的数量（以 kg 记），分别为 X_1,X_2,X_3,X_4,X_5，已知 $X_1\sim N(200,225)$，$X_2\sim N(240,240)$，$X_3\sim N(180,225)$，$X_4\sim N(260,265)$，$X_5\sim N(320,270)$，且 X_1,X_2,X_3,X_4,X_5 相互独立.

（1）求 5 家商店两周的总销售量的均值和方差；

（2）商店每隔两周进货一次，为了使新的供货到达商店不会脱销的概率大于 0.99，问商店的仓库应至少存储多少 kg 该产品？

20. 设二维随机变量 (X,Y) 的概率密度为

$$f(X,Y)=\begin{cases}\dfrac{1}{\pi}, & x^2+y^2\leqslant 1\\ 0, & \text{其他}\end{cases}$$

试验证 X 和 Y 是不相关的，但 X 和 Y 不是相互独立的.

21. 设随机变量 (X,Y) 的分布律为

Y \ X	-1	0	1
-1	$\frac{1}{8}$	$\frac{1}{8}$	$\frac{1}{8}$
0	$\frac{1}{8}$	0	$\frac{1}{8}$
1	$\frac{1}{8}$	$\frac{1}{8}$	$\frac{1}{8}$

试验证 X 和 Y 是不相关的，但 X 和 Y 不是相互独立的.

22. 设随机变量 (X,Y) 具有概率密度

$$f(x,y)=\begin{cases}1, & |y|<x,0<x<1\\ 0, & \text{其他}\end{cases}$$

求 $E(X)$，$E(Y)$，$Cov(X,Y)$.

23. 设随机变量 (X,Y) 具有概率密度

$$f(x,y)=\begin{cases}\frac{1}{8}(x+y), & 0\leqslant x\leqslant 2,0\leqslant y\leqslant 2\\ 0, & \text{其他}\end{cases}$$

求 $E(X)$，$E(Y)$，$Cov(X,Y)$，ρ_{XY}，$D(X+Y)$.

24. 设 $X\sim N(\mu,\sigma^2)$，$Y\sim N(\mu,\sigma^2)$，且 X，Y 相互独立，试求 $Z_1=\alpha X+\beta Y$ 和 $Z_2=\alpha X-\beta Y$ 的相关系数（其中 α，β 是不为零的常数）.

25. （1）设 $W=(\alpha X+3Y)^2$，$E(X)=E(Y)=0$，$D(X)=4$，$D(Y)=16$，$\rho_{XY}=-0.5$，求常数 α 使 $E(W)$ 为最小，并求 $E(W)$ 的最小值；（2）设 (X,Y) 服从二维正态分布，且有 $D(X)=\sigma_X^2$，$D(Y)=\sigma_Y^2$，证当 $\alpha^2=\dfrac{\sigma_X^2}{\sigma_Y^2}$ 时随机变量 $W=X-aY$ 与 $V=X+aY$ 相互独立.

26. 设 (X,Y) 服从二维正态分布，且 $X\sim N(0,1)$，$Y\sim N(0,4)$，相关系数 $\rho_{XY}=-\dfrac{1}{4}$，试计算 $D(X-2Y)$.

27. 设二维随机变量 (X,Y) 的概率密度为

$$f(x,y)=\begin{cases}A\sin(x+y), & 0\leqslant x\leqslant \frac{\pi}{2},0\leqslant y\leqslant \frac{\pi}{2}\\ 0, & \text{其他}\end{cases}$$

试求：（1）系数 A；（2）$E(X)$，$E(Y)$，$D(X)$，$D(Y)$；（3）ρ_{XY}.

28. 已知二维随机变量 (X,Y) 的联合概率密度为

$$f(x,y)=\begin{cases}2, & 0<x<y,0<y<1\\ 0, & \text{其他}\end{cases}$$

试求：（1）$E(X)$，$E(Y)$，$D(X)$，$D(Y)$，$Cov(X,Y)$；（2）$D(2X-Y+5)$.

第 5 章　大数定律与中心极限定理

本章主要讨论概率论中的两类重要定理：一类是描述随机变量序列的算术平均值稳定性的大数定律；另一类是描述随机变量序列和的概率分布的中心极限定理. 这两类定理在概率论的理论研究和实际应用中都起着非常重要的作用.

5.1　大数定律

在第 1 章引入事件概率的概念时曾经指出，频率是概率的反映，随着观测次数 n 的增加，频率将会逐渐稳定到概率；还曾经指出，当 n 充分大时，频率与概率会非常的靠近，这里说的“频率逐渐稳定于概率”或“频率与概率非常的靠近”究竟是什么意思呢？与所学过的极限的概念有关系吗？实质上这个问题的核心是频率依某种收敛意义趋于概率，这个稳定性就是“大数定律”研究的客观背景.

5.1.1　依概率收敛的概念

定义 5.1.1　设 $X_1, X_2, \cdots, X_n, \cdots$ 是随机变量序列，若存在常数 a，使对 $\forall \varepsilon > 0$，都有

$$\lim_{n\to\infty} P(|X_n - a| < \varepsilon) = 1 \tag{5-1}$$

成立，则称随机变量序列 $X_1, X_2, \cdots, X_n, \cdots$ 依概率收敛于常数 a，或记为

$$X_n \xrightarrow{p} a \quad (n\to\infty)$$

注意：（5-1）式不能写成 $\lim\limits_{n\to\infty} X_n = a$ 的极限形式，因为 X_n 是随机变量，它做不到对于任意给定的 $\varepsilon>0$，存在充分大的 N，当 $n>N$ 时，都有 $|X_n - a| < \varepsilon$ 成立.

例 5.1.1　设 $X_1, X_2, \cdots, X_n, \cdots$ 为独立同分布随机变量序列，且设 $E(X_i) = \mu$，$D(X_i) = \sigma^2\ (i = 1, 2, \cdots)$ 均存在，试证明：

$$\lim_{n\to\infty} P\left(\left|\frac{1}{n}\sum_{i=1}^{n} X_i - \mu\right| < \varepsilon\right) = 1$$

证　因为 $E\left(\frac{1}{n}\sum_{i=1}^{n} X_i\right) = \frac{1}{n}\sum_{i=1}^{n} E(X_i) = \mu$，$D\left(\frac{1}{n}\sum_{i=1}^{n} X_i\right) = \frac{1}{n^2}\sum_{i=1}^{n} D(X_i) = \frac{\sigma^2}{n}$，由切比雪夫不等式

$$P\left(\left|\frac{1}{n}\sum_{i=1}^{n} X_i - E\left(\frac{1}{n}\sum_{i=1}^{n} X_i\right)\right| < \varepsilon\right) = P\left(\left|\frac{1}{n}\sum_{i=1}^{n} X_i - \mu\right| < \varepsilon\right) \geqslant 1 - \frac{D\left(\frac{1}{n}\sum_{i=1}^{n} X_i\right)}{\varepsilon^2} = 1 - \frac{\sigma^2}{n\varepsilon^2}$$

两边取极限，由于上式左边是概率，所以右边的极限不可能大于 1，于是得

$$\lim_{n\to\infty} P\left(\left|\frac{1}{n}\sum_{i=1}^{n} X_i - \mu\right| < \varepsilon\right) = 1$$

即$\frac{1}{n}\sum_{i=1}^{n}X_i$依概率收敛于期望$\mu$.

5.1.2　三种常用大数定律

下面介绍一组大数定律.

定理 5.1.1（切比雪夫大数定律）　设$X_1, X_2, \cdots, X_n, \cdots$是一列两两不相关的随机变量序列，又设它们的$E(X_i)\,(i=1,2,\cdots)$存在，方差有界，即存在常数$C>0$，使得有$D(X_i)\leqslant C(i=1,2,\cdots)$，则对$\forall\varepsilon>0$，有

$$\lim_{n\to\infty}P\left(\left|\frac{1}{n}\sum_{i=1}^{n}X_i-\frac{1}{n}\sum_{i=1}^{n}E(X_i)\right|<\varepsilon\right)=1 \tag{5-2}$$

证　因为$X_1, X_2, \cdots, X_n, \cdots$两两不相关，所以

$$E\left(\frac{1}{n}\sum_{i=1}^{n}X_i\right)=\frac{1}{n}\sum_{i=1}^{n}E(X_i),\quad D\left(\frac{1}{n}\sum_{i=1}^{n}X_i\right)=\frac{1}{n^2}\sum_{i=1}^{n}D(X_i)\leqslant\frac{C}{n}$$

那么，由切比雪夫不等式

$$P\left(\left|\frac{1}{n}\sum_{i=1}^{n}X_i-\frac{1}{n}\sum_{i=1}^{n}E(X_i)\right|<\varepsilon\right)\geqslant 1-\frac{D\left(\frac{1}{n}\sum_{i=1}^{n}X_i\right)}{\varepsilon^2}\geqslant 1-\frac{C}{\varepsilon^2 n}$$

两边同时取极限，从而有

$$\lim_{n\to\infty}P\left(\left|\frac{1}{n}\sum_{i=1}^{n}X_i-\frac{1}{n}\sum_{i=1}^{n}E(X_i)\right|<\varepsilon\right)=1$$

即定理 5.1.1 得证.

切比雪夫大数定律说明在满足定理的条件下，当n充分大时，n个随机变量的算术平均数$\frac{1}{n}\sum_{i=1}^{n}X_i$依概率收敛于它们的期望平均值$\frac{1}{n}\sum_{i=1}^{n}E(X_i)$，即

$$\frac{1}{n}\sum_{i=1}^{n}X_i\xrightarrow{p}\frac{1}{n}\sum_{i=1}^{n}E(X_i)\quad(n\to\infty)$$

定理 5.1.1 有一种特殊情况：如果把定理的条件“$X_1, X_2, \cdots, X_n, \cdots$是一列两两不相关的随机变量序列”改为“$X_1, X_2, \cdots, X_n, \cdots$是独立同分布的随机变量序列”，而其他条件不变，那么上述定理的结论变得更加简洁.

因为$X_1, X_2, \cdots, X_n, \cdots$独立同分布，所以$\mu=E(X_1)=\cdots=E(X_n)=\cdots$，于是

$$\lim_{n\to\infty}P\left(\left|\frac{1}{n}\sum_{i=1}^{n}X_i-\mu\right|<\varepsilon\right)=1$$

即

$$\frac{1}{n}\sum_{i=1}^{n}X_i\xrightarrow{p}\mu\quad(n\to\infty)$$

这也是例 5.1.1 的结论.

例 5.1.2　设$X_1, X_2, \cdots, X_n, \cdots$为独立同分布随机变量序列，且均服从参数为$\lambda(\lambda>0)$的指数分布，试证：$\lim\limits_{n\to\infty}P\left(\left|\frac{1}{n}\sum_{i=1}^{n}X_i-\frac{1}{\lambda}\right|<\varepsilon\right)=1$.

证　由题意 $E(X_i)=\dfrac{1}{\lambda}, D(X_i)=\dfrac{1}{\lambda^2}\ (i=1,2,\cdots)$，由于 $X_1,X_2,\cdots,X_n,\cdots$ 相互独立，因而满足定理 5.1.1 的条件，所以有

$$\lim_{n\to\infty}P\left(\left|\frac{1}{n}\sum_{i=1}^{n}X_i-\frac{1}{\lambda}\right|<\varepsilon\right)=1$$

即

$$\frac{1}{n}\sum_{i=1}^{n}X_i\xrightarrow{p}\frac{1}{\lambda}\quad(n\to\infty)$$

定理 5.1.2（伯努利大数定律）　设 μ_n 是 n 重伯努利试验中事件 A 出现的次数，又事件 A 在每次试验中出现的概率为 $p(0<p<1)$，则对 $\forall\varepsilon>0$，有

$$\lim_{n\to\infty}P\left(\left|\frac{\mu_n}{n}-p\right|<\varepsilon\right)=1\tag{5-3}$$

证　由题设 $\mu_n\sim b(n,p)$，又设

$$X_i=\begin{cases}1, & 在第i次试验中事件A出现\\0, & 在第i次试验中事件A不出现\end{cases}\quad(i=1,2,\cdots,n)$$

则 $X_1,X_2,\cdots,X_n$ 是 n 个相互独立的随机变量，且

$$E(X_i)=p,\quad D(X_i)=p(1-p)\quad(i=1,2,\cdots,n)$$

由（4-9）式，有

$$\mu_n=\sum_{i=1}^{n}X_i$$

于是

$$\frac{\mu_n}{n}=\frac{1}{n}\sum_{i=1}^{n}X_i,\quad E\left(\frac{\mu_n}{n}\right)=p,\quad D\left(\frac{\mu_n}{n}\right)=\frac{p(1-p)}{n}$$

由定理 5.1.1 即得

$$\lim_{n\to\infty}P\left(\left|\frac{\mu_n}{n}-p\right|<\varepsilon\right)=P\left(\left|\frac{1}{n}\sum_{i=1}^{n}X_i-p\right|<\varepsilon\right)=1$$

伯努利大数定律阐述了频率稳定性的含义：由于 μ_n 表示 n 次试验中事件 A 发生的次数，$\dfrac{\mu_n}{n}$ 就是 n 次试验中事件 A 发生的频率，p 是事件 A 发生的概率，那么当 n 充分大时，$\dfrac{\mu_n}{n}$ 落在以 p 为中心的 ε 邻域内；伯努利大数定律为用频率来代替概率（$p\approx\dfrac{\mu_n}{n}$）提供了理论依据，也回答了第 1 章遗留下来的“频率的极限是概率”的问题.

以上大数定律是以切比雪夫不等式为基础的，所以要求随机变量的方差存在，通过进一步研究，发现方差存在这个条件并不是必要条件.

定理 5.1.3（辛钦大数定律）　设 $X_1,X_2,\cdots,X_n,\cdots$ 是独立同分布的随机变量序列，且数学期望存在，$E(X_i)=\mu\ (i=1,2,\cdots)$，则对 $\forall\varepsilon>0$，有

$$\lim_{n\to\infty}P\left(\left|\frac{1}{n}\sum_{i=1}^{n}X_i-\mu\right|<\varepsilon\right)=1$$

成立.

这个定理的证明超出了学习的范畴，所以证明略.

辛钦大数定律表明：对于独立同分布且具有均值 μ 的随机变量序列 $X_1,X_2,\cdots,X_n,\cdots$，

当n充分大时，它们的算术平均值$\frac{1}{n}\sum_{i=1}^{n}X_i$和期望$\mu=E(X_i)$靠得很近，这也是在处理实际问题时，常用算术平均值来代替期望值的理论根据.

大数定律以严格的数字形式表达了随机现象最根本的性质——平均结果的稳定性，它是随机现象统计规律性的具体表现.

例 5.1.3 设$X_1,X_2,\cdots,X_n,\cdots$为独立同分布随机变量序列，且均服从参数为$\lambda$的泊松分布. 设

$$\lim_{n\to\infty}P\left(\left|\frac{1}{n}\sum_{i=1}^{n}X_i-a\right|<\varepsilon\right)=1,\qquad \lim_{n\to\infty}P\left(\left|\frac{1}{n}\sum_{i=1}^{n}X_i^2-b\right|<\varepsilon\right)=1$$

例 5.1.3 重点难点视频讲解

试求常数a,b的值.

解 由定理 5.1.1 得

$$a=E(X_i)=\lambda$$
$$b=E(X_i^2)=D(X_i)+E^2(X_i)=\lambda+\lambda^2$$

例 5.1.4 已知随机变量$X_n(n=1,2,\cdots)$相互独立，且$P\{X_n=\pm\sqrt{n+1}\}=\frac{1}{n+1}$，$P\{X_n=0\}=1-\frac{2}{n+1}$，试证：$\forall\varepsilon>0$，有$\lim_{n\to\infty}P\left\{\left|\frac{1}{n}\sum_{i=1}^{n}X_i\right|<\varepsilon\right\}=1$.

证 X_n的分布律为

X_n	$-\sqrt{n+1}$	0	$\sqrt{n+1}$
p	$\frac{1}{n+1}$	$1-\frac{2}{n+1}$	$\frac{1}{n+1}$

显然$E(X_n)=0$，$D(X_n)=2\ (n=1,2,\cdots)$，则随机变量$X_n(n=1,2,\cdots)$满足定理 5.1.1 的条件，所以$\lim_{n\to\infty}P\left\{\left|\frac{1}{n}\sum_{i=1}^{n}X_i\right|<\varepsilon\right\}=1$，证毕.

5.2 中心极限定理

在实际问题中，许多随机现象是由大量相互独立的随机因素综合影响所形成的，其中每一个因素在总的影响中所起的作用是微小的，这类随机现象一般都服从或近似服从正态分布. 以一门大炮的射程为例，影响大炮射程的随机因素包括：大炮炮身结构的制造导致的误差，炮弹及炮弹内炸药在质量上的误差，瞄准时的误差，受风速、风向的干扰而造成的误差等. 其中每一种误差造成的影响在总的影响中所起的作用是微小的，并且可以看成是相互独立的，人们关心的是这众多误差因素对大炮射程所造成的总影响，因此需要讨论大量独立随机变量和的问题.

中心极限定理回答了大量独立随机变量和的近似分布问题，其结论表明：当一个量受许多随机因素（主导因素除外）的共同影响而随机取值时，则它的分布就近似服从正态分布.

5.2.1 随机变量序列的规范和

定义 5.2.1 设$X_1,X_2,\cdots,X_n\cdots$为相互独立的随机变量序列，且$E(X_i),D(X_i)\ (i=1,2,\cdots)$

均存在，对随机变量序列求前 n 项和 $\sum_{i=1}^{n} X_i$ ，又设

$$Y_n = \frac{\sum_{i=1}^{n} X_i - \sum_{i=1}^{n} E(X_i)}{\sqrt{\sum_{i=1}^{n} D(X_i)}} \tag{5-4}$$

通常称 Y_n 是随机变量序列 $X_1, X_2, \cdots, X_n \cdots$ 的**规范和**. 在概率论中，一切关于随机变量序列规范和的极限分布是标准正态分布的定理，统称为**中心极限定理**，即

$$\lim_{n\to\infty} P(Y_n < x) = \frac{1}{\sqrt{2\pi}} \int_{-\infty}^{x} \mathrm{e}^{-\frac{t^2}{2}} \mathrm{d}t = \varPhi(x)$$

其中，$\varPhi(x)$ 是标准正态的分布函数（下同）.

所以中心极限定理实质为

$$Y_n = \frac{\sum_{i=1}^{n} X_i - E\left(\sum_{i=1}^{n} X_i\right)}{\sqrt{D\left(\sum_{i=1}^{n} X_i\right)}}$$

规范和的极限形式服从标准正态 $N(0,1)$ 分布，下面来讨论两个常用的中心极限定理.

5.2.2　常用的中心极限定理

定理 5.2.1（独立同分布中心极限定理）　设 $X_1, X_2, \cdots, X_n, \cdots$ 是独立同分布的随机变量序列，且具有数学期望和方差：$E(X_i) = \mu$ ，$D(X_i) = \sigma^2 (\sigma > 0)\ (i = 1, 2, \cdots)$ ，记

$$Y_n = \frac{\sum_{i=1}^{n} X_i - \sum_{i=1}^{n} E(X_i)}{\sqrt{\sum_{i=1}^{n} D(X_i)}} = \frac{\sum_{i=1}^{n} X_i - n\mu}{\sqrt{n}\sigma}$$

则 Y_n 的分布函数 $F_n(x)$ 对于任意实数 x 满足

$$\lim_{n\to\infty} F_n(x) = \lim_{n\to\infty} P\left(\frac{\sum_{i=1}^{n} X_i - n\mu}{\sigma\sqrt{n}} \leqslant x\right) = \frac{1}{\sqrt{2\pi}} \int_{-\infty}^{x} \mathrm{e}^{-\frac{t^2}{2}} \mathrm{d}t = \varPhi(x) \tag{5-5}$$

该定理的证明超出本书的范畴，略去.

定理 5.2.1 表明：当 n 充分大时，$\dfrac{\sum_{i=1}^{n} X_i - n\mu}{\sigma\sqrt{n}}$ 近似服从 $N(0,1)$ ，而 $\sum_{i=1}^{n} X_i$ 近似服从正态分布 $N(n\mu, n\sigma^2)$. 这意味着大量相互独立同分布且存在期望和方差的随机变量之和近似服从正态分布.

该结论在数理统计的大样本理论中被广泛应用，同时也提供了计算独立同分布随机变量之和的近似概率的简便方法.

例 5.2.1　设 $X_i (i = 1, 2, \cdots, 50)$ 是相互独立的随机变量，且它们都服从参数为 $\lambda = 0.03$ 的泊松分布，记

$$Z = X_1 + X_2 + \cdots + X_{50}$$

试利用中心极限定理计算 $P(Z>3)$ 的近似值.

解　由于 $X_i(i=1,2,\cdots,50)$ 服从参数为 $\lambda=0.03$ 的泊松分布，所以

$$E(X_i)=0.03,\quad D(X_i)=0.03,\quad E(z)=50\times0.03=1.5,\quad D(z)=50\times0.03=1.5$$

由定理 5.2.1 知 $Z = X_1 + X_2 + \cdots + X_{50}$ 近似服从正态分布，即

$$Z\sim N(1.5,1.5)$$

于是

$$P(Z>3)=1-P(Z\leqslant 3)\approx 1-\Phi\left(\frac{3-1.5}{\sqrt{1.5}}\right)=1-\Phi(1.2)=0.115\,1$$

例 5.2.2　一盒同型号螺丝钉共有 100 个，已知该型号的螺丝钉的质量是一个随机变量，期望值是 100 g，标准差是 10 g，求一盒螺丝钉的质量超过 10.2 kg 的概率.

例 5.2.2　重点难点视频讲解

解　设 X_i 为第 i 个螺丝钉的质量，$i=1,2,3,\cdots,100$，且它们之间独立同分布，于是一盒螺丝钉的质量为 $X=\sum_{i=1}^{100}X_i$，而且

$$\mu=E(X_i)=100,\quad \sigma=\sqrt{D(X_i)}=10,\quad n=100$$

由定理 5.2.1 有

$$P\{X>10\,200\}=P\left\{\frac{\sum_{i=1}^{n}X_i-n\mu}{\sigma\sqrt{n}}>\frac{10\,200-n\mu}{\sigma\sqrt{n}}\right\}$$

$$=P\left\{\frac{X-10\,000}{100}>\frac{10\,200-10\,000}{100}\right\}=P\left\{\frac{X-10\,000}{100}>2\right\}$$

$$=1-P\left\{\frac{X-10\,000}{100}\leqslant 2\right\}\approx 1-\Phi(2)=1-0.977\,25=0.022\,75$$

即一盒螺丝钉的质量超过 10.2 kg 的概率为 0.022 75.

定理 5.2.2（德莫佛-拉普拉斯中心极限定理）　在 n 重伯努利试验中，设事件 A 在每次试验中出现的概率为 $p\ (0<p<1)$，μ_n 为 n 次试验中事件 A 发生的次数，则

$$\lim_{n\to\infty}P\left(\frac{\mu_n-np}{\sqrt{np(1-p)}}<x\right)=\frac{1}{\sqrt{2\pi}}\int_{-\infty}^{x}\mathrm{e}^{-\frac{t^2}{2}}\mathrm{d}t=\Phi(x) \tag{5-6}$$

证　由题设 $\mu_n\sim b(n,p)$，又设

$$X_i=\begin{cases}1, & \text{在第}i\text{次试验中事件}A\text{出现}\\ 0, & \text{在第}i\text{次试验中事件}A\text{不出现}\end{cases}\quad (i=1,2,\cdots)$$

则 $X_1,X_2,\cdots,X_n,\cdots$ 是 n 个相互独立的随机变量，且

$$E(X_i)=p,\quad D(X_i)=p(1-p)\quad (i=1,2,\cdots,n)$$

而

$$\mu_n=\sum_{i=1}^{n}X_i$$

$E(\mu_n)=np$，$D(\mu_n)=np(1-p)$，那么由定理 5.2.1 即得

$$\lim_{n\to\infty}P\left(\frac{\mu_n-np}{\sqrt{np(1-p)}}<x\right)=\frac{1}{\sqrt{2\pi}}\int_{-\infty}^{x}\mathrm{e}^{-\frac{t^2}{2}}\mathrm{d}t=\Phi(x)$$

定理 5.2.2 说明 $\frac{\mu_n-np}{\sqrt{np(1-p)}}$ 近似服从 $N(0,1)$，从而 μ_n 近似服从 $N(np,np(1-p))$，又因为 μ_n 服从二项分布 $b(n,p)$，所以定理 5.2.2 也称为二项分布的正态近似或二项分布收敛于正态分布.

在第 2 章，证明了泊松定理"二项分布收敛于泊松分布"；在第 5 章，又证明了德莫佛-拉普拉斯中心极限定理"二项收敛于正态分布"，这二者不是有矛盾吗？仔细比较这两个定理的条件和结论就可以知道其中并无矛盾之处，这里应该指出的是在德莫佛-拉普拉斯中心极限定理中 $np\to\infty$，而在泊松定理中则要求 $np\to\lambda(\lambda<\infty)$. 因此在实际问题中作近似计算时，若 n 很大，np 不大（即 p 很小）或 nq 不大（即 $q=1-p$ 很小），则应该用泊松定理；反之，若 n,np,nq 都较大，则应该用德莫佛-拉普拉斯中心极限定理.

德莫佛-拉普拉斯中心极限定理是概率论历史上的第一个中心极限定理，它有许多重要的应用：

设 μ_n 是 n 重伯努利试验中事件 A 发生的次数，则 $\mu_n\sim b(n,p)$，对任意 $a<b$ 有

$$P(a\leqslant\mu_n<b)=\sum_{a\leqslant k<b}C_n^k p^k(1-p)^{n-k}$$

当 n 很大时，直接计算很困难，这时若 np 不大（即 p 较小接近于 0）或 $n(1-p)$ 不大（即 p 接近于 1）则用泊松定理来近似计算（np 大小适中）；当 p 不太接近于 0 或 1 时，可用正态分布来近似计算：

$$P\left(a\leqslant\mu_n<b\right)=P\left(\frac{a-np}{\sqrt{npq}}\leqslant\frac{\mu_n-np}{\sqrt{npq}}<\frac{b-np}{\sqrt{npq}}\right)\approx\Phi\left(\frac{b-np}{\sqrt{npq}}\right)-\Phi\left(\frac{a-np}{\sqrt{npq}}\right)$$

例 5.2.3 某保险公司老年人寿险有 10 000 个人参保，每人每年付 200 元保险费. 若老人在一年内死亡，则保险公司付给家属 10 000 元，按以往数据，老人在一年内死亡率为 0.017，试求保险公司一年内这项保险业务中亏本的概率.

例 5.2.3 重点难点视频讲解

解 设 X 为一年中投保老人的死亡数，则 $X\sim b(10\,000, 0.017)$，保险公司一年收的保费为 2 000 000，若死亡人数超过 200 人，则保险公司会亏本，于是保险公司亏本的概率为 $P(X>200)$.

由德莫佛-拉普拉斯中心极限定理得

$$P(X>200)=1-P\left(\frac{X-np}{\sqrt{npq}}\leqslant\frac{200-np}{\sqrt{npq}}\right)\approx1-\Phi(2.321)=0.01$$

可见保险公司亏本的概率是很小的.

例 5.2.4 某单位内部有 260 架电话分机，每个分机有 4%的时间要用外线通话. 可以认为各个电话分机用不同外线是相互独立的. 试求总机需备多少条外线才能有 95%的把握保证各个分机在使用外线时不必等候？

解 由题意任意一个分机或使用外线或不使用外线只有两种可能结果，且使用外线的概率 $p=0.04$，260 个分机中同时使用外线的分机数 $\mu_{260}\sim b(260,\ 0.04)$.

设总机确定的最少外线条数为 x，则有 $P(\mu_{260}\leqslant x)\geqslant0.95$.

由于 $n=260$ 较大，所以由德莫佛-拉普拉斯中心极限定理，有

$$P\left(\mu_{260} \leqslant x\right) \approx \Phi\left(\frac{x-260p}{\sqrt{260pq}}\right) \geqslant 0.95$$

查正态分布表（附表 1）可知 $\Phi(1.65)=0.95$，所以

$$\frac{x-260p}{\sqrt{260pq}} \geqslant 1.65$$

解得

$$x \geqslant 16$$

所以总机至少备有 16 条外线，才能有 95%的把握保证各个分机使用外线时不必等候.

例 5.2.5 重复掷一枚质地不均匀的硬币，设在每次试验中出现正面的概率 p 未知. 试问要掷多少次才能使出现正面的频率与 p 相差不超过 $\frac{1}{100}$ 的概率达 95%以上？

解 依题意欲求 n，使

$$P\left(\left|\frac{\mu_n}{n}-p\right| \leqslant \frac{1}{100}\right) \geqslant 0.95$$

$$\Rightarrow P\left(\left|\frac{\mu_n}{n}-p\right| \leqslant \frac{1}{100}\right)=2\Phi\left(0.01\sqrt{\frac{n}{pq}}\right)-1 \geqslant 0.95$$

$$\Rightarrow \Phi\left(0.01\sqrt{\frac{n}{pq}}\right) \geqslant 0.975 \Rightarrow 0.01\sqrt{\frac{n}{pq}} \geqslant 1.96 \Rightarrow n^2 \geqslant 196^2 pq$$

因为

$$pq \leqslant \frac{1}{4}$$

所以

$$n \geqslant 196^2 \times \frac{1}{4}=9\,604$$

故要掷硬币 9 604 次以上才能保证出现正面的频率与 p 相差不超过 $\frac{1}{100}$ 的概率达 95%以上.

例 5.2.6 设 $X_1, X_2, \cdots, X_n, \cdots$ 是相互独立的随机变量序列，且它们均服从参数为 $\frac{1}{2}$ 的指数分布，又设 $Z_n=\frac{1}{n}\sum_{i=1}^{n} X_i$，试求 Z_n 近似概率分布.

解 依题意 $E(X_i)=2$，$D(X_i)=4\ (i=1,2,\cdots)$.

由定理 5.2.1 知 $\sum_{i=1}^{n} X_i$ 近似服从正态分布 $N(2n,4n)$，而 Z_n 是 $X_1, X_2, \cdots, X_n, \cdots$ 的线性组合，所以 Z_n 也近似服从正态分布，且 $E(Z_n)=2$，$D(Z_n)=\frac{4}{n}$，故 Z_n 近似服从正态分布 $N\left(2, \frac{4}{n}\right)$.

习 题 5

1. 设 $X_1, X_2, \cdots, X_n, \cdots$ 是相互独立的随机变量序列，且它们均服从参数为 2 的指数分

布，则当 $n\to\infty$ 时，$\frac{1}{n}\sum_{i=1}^{n}X_i^2$ 依概率收敛于________.

2. 设 $X_1,X_2,\cdots,X_n,\cdots$ 是相互独立的随机变量序列，X_n 是服从参数为 n 的指数分布，则下列选项中不服从切比雪夫大数定律的序列是（　）.

A. $X_1,X_2,\cdots,X_n,\cdots$　　B. $X_1,2X_2,\cdots,nX_n,\cdots$

C. $X_1,\frac{X_2}{2},\cdots,\frac{X_n}{n},\cdots$　　D. $X_1+1,X_2+1,\cdots,X_n+1,\cdots$

3. 设随机变量 $X_1,X_2,\cdots,X_n,\cdots$ 是独立同分布的随机变量序列，其分布函数都为

$$F(x)=a+\frac{1}{\pi}\arctan\frac{x}{b}$$

则辛钦大数定律对此序列（　）.

A. 适用　　B. 不适应　　C. 无法判断　　D. 当常数 a,b 取适当数值时适用

4. 将一枚骰子独立重复掷 n 次，n 次掷出的点数的算术平均值记为 $\overline{X_n}$，对 $\forall\varepsilon>0$，$\lim_{n\to\infty}P\left(\left|\overline{X_n}-a\right|<\varepsilon\right)=1$，则 $a=$________

5. 设有独立随机变量序列 $X_1,X_2,\cdots,X_n,\cdots$ 具有如下分布律

X_n	$-na$	0	na
p	$\frac{1}{2n^2}$	$1-\frac{1}{n^2}$	$\frac{1}{2n^2}$

问是否满足切比雪夫大数定律？

6. 设 $X_1,X_2,\cdots,X_n,\cdots$ 是相互独立的随机变量序列，且 X_i 均服从参数为 λ 的泊松分布，则 $\lim_{n\to\infty}P\left\{\frac{\sum_{i=1}^{n}X_i-n\lambda}{\sqrt{n\lambda}}\leqslant x\right\}=$________.

7. 设 X_n 表示 n 次独立重复试验中事件 A 发生的次数，p 是事件 A 在每次试验中发生的概率，则 $P(a\leqslant X_n<b)\approx$________.

8. 设 $X_i(i=1,2,\cdots,100)$ 是相互独立的随机变量，且均满足 $E(X_i)=2,D(X_i)=1.69$，记 $Z=X_1+X_2+\cdots+X_{100}$，试计算 $P(180\leqslant Z<220)$.

9. 在次品率为 $\frac{1}{6}$ 的一大批产品中，任意抽取 300 件产品，试利用中心极限定理计算抽取的产品中次品件数在 40～60 之间的概率.

10. 计算机在进行数值计算时，遵循四舍五入的原则，为简单计，现对小数点后第一位进行舍入运算，则误差 X 可以认为服从均匀分布 $U(-0.5,0.5)$，若在一项计算中进行了 100 次数值计算，求平均误差落在区间 $\left[-\frac{\sqrt{3}}{20},\frac{\sqrt{3}}{20}\right]$ 上的概率.

11. 一食品店有三种蛋糕出售，由于售出哪种蛋糕是随机的，所以售出一只蛋糕的价格是一个随机变量，它取 1 元、1.2 元、1.5 元，各个值的概率分别为 0.3、0.2、0.5，若售出 300 只蛋糕，试求：

（1）收入至少为 400 元的概率；

（2）出售价格为 1.2 元的蛋糕多于 60 只的概率.

第 6 章　数理统计的基本概念

在前 5 章里讨论了概率论的基本概念与方法，从中可知：随机变量及其概率分布全面描述了随机现象的统计规律性，所以要研究一个随机现象首先要知道它的概率分布；在概率论的许多问题中，概率分布通常都是已知的，或是假设已知的，而一切的计算与推理都是在这个基础上得出来的；但是在实际中，情况往往并非如此，一个随机现象服从什么分布可能完全不知道，或虽然知道分布概型，但不知其分布函数中的参数；例如，一段时间内公路上所行驶汽车的速度服从什么分布是不知道的；再例如，一段时间内去地铁站乘坐地铁的人数是服从泊松分布的，但分布中的参数 λ 却是不知道的. 如果要对这些问题进行研究，就必须知道它们的分布或分布所含的参数，那么怎样才能知道一个随机现象的分布或其参数呢？这就是数理统计所要解决的问题.

数理统计要解决的主要问题称为统计推断，依据观测或试验所取得有限的信息对整体的分布进行推断，每个推断必须伴随一定的概率以表明推断的可靠程度. 这种伴随有一定概率的推断就称为**统计推断**. 统计推断含有两个基本内容：参数估计和假设检验. 这两个内容分别在第 7 章和第 8 章学习.

本章主要介绍数理统计的一些基本概念，并给出几个常用的统计量及抽样分布，为学习统计推断的主要内容做准备.

6.1　总体与样本

6.1.1　总体与个体

在数理统计中，把研究对象的全体称为总体，而把构成总体的每一个成员称为个体. 例如，若研究某大学学生的身体素质状况，则该大学的全体学生构成问题的总体，而每个学生就是一个个体.

在实际中，所研究的往往是总体中个体的某项和多项指标，例如学生的身高指标 X，它是一个随机变量，假设 X 的分布函数为 $F(x)$，那么全体学生身高指标 X 的全体取值就是研究的总体，并且称这一总体具有分布函数 $F(x)$. 这样就把总体和随机变量联系起来了，这种联系可以推广到 k 维（$k\geqslant 2$），例如要研究学生身体素质的两个指标：身高 X 和体重 Y，那么 (X,Y) 构成一个二维随机变量，它的全体取值可看成是总体，简称二维总体，二维总体有一个联合分布函数 $F(x,y)$.

总体由其所包含个体的数量分为有限总体与无限总体，例如批量为 1 000 的一批零件的长度形成一个有限总体，而在一道工序下，在相同条件下源源不断地生产这种零件，长度指标的全体可以看出是无限总体. 有时也把含个体数很大的总体视为无限总体.

6.1.2　随机样本

总体是一个带有确定概率分布的随机变量，了解总体X的分布规律或数字特征，最好的方法是将个体逐一进行试验，但这显然是不现实的，一方面若总体是无限总体，根本无法做到逐一试验；另一方面若试验具有破坏性，如产品寿命试验，也不能够进行逐一试验. 所以实际问题中一般都用抽样观测统计，即从总体X中抽取部分个体进行观测试验，再根据抽样观察所得到的结果来推断总体的性质. 这种从总体X中抽取若干个体来观察某种数量指标的取值过程，称为抽样（又称取样或采样），这种做法称为抽样法，抽样法的基本思想是从要研究的对象的全体中抽取一小部分进行观察和研究，从而对整体进行推断.

定义 6.1.1　从总体X中随机地抽取n个个体$X_1,X_2,\cdots,X_n$组成一个整体，称为总体X的**样本**，组成样本的个体称为样本的分量，一个样本中所含分量的个数称为**样本容量**，一般用n表示.

当n次观察一经完成，就得到一组实数$x_1,x_2,\cdots,x_n$，它们依次是$X_1,X_2,\cdots,X_n$的观察值，称为**样本值**.

抽取样本的目的是对总体X的分布进行各种分析推断. 对总体X的抽样方法将直接影响到由样本推断总体的效果，从而要求选取的样本具有与总体相同的分布，只有这样的样本才能代表总体. 为此，往往采用在完全相同的条件下，对总体X进行n次独立重复试验或观测的方法来取样，这种取样方法称为简单随机抽样，所取得的样本称为**简单随机样本**. 例如：从某厂生产的一批产品中，采取有放回抽样的方式，每次取一件，共抽取了n次，就可得到一个简单随机样本. 这里所说的随机抽取，是指该厂所生产的每件产品都有同等的中选机会，而不存在任何优先中选或滞后中选的特殊条件，这样就可以保证被选样本具有与总体相似的结构.

对于简单随机样本$X_1,X_2,\cdots,X_n$，这里需强调两点.

（1）由于要求n次试验或观测是在完全相同的条件下进行的，每个个体被抽到的机会相等，所以可认为每个分量$X_i\ (i=1,2,\cdots,n)$与总体X具有相同的分布. 因此，这种样本具有很好的代表性.

（2）由于要求n次试验或观测是独立进行的，所以$X_1,X_2,\cdots,X_n$之间是相互独立的，这在实际应用中，也会给我们带来极大的方便.

今后如无特殊声明，所提到的样本都是简单随机样本，即样本的每个分量之间相互独立，且都与总体有相同的分布.

设总体X的分布函数为$F(x)$，而$X_1,X_2,\cdots,X_n$是来自总体X的一个样本，那么$(X_1,X_2,\cdots,X_n)$就是一个n维随机变量，对于$\forall x_i\in R(i=1,2,\cdots,n)$，由第3章可知$(X_1,X_2,\cdots,X_n)$的联合分布函数为

$$F(x_1,x_2,\cdots,x_n)=P\{X_1\leqslant x_1,X_2\leqslant x_2,\cdots,X_n\leqslant x_x\}$$

由于$X_1,X_2,\cdots,X_n$相互独立，所以

$$\begin{aligned}F(x_1,x_2,\cdots,x_n)&=P\{X_1\leqslant x_1,X_2\leqslant x_2,\cdots,X_n\leqslant x_x\}\\&=\prod_{i=1}^{n}P\{X_i\leqslant x_i\}=\prod_{i=1}^{n}F(x_i)\end{aligned}\tag{6-1}$$

如果总体 X 是离散型随机变量，那么（6-1）式等价于

$$P(X_1 = x_1, X_2 = x_2, \cdots, X_n = x_n) = \prod_{i=1}^{n} P(X_i = x_i) \tag{6-2}$$

称（6-2）式为样本 $(X_1, X_2, \cdots, X_n)$ 的分布律.

如果总体 X 是连续型随机变量，设其概率密度函数为 $f(x)$，那么（6-1）式等价于

$$f(x_1, x_2, \cdots, x_n) = \prod_{i=1}^{n} f(x_i) \tag{6-3}$$

称（6-3）式为样本 $(X_1, X_2, \cdots, X_n)$ 的概率密度函数.

例 6.1.1　设某厂生产的一种电器的使用寿命服从参数为 λ 的指数分布，而 λ 为未知. 为此抽查了 n 件电器，测量其使用寿命分别为 $x_1, x_2, \cdots, x_n$，试确定样本 $X_1, X_2, \cdots, X_n$ 的概率密度函数.

例 6.1.1　重点难点视频讲解

解　总体 X 是这种电器的使用寿命，其概率密度函数为

$$f(x) = \begin{cases} \lambda e^{-\lambda x}, & x > 0 \\ 0, & x \leqslant 0 \end{cases} \quad (\lambda > 0 \text{ 未知})$$

样本 $X_1, X_2, \cdots, X_n$ 是抽取的 n 件电器的使用寿命，是一个 n 维随机变量，且 $X_1, X_2, \cdots, X_n$ 相互独立且同分布，由（6-3）式，故样本的概率密度为

$$f(x_1, x_2, \cdots, x_n) = \prod_{i=1}^{n} f(x_i)$$

而

$$f(x_i) = \begin{cases} \lambda e^{-\lambda x_i}, & x_i > 0 \\ 0, & x_i \leqslant 0 \end{cases} \quad (i = 1, 2, \cdots, n)$$

所以

$$f(x_1, x_2, \cdots, x_n) = \prod_{i=1}^{n} f(x_i) = \begin{cases} \lambda^n e^{-\lambda \sum\limits_{i=1}^{n} x_i}, & x_i > 0 \quad (i = 1, 2, \cdots, n) \\ 0, & \text{其他} \end{cases}$$

例 6.1.2　设有 N 件产品，其中有 M 件次品，$N - M$ 件正品，作有放回抽样，定义 X_i 如下：

$$X_i = \begin{cases} 1, & \text{第}i\text{次取到次品} \\ 0, & \text{第}i\text{次取到正品} \end{cases}$$

求样本 $X_1, X_2, \cdots, X_n$ 的分布律.

解　因为 $X_i (i = 1, 2, \cdots, n)$ 的分布律为

X_i	0	1
p_i	$\dfrac{N-M}{N}$	$\dfrac{M}{N}$

那么，$X_1, X_2, \cdots, X_n$ 是服从 $(0-1)$ 分布的总体 X 的一个容量为 n 的样本，且 $X_1, X_2, \cdots, X_n$ 是相互独立的，由（6-2）式样本的分布律为

$$P\{X_1 = x_1, \cdots, X_n = x_n\} = \prod_{i=1}^{n} P(X = x_i) = \left(\frac{M}{N}\right)^{\sum\limits_{i=1}^{n} x_i} \left(1 - \frac{M}{N}\right)^{n - \sum\limits_{i=1}^{n} x_i}$$

其中 x_i 不是取 0 就是取 1.

6.2 统 计 量

6.2.1 统计量的定义

样本是来自总体的，且反映了总体的特征，但是样本所含信息不能直接用于所要研究的问题，而需要将样本所含的信息进行数学上的加工，使其浓缩起来，针对不同的问题构造样本的适当函数，利用这些样本的函数来进行统计推断.

定义 6.2.1 设 $X_1,X_2,\cdots,X_n$ 是来自总体 X 的一个样本，$g(X_1,X_2,\cdots,X_n)$ 是 $X_1,X_2,\cdots,X_n$ 的函数，且 g 中不含有任何未知参数，则称 $g(X_1,X_2,\cdots,X_n)$ 是一个统计量，若 $x_1,x_2,\cdots,x_n$ 是相应于样本 $X_1,X_2,\cdots,X_n$ 的样本值，则称 $g(x_1,x_2,\cdots,x_n)$ 是统计量 $g(X_1,X_2,\cdots,X_n)$ 的观测值.

所谓统计量，简单地说，就是由样本构成的函数，它完全由样本决定，用于对总体的分布规律进行统计推断的量，应当注意的是“完全”这两个字表示的含义为这个量不依赖任何未知参数，而仅仅依赖于样本. 例如，设 $X_1,X_2,\cdots,X_n$ 是来自正态总体 $N(\mu,\sigma^2)$ 的样本，其中 μ,σ^2 是未知参数，则 $\frac{1}{n}\sum_{i=1}^{n}(X_i-\mu)^2$ 及 $\frac{1}{\sigma^2}\sum_{i=1}^{n}X_i^2$ 都不是统计量，因为它们分别含有未知参数 μ,σ^2，不能完全由样本所决定，而 $\overline{X}=\frac{1}{n}\sum_{i=1}^{n}X_i$ 及 $\frac{1}{n}\sum_{i=1}^{n}X_i^2$ 都是统计量，它们仅与样本有关，但当 μ 已知时，$\frac{1}{n}\sum_{i=1}^{n}(X_i-\mu)^2$ 就是统计量.

从统计量的定义可以看出：由于样本 $X_1,X_2,\cdots,X_n$ 是随机变量，所以作为样本的函数的统计量 $g(X_1,X_2,\cdots,X_n)$ 也是随机变量.

6.2.2 常用的统计量

设 $X_1,X_2,\cdots,X_n$ 是来自总体 X 的一个样本，$x_1,x_2,\cdots,x_n$ 是这一样本的观测值，类似总体的各种数字特征，下面来定义样本的常用特征量.

（1）样本均值

$$\overline{X}=\frac{1}{n}\sum_{i=1}^{n}X_i \tag{6-4}$$

（2）样本方差

$$S^2=\frac{1}{n-1}\sum_{i=1}^{n}(X_i-\overline{X})^2=\frac{1}{n-1}\left(\sum_{i=1}^{n}X_i^2-n\overline{X}^2\right) \tag{6-5}$$

（3）样本标准差

$$S=\sqrt{S^2}=\sqrt{\frac{1}{n-1}\sum_{i=1}^{n}(X_i-\overline{X})^2} \tag{6-6}$$

（4）样本 k 阶原点矩

$$A_k=\frac{1}{n}\sum_{i=1}^{n}X_i^k \quad (k=1,2,\cdots) \tag{6-7}$$

（5）样本 k 阶中心矩

$$B_k = \frac{1}{n}\sum_{i=1}^{n}(X_i - \overline{X})^k \quad (k=1,2,\cdots) \tag{6-8}$$

它们的观测值分别为

$$\overline{x} = \frac{1}{n}\sum_{i=1}^{n} x_i$$

$$s^2 = \frac{1}{n-1}\sum_{i=1}^{n}(x_i - \overline{x})^2 = \frac{1}{n-1}\left[\sum_{i=1}^{n} x_i^2 - n\overline{x}^2\right]$$

$$s = \sqrt{\frac{1}{n-1}\sum_{i=1}^{n}(x_i - \overline{x})^2}$$

$$a_k = \frac{1}{n}\sum_{i=1}^{n} x_i^k \quad (k=1,2,\cdots)$$

$$b_k = \frac{1}{n}\sum_{i=1}^{n}(x_i - \overline{x})^k \quad (k=1,2,\cdots)$$

这些观测值仍分别称为样本均值、样本方差、样本标准差、样本 k 阶原点矩、样本 k 阶中心矩.

根据大数定律可以证明一个重要结论：若总体的各种 k 阶矩存在，样本的各种 k 阶矩依概率收敛于总体的各种 k 阶矩. 即对 $\forall \varepsilon > 0$，有

$$\lim_{n\to\infty} P\left(\left|\frac{1}{n}\sum_{i=1}^{n} X_i^k - E(X^k)\right| < \varepsilon\right) = 1 \quad (k=1,2,\cdots) \tag{6-9}$$

$$\lim_{n\to\infty} P\left(\left|\frac{1}{n}\sum_{i=1}^{n}(X_i - \overline{X})^k - E(X - E(X))^k\right| < \varepsilon\right) = 1 \quad (k=1,2,\cdots) \tag{6-10}$$

进一步有

$$g(A_1, A_2, \cdots, A_n) \xrightarrow{p} g(\mu_1, \mu_2, \cdots \mu_n) \quad (n \to \infty)$$

其中 g 为连续函数，$\mu_k = E(X^k)\ (k=1,2,\cdots)$，这是第 7 章所要介绍的参数矩估计法的理论依据.

例 6.2.1　在某工厂生产的轴承中随机地选取 10 只，测得其质量（以 kg 计）为

2.36	2.42	2.38	2.34	2.40
2.42	2.39	2.43	2.39	2.37

试求：样本均值、样本方差和样本标准差.

解　样本均值为

$$\overline{x} = \frac{2.36 + 2.42 + \cdots + 2.37}{10} = 2.39$$

样本方差和样本标准差分别为

$$s^2 = \frac{1}{10-1}\left[2.36^2 + 2.42^2 + \cdots + 2.37^2 - 10 \times 2.39^2\right] = 0.000\,822\,2$$

$$s = \sqrt{0.000\,822\,2} = 0.028\,67$$

例 6.2.2　设 $X_1, X_2, \cdots, X_n$ 是来自总体 X 的一个样本，已知 $E(X) = \mu$，$D(X) = \sigma^2$，又设 $\overline{X}$、S^2 分别是样本均值和样本方差. 试求：$E(\overline{X})$，$D(\overline{X})$，$E(S^2)$.

解　由于样本来自总体，每个分量都和总体有相同的分布，所以有

$$E(X_i)=\mu,\quad D(X_i)=\sigma^2\quad (i=1,2,\cdots,n)$$

因此

$$E(\bar{X})=E\left(\frac{1}{n}\sum_{i=1}^{n}X_i\right)=\frac{1}{n}\sum_{i=1}^{n}E(X_i)=\mu$$

$$D(\bar{X})=D\left(\frac{1}{n}\sum_{i=1}^{n}X_i\right)=\frac{1}{n^2}\sum_{i=1}^{n}D(X_i)=\frac{\sigma^2}{n}$$

又因为

$$S^2=\frac{1}{n-1}\sum_{i=1}^{n}(X_i-\bar{X})^2=\frac{1}{n-1}\left(\sum_{i=1}^{n}X_1^2-n\bar{X}^2\right)$$

而

$$E(X_i^2)=D(X_i)+E^2(X_i)=\sigma^2+\mu^2\quad (i=1,2,\cdots,n)$$

$$E(\bar{X}^2)=D(\bar{X})+E^2(\bar{X})=\frac{\sigma^2}{n}+\mu^2$$

代入得

$$E(S^2)=\frac{1}{n-1}\left[\sum_{i=1}^{n}E(X_i^2)-nE(\bar{X}^2)\right]=\frac{1}{n-1}(n\sigma^2+n\mu^2-n\mu^2-\sigma^2)=\sigma^2$$

6.3　抽样分布

6.3.1　统计中的三大抽样分布

统计量是样本的函数，它是一个随机变量，统计量的分布称为抽样分布. 在使用统计量进行统计推断时常需要知道它的分布，当总体的分布函数已知时，抽样分布是确定的，然而要求出统计量的精确分布，一般来说是困难的. 本节介绍正态总体的几个常用分布，即 χ^2 分布、t 分布、F 分布. 第7～9章将介绍这些分布在数理统计中有重要的应用.

1. χ^2 分布

（1）χ^2 分布的定义：设随机变量 X_1, X_2, $\cdots$, X_n 是来自正态总体 $N(0,1)$ 的样本，则称统计量

$$\chi^2=X_1{}^2+X_2{}^2+\cdots+X_n{}^2=\sum_{i=1}^{n}X_i^2 \tag{6-11}$$

服从自由度为 n 的 χ^2 分布，记为 $\chi^2\sim\chi^2(n)$.

此处，自由度是指（6-11）式右端所包含的相互独立的随机变量的个数.

（2）$\chi^2(n)$ 分布的概率密度函数为

$$f(x)=\begin{cases}\dfrac{1}{2^{\frac{n}{2}}\Gamma\left(\dfrac{n}{2}\right)}x^{\frac{n}{2}-1}e^{-\frac{x}{2}}, & x>0\\ 0, & x\leqslant 0\end{cases}$$

证明略.

χ^2分布的概率密度曲线与自由度n有关，如图 6-1 所示，显然n越大，曲线图形的对称性越好.

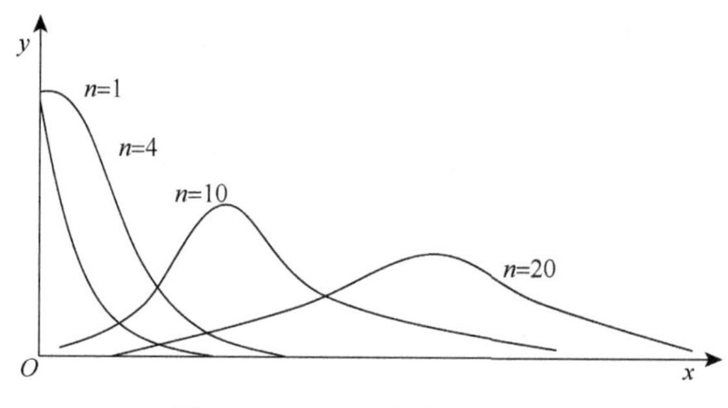

图 6-1　χ^2分布密度函数曲线

（3）χ^2分布具有如下性质.

性质 6.3.1　χ^2分布的可加性：设$X_1 \sim \chi^2(n_1)$，$X_2 \sim \chi^2(n_2)$，且X_1, X_2相互独立，则

$$X_1 + X_2 \sim \chi^2(n_1 + n_2)$$

这一结果可以推广：设$X_i \sim \chi^2(n_i)$ $(i = 1, 2, \cdots, n)$且相互独立，则

$$\sum_{i=1}^{n} X_i \sim \chi^2\left(\sum_{i=1}^{n} n_i\right)$$

性质 6.3.2　χ^2分布的数学期望和方差：若$\chi^2 \sim \chi^2(n)$，则有

$$E(\chi^2) = n, \quad D(\chi^2) = 2n$$

事实上，由于$X_i \sim N(0,1)$，所以

$$E(X_i^2) = D(X_i) + E^2(X_i) = 1 + 0 = 1 \quad (i = 1, 2, \cdots, n)$$

而

$$\chi^2 = X_1{}^2 + X_2{}^2 + \cdots + X_n{}^2 = \sum_{i=1}^{n} X_i^2$$

所以

$$E(\chi^2) = E\left(\sum_{i=1}^{n} X_i{}^2\right) = \sum_{i=1}^{n} E(X_i{}^2) = n$$

又

$$E(X_i^4) = \int_{-\infty}^{+\infty} x^4 \frac{1}{\sqrt{2\pi}} \mathrm{e}^{-\frac{x^2}{2}} \mathrm{d}x = -\frac{1}{\sqrt{2\pi}} \int_{-\infty}^{+\infty} x^3 \mathrm{d}\mathrm{e}^{-\frac{x^2}{2}}$$

$$= -\frac{1}{\sqrt{2\pi}} x^3 \mathrm{e}^{-\frac{x^2}{2}} \Bigg|_{-\infty}^{+\infty} + \frac{3}{\sqrt{2\pi}} \int_{-\infty}^{+\infty} x^2 \mathrm{e}^{-\frac{x^2}{2}} \mathrm{d}x = 3E(X_i^2) = 3$$

即有

$$D(X_i^2) = E(X_i^4) - [E(X_i^2)]^2 = 3 - 1 = 2 \qquad (i = 1, 2, \cdots, n)$$

故

$$D(\chi^2) = D\left(\sum_{i=1}^{n} X_i{}^2\right) = \sum_{i=1}^{n} D(X_i^2) = \sum_{i=1}^{n} 2 = 2n$$

（4）χ^2分布的上α分位点的概念：设$\chi^2 \sim \chi^2(n)$，对于给定的α（$0<\alpha<1$），称满足条件

$$P\left\{\chi^2>\chi_\alpha^2(n)\right\}=\int_{\chi_\alpha^2(n)}^{\infty}f(x)\mathrm{d}x=\alpha$$

的点 $\chi_\alpha^2(n)$ 为 $\chi^2(n)$ 分布的上 α 分位点，如图 6-2 所示.

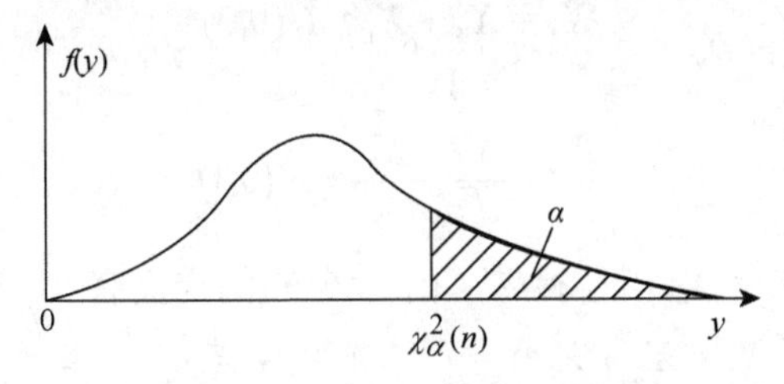

图 6-2　χ^2 分布的上 α 分位点

对于不同的 α,n，上 α 分位点 $\chi_\alpha^2(n)$ 的值见附表 4. 例如，对于 $\alpha=0.05$，$n=16$，查附表得 $\chi_{0.05}^2(16)=26.296$. 该表只详列到 $n=45$ 为止，当 $n>45$ 时，近似地有 $\chi_\alpha^2(n)\approx\frac{1}{2}(u_\alpha+\sqrt{2n-1})^2$，其中 u_α 是标准正态分布的上 α 分位点，例如：

$$\chi_{0.05}{}^2(50)\approx\frac{1}{2}(1.645+\sqrt{99})^2=67.221$$

例 6.3.1　设 $X\sim\chi^2(11)$，试求 λ_1,λ_2，使 $P\{X>\lambda_2\}=P\{X<\lambda_1\}=0.025$.

解　由于 $P\{X>\lambda_2\}=0.025$，查表得 $\lambda_2=\chi_{0.025}^2(11)=21.920$，又

$$P\{X>\lambda_1\}=1-P\{X<\lambda_1\}=1-0.025=0.975$$

查表得

$$\lambda_1=\chi_{0.975}^2(11)=3.816.$$

例 6.3.2　设 $X_1,X_2,\cdots,X_{10}$ 是取自总体 $N(0,0.3^2)$ 的样本，试求：$P\left\{\sum_{i=1}^{10}X_i^2>1.44\right\}$.

解　由于 $X_i\sim N(0,0.3^2)$（$i=1,2,\cdots,10$），所以有 $\frac{X_i}{0.3}\sim N(0,1)$.

由 χ^2 分布的定义

$$\left(\frac{X_1}{0.3}\right)^2+\left(\frac{X_2}{0.3}\right)^2+\cdots+\left(\frac{X_{10}}{0.3}\right)^2\sim\chi^2(10)$$

例 6.3.2　重点难点视频讲解

于是

$$P\left\{\sum_{i=1}^{10}X_i^2>1.44\right\}=P\left\{\sum_{i=1}^{10}\left(\frac{X_i}{0.3}\right)^2>\frac{1.44}{(0.3)^2}\right\}=P\{\chi^2(10)>16\}$$

查表得

$$P\left\{\sum_{i=1}^{10}X_i^2>1.44\right\}=P\left\{\sum_{i=1}^{10}\left(\frac{X_i}{0.3}\right)^2>\frac{1.44}{0.09}\right\}=P\{\chi^2(10)>16\}=0.1$$

例 6.3.3　设总体 $X\sim N(0,1)$，$X_1,X_2,\cdots,X_6$ 是来自总体 X 的样本. 又假设

$$Y=(X_1+X_2+X_3)^2+(X_4+X_5+X_6)^2$$

试确定 c，使得 cY 服从 χ^2 分布.

解　已知条件及正态分布的独立可加性，由

$$X_1+X_2+X_3\sim N(0,3)$$

得

$$\frac{X_1+X_2+X_3}{\sqrt{3}} \sim N(0,1)$$

由

$$X_4+X_5+X_6 \sim N(0,3)$$

得

$$\frac{X_4+X_5+X_6}{\sqrt{3}} \sim N(0,1)$$

且 $X_1+X_2+X_3$ 与 $X_4+X_5+X_6$ 相互独立，由 χ^2 分布的定义有

$$\left(\frac{X_1+X_2+X_3}{\sqrt{3}}\right)^2+\left(\frac{X_4+X_5+X_6}{\sqrt{3}}\right)^2 \sim \chi^2(2)$$

故当 $c=\frac{1}{3}$ 时，$cY \sim \chi^2(2)$.

2. *t* 分布

（1）t 分布的定义：设 $X \sim N(0,1)$，$Y \sim \chi^2(n)$，并且 X 与 Y 相互独立，则称随机变量

$$T=\frac{X}{\sqrt{Y/n}} \tag{6-12}$$

服从自由度为 n 的 t 分布，记作 $T \sim t(n)$，t 分布又称学生氏分布.

（2）$t(n)$ 分布的概率密度函数为

$$f(x)=\frac{\Gamma\left(\frac{n+1}{2}\right)}{\sqrt{\pi n}\,\Gamma\left(\frac{n}{2}\right)}\left(1+\frac{x^2}{n}\right)^{-\frac{n+1}{2}} \quad (-\infty<x<+\infty)$$

证明略. $f(x)$ 的图形如图 6-3 所示.

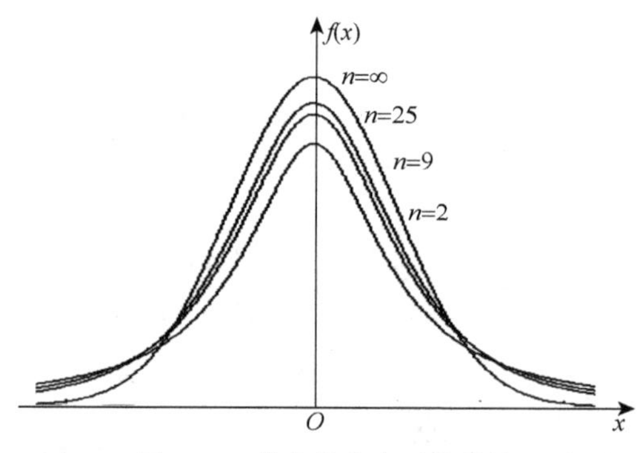

图 6-3　t 分布的密度函数曲线

从图中可以看出 $f(x)$ 的图形关于 $x=0$ 对称，当 n 充分大时，其图形类似于标准正态变量概率密度的图形.

（3）t 分布的期望和方差有下面的结论：

设 $T \sim t(n)$，则有 $E(T)=0$，$D(T)=\frac{n}{n-2}$ $(n>2)$.

期望等于零是显然的，因为 t 分布是关于 Y 轴的对称分布，方差的证明略.

（4）t 分布的上 α 分位点的概念：设 $T\sim t(n)$，对于给定的 α（$0<\alpha<1$），称满足条件

$$P\{T>t_\alpha(n)\}=\int_{t_\alpha(n)}^{\infty}f(x)\mathrm{d}x=\alpha$$

的点 $t_\alpha(n)$ 为 $t(n)$ 分布的上 α 分位点，如图 6-4 所示.

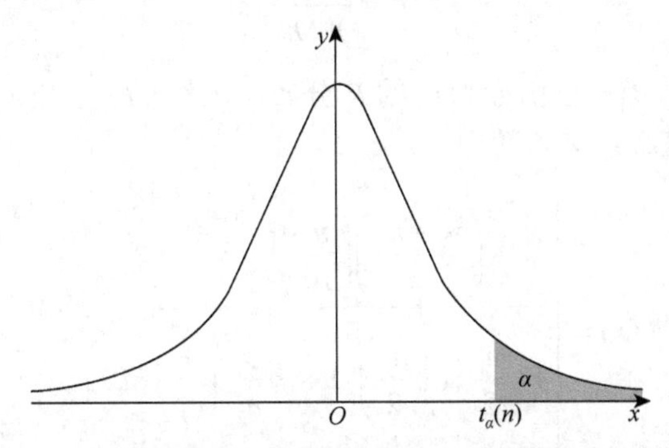

图 6-4　t 分布的上 α 分位点

由 t 分布的上 α 分位点 $t_\alpha(n)$ 的定义以及 $f(x)$ 图形的对称性可知

$$t_{1-\alpha}(n)=-t_\alpha(n)$$

t 分布的上 α 分位点 $t_\alpha(n)$ 的值可从附表 3 查得，当 $n>45$ 时，用正态分布近似 $t_\alpha(n)\approx u_\alpha$，其中 u_α 是标准正态分布的上 α 分位点. 例如，求 $t_\alpha(n)$ 的分位点可通过查表完成：

$$t_{0.05}(10)=1.8125,\quad t_{0.025}(15)=2.1315$$

$$t_{0.95}(10)=-t_{0.05}(10)=-1.8125,\quad t_{0.975}(15)=-t_{0.025}(15)=-2.1315$$

例 6.3.4　设 $T\sim t(15)$，试求 λ_1,λ_2，使 $P\{T>\lambda_2\}=P\{T\leqslant\lambda_1\}=0.95$.

解　因为 $P\{T>\lambda_1\}=1-P\{T\leqslant\lambda_1\}=1-0.95=0.05$，所以查表得

$$\lambda_1=t_{0.05}(15)=1.7531$$

又

$$P\{T>\lambda_2\}=0.95$$

所以

$$\lambda_2=t_{0.95}(15)=-t_{0.05}(15)=-1.7531$$

例 6.3.5　设总体 $X\sim N(0,1)$，$X_1,X_2,\cdots,X_6$ 是来自总体 X 的样本，

$$Y=\frac{X_1+X_2+X_3}{\sqrt{X_4^2+X_5^2+X_6^2}}$$

试确定常数 c，使 cY 服从 t 分布.

解　由已知条件及正态分布的独立可加性及 χ^2 分布的定义有

$$X_1+X_2+X_3\sim N(0,3),\qquad \frac{X_1+X_2+X_3}{\sqrt{3}}\sim N(0,1)$$

$$X_4^2+X_5^2+X_6^2\sim\chi^2(3)$$

由 t 分布的定义有

$$\frac{X_1+X_2+X_3}{\sqrt{3}}\Bigg/\sqrt{\frac{X_4^2+X_5^2+X_6^2}{3}}=\frac{X_1+X_2+X_3}{\sqrt{X_4^2+X_5^2+X_6^2}}\sim t(3)$$

所以，当 $c=1$ 时，$cY\sim t(3)$.

3. *F*分布

（1）F 分布的定义：设 $X \sim \chi^2(n_1)$，$Y \sim \chi^2(n_2)$，且 X，Y 相互独立，则称随机变量

$$F = \frac{X / n_1}{Y / n_2} \tag{6-13}$$

服从第一自由度为 n_1、第二自由度为 n_2 的 F 分布，记作 $F \sim F(n_1, n_2)$.

（2）$F(n_1, n_2)$ 的概率密度函数为

$$f(x) = \begin{cases} \dfrac{\Gamma\left(\dfrac{n_1+n_2}{2}\right)\left(\dfrac{n_1}{n_2}\right)^{\frac{n_1}{2}} x^{\frac{n_1}{2}-1}}{\Gamma\left(\dfrac{n_1}{2}\right)\Gamma\left(\dfrac{n_2}{2}\right)\left(1+n_1\dfrac{x}{n_2}\right)^{\frac{n_1+n_2}{2}}}, & x>0 \\ 0, & x \leqslant 0 \end{cases}$$

证略.

$f(x)$ 的图形如图 6-5 所示.

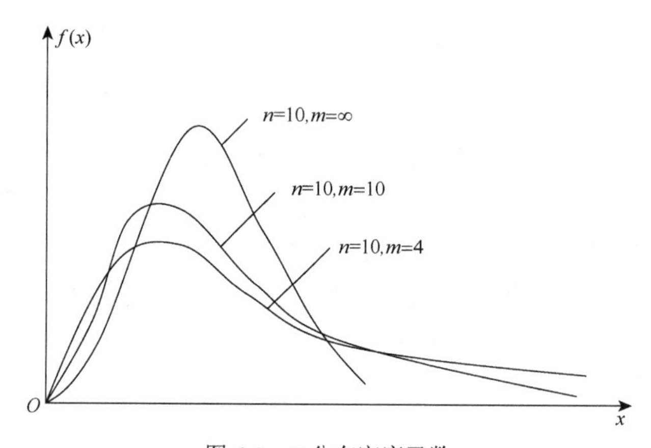

图 6-5　F 分布密度函数

从图形可以看出 F 分布与 n_1 和 n_2 有关，当 n_1 和 n_2 同时增大到一定程度时，分布曲线趋近于对称.

（3）F 分布有如下性质.

性质 6.3.3　设 $F \sim F(n_1, n_2)$，则有

$$E(F) = \frac{n_2}{n_2-2} \quad (n_2>2), \quad D(F) = \frac{2n_2^2(n_1+n_2-2)}{n_1(n_2-2)^2(n_2-4)} \quad (n_2>4)$$

证略.

性质 6.3.4　若 $F \sim F(n_1, n_2)$，则 $\dfrac{1}{F} = \dfrac{Y / n_2}{X / n_1} \sim F(n_2, n_1)$. 由 F 分布的定义显然可得.

（4）F 分布的上 α 分位点的概念：设 $F \sim F(n_1, n_2)$，对于给定的 α $(0<\alpha<1)$，称满足条件

$$P\{F>F_\alpha(n_1, n_2)\} = \int_{F_\alpha(n_1, n_2)}^{\infty} f(x)\mathrm{d}x = \alpha$$

的点 $F_\alpha(n_1,n_2)$ 为 $F(n_1,n_2)$ 分布的上 α 分位点，如图 6-6 所示.

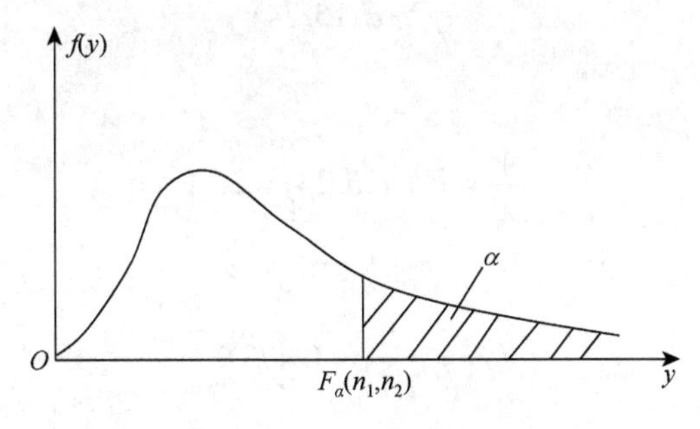

图 6-6　F 分布的上 α 分布点

F 分布的上 α 分位点 $F_\alpha(n_1,n_2)$ 的值可由附表 5 查得，例如：

$$F_{0.025}(8,7)=4.90,\quad F_{0.05}(15,30)=2.01$$

同时，F 分布的上 α 分位点有如下的性质

$$F_{1-\alpha}(n_1,n_2)=\frac{1}{F_\alpha(n_2,n_1)}\quad 或\quad F_\alpha(n_1,n_2)=\frac{1}{F_{1-\alpha}(n_2,n_1)}$$

这个性质常用来求 F 分布表中没有包括的数值. 例如：

$$F_{0.95}(18,15)=\frac{1}{F_{0.05}(15,18)}=\frac{1}{2.27}=0.440\,5$$

这是因为由分位点的定义

$$1-\alpha=P\{F>F_{1-\alpha}(n_1,n_2)\}=P\left\{\frac{1}{F}<\frac{1}{F_{1-\alpha}(n_1,n_2)}\right\}$$

$$=1-P\left\{\frac{1}{F}\geqslant\frac{1}{F_{1-\alpha}(n_1,n_2)}\right\}=1-P\left\{\frac{1}{F}\geqslant\frac{1}{F_{1-\alpha}(n_1,n_2)}\right\}$$

所以

$$P\left\{\frac{1}{F}>\frac{1}{F_{1-\alpha}(n_1,n_2)}\right\}=\alpha$$

例 6.3.6　设 $F\sim F(24,15)$，求 λ_1,λ_2，使 $P(F>\lambda_1)=0.95$，$P(F>\lambda_2)=0.05$.

解　由上分位点的定义

$$P(F>\lambda_2)=0.05$$

即得

$$\lambda_2=F_{0.05}(24,15)=2.29$$

又

$$P(F>\lambda_1)=P\left(\frac{1}{F}<\frac{1}{\lambda_1}\right)=1-P\left(\frac{1}{F}\geqslant\frac{1}{\lambda_1}\right)=0.95$$

有

$$P\left(\frac{1}{F}\geqslant\frac{1}{\lambda_1}\right)=0.05$$

而

$$\frac{1}{F}\sim F(15,24)$$

所以

$$\frac{1}{\lambda_1}=F_{0.05}(15,24)=2.11$$

故得

$$\lambda_1=\frac{1}{2.11}=0.473\,9$$

例 6.3.7　设总体 $X\sim N(0,2^2)$，而 $X_1,X_2,\cdots,X_{15}$ 是来自总体 X 的简单随机样本，求 $Y=\sum_{i=1}^{10}X_i^2\Big/2\sum_{j=11}^{15}X_j^2$ 的分布.

解　因为 $\sum_{i=1}^{10}\left(\frac{X_i}{2}\right)^2\sim\chi^2(10)$，$\sum_{j=11}^{15}\left(\frac{X_j}{2}\right)^2\sim\chi^2(5)$，且两者相互独立，利用 F 分布的定义有

$$Y=\frac{\sum_{i=1}^{10}\left(\frac{X_i}{2}\right)^2\Big/10}{\sum_{j=11}^{15}\left(\frac{X_j}{2}\right)^2\Big/5}=\sum_{i=1}^{10}X_i^2\Big/2\sum_{j=11}^{15}X_j^2\sim F(10,5)$$

6.3.2　正态总体的样本均值与样本方差的分布

下面介绍总体为正态分布时几个重要的抽样分布定理,它们在以后各章的学习中都有着重要的作用.

定理 6.3.1　设 $X_1,X_2,\cdots,X_n$ 是来自正态总体 $N(\mu,\sigma^2)$ 的样本，则有

$$\bar{X}\sim N\left(\mu,\frac{\sigma^2}{n}\right) \tag{6-14}$$

证　由于样本的分量都与总体有相同的分布，所以

$$X_i\sim N(\mu,\sigma^2)，\quad E(X_i)=\mu，\quad D(X_i)=\sigma^2\ （i=1,2,\cdots,n）$$

而

$$\bar{X}=\frac{1}{n}\sum_{i=1}^{n}X_i$$

由（3-30）式，n 个服从正态分布且相互独立的随机变量的线性组合仍然服从正态分布，所以 $\bar{X}$ 服从正态分布，且

$$E(\bar{X})=E\left(\frac{1}{n}\sum_{i=1}^{n}X_i\right)=\frac{1}{n}\sum_{i=1}^{n}E(X_i)=\mu$$

$$D(\bar{X})=D\left(\frac{1}{n}\sum_{i=1}^{n}X_i\right)=\frac{1}{n^2}D\left(\sum_{i=1}^{n}X_i\right)=\frac{\sigma^2}{n}$$

故有

$$\bar{X} \sim N\left(\mu, \frac{\sigma^2}{n}\right)$$

推论：设 $X_1, X_2, \cdots, X_n$ 是来自正态总体 $N(\mu, \sigma^2)$ 的样本，则有

$$\frac{\bar{X}-\mu}{\sigma / \sqrt{n}} \sim N(0,1)$$

例 6.3.8　在总体 $N(52, 6.3^2)$ 中随机抽取一容量为 36 的样本，试求 $P(50.8 < \bar{X} < 53.8)$.

解　由定理 6.3.1 得

$$\bar{X} \sim N\left(\mu, \frac{\sigma^2}{n}\right)$$

例 6.3.8　重点难点视频讲解

即

$$\bar{X} \sim N(52, 1.05^2)$$

所以

$$P(50.8 < \bar{X} < 53.8) = P\left(\frac{50.8-52}{1.05} < \frac{\bar{X}-52}{1.05} < \frac{53.8-52}{1.05}\right)$$
$$= \Phi(1.71) - \Phi(-1.14) = \Phi(1.71) + \Phi(1.14) - 1 = 0.8293$$

例 6.3.9　设总体 X 服从正态分布 $N(62, 100)$，为使样本均值大于 60 的概率不小于 0.95，则样本容量 n 至少应该取为多大？

解　设所需的样本容量为 n，由于

$$\frac{\bar{X}-\mu}{\sigma / \sqrt{n}} = \frac{\bar{X}-62}{100}\sqrt{n} \sim N(0,1)$$

又

$$P(\bar{X} > 60) = P\left\{\frac{\bar{X}-62}{10}\sqrt{n} > \frac{60-62}{10}\sqrt{n}\right\}$$
$$= 1 - \Phi(-0.2\sqrt{n}) = \Phi(0.2\sqrt{n})$$

由已知条件有

$$P\{\bar{X} > 60\} \geqslant 0.95$$

所以

$$\Phi(0.2\sqrt{n}) \geqslant 0.95 = \Phi(1.646)$$

即

$$0.2\sqrt{n} \geqslant 1.645$$

解得

$$n \geqslant 67.38$$

故取 $n = 68$ 即可满足条件.

例 6.3.10　已知总体 $X \sim N(80, 400)$，样本容量 $n = 100$，求样本均值与总体均值之差的绝对值大于 3 的概率.

解　因为总体 $X \sim N(80, 400)$，样本容量 $n = 100$，则

$$E(\bar{X}) = 80, \quad D(\bar{X}) = \frac{D(X)}{n} = \frac{400}{100} = 4$$

所以

$$\bar{X} \sim N(80, 4)$$

所求概率为

$$
\begin{aligned}
P\{|\bar{X}-80|>3\} &= P\left\{\left|\frac{\bar{X}-80}{\sqrt{4}}\right|>\frac{3}{\sqrt{4}}\right\}=P\left\{\left|\frac{\bar{X}-80}{2}\right|>\frac{3}{2}\right\} \\
&= P\left\{\frac{\bar{X}-80}{2}>\frac{3}{2}\right\}+P\left\{\frac{\bar{X}-80}{2}<-\frac{3}{2}\right\} \\
&= 1-\Phi\left(\frac{3}{2}\right)+\Phi\left(-\frac{3}{2}\right)=1-\Phi\left(\frac{3}{2}\right)+1-\Phi\left(\frac{3}{2}\right) \\
&= 2-2\Phi(1.5)=2(1-\Phi(1.5)) \\
&= 2(1-0.933\,2)=0.133\,6
\end{aligned}
$$

定理 6.3.2 设 $X_1,X_2,\cdots,X_n$ 是来自正态总体 $N(\mu,\sigma^2)$ 的样本，$\bar{X},S^2$ 分别是样本均值和样本方差，则有

（1）统计量 $\dfrac{(n-1)S^2}{\sigma^2}\sim\chi^2(n-1)$；

（2）$\bar{X}$ 与 S^2 相互独立.

这个定理的证明略.

推论：（1）$\dfrac{(n-1)S^2}{\sigma^2}=\dfrac{\sum\limits_{i=1}^{n}(X_i-\bar{X})^2}{\sigma^2}\sim\chi^2(n-1)$；（2）$\dfrac{(n-1)S^2}{\sigma^2}=\sum\limits_{i=1}^{n}\left(\dfrac{X_i-\bar{X}}{\sigma}\right)^2\sim\chi^2(n-1)$.

例 6.3.11 设 $(X_1,X_2,\cdots,X_{16})$ 是来自正态总体 $N(\mu,\sigma^2)$ 的容量为 16 的样本，试求：

（1）$P\left(\dfrac{\sigma^2}{2}<\dfrac{1}{16}\sum\limits_{i=1}^{16}(X_i-\mu)^2<2\sigma^2\right)$；（2）$P\left(\dfrac{\sigma^2}{2}<\dfrac{1}{16}\sum\limits_{i=1}^{16}(X_i-\bar{X})^2<2\sigma^2\right)$.

解 （1）因为 $X_i\sim N(\mu,\sigma^2)$，所以 $\sum\limits_{i=1}^{16}\left(\dfrac{X_i-\mu}{\sigma}\right)^2\sim\chi^2(16)$，于是

$$
\begin{aligned}
&P\left(\frac{\sigma^2}{2}<\frac{1}{16}\sum_{i=1}^{16}(X_i-\mu)^2<2\sigma^2\right) \\
&= P(8<\chi^2(16)<32) \\
&= P(\chi^2(16)<32)-P(\chi^2(16)<8)=0.99-0.05=0.94
\end{aligned}
$$

（2）由定理 6.3.2，有

$$
\sum_{i=1}^{16}\left(\frac{X_i-\bar{X}}{\sigma}\right)^2\sim\chi^2(15)
$$

所以

$$
P\left(\frac{\sigma^2}{2}<\frac{1}{16}\sum_{i=1}^{16}(X_i-\bar{X})^2<2\sigma^2\right)=P(8<\chi^2(15)<32)\approx 0.98
$$

例 6.3.12 设在总体 $N(\mu,\sigma^2)$ 中抽取一容量为 16 的样本，这里 μ,σ^2 均为未知，S^2 是样本方差，求：（1）$P\left(\dfrac{S^2}{\sigma^2}\leqslant 2.041\right)$；（2）$D(S^2)$.

解 （1）因为 $\dfrac{(n-1)S^2}{\sigma^2}\sim\chi^2(n-1)$，所以

$$
P\left(\frac{S^2}{\sigma^2}\leqslant 2.041\right)=P\left(\frac{15S^2}{\sigma^2}\leqslant 15\times 2.041\right)=P(\chi^2(15)\leqslant 30.615)=0.99
$$

（2）因 $\dfrac{(n-1)S^2}{\sigma^2}\sim\chi^2(n-1)$，由 χ^2 分布的性质，有

$$D\left(\frac{(n-1)S^2}{\sigma^2}\right)=2(n-1)$$

而

$$\frac{(n-1)^2}{\sigma^4}D(S^2)=2(n-1)$$

$$D(S^2)=\frac{2\sigma^4}{n-1}$$

故

$$D(S^2)=\frac{2\sigma^4}{n-1}=\frac{2\sigma^4}{15}$$

定理 6.3.3　设 $X_1,X_2,\cdots,X_n$ 是来自正态总体 $N(\mu,\sigma^2)$ 的样本，$\bar{X},S^2$ 分别是样本均值和样本方差，则有

$$\frac{\bar{X}-\mu}{S/\sqrt{n}}\sim t(n-1) \tag{6-15}$$

证　由定理 6.3.1 的推论可知，统计量

$$\frac{\bar{X}-\mu}{\sigma/\sqrt{n}}\sim N(0,1)$$

又由定理 6.3.2 可知，统计量

$$\frac{(n-1)S^2}{\sigma^2}\sim\chi^2(n-1)$$

因为 $\bar{X}$ 与 S^2 相互独立，所以 $\dfrac{\bar{X}-\mu}{\sigma/\sqrt{n}}$ 与 $\dfrac{(n-1)S^2}{\sigma^2}$ 也是相互独立的，于是由 t 分布的定义，有

$$\frac{\bar{X}-\mu}{\sigma/\sqrt{n}}\bigg/\sqrt{\frac{(n-1)S^2}{\sigma^2(n-1)}}=\frac{\bar{X}-\mu}{S/\sqrt{n}}\sim t(n-1)$$

定理 6.3.4　设 $X_1,X_2,\cdots,X_n$ 与 $Y_1,Y_2,\cdots,Y_m$ 分别是来自正态总体 $N(\mu_1,\sigma^2)$，$N(\mu_2,\sigma^2)$ 中的样本，且这两个样本相互独立，记

$$\bar{X}=\frac{1}{n}\sum_{i=1}^{n}X_i\,,\qquad \bar{Y}=\frac{1}{m}\sum_{i=1}^{m}Y_i$$

$$S_1{}^2=\frac{1}{n-1}\sum_{i=1}^{n}(X_i-\bar{X})^2\,,\qquad S_2{}^2=\frac{1}{m-1}\sum_{i=1}^{m}(Y_i-\bar{Y})^2$$

即 $\bar{X}$，$\bar{Y}$ 及 $S_1{}^2$，$S_2{}^2$ 分别为两个样本的样本均值和样本方差，则有

$$T=\frac{(\bar{X}-\bar{Y})-(\mu_1-\mu_2)}{S_w\sqrt{\dfrac{1}{n}+\dfrac{1}{m}}}\sim t(n+m-2) \tag{6-16}$$

其中

$$S_w^2=\frac{(n-1)S_1^2+(m-1)S_2^2}{(n+m-2)}$$

证　由 $\bar{X}\sim N\left(\mu_1,\dfrac{\sigma^2}{n}\right)$，$\bar{Y}\sim N\left(\mu_2,\dfrac{\sigma^2}{m}\right)$，而 $\bar{X}$，$\bar{Y}$ 相互独立，所以

$$\bar{X}-\bar{Y}\sim N\left(\mu_1-\mu_2,\frac{\sigma^2}{n}+\frac{\sigma^2}{m}\right)$$

故有

$$U=\frac{\bar{X}-\bar{Y}-(\mu_1-\mu_2)}{\sqrt{\dfrac{\sigma^2}{n}+\dfrac{\sigma^2}{m}}}\sim N(0,1)$$

再由给定条件知

$$\frac{(n-1)S_1^2}{\sigma^2}\sim\chi^2(n-1),\quad \frac{(m-1)S_2^2}{\sigma^2}\sim\chi^2(m-1)$$

且它们相互独立，从而由 χ^2 分布的可加性有

$$V=\frac{(n-1)S_1^2+(m-1)S_2^2}{\sigma^2}\sim\chi^2(n+m-2)$$

由两组样本独立及定理 6.3.2 的结论可知 U 与 V 相互独立，故由 t 分布定义得

$$T=\frac{U}{\sqrt{V/(n+m-2)}}=\frac{(\bar{X}-\bar{Y})-(\mu_1-\mu_2)}{S_w\sqrt{\dfrac{1}{n}+\dfrac{1}{m}}}\sim t(n+m-2)$$

定理 6.3.5　设 $X_1,X_2,\cdots,X_{n_1}$ 与 $Y_1,Y_2,\cdots,Y_{n_2}$ 分别是来自正态总体 $N(\mu_1,\sigma_1^2)$，$N(\mu_2,\sigma_2^2)$ 的样本，且这两个样本相互独立，则有

$$F=\frac{S_1^2/\sigma_1^2}{S_2^2/\sigma_2^2}\sim F(n_1-1,n_2-1)\tag{6-17}$$

其中 S_1^2,S_2^2 分别是两个样本的方差.

证　由定理 6.3.2 可知 $\dfrac{(n_1-1)S_1^2}{\sigma_1^2}$ 与 $\dfrac{(n_2-1)S_2^2}{\sigma_2^2}$ 相互独立，且

$$\frac{(n_1-1)S_1^2}{\sigma_1^2}\sim\chi^2(n_1-1),\quad \frac{(n_2-1)S_2^2}{\sigma_2^2}\sim\chi^2(n_2-1)$$

故由 F 分布定义得

$$F=\left[\frac{(n_1-1)S_1^2}{\sigma_1^2}\bigg/(n_1-1)\right]\bigg/\left[\frac{(n_2-1)S_2^2}{\sigma_2^2}\bigg/(n_2-1)\right]\sim F(n_1-1,n_2-1)$$

即

$$F=\frac{S_1^2/\sigma_1^2}{S_2^2/\sigma_2^2}\sim F(n_1-1,n_2-1)$$

习　题　6

1. 设 $X_1,X_2,\cdots,X_n$ 是来自两点分布总体 X 的样本，X 的分布律为

X_i	0	1
p_i	q	p

求样本 $(X_1,X_2,\cdots,X_n)$ 的分布律.

2. 设总体 X 服从参数为 $\lambda>0$ 的泊松分布，$X_1,X_2,\cdots,X_n$ 是来自总体的样本，试求 $(X_1,X_2,\cdots,X_n)$ 的分布律.

3. 设总体 X 服从 $U(0,\theta)$ 的均匀分布，$X_1,X_2,\cdots,X_n$ 是来自总体的样本，试求 $(X_1,X_2,\cdots,X_n)$ 的联合密度函数.

4. 设总体 X 服从参数为 $\lambda>0$ 的指数分布，$X_1,X_2,\cdots,X_n$ 是来总体的样本，试求 $(X_1,X_2,\cdots,X_n)$ 的联合密度函数.

5. 从某工厂生产的铆钉中随机地抽取 5 只，测得其直径（单位：mm）分别为 13.7，13.08，13.11，13.11，13.13. 试求：

（1）总体、样本、样本值、样本容量；（2）样本观测值的均值、方差.

6. 设抽样得到样本观测值为

$$38.2 \quad 40.2 \quad 42.4 \quad 37.6 \quad 39.2 \quad 41 \quad 44 \quad 43.2 \quad 38.8 \quad 40.6$$

试计算样本均值、样本方差、样本标准差、样本二阶中心矩.

7. 设 $\bar{x}$，s^2 为 $x_1,x_2\cdots x_n$ 的样本均值和样本方差，作数据变换

$$y_i=\frac{x_i-a}{c} \quad (i=1,2,\cdots,n)$$

设 $\bar{y}$，s_y^2 为 $y_1,y_2,\cdots,y_n$ 的样本均值和样本方差，证明：（1）$\bar{x}=a+c\bar{y}$；（2）$s_x^2=c^2s_y^2$.

8. 设 $X_1,X_2,\cdots,X_n$ 是来自总体 $b(1,p)$ 的简单随机样本，$\overline{X}$、S^2 分别是样本的均值和样本的方差，记统计量 $T=\bar{X}-S^2$，求 $E(T)$.

9. 设总体 X 服从参数为 $\lambda>0$ 的泊松分布，$X_1,X_2,\cdots,X_n$ 是来自总体的样本，求：

（1）$E(\bar{X})$，$D(\bar{X})$；（2）$E(S^2)$.

10. 设 $X_1,X_2,\cdots,X_n$ 是来自总体指数分布 $E(\lambda)$ 的样本，试求：

（1）$E(\bar{X})$，$D(\bar{X})$；（2）$E(S^2)$.

11. 查表求 $\chi^2_{0.01}(12)$，$\chi^2_{0.99}(12)$，$t_{0.05}(12)$，$t_{0.99}(12)$，$F_{0.95}(12,9)$，$F_{0.05}(9,12)$.

12. 设 (X_1,X_2,X_3,X_4,X_5) 是来自总体 $N(0,1)$ 的容量为 5 的样本.

（1）给出常数 C，使得 $C(X_1^2+X_2^2)$ 服从 χ^2 分布，并指出它的自由度；

（2）给出常数 D，使得 $D\dfrac{X_1+X_2}{\sqrt{X_3^2+X_4^2+X_5^2}}$ 服从 t 分布，并指出它的自由度.

13. 设 $T\sim t(15)$，试求：（1）常数 c，使 $P(T>c)=0.95$；（2）随机变量 T^2 的分布；（3）随机变量 T^{-2} 的分布.

14. 从总体 $X\sim N(\mu,0.5^2)$ 中抽取容量为 10 的样本 $X_1,X_2,\cdots,X_{10}$.

（1）已知 $\mu=0$，求 $P\left(\left|\sum_{i=1}^{10}X_i\right|<2\right)$；

（2）已知 $\mu=0$，求 $P\left(\sum_{i=1}^{10}X_i^2\geqslant 4\right)$；

（3）已知 μ 未知，求 $P\left(\sum_{i=1}^{10}(X_i-\bar{X})^2<2\,845\right)$.

15. 已知总体 $X \sim N(60,15^2)$，样本容量 $n=100$，求样本均值与总体均值之差的绝对值大于 3 的概率.

16. 已知总体 $X \sim N(62,100)$，为使样本均值大于 60 的概率不小于 0.95，样本容量 n 至少应取多少？

第 7 章　参数估计

第 6 章提到，数理统计的基本问题是根据样本所提供的信息，对总体的分布以及分布的数字特征等作出统计推断，这个问题中的一类是总体分布的类型为已知，而它的某些参数却是未知的，例如，已知总体 X 服从正态分布 $N(\mu,1)$，μ 为未知的，那么只要对 μ 作出推断，也就对总体分布作出了推断，这类问题称为**参数估计**. 参数估计的形式有两种：**点估计**与**区间估计**. 本章将首先介绍两种常见的点估计法，以及点估计的评价标准，然后介绍区间估计法.

7.1 点估计

假设 $X_1,X_2,\cdots,X_n$ 是来自总体 $X\sim F(x,\theta)$（θ 是未知参数）的一个样本，构造一个统计量 $\hat{\theta}=\hat{\theta}(X_1,X_2,\cdots,X_n)$ 作为未知参数 θ 的估计，称这个统计量 $\hat{\theta}$ 为参数 θ 的一个**估计量**，若总体中含有 k 个未知参数 $\theta_1,\theta_2,\cdots,\theta_k$，则需要构造 k 个统计量 $\hat{\theta}_1,\hat{\theta}_2,\cdots,\hat{\theta}_k$ 分别作为 $\theta_1,\theta_2,\cdots,\theta_k$ 的估计量，这一类问题称为**参数的点估计**.

点估计有两种常见方法：矩估计法和最大似然估计（又称极大似然估计）法，本节将分别介绍这两种点估计法.

7.1.1 矩估计法

所谓矩估计法就是用样本矩去估计相应的总体矩，用样本矩的连续函数去估计相应的总体矩的连续函数，矩估计法的理论基础是大数定律，因为大数定律告诉我们样本矩依概率收敛于总体的相应矩，样本矩的连续函数依概率收敛于相应总体矩的连续函数.

矩估计法的主要步骤如下.

设总体 X 的分布已知，但含有 k 个未知参数 $\theta_1,\theta_2,\cdots,\theta_k$，$X_1,X_2,\cdots,X_n$ 是来自总体的样本.

(1)计算样本的 m 阶原点矩 $A_m=\dfrac{1}{n}\sum\limits_{i=1}^{n}X_i^m$，或样本的 m 阶的中心矩 $B_m=\dfrac{1}{n}\sum\limits_{i=1}^{n}(X_i-\bar{X})^m$ $(m=1,2,\cdots,k)$；

（2）计算总体的 m 阶原点矩 $E(X^m)$，或总体的 m 阶的中心矩 $E(X-E(X))^m$ $(m=1,2,\cdots,k)$（假设这 k 个期望都存在）；

（3）由大数定律：样本的 m 阶矩依概率收敛于总体的 m 阶矩，即有

$$A_m=\frac{1}{n}\sum_{i=1}^{n}X_i^m\xrightarrow{p}E(X^m)\quad(m=1,2,\cdots,k;\ n\to\infty)$$

$$B_m=\frac{1}{n}\sum_{i=1}^{n}(X_i-\bar{X})^m\xrightarrow{p}E(X-E(X))^m\quad(m=1,2,\cdots,k;\ n\to\infty)$$

那么当n充分大时，令

$$A_m = \frac{1}{n}\sum_{i=1}^{n} X_i^m = E(X^m) \quad (m = 1,2,\cdots,k) \tag{7-1}$$

或令

$$B_m = \frac{1}{n}\sum_{i=1}^{n}(X_i - \overline{X})^m = E(X - E(X))^m \quad (m = 1,2,\cdots,k)$$

这样就得到含有k个未知参数$\theta_1,\theta_2,\cdots,\theta_k$的$k$个方程的方程组（一般选原点矩）.

（4）解方程组（7-1）得

$$\begin{cases} \hat{\theta}_1 = \hat{\theta}_1(X_1,X_2,\cdots,X_n) \\ \cdots \\ \hat{\theta}_k = \hat{\theta}_k(X_1,X_2,\cdots,X_n) \end{cases}$$

这分别就是$\theta_1,\theta_2,\cdots,\theta_k$的矩估计量，由于估计量不是真值，所以估计出来的量都在上面加一个“帽子”，记为$\hat{\theta}$，以和真值区别.

下面通过例题进一步理解矩估计法的思想.

例 7.1.1　设总体X服从均匀分布$U(0,\theta)$，其中θ是未知参数，$X_1,X_2,\cdots,X_n$是取自总体X的一个简单随机样本，求θ的矩估计量.

解　由于总体只有一个未知参数，所以只需要一个方程即可求出未知参数的矩估计量，而均匀分布$U(0,\theta)$的总体的一阶原点矩为$E(X)=\dfrac{\theta}{2}$，样本的一阶原点矩为$A_1(=\bar{X})$，由（7-1）式，令$\dfrac{\theta}{2}=\bar{X}$，解得$\hat{\theta}=2\bar{X}$，即求得$\theta$的矩估计量.

例 7.1.2　设总体X服从均匀分布$U(a,b)$，其中a,b都是未知参数，$X_1,X_2,\cdots,X_n$是来自总体X的一个简单随机样本，求a,b的矩估计量，并就样本值（3, 5, 7, 6, 9）求出它们的估计值.

解　由于总体含有两个未知参数a,b，所以需要两个方程，故令

$$\begin{cases} E(X) = \dfrac{1}{n}\sum\limits_{i=1}^{n} X_i = A_1 = \bar{X} \\ E(X^2) = \dfrac{1}{n}\sum\limits_{i=1}^{n} X_i^2 = A_2 \end{cases}$$

由于$X \sim U(a,b)$，所以$E(X)=\dfrac{a+b}{2}$，有

$$E(X^2) = D(X) + \left[E(X)\right]^2 = \frac{(b-a)^2}{12} + \frac{(a+b)^2}{4}$$

$$\begin{cases} (a+b) = 2\left(\dfrac{1}{n}\sum\limits_{i=1}^{n} X_i\right) = 2A_1 \\ \dfrac{(b-a)^2}{12} + \dfrac{(a+b)^2}{4} = \dfrac{1}{n}\sum\limits_{i=1}^{n} X_i^2 = A_2 \end{cases}$$

解方程组，得

$$\begin{cases}\hat{a}=A_1-\sqrt{3(A_2-A_1^2)}=\bar{X}-\sqrt{\dfrac{3}{n}\sum\limits_{i=1}^{n}(X_i-\bar{X})^2}\\ \hat{b}=A_1+\sqrt{3(A_2-A_1^2)}=\bar{X}+\sqrt{\dfrac{3}{n}\sum\limits_{i=1}^{n}(X_i-\bar{X})^2}\end{cases}$$

当样本值为（3, 5, 7, 6, 9）时，$\sum\limits_{i=1}^{5}x_i=30$，$\bar{x}=\dfrac{30}{5}=6$，$n=5$，$\sum\limits_{i=1}^{5}x_i^2=210$，代入上式得 $\hat{a}\approx 2.5359$，$\hat{b}=9.4641$.

例 7.1.3 设总体 X 服从指数分布，密度函数为 $f(x,\lambda)=\begin{cases}\lambda e^{-\lambda x}, & x\geqslant 0\\ 0, & x<0\end{cases}$，其中参数 $\lambda>0$ 是未知的，假设 $X_1,X_2,\cdots,X_n$ 是来自总体 X 的一个简单随机样本，求参数 λ 的矩估计量.

解 本例选取不同的方程来求参数 λ 的矩估计量.

（1）指数分布的总体一阶原点距为 $E(X)=\dfrac{1}{\lambda}$，则由（7-1）式，令 $\dfrac{1}{\lambda}=A_1=\bar{X}$，解得 $\hat{\lambda}=\dfrac{1}{\bar{X}}$，即得 λ 的矩估计量.

（2）指数分布的总体二阶原点矩为 $E(X^2)=D(X)+E^2(X)=\dfrac{2}{\lambda^2}$，样本的二阶原点矩为 $A_2=\dfrac{1}{n}\sum\limits_{k=1}^{n}X_k^2$，由（7-1）式，令 $\dfrac{2}{\lambda^2}=A_2$，即得

$$\hat{\lambda}=\sqrt{\frac{2}{A_2}}=\sqrt{\frac{2n}{\sum\limits_{k=1}^{n}X_k^2}}$$

也为 λ 的矩估计量.

例 7.1.3 的结果表明，矩估计量不是唯一的，（7-1）式中的任一个方程都可用来求矩估计量，但一般来说，尽量采用低阶矩来求矩估计量.

例 7.1.4 设总体 X 的均值 μ 和方差 $\sigma^2(\sigma>0)$ 均存在，但均未知，假设 $X_1,X_2,\cdots,X_n$ 是来自总体 X 的一个简单随机样本，求 μ 和 σ^2 的矩估计量.

解 由于有两个未知参数，所以需要两个方程. 总体的一阶原点矩为

$$E(X)=\mu$$

总体的二阶原点矩为

$$E(X^2)=D(X)+E^2(X)=\sigma^2+\mu^2$$

由（7-1）式令

$$\begin{cases}\mu=A_1=\bar{X}\\ \sigma^2+\mu^2=A_2\end{cases}$$

解得

$$\hat{\mu}=\bar{X}$$

$$\hat{\sigma}^2=A_2-\bar{X}^2=\frac{1}{n}\sum_{i=1}^{n}X_i^2-(\bar{X})^2=\frac{1}{n}\sum_{i=1}^{n}(X_i-\bar{X})^2=\frac{n-1}{n}S^2$$

其中 S^2 是样本方差.

例 7.1.4 的结果表明，不管总体服从什么分布，其均值和方差的矩估计量均为同一个

表达形式. 这也是矩估计的一个缺点，未能充分利用分布函数提供的信息来估计未知参数；另外，例 7.1.4 的结论可以当作公式用.

（1）设总体 $X \sim b(m,p)$，其中 m 及 p 都是未知参数，设 $X_1, X_2, \cdots, X_n$ 是来自总体 X 的一个简单随机样本，则有

$$mp = \bar{X}, \quad mp(1-p) = \frac{n-1}{n}S^2$$

即得

$$\hat{p} = 1 - \frac{n-1}{n}\frac{S^2}{\bar{X}}, \quad \hat{m} = \frac{n\bar{X}^2}{n\bar{X} - (n-1)S^2}$$

（2）设总体 X 服从正态分布 $N(\mu, \sigma^2)$，其中 μ 及 σ^2 都是未知参数，设 $X_1, X_2, \cdots, X_n$ 是来自总体 X 的一个简单随机样本，则有

$$\hat{\mu} = \bar{X}, \quad \hat{\sigma}^2 = \frac{n-1}{n}S^2$$

例 7.1.5 设总体 X 的概率密度函数为

$$f(x,a) = \begin{cases} \dfrac{2}{a^2}(a-x), & 0 < x < a \\ 0, & \text{其他} \end{cases}$$

其中 a 为未知参数，$(X_1, X_2, \cdots X_n)$ 是来自总体的样本，试求参数 a 的矩估计量.

解 总体的一阶矩为

$$E(X) = \int_0^a x \frac{2}{a^2}(a-x)\mathrm{d}x = \frac{a}{3}$$

所以令 $\dfrac{a}{3} = \bar{X}$，即得 a 的估计量为 $\hat{a} = 3\bar{X}$.

7.1.2 最大似然估计法

最大似然估计法是另一种重要的参数点估计的方法，它的基本思想是：假设一个随机试验 E 有若干个可能结果 $A_1, A_2, \cdots, A_k, \cdots$，如果只进行一次试验，而结果 A_i 出现了，那么有理由认为试验的条件对“结果 A_i 的出现”最有利，即试验 E 出现结果 A_i 的概率最大.

来看一个例子，假设在一个盒子中放有黑、白两种颜色的球共 10 个，两种颜色球的比例为 8∶2，但不知是黑球多还是白球多. 现从盒子中任意摸一个球，结果摸出的是黑球，据此推断盒子中的黑球数为 $\hat{\theta} = 8$；这样估计的理由是明显的（但结论不一定是正确的），极大似然估计就是利用已知的样本反推最有可能导致这样结果的参数值作为估计值.

定义 7.1.1 设总体 X 的分布函数为 $F(x,\theta)$，其中 θ 为未知参数，设 $x_1, x_2, \cdots, x_n$ 是来自总体的一个样本观测值，将取得样本观测值 $x_1, x_2, \cdots, x_n$ 的联合概率看成 θ 的函数，用 $L(x_1, x_2, \cdots, x_n; \theta)$ 表示，简记为 $L(\theta)$，即

$$L(\theta) = L(x_1, x_2, \cdots, x_n; \theta) = P\{X_1 = x_1, X_2 = x_2, \cdots, X_n = x_n\} \tag{7-2}$$

称 $L(\theta)$ 为样本的**似然函数**. 若某个统计量 $\hat{\theta}$ 满足

$$L(\hat{\theta}) = \max L(\theta) \tag{7-3}$$

则称 $\hat{\theta}$ 是 θ 的**极大似然估计量（又称极大似然估计值）**.

可以这样来理解（7-2）式和（7-3）式的关系：（7-2）式表示从总体中取到这组观测值 $x_1, x_2, \cdots, x_n$ 的概率是 $L(\theta)$，既然这组观测值 $x_1, x_2, \cdots, x_n$ 能在一次试验中被取出来，说明它在总体中的分布是一个大概率事件，那不妨找一个 $\hat{\theta}$ 出来，使得概率值 $L(\theta)$ 达到最大［这是（7-3）式的含义］，这样找出的 $\hat{\theta}$ 就作为 θ 的估计值，即称为 θ 的极大似然估计值.

极大似然估计的主要步骤如下.

设总体 X 的分布已知 $X \sim F(x,\theta)$，其中 θ 为未知参数，$(x_1, x_2, \cdots, x_n)$ 是来自总体样本的一组观测值：

（1）写出似然函数 $L(\theta)$ [取到观测值 $(x_1, x_2, \cdots, x_n)$ 的概率].

若 X 是离散型随机变量，则

$$\begin{aligned} L(\theta) &= L(x_1, x_2, \cdots, x_n; \theta) = P\{X_1 = x_1, X_2 = x_2, \cdots, X_n = x_n\} \\ &= P\{X_1 = x_1\}P\{X_2 = x_2\}\cdots P\{X_n = x_n\} = \prod_{i=1}^{n} p(x_i; \theta) \end{aligned}$$

若 X 是连续型随机变量，则

$$L(\theta) = L(x_1, x_2, \cdots, x_n; \theta) = f_{X_1}(x_1; \theta) f_{X_2}(x_2; \theta) \cdots f_{X_n}(x_n; \theta) = \prod_{i=1}^{n} f(x_i; \theta)$$

（2）求似然函数 $L(\theta)$ 关于 θ 的最大值［让取观测值 $(x_1, x_2, \cdots, x_n)$ 的概率达到最大］. 由于似然函数 $L(\theta)$ 是连乘式子，所以在对 $L(\theta)$ 求导数之前一般先对 $L(\theta)$ 取对数，再求导数，并令它等于零，则有

$$\frac{\mathrm{d} \ln L(\theta)}{\mathrm{d}\theta} = 0 \tag{7-4}$$

如果总体 X 的分布中含有 k 个未知参数 $\theta_1, \theta_2, \cdots, \theta_k$，那么似然函数是关于 $\theta_1, \theta_2, \cdots, \theta_k$ 的多元函数 $L(\theta_1, \theta_2, \cdots, \theta_k)$，则用多元函数求极值的方法，得下列方程组

$$\begin{cases} \dfrac{\partial \ln L(\theta_1, \theta_2, \cdots, \theta_k)}{\partial \theta_1} = 0 \\ \dfrac{\partial \ln L(\theta_1, \theta_2, \cdots, \theta_K)}{\partial \theta_2} = 0 \\ \cdots \\ \dfrac{\partial \ln L(\theta_1, \theta_2, \cdots, \theta_K)}{\partial \theta_K} = 0 \end{cases}$$

（3）解上述方程（组），求出的值 $\hat{\theta}$ 就是 θ 的极大似然估计值.

下面通过几个例子来说明极大似然估计的求法.

例 7.1.6 设总体 X 服从指数分布，密度函数为 $f(x,\lambda) = \begin{cases} \lambda \mathrm{e}^{-\lambda x}, & x \geqslant 0 \\ 0, & x < 0 \end{cases}$，其中参数 $\lambda > 0$ 是未知的，$(x_1, x_2, \cdots, x_n)$ 为取自总体 X 的一个样本观测值，试求 λ 的极大似然估计值.

解 写出似然函数

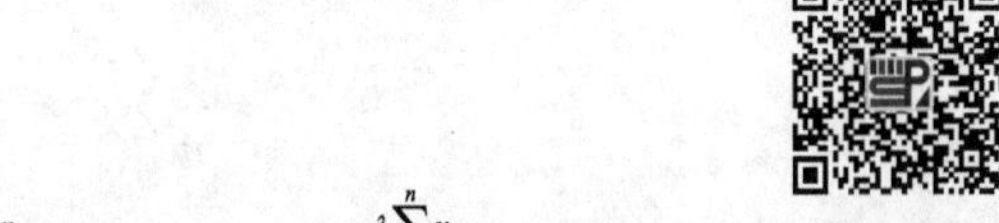

例 7.1.6 重点难点视频讲解

$$L(\lambda) = \prod_{i=1}^{n} f(x_i; \lambda) = \lambda^n \mathrm{e}^{-\lambda \sum\limits_{i=1}^{n} x_i}$$

对似然函数取对数

$$\ln L(\lambda)=n\ln\lambda-\lambda\sum_{i=1}^{n}x_i$$

对 λ 求导，并令其等于零

$$\frac{\mathrm{d}\ln L(\lambda)}{\mathrm{d}\lambda}=\frac{n}{\lambda}-\sum_{i=1}^{n}x_i=0$$

易得驻点

$$\lambda=\frac{n}{\sum_{i=1}^{n}x_i}=\frac{1}{\overline{x}}$$

由于是唯一的驻点，那么这个唯一驻点就是最值点（以后不再赘述），所以 λ 的极大似然估计值为 $\hat{\lambda}=\dfrac{1}{\overline{x}}$.

与例 7.1.3 相比较：指数分布参数 λ 的矩估计量和极大似然估计值是相同的（大家想一想为什么矩估计用大写的 $\overline{X}$，而极大似然估计用小写的 $\overline{x}$）.

例 7.1.7 设总体 X 服从参数为 λ 的泊松分布，$\lambda>0$ 为未知参数，$x_1,x_2,\cdots,x_n$ 是来自总体的一组样本观测值，试求 λ 的极大似然估计值.

解 泊松分布律为

$$P\{X=x\}=\frac{\lambda^x}{x!}\mathrm{e}^{-\lambda}\quad(x=0,1,2,\cdots)$$

似然函数为

$$L(\lambda)=\prod_{i=1}^{n}p(x_i;\lambda)=\prod_{i=1}^{n}\frac{\lambda^{x_i}}{x_i!}\mathrm{e}^{-\lambda}=\frac{1}{x_1!x_2!\cdots x_n!}\lambda^{\sum_{i=1}^{n}x_i}\mathrm{e}^{-n\lambda}$$

取对数

$$\ln L(\lambda)=-n\lambda+\sum_{i=1}^{n}x_i\ln\lambda-\ln\prod_{i=1}^{n}(x_i!)$$

求导

$$\frac{\mathrm{d}\ln(\lambda)}{\mathrm{d}\lambda}=-n+\frac{1}{\lambda}\sum_{i=1}^{n}x_i$$

令

$$\frac{\mathrm{d}\ln(\lambda)}{\mathrm{d}\lambda}=0$$

得

$$-n+\frac{1}{\lambda}\sum_{i=1}^{n}x_i=0$$

所以

$$\hat{\lambda}=\frac{1}{n}\sum_{i=1}^{n}x_i=\overline{x}$$

例 7.1.8 设总体 X 服从正态分布 $N(\mu,\sigma^2)$，其中 μ,σ^2 是两个未知参数，设 $x_1,x_2,\cdots,x_n$ 是一组来自总体的样本观测值，试求 μ 和 σ^2 的极大似然估计值.

解 似然函数为

$$L(\mu,\sigma^2)=\prod_{i=1}^{n}\left(\frac{1}{\sqrt{2\pi}\sigma}\mathrm{e}^{-\frac{(x_i-\mu)^2}{2\sigma^2}}\right)=\left(\frac{1}{\sqrt{2\pi}}\right)^n\cdot\sigma^{-n}\cdot\mathrm{e}^{-\frac{1}{2\sigma^2}\sum_{i=1}^{n}(x_i-\mu)^2}$$

取对数

$$\ln L(\mu,\sigma^2)=-\frac{1}{2\sigma^2}\sum_{i=1}^{n}(x_i-\mu)^2-\frac{n}{2}\ln\sigma^2-n\ln\sqrt{2\pi}$$

求偏导数，并令其等于零

$$\begin{cases}\dfrac{\partial\ln L(\mu,\sigma^2)}{\partial\mu}=\dfrac{1}{\sigma^2}\sum\limits_{i=1}^{n}(x_i-\mu)=0\\[2ex]\dfrac{\partial\ln L(\mu,\sigma^2)}{\partial\sigma^2}=-\dfrac{n}{2}\cdot\dfrac{1}{\sigma^2}+\dfrac{\sum\limits_{i=1}^{n}(x_i-\mu)^2}{2(\sigma^2)^2}=0\end{cases}$$

解得 μ,σ^2 的极大似然估计值

$$\hat{\mu}=\frac{1}{n}\sum_{i=1}^{n}x_i=\overline{x},\quad \hat{\sigma}^2=\frac{1}{n}\sum_{i=1}^{n}(x_i-\overline{x})^2=\frac{n-1}{n}s^2$$

其中 s^2 是样本方差的观测值.

例 7.1.9 已知总体 X 的分布律为

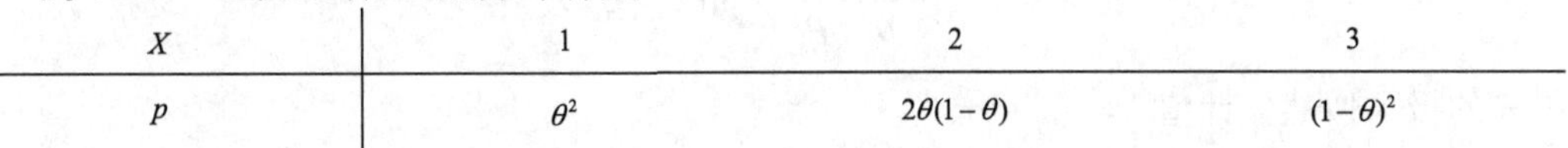

X	1	2	3
p	θ^2	$2\theta(1-\theta)$	$(1-\theta)^2$

其中 $0<\theta<1$ 为未知参数，(X_1,X_2,X_3) 是从总体中抽取的样本，当样本的观测值为 $x_1=1,x_2=2,x_3=1$ 时，试求：（1）参数 θ 的矩估计值；（2）参数 θ 的极大似然估计值.

解 （1）总体的一阶矩为

$$E(X)=1\times\theta^2+2\times2\theta(1-\theta)+3(1-\theta)^2=3-2\theta$$

样本观测值的一阶矩为

$$\overline{x}=\frac{1+2+1}{3}=\frac{4}{3}$$

例 7.1.9 重点难点视频讲解

令 $E(X)=\overline{x}$，即 $3-2\theta=\dfrac{4}{3}$，得 $\hat{\theta}=\dfrac{5}{6}$.

（2）似然函数为

$$L(\theta)=P\{X_1=1,X_2=2,X_3=1\}=\theta^2 2\theta(1-\theta)\theta^2=2\theta^5(1-\theta)$$

对似然函数取对数

$$\ln L(\theta)=\ln 2+5\ln\theta+\ln(1-\theta)$$

求导，并令其等于零

$$\frac{\mathrm{d}}{\mathrm{d}\theta}\ln L(\theta)=\frac{5}{\theta}-\frac{1}{1-\theta}=0$$

解得 $\hat{\theta}=\dfrac{5}{6}$，即 θ 的极大似然估计值 $\hat{\theta}=\dfrac{5}{6}$.

例 7.1.10 设总体 X 的概率密度为

$$f(x,\theta)=\begin{cases}\dfrac{1}{\theta}x^{\frac{1-\theta}{\theta}}, & 0<x<1\\ 0, & \text{其他}\end{cases}\quad(0<\theta<+\infty)$$

$X_1,X_2,\cdots,X_n$ 是来自总体 X 的样本，$x_1,x_2,\cdots,x_n$ 是样本的一组观测值，试求：（1）θ 的矩估计量；（2）θ 的极大似然估计值.

解　（1）总体的一阶矩：$E(X)=\int_0^1 x\dfrac{1}{\theta}x^{\frac{1-\theta}{\theta}}\mathrm{d}x=\dfrac{1}{\theta}\int_0^1 x^{\frac{1}{\theta}}\mathrm{d}x=\dfrac{1}{1+\theta}$

令 $\dfrac{1}{1+\theta}=\bar{X}$，得 θ 的矩估计量 $\hat{\theta}=\dfrac{1}{\bar{X}}-1$.

（2）求似然函数

$$L(\theta)=\prod_{i=1}^{n}f(x_i;\theta)=\frac{1}{\theta}x_1^{\frac{1-\theta}{\theta}}\cdots\frac{1}{\theta}x_n^{\frac{1-\theta}{\theta}}=\left(\frac{1}{\theta}\right)^n(x_1x_2\cdots x_n)^{\frac{1-\theta}{\theta}}$$

取对数

$$\ln L(\theta)=-n\ln\theta+\frac{1-\theta}{\theta}\sum_{i=1}^{n}\ln x_i$$

求导，并令其等于零

$$-\frac{n}{\theta}-\frac{1}{\theta^2}\sum_{i=1}^{n}\ln x_i=0$$

得 θ 的极大似然估计值

$$\hat{\theta}=-\frac{\sum\limits_{i=1}^{n}\ln x_i}{n}$$

下面来讨论极大似然估计中的一种特殊情况.

例 7.1.11　设 $x_1,x_2,\cdots,x_n$ 是来自均匀总体 $U(0,\theta)$ 的一组样本观测值，试求 θ 的极大似然估计值.

解　因为 $X\sim U(0,\theta)$，故 X 的概率密度函数为

$$f(x,\theta)=\begin{cases}1/\theta, & 0<x<\theta\\ 0, & \text{其他}\end{cases}$$

当 $0<x_1,x_2,\cdots,x_n<\theta$ 时，有 $f(x_i,\theta)\neq 0$（$i=1,2,\cdots,n$），所以似然函数为

$$L(\theta)=\prod_{i=1}^{n}f(x_i;\theta)=\left(\frac{1}{\theta}\right)^n$$

取对数

$$\ln L(\theta)=-n\ln\theta$$

求导

$$\frac{\mathrm{d}\ln L(\theta)}{\mathrm{d}\theta}=-\frac{n}{\theta}$$

显然，若令上式等于零，则此方程无解，因此需要考虑用另外的方法来求 $L(\theta)$ 的极大值点.

由于

$$\frac{\mathrm{d}\ln L(\theta)}{\mathrm{d}\theta}=-\frac{n}{\theta}<0$$

说明似然函数$L(\theta)$关于θ是单调递减的，那么当θ取最小值时，$L(\theta)$取最大值，按极大似然估计的定义，θ的最小值就是它的极大似然估计值；那么怎么求θ的最小值呢？一般来说，未知参数都是有取值范围的，本例中θ的取值范围隐藏在条件$0\leqslant x_1,x_2\cdots,x_n\leqslant\theta$中，换言之$\theta$的取值范围是

$$\theta\geqslant\max\{x_1,x_2,\cdots,x_n\}$$

那么在θ的取值范围内，它的最小值为$\max\{x_1,x_2,\cdots,x_n\}$，这时$L(\theta)$达到极大，故$\theta$的极大似然估计值为

$$\hat{\theta}=\max\{x_1,x_2,\cdots x_n\}$$

例 7.1.12 设二维正态总体$(X,Y)\sim N(0,0,\sigma^2,\sigma^2,\rho)$，其中$\sigma^2,-1\leqslant\rho\leqslant 1$都是未知参数，$(x_i,y_j)(i,j=1,2,\cdots,n)$是一组来自总体的样本观测值，试求$\sigma^2$与$\rho$的极大似然估计.

解 该二元正态总体的密度函数为

$$f(x,y)=\frac{1}{2\pi\sigma^2\sqrt{1-\rho^2}}\exp\left\{-\frac{1}{2\sigma^2(1-\rho^2)}(x^2+y^2-2\rho xy)\right\}$$

可得似然函数为

$$L(\sigma^2,\rho)=(2\pi)^{-n}(\sigma^2)^{-n}(1-\rho^2)^{-\frac{n}{2}}\exp\left\{-\frac{1}{2\sigma^2(1-\rho^2)}\left(\sum_{i=1}^n x_i^2+\sum_{i=1}^n y_i^2-2\rho\sum_{i=1}^n x_i y_i\right)\right\}$$

取对数后，分别对σ^2与ρ求偏导，可得如下的似然方程

$$\frac{\partial\ln L}{\partial\sigma^2}=-\frac{n}{\sigma^2}+\frac{1}{2\sigma^4(1-\rho^2)}\left(\sum_{i=1}^n x_i^2+\sum_{i=1}^n y_i^2-2\rho\sum_{i=1}^n x_i y_i\right)=0$$

$$\frac{\partial\ln L}{\partial\rho}=\frac{n\rho}{1-\rho^2}-\frac{\rho}{\sigma^2(1-\rho^2)^2}\left(\sum_{i=1}^n x_i^2+\sum_{i=1}^n y_i^2-2\rho\sum_{i=1}^n x_i y_i\right)+\frac{\sum_{i=1}^n x_i y_i}{2\sigma^2(1-\rho^2)}=0$$

解得

$$\hat{\rho}=\frac{2\sum_{i=1}^n x_i y_i}{\sum_{i=1}^n x_i^2+\sum_{i=1}^n y_i^2},\quad \hat{\sigma}^2=\frac{1}{2n}\left(\sum_{i=1}^n x_i^2+\sum_{i=1}^n y_i^2\right)$$

经验证，它们确实使得似然函数$L(\sigma^2,\rho)$达到最大值，故它们分别是σ^2与ρ的极大似然估计.

另外，极大似然估计有一个非常重要的性质，即极大似然估计的不变原理，不加证明地叙述这个结论：

定理 7.1.1（极大似然估计的不变原理） 若$\hat{\theta}$是θ的极大似然估计，则对任意函数$g(\theta)$，其极大似然估计值为$g(\hat{\theta})$.

在例 7.1.8 中，已经求得正态总体均值μ和方差σ^2的极大似然估计值分别为$\overline{x}$和$\frac{n-1}{n}s^2$，故由不变原理可得标准差σ的极大似然估计值为

$$\hat{\sigma}=\sqrt{\frac{n-1}{n}}s$$

7.2 估计量的评判标准

对一个未知参数θ，不同的估计方法，可能得到的估计结果不同，例如，均匀分布的总体$X\sim U(0,\theta)$，若用矩估计，则得$\theta=2\bar{X}$，若用极大似然估计法，则有$\hat{\theta}=\max\{x_1,x_2,\cdots,x_n\}$；即使用同样的方法，得到的估计结果也可能不同，例如，泊松分布的参数λ，既是总体均值，又是总体方差，因此，按矩估计，用一阶矩得$\hat{\lambda}=A_1=\bar{X}$，用二阶矩得$\hat{\lambda}=A_2-A_1^2=\dfrac{1}{n}\sum\limits_{i=1}^{n}(X_i-\bar{X})^2$，既然如此，就有一个比较哪一种估计方法更好的问题. 本节将介绍几种常用的估计评价标准：无偏性、有效性、相合性.

7.2.1 无偏性

定义 7.2.1 设$\hat{\theta}=\hat{\theta}(X_1,X_2,\cdots,X_n)$是未知参数$\theta$的估计量，$\theta\in\Theta$（参数$\theta$的取值范围），若

$$E(\hat{\theta})=\theta \tag{7-5}$$

则称$\hat{\theta}=\hat{\theta}(X_1,X_2,\cdots,X_n)$是$\theta$的无偏估计量，否则称为有偏估计.

使用一个估计量$\hat{\theta}$来估计θ，由于样本的随机性，$\hat{\theta}$与θ总会有偏差，这是由样本造成的随机误差. 无偏性的含义是，这些偏差的平均值为 0，即没有系统误差. 若是有偏估计，则无论使用多少次，其平均值也会与参数真值有一定的距离，这个距离即为系统误差.

例 7.2.1 设$(X_1,X_2,\cdots,X_n)$是来自总体X的样本，且$E(X)=\mu,D(X)=\sigma^2$. 证明：

（1）样本均值$\bar{X}$是μ的无偏估计量；

（2）样本方差$S^2=\dfrac{1}{n-1}\sum\limits_{i=1}^{n}(X_I-\bar{X})^2$是$\sigma^2$的无偏估计量；

（3）样本二阶中心矩$B_2=\dfrac{1}{n}\sum\limits_{i=1}^{n}(X_I-\bar{X})^2$不是$\sigma^2$的无偏估计量.

解 （1）由于

$$E(X_i)=E(X)=\mu \quad (i=1,2,\cdots,n)$$

$$E(\bar{X})=E\left[\frac{1}{n}\sum_{i=1}^{n}X_i\right]=\frac{1}{n}\sum_{i=1}^{n}E(X_i)=\frac{1}{n}n\mu=\mu$$

所以样本均值$\bar{X}$是μ的无偏估计量.

（2）由于

$$D(X_i)=D(X)=\sigma^2 \quad (i=1,2,\cdots,n)$$

$$D(\bar{X})=D\left(\frac{1}{n}\sum_{i=1}^{n}X_i\right)=\frac{\sigma^2}{n}$$

$$S^2=\frac{1}{n-1}\sum_{i=1}^{n}(X_i-\bar{X})^2=\frac{1}{n-1}\left(\sum_{i=1}^{n}X_i^2-n\bar{X}^2\right)$$

$$E(S^2)=\frac{1}{n-1}E\left[\sum_{i=1}^{n}X_i^2-n\bar{X}^2\right]=\frac{1}{n-1}[n\sigma^2+n\mu^2-\sigma^2-n\mu^2]=\sigma^2$$

所以样本方差$S^2=\dfrac{1}{n-1}\sum_{i=1}^{n}(X_I-\bar{X})^2$是$\sigma^2$的无偏估计量.

（3）由于

$$E(B_2)=E\left[\frac{1}{n}\sum_{i=1}^{n}(X_I-\bar{X})^2\right]=\frac{n-1}{n}E\left[\frac{1}{n-1}\sum_{i=1}^{n}(X_I-\bar{X})^2\right]=\frac{n-1}{n}\sigma^2$$

所以样本二阶中心矩$B_2=\dfrac{1}{n}\sum_{i=1}^{n}(X_I-\bar{X})^2$不是$\sigma^2$的无偏估计量.

注意：（1）由于样本的方差是总体方差的无偏估计，所以在求参数估计时，可以直接用S^2作为σ^2的估计量，即$\hat{\sigma}^2=S^2$.

（2）无偏性不具有不变性. 若$\hat{\theta}$是θ的无偏估计，$g(\hat{\theta})$不一定是$g(\theta)$的无偏估计，除非$g(\theta)$是θ的线性函数.

例如，$S^2=\dfrac{1}{n-1}\sum_{i=1}^{n}(X_I-\bar{X})^2$是$\sigma^2$的无偏估计，但$S$不是$\sigma$的无偏估计.

例 7.2.2 设总体X服从均匀分布$U(0,\theta)$，其中θ是未知参数，$X_1,X_2,\cdots,X_n$是取自总体X的一个简单随机样本，试证：（1）$\hat{\theta}_1=2\bar{X}$；（2）$\hat{\theta}_2=\dfrac{n+1}{n}\max\{X_1,X_2,\cdots,X_n\}$都是$\theta$的无偏估计量.

证 （1）

$$E(\hat{\theta}_1)=E(2\bar{X})=2E(\bar{X})=2E(X)=2\times\frac{\theta}{2}=\theta$$

证毕.

（2）$X_1,X_2,\cdots,X_n$是独立同分布随机变量，且都服从$U(0,\theta)$分布，记$M=\max\{X_1,X_2,\cdots,X_n\}$，参考例3.4.7，得

$$f_M(z)=\begin{cases}\dfrac{nz^{n-1}}{\theta^n}, & 0<z<\theta\\ 0, & \text{其他}\end{cases}$$

于是

$$E(M)=\int_0^{\theta}z\frac{nz^{n-1}}{\theta^n}\mathrm{d}z=\frac{n}{n+1}\theta$$

故有

$$E(\hat{\theta}_2)=E\left[\frac{n+1}{n}\max\{X_1,X_2,\cdots,X_n\}\right]=\frac{n+1}{n}\times\frac{n}{n+1}\theta=\theta$$

证毕.

7.2.2 有效性

通过例7.2.2知道，同一个未知参数可以有多个无偏估计量，这就要求我们提出更高的标准，进一步评价不同的无偏估计量之间的优劣，估计量的无偏性只保证了估计量的取值在参数真值周围波动，但是波动的幅度有多大呢？自然地，我们希望估计量波动的幅度越小越好，而衡量随机变量波动幅度的量就是方差，这样就有了有效性的概念.

定义 7.2.2 设$\hat{\theta}_1=\hat{\theta}_1(X_1,X_2,\cdots,X_n)$与$\hat{\theta}_2=\hat{\theta}_2(X_1,X_2,\cdots,X_n)$都是未知参数$\theta$的无偏估计量，若对任意$\theta\in\Theta$，有不等式

$$D(\hat{\theta}_1) < D(\hat{\theta}_2) \tag{7-6}$$

成立，则称 $\hat{\theta}_1$ 比 $\hat{\theta}_2$ 有效.

例 7.2.3　总体 X 服从参数为 λ 的泊松分布，(X_1, X_2, X_3) 是来自总体 X 的样本，试证明：下面三个估计量都是 λ 的无偏估计量，并说明哪一个更有效？

$$\hat{\lambda}_1 = \frac{1}{3}X_1 + \frac{1}{3}X_2 + \frac{1}{3}X_3$$

$$\hat{\lambda}_2 = \frac{1}{3}X_1 + \frac{1}{6}X_2 + \frac{1}{2}X_3$$

$$\hat{\lambda}_3 = X_1 + \frac{1}{2}X_2 - \frac{1}{2}X_3$$

例 7.2.3　重点难点视频讲解

证　因 $E(X)=\lambda$，$D(X)=\lambda$，于是 $E(X_i)=\lambda$，$D(X_i)=\lambda$（$i=1,2,3$），又

$$E(\hat{\lambda}_1) = \frac{1}{3}E(X_1) + \frac{1}{3}E(X_2) + \frac{1}{3}E(X_3) = \frac{1}{3}\lambda + \frac{1}{3}\lambda + \frac{1}{3}\lambda = \lambda$$

$$E(\hat{\lambda}_2) = \frac{1}{3}\lambda + \frac{1}{6}\lambda + \frac{1}{2}\lambda = \lambda$$

$$E(\hat{\lambda}_3) = \lambda + \frac{1}{2}\lambda - \frac{1}{2}\lambda = \lambda$$

故 $\hat{\lambda}_1, \hat{\lambda}_2, \hat{\lambda}_3$ 都是 λ 的无偏估计量，又

$$D(\hat{\lambda}_1) = \frac{1}{9}D(X_1) + \frac{1}{9}D(X_2) + \frac{1}{9}D(X_3) = \frac{1}{3}\lambda$$

$$D(\hat{\lambda}_2) = \frac{1}{9}\lambda + \frac{1}{36}\lambda + \frac{1}{4}\lambda = \frac{14}{36}\lambda$$

$$D(\hat{\lambda}_3) = \lambda + \frac{1}{4}\lambda + \frac{1}{4}\lambda = \frac{6}{4}\lambda$$

比较可得 $\hat{\lambda}_1$ 最有效.

例 7.2.4　（例 7.2.2 续）试证：当 $n \geqslant 2$ 时，$\hat{\theta}_2$ 比 $\hat{\theta}_1$ 有效.

证

$$D(\hat{\theta}_1) = D(2\bar{X}) = D\left(\frac{2}{n}\sum_{i=1}^{n} X_i\right) = \frac{4}{n^2}D\left(\sum_{i=1}^{n} X_i\right) = \frac{4}{n^2}\frac{n\theta^2}{12} = \frac{\theta^2}{3n}$$

因

$$E(M^2) = \frac{n}{\theta^n}\int_0^\theta z^{n+1}\mathrm{d}z$$

有

$$D(M) = E(M^2) - E^2(M) = \frac{n}{n+2}\theta^2 - \frac{n^2}{(n+1)^2}\theta^2 = \frac{n}{(n+2)(n+1)^2}\theta^2$$

故

$$D(\hat{\theta}_2) = D\left[\frac{n+1}{n}M\right] = \frac{(n+1)^2}{n^2} \times \frac{n}{(n+2)(n+1)^2}\theta^2 = \frac{1}{n(n+2)}\theta^2$$

当 $n \geqslant 2$ 时，有

$$D(\hat{\theta}_1) > D(\hat{\theta}_2)$$

所以 $\hat{\theta}_2$ 比 $\hat{\theta}_1$ 有效. 证毕.

7.2.3　相合性

估计量 $\hat{\theta}$ 的无偏性和有效性都是在样本容量 n 固定的情况下讨论的，由于估计量 $\hat{\theta}(X_1,X_2,\cdots,X_n)$ 依赖于样本容量 n，自然想到，一个好的估计量 $\hat{\theta}$，当样本容量 n 越大时，估计量关于总体的信息体现也随之增加；特别是当 $n\to\infty$ 时，估计值将与参数真值几乎完全一致，这就是估计量的相合性（或称一致性）.

定义 7.2.3　设 $\theta_n(X_1,X_2,\cdots,X_n)$ 是 θ 的一个估计量，n 是样本容量，若对任意 $\varepsilon>0$，均有

$$\lim_{n\to\infty}P\left\{\left|\hat{\theta}_n-\theta\right|<\varepsilon\right\}=1 \tag{7-7}$$

则称 $\hat{\theta}_n$ 是 θ 的相合估计量.

相合估计量是对一个估计量的最基本的要求，若估计量不具有相合性，那么不论样本容量 n 取得多大，均不能将 θ 估计得足够准确，这样的估计量是不可取的.

例 7.2.5　设 $X_1,X_2,\cdots,X_n$ 是来自正态总体 $X\sim N(\mu,\sigma^2)$ 的一个样本，试证明：（1）样本均值 $\bar{X}$ 是总体均值 μ 的相合估计量；（2）样本方差 S^2 是总体方差 σ^2 的相合估计量.

证　（1）因为

$$E(\bar{X})=\mu,\quad D(\bar{X})=\frac{\sigma^2}{n}$$

由切比雪夫不等式，当 $n\to\infty$，对任给 $\varepsilon>0$，

$$P\left\{\left|\bar{X}-\mu\right|<\varepsilon\right\}\geqslant 1-\frac{D(\bar{X})}{\varepsilon^2}=1-\frac{\sigma^2}{n\varepsilon^2}\to 1$$

所以样本均值 $\bar{X}$ 是总体均值 μ 的相合估计量.

（2）由例 6.2.2 以及例 6.3.11，得

$$E(S^2)=\sigma^2,\qquad D(S^2)=\frac{2\sigma^4}{n-1}$$

由切比雪夫不等式，当 $n\to\infty$，对任给 $\varepsilon>0$，

$$P\left\{\left|S^2-\sigma^2\right|<\varepsilon\right\}\geqslant 1-\frac{D(S^2)}{\varepsilon^2}=1-\frac{2\sigma^4}{(n-1)\varepsilon^2}\to 1$$

故样本方差 S^2 是总体方差 σ^2 的相合估计量.

根据定义来判断相合性有时会比较困难，下面给出两个判断相合性的重要定理.

定理 7.2.1　设 $\hat{\theta}(X_1,X_2,\cdots,X_n)$ 是 θ 的一个估计量，若

$$\lim_{n\to\infty}E(\hat{\theta}_n)=\theta,\quad \lim_{n\to\infty}D(\hat{\theta}_n)=0$$

则 $\hat{\theta}_n$ 是 θ 的相合估计量.

例 7.2.6　（例 7.2.5 续）试证：样本二阶中心矩 $B_2=\dfrac{1}{n}\sum\limits_{i=1}^{n}(X_I-\bar{X})^2$ 是 σ^2 的相合估计量.

证　因为 $B_2=\dfrac{n-1}{n}S^2$，而 $E(S^2)=\sigma^2$，$D(S^2)=\dfrac{2\sigma^4}{n-1}$，所以

$$E(B_2)=E\left(\frac{n-1}{n}S^2\right)=\frac{n-1}{n}\sigma^2$$

$$D(B_2)=D\left(\frac{n-1}{n}S^2\right)=\frac{(n-1)^2}{n^2}\frac{2}{n-1}\sigma^4=\frac{2(n-1)}{n^2}\sigma^4$$

显然

$$\lim_{n\to\infty}E(B_2)=\lim_{n\to\infty}E\left(\frac{n-1}{n}S^2\right)=\lim_{n\to\infty}\frac{n-1}{n}\sigma^2=\sigma^2$$

$$\lim_{n\to\infty}D(B_2)=\lim_{n\to\infty}D\left(\frac{n-1}{n}S^2\right)=\lim_{n\to\infty}\frac{2(n-1)}{n^2}\sigma^4=0$$

由定理 7.2.1 得

$$B_2=\frac{1}{n}\sum_{i=1}^{n}(X_I-\bar{X})^2$$

是σ^2的相合估计量. 证毕.

定理 7.2.2 若$\hat{\theta}_{n1},\cdots,\hat{\theta}_{nk}$分别是$\theta_1,\cdots,\theta_k$的相合估计，$g(\theta_1,\cdots,\theta_k)$是$\theta_1,\cdots,\theta_k$的连续函数，则$g(\hat{\theta}_{n1},\cdots,\hat{\theta}_{nk})$是$g(\theta_1,\cdots,\theta_k)$的相合估计.

7.3 区间估计

7.3.1 区间估计的概念

设$\hat{\theta}=\hat{\theta}(X_1,X_2,\cdots,X_n)$是$\theta$的一个点估计量，有了样本观测值后就可以算出一个具体的点估计值，这是有用的；但提供的信息不够，这种点估计值没有反映近似的精度，也不知道误差范围；自然地，人们就想到在点估计附近设置一个区间$[\hat{\theta}_L,\hat{\theta}_U]$，使得这个区间尽可能地以较大概率包含参数真值$\theta$，为此就引入了区间估计的概念.

区间估计是在点估计的基础上，给出总体参数估计的一个区间范围，该区间通常由样本统计量加减估计误差得到. 与点估计不同，进行区间估计时，根据样本统计量的抽样分布可以对样本统计量与总体参数的接近程度给出一个概率度量.

定义 7.3.1 设θ是总体X的一个未知参数，参数空间记为Θ. 设$X_1,\cdots,X_n$是取自总体X的一个简单随机样本，对给定的一个$\alpha(0<\alpha<1)$，若有两个统计量$\hat{\theta}_L=\hat{\theta}_L(X_1,\cdots,X_n)$与$\hat{\theta}_U=\hat{\theta}_U(X_1,\cdots,X_n)$，对任意的$\theta\in\Theta$，均有

$$P\left\{\hat{\theta}_L\leqslant\theta\leqslant\hat{\theta}_U\right\}=1-\alpha \tag{7-8}$$

则称随机区间$[\hat{\theta}_L,\hat{\theta}_U]$是参数$\theta$的置信水平（或称为置信度，置信系数）为$1-\alpha$的置信区间，$\hat{\theta}_L$和$\hat{\theta}_U$分别称为$\theta$的双侧置信下限和置信上限.

如何理解这个置信水平？若反复抽样多次，每个样本观测值就会确定一个区间；对一次具体的观测值，参数真值θ要么在区间$[\hat{\theta}_L,\hat{\theta}_U]$内，要么不在区间$[\hat{\theta}_L,\hat{\theta}_U]$内；反复抽样多次得到的这些区间中，有$100(1-\alpha)\%$的区间包含参数真值，有$100\alpha\%$的区间不包含参数真值.

一个未知参数的区间估计不唯一，所以也会涉及估计区间的好坏评价问题，常用的评价标准有如下两个：

（1）置信水平越大越好，给出的区间估计可覆盖参数真值的概率越大越放心，但也不

是置信度越高越好，置信度为 1 的区间估计并没有意义.

（2）置信区间的长度 $L=\hat{\theta}_U-\hat{\theta}_L$ 越短越好，长度越短表示区间估计的精度越高.

这两个标准往往是相互矛盾的，区间估计的理论和方法的基本问题就是在已知的样本信息下，找出较好的估计方法，以尽量提高可信度和估计精度，一般的原则是先保证可信度，在这个前提下使精度提高.

接下来的问题就是如何来求置信区间.

7.3.2 区间估计的求法

求未知参数 θ 的置信区间的步骤如下：

（1）构造一个样本函数 $G=G(x_1,x_2,\cdots,x_n;\theta)$，使得 G 包含未知参数 θ，但 G 的分布已知且不依赖于任何未知参数（θ 除外）.

（2）对于给定的置信度 $1-\alpha$，选择适当的两个常数 a,b，使得

$$P\{a\leqslant G(x_1,x_2,\cdots,x_n;\theta)\leqslant b\}=1-\alpha$$

（3）解不等式 $a<G(x_1,x_2,\cdots,x_n;\theta)<b$，得到 $\hat{\theta}_L<\theta<\hat{\theta}_U$，则有

$$P\{\hat{\theta}_L\leqslant\theta\leqslant\hat{\theta}_U\}=1-\alpha$$

即可得 $[\hat{\theta}_L,\hat{\theta}_U]$ 是参数 θ 的置信水平为 $1-\alpha$ 的置信区间. 下面通过一个例子来加以说明.

例 7.3.1 设总体 $X\sim N(\mu,\sigma^2)$，μ 未知，σ^2 已知，$(X_1,X_2,\cdots,X_n)$ 是来自总体的样本，试求参数 μ 的置信度为 $1-\alpha$ 的置信区间.

解 因为 $(X_1,X_2,\cdots,X_n)$ 是来自总体 X 的样本，而样本均值 $\bar{X}$ 是总体均值 μ 的无偏估计，$\bar{X}$ 的取值比较集中于 μ 的附近，显然，以很大概率包含 μ 的区间也应该包含 $\bar{X}$，基于这种想法，从 $\bar{X}$ 出发来构造 μ 的置信区间，如图 7-1 所示.

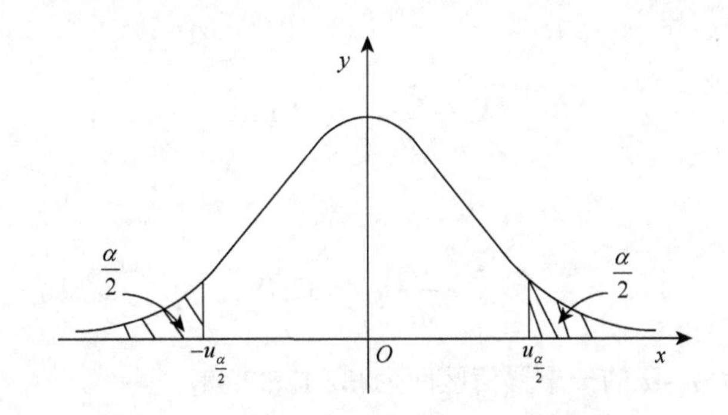

图 7-1 标准正态分布置信区间示意图

由于 $\dfrac{\overline{X}-\mu}{\sigma/n}\sim N(0,1)$，所以选统计量 $U=\dfrac{\overline{X}-\mu}{\sigma/n}$ 作为 $G(x_1,x_2,\cdots,x_n;\theta)$，故有

$$P\left\{-u_{\frac{\alpha}{2}}<\frac{\bar{X}-\mu}{\sigma/n}<u_{\frac{\alpha}{2}}\right\}=1-\alpha$$

等价变形得

$$P\left\{\bar{X}-\frac{\sigma}{\sqrt{n}}u_{\frac{\alpha}{2}}<\mu<\bar{X}+\frac{\sigma}{\sqrt{n}}u_{\frac{\alpha}{2}}\right\}=1-\alpha \tag{7-9}$$

故 μ 的置信水平为 $1-\alpha$ 的一个置信区间为 $\left(\bar{X}-\frac{\sigma}{\sqrt{n}}u_{\frac{\alpha}{2}},\bar{X}+\frac{\sigma}{\sqrt{n}}u_{\frac{\alpha}{2}}\right)$.

由（7-2）式可知置信区间的长度为 $L=2\frac{\sigma}{\sqrt{n}}u_{\frac{\alpha}{2}}$，若 n 越大，置信区间就越短；若置信概率 $1-\alpha$ 越大，α 就越小，$u_{\frac{\alpha}{2}}$ 就越大，从而置信区间就越长.

7.4 正态总体参数的区间估计

7.4.1 单个正态总体均值的区间估计

对于正态总体 $N(\mu,\sigma^2)$，分别考虑在 σ^2 已知和未知两种不同情况下 μ 的置信区间.

1. σ^2 已知时 μ 的置信区间

从例 7.2.1 中可以得到 μ 的置信水平为 $1-\alpha$ 的一个置信区间为

$$\left(\bar{X}-\frac{\sigma}{\sqrt{n}}u_{\frac{\alpha}{2}},\bar{X}+\frac{\sigma}{\sqrt{n}}u_{\frac{\alpha}{2}}\right) \tag{7-10}$$

例 7.4.1 设某零件的平均高度 X 服从正态分布 $N(\mu,0.4^2)$，现从中随机抽取 20 只，测得其平均高度为 $\bar{X}=32.3\text{ mm}$，求该零件高度的置信水平为 95%的双侧置信区间.

解 $1-\alpha=0.95$，$\alpha=0.05$，$\frac{\alpha}{2}=0.025$，$u_{\frac{\alpha}{2}}=u_{0.025}=1.96$

置信下限为

$$\bar{X}-\frac{\sigma}{\sqrt{n}}u_{\frac{\alpha}{2}}=32.12$$

置信上限为

$$\bar{X}+\frac{\sigma}{\sqrt{n}}u_{\frac{\alpha}{2}}=32.48$$

所以 μ 的置信水平为 $1-\alpha$ 的一个置信区间为 $(32.12,32.48)$.

2. σ^2 未知时 μ 的置信区间

当 σ^2 未知时，u 统计量就不能再用了，换 t 统计量，$T=\frac{\bar{X}-\mu}{S/n}\sim t(n-1)$ 作为 $G(x_1,x_2,\cdots,x_n;\theta)$，于是 $G(x_1,x_2,\cdots,x_n;\theta)=\frac{\bar{X}-\mu}{S/\sqrt{n}}\sim t(n-1)$，故有

$$P\left\{-t_{\frac{\alpha}{2}}(n-1)\leqslant\frac{\bar{X}-\mu}{S/\sqrt{n}}\leqslant t_{\frac{\alpha}{2}}(n-1)\right\}=1-\alpha$$

等价变形得

$$P\left\{\bar{X}-\frac{S}{\sqrt{n}}t_{\frac{\alpha}{2}}(n-1)\leqslant\mu\leqslant\bar{X}+\frac{S}{\sqrt{n}}t_{\frac{\alpha}{2}}(n-1)\right\}=1-\alpha$$

故μ的置信水平为$1-\alpha$的一个置信区间（如图7-2所示）为

$$\left[\bar{X}-\frac{S}{\sqrt{n}}t_{\frac{\alpha}{2}}(n-1),\bar{X}+\frac{S}{\sqrt{n}}t_{\frac{\alpha}{2}}(n-1)\right]\tag{7-11}$$

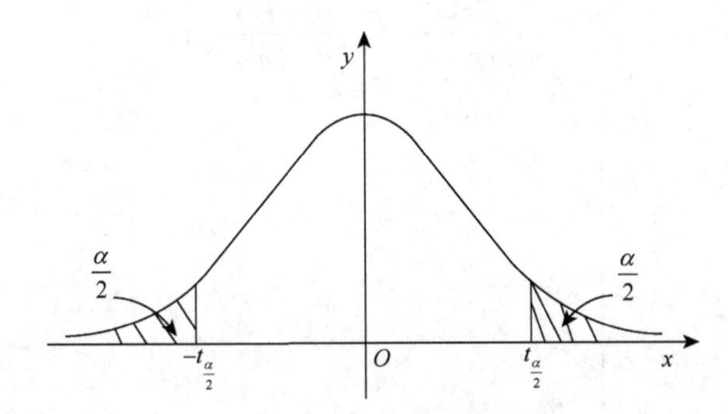

图7-2　t分布置信区间示意图

例 7.4.2　某单位职工每天的医疗费服从正态分布$N(\mu,\sigma^2)$，现在抽查了25天，得$\bar{X}=170$元，$S=30$元，求该单位职工每天医疗费均值μ的置信水平为0.95的双侧置信区间.

解

$$1-\alpha=95\%,\quad \alpha=0.05,\quad \frac{\alpha}{2}=0.025$$

$$\bar{X}-\frac{S}{\sqrt{n}}t_{0.025}(24)=170-\frac{30}{\sqrt{25}}\times 2.063\,899=157.62$$

$$\bar{X}+\frac{S}{\sqrt{n}}t_{0.025}(24)=170+\frac{30}{\sqrt{25}}\times 2.063\,899=182.38$$

故均值μ的置信水平为0.95的一个双侧置信区间为$(157.62,182.38)$.

7.4.2　单个正态总体方差的区间估计

在实际情况中，σ^2未知的情况下μ已知的情形是非常罕见的，所以在μ未知的情况下讨论σ^2的置信区间，有

$$\frac{(n-1)S^2}{\sigma^2}\sim\chi^2(n-1)$$

由于χ^2分布是偏态分布，寻求平均长度最短的区间很难实现，一般都改为寻找等尾置信区间：把α平分为两部分，在χ^2分布两侧各截取面积为$\frac{\alpha}{2}$的部分，即采用两个分位数$\chi^2_{\frac{\alpha}{2}}(n-1)$和$\chi^2_{1-\frac{\alpha}{2}}(n-1)$，它们满足

$$P\left\{\chi^2_{1-\frac{\alpha}{2}}(n-1)\leqslant\frac{(n-1)S^2}{\sigma^2}\leqslant\chi^2_{\frac{\alpha}{2}}(n-1)\right\}=1-\alpha$$

将上式等价变形得

$$P\left\{\frac{(n-1)S^2}{\chi^2_{\frac{\alpha}{2}}(n-1)} \leqslant \sigma^2 \leqslant \frac{(n-1)S^2}{\chi^2_{1-\frac{\alpha}{2}}(n-1)}\right\}=1-a$$

故σ^2的置信水平为$1-\alpha$的一个置信区间（如图 7-3 所示）为

$$\left(\frac{(n-1)S^2}{\chi^2_{\frac{\alpha}{2}}(n-1)},\quad \frac{(n-1)S^2}{\chi^2_{1-\frac{\alpha}{2}}(n-1)}\right) \tag{7-12}$$

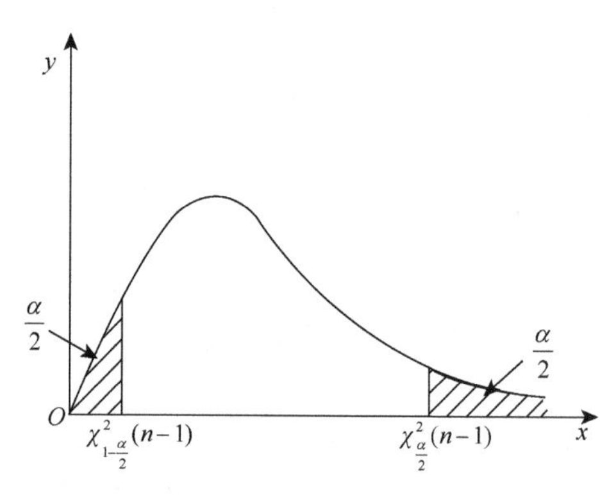

图 7-3　χ^2 分布置信区间示意图

例 7.4.3　某种导线的电阻值服从正态分布 $N(\mu,\sigma^2)$，现从中随机抽取 9 根导线，由测得的 9 个电阻值算的样本标准差为 0.66 Ω，求该导线电阻值方差σ^2的置信水平为 0.95 的双侧置信区间.

解

$$1-\alpha=95\%,\qquad \alpha=0.05,\qquad \frac{\alpha}{2}=0.025$$

$$\chi^2_{0.025}(8)=17.534\,5,\qquad \chi^2_{0.975}(8)=2.179\,7$$

$$\frac{(n-1)S^2}{\chi^2_{\frac{\alpha}{2}}(n-1)}=\frac{8\times0.66^2}{\chi^2_{0.025}(8)}=\frac{8\times0.66^2}{17.534\,5}=0.198\,7$$

$$\frac{(n-1)S^2}{\chi^2_{1-\frac{\alpha}{2}}(n-1)}=\frac{8\times0.66^2}{\chi^2_{0.975}(8)}=\frac{8\times0.66^2}{2.179\,7}=1.598\,8$$

故方差σ^2的置信水平为 0.95 的一个双侧置信区间为$(0.198\,7,1.598\,8)$.

7.4.3　两个正态总体均值差的区间估计

以上讨论的是单个正态总体参数的区间估计，接下来再考虑两个正态总体下均值差和方差比的置信区间. 假设 $X_1,\cdots,X_m$ 是来自正态总体 $N(\mu_1,\sigma_1^2)$ 的简单随机样本，$Y_1,\cdots,Y_n$ 是来自正态总体 $N(\mu_2,\sigma_2^2)$ 的简单随机样本，$\bar{X}$和$\bar{Y}$ 分别表示它们的样本均值，$S_x^2=\dfrac{1}{m-1}\sum\limits_{i=1}^{m}(X_i-\bar{X})^2$和$S_y^2=\dfrac{1}{n-1}\sum\limits_{i=1}^{n}(Y_i-\bar{Y})^2$ 分别表示它们的样本方差.

分几种情况来讨论均值差 $\mu_1-\mu_2$ 的置信区间.

1. σ_1^2 和 σ_2^2 已知

首先易知

$$\bar{X}-\bar{Y}\sim N\left(\mu_1-\mu_2,\frac{\sigma_1^2}{m}+\frac{\sigma_2^2}{n}\right)$$

标准化可得

$$\frac{\bar{X}-\bar{Y}-(\mu_1-\mu_2)}{\sqrt{\frac{\sigma_1^2}{m}+\frac{\sigma_2^2}{n}}}\sim N(0,1)$$

故有

$$P\left\{-u_{\frac{\alpha}{2}}\leqslant\frac{\bar{X}-\bar{Y}-(\mu_1-\mu_2)}{\sqrt{\frac{\sigma_1^2}{m}+\frac{\sigma_2^2}{n}}}\leqslant u_{\frac{\alpha}{2}}\right\}=1-\alpha$$

即得 $\mu_1-\mu_2$ 的置信水平为 $1-\alpha$ 的一个置信区间为

$$\left(\bar{X}-\bar{Y}-u_{\frac{\alpha}{2}}\sqrt{\frac{\sigma_1^2}{m}+\frac{\sigma_2^2}{n}},\bar{X}-\bar{Y}+u_{\frac{\alpha}{2}}\sqrt{\frac{\sigma_1^2}{m}+\frac{\sigma_2^2}{n}}\right) \tag{7-13}$$

2. $\sigma_1^2=\sigma_2^2=\sigma^2$ 未知

这种情况下，有 $\bar{X}-\bar{Y}\sim N\left(\mu_1-\mu_2,\left(\frac{1}{m}+\frac{1}{n}\right)\sigma^2\right)$，令 $S_w^2=\frac{(m-1)S_x^2+(n-1)S_y^2}{m+n-2}$，且因 $\bar{X},\bar{Y},S_x^2,S_y^2$ 相互独立，故有

$$\frac{(\bar{X}-\bar{Y})-(\mu_1-\mu_2)}{S_w\sqrt{\frac{1}{m}+\frac{1}{n}}}\sim t(m+n-2)$$

即有

$$P\left\{-t_{\frac{\alpha}{2}}(m+n-2)\leqslant\frac{(\bar{X}-\bar{Y})-(\mu_1-\mu_2)}{S_w\sqrt{\frac{1}{m}+\frac{1}{n}}}\leqslant t_{\frac{\alpha}{2}}(m+n-2)\right\}=1-\alpha$$

即得 $\mu_1-\mu_2$ 的置信水平为 $1-\alpha$ 的一个置信区间为

$$\left(\bar{X}-\bar{Y}-t_{\frac{\alpha}{2}}(m+n-2)S_w\sqrt{\frac{1}{m}+\frac{1}{n}},\quad \bar{X}-\bar{Y}+t_{\frac{\alpha}{2}}(m+n-2)S_w\sqrt{\frac{1}{m}+\frac{1}{n}}\right) \tag{7-14}$$

3. 当 *m* 和 *n* 都很大时的近似置信区间

由中心极限定理可知

$$\frac{\bar{X}-\bar{Y}-(\mu_1-\mu_2)}{\sqrt{\frac{S_x^2}{m}+\frac{S_y^2}{n}}}\propto N(0,1)$$

故有

$$P\left\{-u_{\frac{\alpha}{2}} \leqslant \frac{\bar{X}-\bar{Y}-(\mu_1-\mu_2)}{\sqrt{\frac{S_x^2}{m}+\frac{S_y^2}{n}}} \leqslant u_{\frac{\alpha}{2}}\right\}=1-\alpha$$

即得 $\mu_1-\mu_2$ 的置信水平为 $1-\alpha$ 的一个近似置信区间为

$$\left(\bar{X}-\bar{Y}-u_{\frac{\alpha}{2}}\sqrt{\frac{S_x^2}{m}+\frac{S_y^2}{n}}, \bar{X}-\bar{Y}+u_{\frac{\alpha}{2}}\sqrt{\frac{S_x^2}{m}+\frac{S_y^2}{n}}\right) \tag{7-15}$$

7.4.4　两个正态总体方差比的区间估计

因 $\frac{(m-1)S_x^2}{\sigma_1^2} \sim \chi^2(m-1), \frac{(n-1)S_y^2}{\sigma_2^2} \sim \chi^2(n-1)$，且 S_x^2 与 S_y^2 相互独立，故有

$$\frac{\frac{(m-1)S_x^2}{\sigma_1^2}\Big/(m-1)}{\frac{(n-1)S_y^2}{\sigma_2^2}\Big/(n-1)}=\frac{S_x^2/\sigma_1^2}{S_y^2/\sigma_2^2} \sim F(m-1,n-1)$$

$$P\left\{F_{1-\frac{\alpha}{2}}(m-1,n-1) \leqslant \frac{S_x^2/\sigma_1^2}{S_y^2/\sigma_2^2} \leqslant F_{\frac{\alpha}{2}}(m-1,n-1)\right\}=1-\alpha$$

$$P\left\{\frac{S_x^2/S_y^2}{F_{\frac{\alpha}{2}}(m-1,n-1)} \leqslant \frac{\sigma_1^2}{\sigma_2^2} \leqslant \frac{S_x^2/S_y^2}{F_{1-\frac{\alpha}{2}}(m-1,n-1)}\right\}=1-\alpha$$

即得 $\frac{\sigma_1^2}{\sigma_2^2}$ 的置信水平为 $1-\alpha$ 的一个近似置信区间（如图 7-4 所示）为

$$\left(\frac{S_x^2/S_y^2}{F_{\frac{\alpha}{2}}(m-1,n-1)}, \quad \frac{S_x^2/S_y^2}{F_{1-\frac{\alpha}{2}}(m-1,n-1)}\right) \tag{7-16}$$

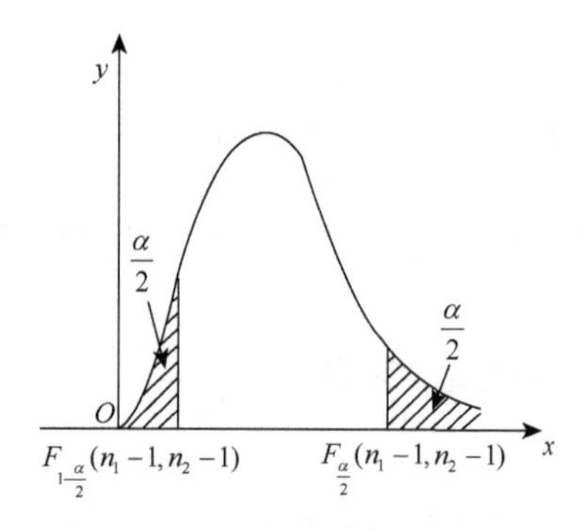

图 7-4　F 分布置信区间示意图

以上仅介绍了正态总体的均值和方差两个参数的区间估计方法，在有些问题中并不知

道总体 X 服从什么分布的情况下，要对 $E(X)=\mu$ 做区间估计，只要总体的方差 σ^2 已知，并且样本容量 n 很大时，由中心极限定理，$\dfrac{\overline{X}-\mu}{\sigma/n}$ 近似地服从标准正态分布 $N(0,1)$，故 μ 的置信度为 $1-\alpha$ 的近似置信区间为

$$\left(\overline{X}-\frac{\sigma}{\sqrt{n}}u_{\frac{\alpha}{2}},\overline{X}+\frac{\sigma}{\sqrt{n}}u_{\frac{\alpha}{2}}\right)$$

7.5 单侧置信区间

在一些实际问题中，人们往往只关心某些未知参数的上限或下限. 比如对于电器的寿命而言，希望是越大越好；对食品的不合格率，希望是越小越好. 这类问题就引出了未知参数的单侧置信区间问题.

定义 7.5.1 设 θ 是总体 X 的一个未知参数，参数空间记为 Θ. 设 $X_1,X_2,\cdots,X_n$ 是取自总体 X 的一个简单随机样本，对给定的一个 $\alpha(0<\alpha<1)$，若有统计量 $\hat{\theta}_L=\hat{\theta}_L(X_1,\cdots,X_n)$，对任意的 $\theta\in\Theta$，均有

$$P\{\hat{\theta}_L\leqslant\theta\}=1-\alpha \tag{7-17}$$

则称随机区间 $[\hat{\theta}_L,+\infty)$ 为参数 θ 的置信水平为 $1-\alpha$ 的单侧置信区间，$\hat{\theta}_L$ 称为 θ 的单侧置信下限.

定义 7.5.2 设 θ 是总体 X 的一个未知参数，参数空间记为 Θ. 设 $X_1,X_2,\cdots,X_n$ 是取自总体 X 的一个简单随机样本，对给定的一个 $\alpha(0<\alpha<1)$，若有统计量 $\hat{\theta}_U=\hat{\theta}_U(X_1,X_2,\cdots,X_n)$，对任意的 $\theta\in\Theta$，均有

$$P\{\theta\leqslant\hat{\theta}_U\}=1-\alpha \tag{7-18}$$

则称随机区间 $(-\infty,\hat{\theta}_U]$ 为参数 θ 的置信水平为 $1-\alpha$ 的单侧置信区间，$\hat{\theta}_U$ 称为 θ 的单侧置信上限.

例 7.5.1 设总体 $X\sim N(\mu,\sigma^2)$，μ、σ^2 均为未知参数，$(X_1,X_2,\cdots,X_n)$ 是来自总体的样本，试求：（1）参数 μ 的置信度为 $1-\alpha$ 的单侧置信下限；（2）参数 μ 的置信度为 $1-\alpha$ 的单侧置信上限；（3）参数 σ^2 的置信度为 $1-\alpha$ 的单侧置信上限.

解 （1）σ^2 未知，选统计量 $\dfrac{\overline{X}-\mu}{S/\sqrt{n}}\sim t(n-1)$，因为

$$P\left\{-\infty<\frac{\overline{X}-\mu}{S/\sqrt{n}}<t_\alpha(n-1)\right\}=1-\alpha$$

即有

$$P\left\{\overline{X}-\frac{S}{\sqrt{n}}t_\alpha(n-1)<\mu<+\infty\right\}=1-\alpha$$

所以 μ 的置信度为 $1-\alpha$ 的单侧置信下限 $\hat{\mu}_L=\overline{X}-\dfrac{S}{\sqrt{n}}t_\alpha(n-1)$.

（2）因为

$$P\left\{t_{1-\alpha}(n-1)<\frac{\overline{X}-\mu}{S/\sqrt{n}}<+\infty\right\}=1-\alpha$$

即有

$$P\left\{-\infty<\mu<\bar{X}-\frac{S}{\sqrt{n}}t_{1-\alpha}(n-1)\right\}=1-\alpha$$

所以 μ 的置信度为 $1-\alpha$ 的单侧置信上限 $\hat{\mu}_U=\bar{X}-\frac{S}{\sqrt{n}}t_{1-\alpha}(n-1)$.

（3）因为

$$\frac{(n-1)S^2}{\sigma^2}\sim\chi^2(n-1)$$

即有

$$P\left\{\chi^2_{1-\alpha}(n-1)<\frac{(n-1)S^2}{\sigma^2}<+\infty\right\}=1-\alpha$$

$$P\left\{0<\sigma^2<\frac{(n-1)S^2}{\chi^2_{1-\alpha}(n-1)}\right\}=1-\alpha$$

所以 σ^2 的置信度为 $1-\alpha$ 的单侧置信上限 $\hat{\sigma}^2_U=\frac{(n-1)S^2}{\chi^2_{1-\alpha}(n-1)}$.

习　题　7

1. 设总体 $X\sim b(N,P)$，试求 N,P 的矩估计量.

2. 设总体 X 的概率密度 $f(x)=\begin{cases}\theta x^{\theta-1}, & 0<x<1\\ 0, & 其他\end{cases}$，$\theta>0$，试求：

（1）θ 的矩估计量；（2）θ 的极大似然估计值.

3. 设总体 X 的分布密度为 $f(x,\theta)=\frac{1}{2\theta}\mathrm{e}^{-\frac{|x|}{\theta}}(-\infty<x<+\infty;\theta>0)$, 求 θ 的矩估计量.

4. 设 $X_1,X_2,\cdots,X_n$ 是来自均匀分布 $U(\theta,2\theta)$ 的样本，其中 $0<\theta<+\infty$，求 θ 的极大似然估计值.

5. 设 $X\sim f(x)=\begin{cases}\frac{1}{\theta}\mathrm{e}^{-\frac{x-\mu}{\theta}}, & x\geqslant\mu\\ 0, & 其他\end{cases}$，其中 $\theta>0,\theta,\mu$ 为未知参数，分别求其矩估计量和极大似然估计值.

6. 设 $X_1,X_2,\cdots,X_n$ 是来自正态总体 $N(\mu,\sigma^2)$ 的一个样本，求 $\mu^2+\sigma^2$ 的矩估计量.

7. 设总体 X 服从几何分布 $P\{X=k\}=p(1-p)^{k-1}(k=1,2,\cdots)$. 其中 $p(0<p<1)$ 是未知参数，设 $X_1,X_2,\cdots,X_n$ 是来自总体 X 的一个样本，求 p 的矩估计量和极大似然估计值.

8. 设总体 X 的概率密度函数为 $f(x)=\begin{cases}(\theta+1)x^\theta, 0\leqslant x\leqslant 1\\ 0, \quad 其他\end{cases}$，其中 $\theta>-1$，设 $X_1,X_2,\cdots,X_n$ 是来自总体 X 的一个样本，求参数 θ 的矩估计量.

9. 设总体 X 的概率密度函数为 $f(x)=\frac{1}{2}\mathrm{e}^{|x-\theta|}(-\infty<x<+\infty)$，设 $X_1,X_2,\cdots,X_n$ 是来自总体 X 的一个样本，求参数 θ 的矩估计量.

10. 设X_1,X_2,X_3是总体X的样本，$\hat{u}_1=\dfrac{X_1+C_1X_2+X_3}{4},\hat{u}_2=\dfrac{C_2X_1+X_2+X_3}{6}$ 是总体均值的两个无偏估计，则$C_1=$________，$C_2=$________.

11. 设总体$X\sim P(\lambda),X_1,\cdots,X_n$是$X$的样本，若$a\overline{X}+kS^2$是$\lambda$的无偏估计，$a$为常数，则$k=$________.

12. X_1,X_2,X_3是总体$N(\mu,1)$的样本，μ的下列三个无偏估计量中，最有效的是（　　）.

A. $\hat{u}_1=\dfrac{1}{5}X_1+\dfrac{3}{10}X_2+\dfrac{1}{2}X_3$

B. $\hat{u}_2=\dfrac{1}{3}X_1+\dfrac{1}{4}X_2+\dfrac{5}{12}X_3$

C. $\hat{u}_3=\dfrac{1}{3}X_1+\dfrac{1}{6}X_2+\dfrac{1}{2}X_3$

13. 设$X_1,X_2,\cdots,X_n$为正态总体$N(\mu,\sigma^2)$的一个样本，求常数C，使得$\sum\limits_{i=1}^{n-1}C(X_{i+1}-X_i)^2$为$\sigma^2$的无偏估计.

14. 若总体$X\sim U(0,\theta)$，则未知参数θ的极大似然估计量不是无偏的，试证之.

15. 设从均值μ、方差为σ^2（$\sigma>0$）的总体中，分别抽到容量为n_1，n_2的两独立样本，$\overline{X}_1,\overline{X}_2$分别是两样本的均值，试证：对于任意满足$a+b=1$的常数$a$及$b$，$Y=a\overline{X}_1+b\overline{X}_2$都是$\mu$的无偏估计，并确定$a$、$b$使得$DY$达到最小.

16. 设总体$X\sim N(\mu,0.9^2)$，样本容量为9，样本均值$\overline{X}=5$，求未知参数μ的置信水平为0.95的一个置信区间.

17. 从一批灯泡中随机地抽取16只做试验，测得灯泡的平均使用寿命$\overline{X}=1509$ h，标准差$S=32.226$，若灯泡的寿命服从正态分布，试求：

（1）灯泡平均寿命μ的置信度为95%的置信区间；

（2）灯泡寿命方差σ^2的置信度为95%的置信区间.

18. 设一个物体的质量μ未知，为估计其质量，可以用天平去称，现在假定称重服从正态分布. 如果已知称量的误差的标准差为0.1 g（根据天平的精度给出），为使μ的95%的置信区间的长度不超过0.2，那么至少应该称多少次？

19. 设有一批产品的55个样本中，一级品有4个，求这批产品的一级品率的置信度为95%的置信区间.

20. 设样本$X_1,X_2,\cdots,X_n$取自正态总体$N(\mu,16)$，则使$P\{|\overline{X}-\mu|<1\}\geqslant 0.9$的样本容量$n$至少应取多少？

21. 设总体$X\sim N(\mu,\sigma^2)$，其中σ^2已知，考察总体均值μ的置信区间长度l与置信水平$1-\alpha$的关系，当置信水平$1-\alpha$缩小时，置信区间长度l如何变化？

22. 设总体$X\sim N(\mu,\sigma^2)$，其中σ^2已知，当置信水平$1-\alpha$保持不变时，若样本容量n增大，则总体均值μ的置信区间的长度如何变化？

23. 有两台机床生产同一型号的滚球，将它们各自所生产的滚球直径分别记为X和Y，假设$X\sim N(\mu_1,0.04)$，$Y\sim N(\mu_2,0.09)$. 现从这两台机床的产品中分别抽取16个和25个，测得滚球的平均直径分别为$\bar{x}=14.8$，$\bar{y}=15.2$，试求$\mu_1-\mu_2$的置信水平为0.95的置信区间.

24. 从汽车轮胎厂生产的某种轮胎中抽取10个样品进行磨损试验，直至轮胎行驶到磨坏为止，测得它们的行驶路程（km）如下：

41 250，41 010，42 650，38 970，40 200，42 550，43 500，40 400，41 870，39 800

设汽车轮胎行驶路程服从正态分布 $N(\mu,\sigma^2)$ ，试求：

（1）μ 的置信区间为 0.95 的单侧置信下限；

（2）σ 的置信水平为 0.95 的单侧置信上限.

第 8 章　假设检验

第 7 章讨论了统计推断中的参数估计问题，本章将讨论统计推断中的另一个问题——假设检验.

8.1　假设检验的基本概念

8.1.1　统计假设

在实际工作中，经常需要根据样本信息对总体做出决策，这样的决策称为统计决策. 在做出决策时，会对总体做出一些假设，一般这些假设是关于总体概率分布的一些状况，假设可能为真，也可能不为真，称之为统计假设.

下面通过几个例子来说明.

例 8.1.1　某工厂用包装机包装白糖，额定标准为每袋净重 0.5 kg，设包装机称得白糖的质量 X 服从正态分布 $N(\mu,\sigma^2)$，根据以往的经验知其标准差 $\sigma=0.015$ kg，为检验当天的包装机工作是否正常，随机抽取白糖 9 袋，称得净重（单位：kg）为 0.499，0.515，0.508，0.512，0.498，0.515，0.516，0.513，0.524，试判定当天该包装机的工作是否正常？

当日包装机的工作可能正常也可能不正常，只有通过验证才能确定，如果根据抽样结果判断它是真的，那么就接受这个命题，否则就拒绝接受它，为此作出假设

$$H_0:\ \mu=0.5;\quad H_1:\ \mu\neq 0.5$$

例 8.1.2　设某种电子元器件的使用寿命 $X\sim N(\mu,100^2)$，正常要求产品寿命不得低于 1 000 h，今从一批这种元器件中随机抽取 25 个，测得其平均值为 950 h，试确定这批电子元器件是否合格？

为了判定该产品是否合格，为此作出假设

$$H_0:\ \mu\geqslant 1000;\quad H_1:\ \mu<1000$$

例 8.1.3　设参数 θ 为产品的次品率，为了判定生产过程是否稳定正常，作出假设

$$H_0:\theta\leqslant 0.01;\quad H_1:\theta>0.01$$

上面的这些例子都是本章要解决的问题. 把任意一个有关未知分布的假设称为**统计假设或假设**，把所涉及的两种情况用统计假设的形式表示出来，以例 8.1.1 为例：第一个假设 $\mu=0.5$，表示包装机的工作是正常的；第二个假设 $\mu\neq 0.5$，表示包装机的工作不正常. 一般第一个假设称为**原假设**，用符号 H_0 表示，第二个假设称为**备择假设**，用符号 H_1 表示. 原假设和备择假设是一对相互对立的假设. 在许多问题中，总体分布的类型为已知，仅是一个或几个参数未知，只要对这一个或几个参数的值作出假设，就可完全确定总体的分布，这种仅涉及总体分布的未知参数的统计假设称为**参数假设**，例 8.1.1～例 8.1.3 都是关于参数假设检验的问题. 在有些实际问题中，不知道总体分布的具体类型，比如公路上行驶汽车的速度，再比如某种农作物农药的残留量，它们的分布类型都是不知道的，因此，统计

假设只能对未知分布函数的类型提出假设，这种假设不同于参数假设，称为**非参数假设**，例如

$$H_0:F(x)\in\{\text{正态分布}\};\ H_1:F(x)\notin\{\text{正态分布}\}$$

为了便于讨论，将假设检验的问题分为两类：类似于 $H_0:\mu=\mu_0$； $H_1:\mu\neq\mu_0$ 的假设形式称为**双边假设检验**. 例 8.1.1 就是一个双边假设检验问题,简单理解就是如果 $\mu>\mu_0$ 或 $\mu<\mu_0$，那么工作都是不正常的. 类似于 $H_0:\mu\leqslant\mu_0$；$H_1:\mu>\mu_0$ 或 $H_0:\mu\geqslant\mu_0$；$H_1:\mu<\mu_0$ 的假设形式称为**单边假设检验**，例 8.1.2、例 8.1.3 都是单边假设检验问题，简单理解就是如果 $\mu>\mu_0$ 或 $\mu<\mu_0$，那么工作不正常.

8.1.2 假设检验的思想方法

如何利用从总体中抽取的样本来检验一个关于总体的假设是否成立呢？由于样本与总体同分布，样本包含了总体分布的信息，因而也包含了假设 H_0 是否成立的信息，所以如何获取样本信息并用该信息来解决问题就是关键. 统计学中常用“**小概率原理**”和“**概率反证法**”来解决这个问题.

“小概率原理”是认为概率很小的事件在一次试验中不会发生，若小概率事件在一次试验中竟然发生了，则实属反常，有理由怀疑试验的原定条件不成立.

“概率反证法”是使用反证法的思想来判断假设 H_0 的真假：一般先假设 H_0 真，在此前提下构造一个能说明问题的小概率事件 A，试验取样，由样本信息确定小概率事件 A 是否发生了，若小概率事件 A 发生了，则与小概率原理相违背，说明试验的前提条件 H_0 不成立，就拒绝 H_0，接受 H_1；若小概率事件 A 没有发生，就没有理由拒接 H_0，只好接受 H_0.

下面通过例 8.1.1 来说明上述检验的思想与方法.

例 8.1.1 （题目前文已给出）

解 由问题提出假设 $H_0:\mu=0.5$； $H_1:\mu\neq 0.5$，若 H_0 成立，则 μ 与 0.5 应该很接近. 由于 μ 未知，而 $\bar{X}$ 是 μ 的无偏估计，所以用 $\bar{X}$ 来代替 μ，即用 $|\bar{X}-0.5|$ 来衡量 μ 与 0.5 之间的差异. 如果 $|\bar{X}-0.5|$ 较大，认为 $\mu\neq 0.5$，那么在 H_0 成立的前提下，事件 A：$|\bar{X}-0.5|>d$（$d>0$ 较大，待定）就是一个小概率事件. 不妨设 $P(A)=P\left(|\bar{X}-0.5|>d\right)=\alpha$（$\alpha$ 是一个很小的数，一般假设为 0.05 或 0.01 等），确定 d 是解决问题的关键.

由定理 6.3.1 可知 $\bar{X}\sim N\left(\mu,\dfrac{\sigma^2}{n}\right)$，于是

$$\frac{\bar{X}-\mu}{\sigma/\sqrt{n}}\sim N(0,1)$$

因此在 H_0 成立的前提下，统计量为

$$U=\frac{\bar{X}-0.5}{\sigma/\sqrt{n}}\sim N(0,1)$$

显然

$$|\bar{X}-0.5|\geqslant d\Leftrightarrow|U|\geqslant\frac{d}{\sigma/\sqrt{n}}$$

因此

$$\alpha = P\left\{\left|\bar{X}-0.5\right| \geqslant d\right\} = P\left\{|U| \geqslant \frac{d}{\sigma/\sqrt{n}}\right\} = 2P\left\{U \geqslant \frac{d}{\sigma/\sqrt{n}}\right\}$$

即

$$P\left\{U \geqslant \frac{d}{\sigma/\sqrt{n}}\right\} = \frac{\alpha}{2}$$

由标准正态分布上α分位点的定义可知

$$\frac{d}{\sigma/\sqrt{n}} = u_{\frac{\alpha}{2}}$$

由此确定了小概率事件A

$$|U| \geqslant u_{\frac{\alpha}{2}} \quad (P\{|U| \geqslant u_{\frac{\alpha}{2}}\} = \alpha)$$

即

$$\left|\frac{\bar{X}-0.5}{\sigma/\sqrt{n}}\right| \geqslant \mu_{\frac{\alpha}{2}} \tag{8-1}$$

不妨设$\alpha = 0.05$，查表得$\mu_{\frac{\alpha}{2}} = 1.96$，计算得$\bar{x} = 0.511$，而$\sigma = 0.015$，$n = 9$，于是

$$|u| = \left|\frac{\bar{x}-0.5}{0.015/\sqrt{9}}\right| = \left|\frac{0.511-0.5}{0.015/3}\right| = 2.2 > 1.96$$

上述不等式成立，说明小概率事件在一次试验中发生了，由此可以认为H_0成立是不对的，拒绝原假设H_0，接受备择假设H_1，即包装机今天的工作是不正常的.

注意：如果H_0的假设是真的，那么(8-1)式这个不等式能成立的可能性只有$\alpha \times 100\%$，即不等式成立的可能性很小. 若做一次试验，这个试验的结果让不等式成立，则与“小概率事件”的结论违背，只能认为前面的假设不正确，H_0不能成立，即拒绝H_0，接受H_1.

一般称α为**显著性水平**，上面关于$\bar{x}$与μ_0有无显著差异的判断是在显著性水平α之下做出的.

统计量$U = \dfrac{\bar{X}-\mu_0}{\sigma/\sqrt{n}}$称为***u*检验统计量**.

当检验统计量取某个区域C中的值时，拒绝原假设H_0，称区域C为**拒绝域**，拒绝域的边界点称为**临界点**，如上例中拒绝域为$|u| = \left|\dfrac{\bar{x}-0.5}{0.015/\sqrt{9}}\right| \geqslant 1.96$，$\pm 1.96$为临界值.

8.1.3 两类错误

由于检验法则是根据样本做出来的，有可能做出错误的决策，如上例所说的那样，在假设H_0实际上为真时，却做出了拒绝H_0的决策，这样就犯了所谓“弃真”的错误，称这种“弃真”的错误为**第一类错误**，犯“弃真”错误的概率为

$$P\{拒绝H_0 | H_0真\}$$

给出显著性水平α，由于

$$P\{拒绝H_0 | H_0真\} = P\{小概率事件\} \leqslant \alpha$$

所以“弃真”错误的概率不超过显著性水平α；又当H_0实际上不真时，也有可能做出接受H_0的决策，这样就犯了所谓“取伪”的错误，称这种“取伪”的错误为**第二类错误**，

犯“取伪”错误的概率为

$$P\{接受H_0 | H_0不真\}$$

记

$$P\{接受H_0 | H_0不真\} = \beta$$

在确定检验法则时，应尽可能使犯两类错误的概率都较小，但是进一步讨论可知，当样本容量固定时，如果减少犯一类错误的概率，那么犯另一类错误的概率往往会增大，即犯这两类错误的概率是相互牵制的，无法使它们都尽可能的小. 在实际工作中，犯第一类错误会比犯第二类错误更严重，因此一个折中的办法是适当地限制要求更严的那一类错误，为此奈曼（Neyman）和皮尔逊（Pearson）提出了 N-P 原则：首先控制犯第一类错误的概率，即事先给定一个较小的数 $\alpha(0<\alpha<1)$，限制犯第一类错误的概率不超过 α，然后在这个约束条件下使得犯第二类错误的概率 β 尽可能地小. 上面说的结论是当样本容量固定时，若样本容量可改变时，要使犯两类错误的概率都小，则增加样本容量即可. 关于两类错误概率的控制是数理统计中一个重要的研究方向，有兴趣的读者可以参考其他相关书籍，这里就不赘述了.

例 8.1.2　（题目前文已给出）

解　检验的假设为

$$H_0: \ \mu \geqslant 1000; \quad H_1: \ \mu < 1000$$

取 $\alpha = 0.05$，假设 H_0 为真，那么事件 A：$\bar{X} - \mu_0 < k$ 就是一个小概率事件，即

$$P(\bar{X} - \mu < k) = \alpha$$

而

$$\frac{\bar{X} - \mu}{\sigma/\sqrt{n}} \sim N(0,1)$$

所以

$$P\left(\frac{\bar{X} - \mu}{\sigma/\sqrt{n}} < -u_\alpha\right) = \alpha$$

则该检验问题的拒绝域为

$$u = \frac{\bar{x} - \mu_0}{\sigma / \sqrt{n}} \leqslant -u_\alpha$$

因 $\bar{x} = 950$，$\sigma = 100$，$n = 25$，$u_{0.05} = 1.645$，计算得

$$u = \frac{950 - 1000}{100/\sqrt{25}} = -2.5 < -1.645$$

故 $\alpha = 0.05$ 时，u 落在拒绝域中，所以拒绝 H_0，即认为这批元器件不合格.

通过以上分析，假设检验的步骤可以归纳为以下几点：

（1）根据实际问题提出原假设 H_0 和备择假设 H_1；

（2）构造合适的检验统计量 T，当原假设 H_0 为真时，T 的分布是已知的；

（3）对给定的显著性水平 α，确定拒绝域的形式；

（4）由样本观测值做出决策，是拒绝原假设，还是不拒绝原假设.

8.2　单个正态总体参数的假设检验

本节讨论单个正态总体 $N(\mu,\sigma^2)$ 均值 μ 与方差 σ^2 的假设检验问题.

8.2.1 单个正态总体$N(\mu,\sigma^2)$均值μ的假设检验

1. u 检验法（方差σ^2已知）

在方差已知的条件下，对正态总体均值的假设检验用u检验法.

给定显著性水平为α，设$X_1,X_2,\cdots,X_n$是取自总体$X\sim N(\mu,\sigma^2)$的一个样本，$\bar{X}$和S^2分别为样本均值和样本方差，检验以下不同形式的假设问题：

① $H_0:\mu=\mu_0$；$H_1:\mu\neq\mu_0$

② $H_0:\mu\geqslant\mu_0$；$H_1:\mu<\mu_0$

③ $H_0:\mu\leqslant\mu_0$；$H_1:\mu>\mu_0$

①是双边假设检验，通常的理解是μ大于或小于μ_0都是不合格的，在H_0为真的前提下，构造检验统计量

$$U=\frac{\bar{X}-\mu_0}{\sigma/\sqrt{n}}\sim N(0,1)$$

前面已经在例8.1.1中给出其拒绝域为

$$|u|\geqslant u_{\frac{\alpha}{2}}$$

其中

$$u=\frac{\bar{x}-\mu_0}{\sigma/\sqrt{n}}$$

②③是单边假设检验，由例8.1.2得②假设检验问题的拒绝域为

$$u<-u_{\alpha} \quad 或 \quad u<u_{1-\alpha}$$

同理得③假设检验问题的拒绝域为

$$u>u_{\alpha}$$

例 8.2.1 一种燃料的辛烷等级服从正态分布$N(\mu,\sigma^2)$，其平均等级$\mu_0=98$，标准差$\sigma=0.8$，现抽取25桶新油，测试其等级，算得平均等级为97.7，假定标准差与原来一样，问新油的辛烷平均等级是否比原燃料的辛烷平均等级低（$\alpha=0.05$）？

解 按题意需检验假设

$$H_0:\mu\geqslant\mu_0=98;\ H_1:\mu<\mu_0$$

例 8.2.1 重点难点视频讲解

检验统计量为

$$U=\frac{\bar{X}-\mu_0}{\sigma/\sqrt{n}}$$

拒绝域为

$$u<-u_{\alpha}$$

查正态分布表得

$$u_{\alpha}=u_{0.05}=1.645$$

计算统计值

$$u=\frac{\bar{x}-\mu_0}{\sigma/\sqrt{n}}=\frac{97.7-98}{0.8/\sqrt{25}}=-1.875$$

执行统计判决

$$u=-1.875<-1.645=-u_{\alpha}$$

由于u值落在拒绝域内，即小概率事件在一次试验中发生了，所以拒绝H_0. 即认为新油的辛烷平均等级比原燃料辛烷的平均等级低.

2. t检验法（σ^2未知）

在方差未知的条件下，对正态总体的均值的假设检验用t检验法.

给定显著性水平为α，设$X_1,X_2,\cdots,X_n$是取自总体$X \sim N(\mu,\sigma^2)$的一个样本，$\overline{X}$和S^2分别为样本均值和样本方差，检验以下不同形式的假设问题：

① $H_0:\mu=\mu_0$; $H_1:\mu\neq\mu_0$

② $H_0:\mu\geqslant\mu_0$; $H_1:\mu<\mu_0$

③ $H_0:\mu\leqslant\mu_0$; $H_1:\mu>\mu_0$

由于σ^2是未知的，在H_0为真的前提下，构造检验统计量

$$T=\frac{\overline{X}-\mu_0}{S/\sqrt{n}} \sim t(n-1) \tag{8-2}$$

和u检验类似，得①的拒绝域为

$$|t|\geqslant t_{\frac{\alpha}{2}}(n-1)$$

同理可得②③的拒绝域分别为

$$t\leqslant t_{1-\alpha}(n-1) \quad 或 \quad t<-t_{\alpha}(n-1)$$

$$t\geqslant t_{\alpha}(n-1)$$

对于正态总体$N(\mu,\sigma^2)$，关于μ的各种形式的假设检验的拒绝域列表如表 8-1 所示.

表 8-1　单个正态总体均值的假设检验

检验法	条件	H_0	H_1	检验统计量	拒绝域
u 检验	σ^2 已知	$\mu\geqslant\mu_0$	$\mu<\mu_0$	$U=\frac{\overline{X}-\mu_0}{\sigma/\sqrt{n}}$	$u<u_{1-\alpha}$
		$\mu\leqslant\mu_0$	$\mu>\mu_0$		$u>u_{\alpha}$
		$\mu=\mu_0$	$\mu\neq\mu_0$		$\lvert u\rvert\geqslant u_{\frac{\alpha}{2}}$
t 检验	σ^2 未知	$\mu\geqslant\mu_0$	$\mu<\mu_0$	$T=\frac{\overline{X}-\mu_0}{S/\sqrt{n}}$	$t\leqslant t_{1-\alpha}(n-1)$ 或 $t<-t_{\alpha}(n-1)$
		$\mu\leqslant\mu_0$	$\mu>\mu_0$		$t\geqslant t_{\alpha}(n-1)$
		$\mu=\mu_0$	$\mu\neq\mu_0$		$\lvert t\rvert\geqslant t_{\frac{\alpha}{2}}(n-1)$

例 8.2.2　一手机生产厂家在其宣传广告中声称他们生产的某种品牌的手机的待机时间的平均值至少为 71.5 h，一质检部门检查了该厂生产的这种品牌的手机 6 部，得到的待机时间（单位：h）为 69，68，72，70，66，75，设手机的待机时间$X \sim N(\mu,\sigma^2)$，由这些数据能否说明其广告有欺诈消费者的嫌疑（$\alpha=0.05$）？

解　问题可归结为检验假设

$$H_0:\mu\geqslant 71.5;\ H_1:\mu<71.5$$

由于方差σ^2未知，用t检验，检验统计量$T=\frac{\overline{X}-\mu_0}{S/\sqrt{n}}$，拒绝域为

$$t=\frac{\overline{x}-\mu_0}{S/\sqrt{n}}\leqslant -t_\alpha(n-1)$$

计算统计量

$$\overline{x}=70\text{，}\quad S^2=10\text{，}\quad t=-1.162$$

查t分布表，得

$$t_\alpha(n-1)=t_{0.05}(5)=2.015$$

统计判决

$$t=-1.162>-2.015=-t_\alpha(n-1)$$

由于小概率事件没有发生，所以不能拒绝H_0，故接受H_0，即不能认为该厂广告有欺骗消费者的嫌疑.

8.2.2 单个正态总体$N(\mu,\sigma^2)$方差σ^2的假设检验

在均值μ未知的条件下，对正态总体方差σ^2的假设检验用χ^2检验法.

设总体$X\sim N(\mu,\sigma^2)$，μ,σ^2未知，又设$X_1,X_2,\cdots,X_n$是取自总体的一个样本，记样本方差为S^2，给定显著水平α，建立下面三对检验假设.

① $H_0:\sigma^2=\sigma_0^2$; $H_1:\sigma^2\neq\sigma_0^2$（$\sigma_0^2$为已知常数）

② $H_0:\sigma^2\geqslant\sigma_0^2$; $H_1:\sigma^2<\sigma_0^2$

③ $H_0:\sigma^2\leqslant\sigma_0^2$; $H_1:\sigma^2>\sigma_0^2$

①是双边假设检验，由于σ^2的无偏估计量为S^2，若H_0成立，则比值$\frac{S^2}{\sigma_0^2}$一般来说应在 1 附近摆动，若$\frac{S^2}{\sigma_0^2}$与 1 偏差较大，则拒绝H_0，所以可取拒绝域的形式为$\frac{S^2}{\sigma_0^2}\leqslant k_1$或$\frac{S^2}{\sigma_0^2}\geqslant k_2$，其中$k_1\ll 1$，$k_2\gg 1$为待定的常数.

当H_0为真时，构造检验统计量

$$\chi^2=\frac{(n-1)S^2}{\sigma_0^2}\sim\chi^2(n-1) \tag{8-3}$$

设

$$\alpha=P\left(\frac{S^2}{\sigma_0^2}\leqslant k_1\right)+P\left(\frac{S^2}{\sigma_0^2}\geqslant k_2\right)=P\left(\chi^2\leqslant(n-1)k_1\right)+P(\chi^2\geqslant(n-1)k_2)$$

为计算方便，采取等尾处理方式，不妨令

$$P\left(\frac{S^2}{\sigma_0^2}\leqslant k_1\right)=P\left(\frac{S^2}{\sigma_0^2}\geqslant k_2\right)=\frac{\alpha}{2}$$

查χ^2分布表得

$$k_1=\frac{\chi^2_{1-\frac{\alpha}{2}}(n-1)}{n-1},\qquad k_2=\frac{\chi^2_{\frac{\alpha}{2}}(n-1)}{n-1}$$

所以拒绝域为

$$\chi^2=\frac{(n-1)S^2}{\sigma_0^2}\leqslant\chi^2_{1-\frac{\alpha}{2}}(n-1)\cup\chi^2=\frac{(n-1)S^2}{\sigma_0^2}\geqslant\chi^2_{\frac{\alpha}{2}}(n-1)$$

同理可得②③的拒绝域分别为

$$\chi^2 \leqslant \chi^2_{1-\alpha}(n-1) \quad 和 \quad \chi^2 \geqslant \chi^2_{\alpha}(n-1)$$

对于正态总体 $N(\mu,\sigma^2)$，关于 σ^2 的各种形式的假设检验的拒绝域列表如表 8-2 所示.

表 8-2　单个正态总体方差的假设检验

检验法	条件	H_0	H_1	检验统计量	拒绝域
χ^2 检验	μ 未知	$\sigma^2 \geqslant \sigma_0^2$	$\sigma^2 < \sigma_0^2$	$\chi^2 = \frac{(n-1)S^2}{\sigma_0^2}$	$\chi^2 \leqslant \chi^2_{1-\alpha}(n-1)$
		$\sigma^2 \leqslant \sigma_0^2$	$\sigma^2 > \sigma_0^2$		$\chi^2 \geqslant \chi^2_{\alpha}(n-1)$
		$\sigma^2 = \sigma_0^2$	$\sigma^2 \neq \sigma_0^2$		$\chi^2 \geqslant \chi^2_{\frac{\alpha}{2}}(n-1)$ 或$\chi^2 \leqslant \chi^2_{1-\frac{\alpha}{2}}(n-1)$

例 8.2.3　设细纱车间纺出的某种细纱支数标准差为 1.2，从某日纺出的一批细纱中随机取 16 缕进行支数测量，算得样本标准差为 2.1，问细纱的均匀度有无显著变化（取 $\alpha = 0.05$，并假设总体是正态分布）？

解　要检验的假设为

$$H_0 : \sigma^2 = \sigma_0^2 = 1.2^2;\ H_1 : \sigma^2 \neq \sigma_0^2$$

例 8.2.3　重点难点视频讲解

这是关于正态总体方差的假设检验，用 χ^2 检验，检验统计量为

$$\chi^2 = \frac{(n-1)S^2}{\sigma_0^2}$$

由于是双边假设检验，所以拒绝域为

$$\chi^2 \geqslant \chi^2_{\frac{\alpha}{2}}(n-1) \quad 或 \quad \chi^2 \leqslant \chi^2_{1-\frac{\alpha}{2}}(n-1)$$

计算得

$$n = 16,\quad S^2 = 2.1^2,\quad \sigma_0^2 = 1.2^2,\quad \chi^2 = 45.94$$

查 χ^2 分布表得

$$\chi^2_{1-\frac{\alpha}{2}}(n-1) = \chi^2_{0.975}(15) = 6.262,\quad \chi^2_{0.025}(15) = 27.488$$

统计判决

$$\chi^2 = 45.94 \geqslant 27.488 = \chi^2_{0.025}(15)$$

χ^2 值落在拒绝域内，故拒绝 H_0，即细纱的均匀度有显著变化.

8.3　两个正态总体参数的假设检验

设 $X_1, X_2, \cdots, X_n$ 是取自第一个正态总体 $N(\mu_1, \sigma_1^2)$ 的一个样本，$Y_1, Y_2, \cdots, Y_m$ 是取自第二个正态总体 $N(\mu_2, \sigma_2^2)$ 的一个样本，两正态总体相互独立，又设 $\bar{X}, \bar{Y}$ 分别是两总体的样本均值，S_1^2, S_2^2 分别是两总体的样本方差.

8.3.1　两个正态总体均值差 $\mu_1 - \mu_2$ 的假设检验

1. σ_1^2，σ_2^2 均已知时两均值差的 u 检验

① $H_0 : \mu_1 - \mu_2 = 0;\ H_1 : \mu_1 - \mu_2 \neq 0$

由定理 6.3.4 得

$$\bar{X}-\bar{Y} \sim N\left(\mu_1-\mu_2, \frac{\sigma_1^2}{n}+\frac{\sigma_2^2}{m}\right)$$

当 H_0 为真时

$$U=\frac{\bar{X}-\bar{Y}}{\sqrt{\dfrac{\sigma_1^2}{n}+\dfrac{\sigma_2^2}{m}}} \sim N(0,1)$$

选取统计量为

$$U=\frac{\bar{X}-\bar{Y}}{\sqrt{\dfrac{\sigma_1^2}{n}+\dfrac{\sigma_2^2}{m}}} \tag{8-4}$$

得显著性水平为 α 的检验拒绝域为

$$|u|>u_{\frac{\alpha}{2}}$$

其中

$$u=\frac{\bar{x}-\bar{y}}{\sqrt{\dfrac{\sigma_1^2}{n}+\dfrac{\sigma_2^2}{m}}}$$

② $H_0: \mu_1-\mu_2 \leqslant 0;\ H_1: \mu_1-\mu_2>0$

同理得显著性水平为 α 的检验拒绝域为

$$u>u_\alpha$$

③ $H_0: \mu_1-\mu_2 \geqslant 0;\ H_1: \mu_1-\mu_2<0$

同理得显著性水平为 α 的检验的拒绝域为

$$u<-u_\alpha \quad 或 \quad u<u_{1-\alpha}$$

2. $\sigma_1^2=\sigma_2^2=\sigma^2$ 未知时的两均值差的 t 检验

① $H_0: \mu_1-\mu_2=0;\ H_1: \mu_1-\mu_2 \neq 0$

由定理 6.3.4 得

$$T=\frac{(\bar{X}-\bar{Y})-(\mu_1-\mu_2)}{S_w\sqrt{\dfrac{1}{n}+\dfrac{1}{m}}} \sim t(n+m-2)$$

其中

$$S_w^2=\frac{(n-1)S_1^2+(m-1)S_2^2}{(n+m-2)}$$

当 H_0 为真时，选取 T 统计量

$$T=\frac{(\bar{X}-\bar{Y})}{S_w\sqrt{\dfrac{1}{n}+\dfrac{1}{m}}} \tag{8-5}$$

得显著性水平为 α 的检验拒绝域为

$$|t|>t_{\frac{\alpha}{2}}(n+m-2)$$

其中

$$t=\frac{(\bar{x}-\bar{y})}{S_w\sqrt{\frac{1}{n}+\frac{1}{m}}}$$

② $H_0:\mu_1-\mu_2\leqslant 0$; $H_1:\mu_1-\mu_2>0$

同理得显著性水平为 α 的检验拒绝域为

$$t>t_\alpha\ (n+m-2)$$

③ $H_0:\mu_1-\mu_2\geqslant 0$; $H_1:\mu_1-\mu_2<0$

同理得显著性水平为 α 的检验拒绝域为

$$t<-t_\alpha(n+m-2)\quad 或\quad t<t_{1-\alpha}(n+m-2)$$

关于两个正态总体均值差的各种形式的假设检验的拒绝域列表如表 8-3 所示.

表 8-3　两个正态总体均值差的假设检验

检验法	条件	H_0	H_1	检验统计量	拒绝域
u 检验	σ_1^2，σ_2^2 已知	$\mu_1-\mu_2\leqslant 0$	$\mu_1-\mu_2>0$	$U=\frac{\bar{X}-\bar{Y}}{\sqrt{\frac{\sigma_1^2}{n}+\frac{\sigma_2^2}{m}}}$	$u>u_\alpha$
		$\mu_1-\mu_2\geqslant 0$	$\mu_1-\mu_2<0$		$u<u_{1-\alpha}$
		$\mu_1-\mu_2=0$	$\mu_1-\mu_2\neq 0$		$\lvert u\rvert>u_{\frac{\alpha}{2}}$
t 检验	$\sigma_1^2=\sigma_2^2=\sigma^2$ 未知	$\mu_1-\mu_2\leqslant 0$	$\mu_1-\mu_2>0$	$T=\frac{(\bar{X}-\bar{Y})}{S_w\sqrt{\frac{1}{n}+\frac{1}{m}}}$	$t>t_\alpha(n+m-2)$
		$\mu_1-\mu_2\geqslant 0$	$\mu_1-\mu_2<0$		$t<-t_\alpha(n+m-2)$ 或 $t<t_{1-\alpha}(n+m-2)$
		$\mu_1-\mu_2=0$	$\mu_1-\mu_2\neq 0$		$\lvert t\rvert>t_{\frac{\alpha}{2}}(n+m-2)$

例 8.3.1　对两种不同热处理方法加工的金属材料做抗拉强度试验，得到的试验数据如下.

方法 1：31, 34, 29, 26, 32, 35, 38, 34, 30, 29, 32, 31；

方法 2：26, 24, 28, 29, 30, 29, 32, 26, 31, 29, 32, 28，

设两种热处理加工的金属材料的抗拉强度都服从正态分布，且方差相等，试比较两种方法所得金属材料的平均抗拉强度有无显著差异（$\alpha=0.05$）？

解　记两正态总体的分布为 $N(\mu_1,\sigma^2)$，$N(\mu_2,\sigma^2)$，本题是要检验假设

$$H_0:\mu_1-\mu_2=0;\quad H_1:\mu_1-\mu_2\neq 0$$

检验统计量为

$$T=\frac{(\bar{X}-\bar{Y})-(\mu_1-\mu_2)}{S_w\sqrt{\frac{1}{n}+\frac{1}{m}}}$$

拒绝域为

$$|t|=\frac{|\bar{x}-\bar{y}|}{S_w\sqrt{\frac{1}{n}+\frac{1}{m}}}\geqslant t_{\frac{\alpha}{2}}\ (n+m-2)$$

计算统计值

$$n=m=12,\quad \bar{x}=31.75,\quad \bar{y}=28.67$$

$$(n-1)S_1^2 = 112.25, \quad (m-1)S_2^2 = 66.64, \quad S_w^2 = \frac{(n-1)S_1^2 + (m-1)S_2^2}{(n+m-2)} = 2.58$$

$$|t| = \frac{|\overline{x} - \overline{y}|}{S_w\sqrt{\frac{1}{n} + \frac{1}{m}}} = 2.647$$

查 t 分布表

$$t_{\frac{\alpha}{2}}(n+m-2) = t_{0.025}(22) = 2.0739$$

统计判决：因

$$|t| > t_{\frac{\alpha}{2}}(n+m-2)$$

故拒绝 H_0，即认为两种热处理加工的金属材料的平均抗拉强度有显著差异.

8.3.2 两个正态总体方差比的假设检验

对两个正态总体方差比 $\frac{\sigma_1^2}{\sigma_2^2}$ 的假设检验用 F 检验法.

① $H_0: \sigma_1^2 - \sigma_2^2 = 0; H_1: \sigma_1^2 - \sigma_2^2 \neq 0$

由于 S_1^2、S_2^2 分别是 σ_1^2、σ_2^2 的无偏估计，若 H_0 为真，则 $\frac{S_1^2}{S_2^2}$ 就在 1 附近摆动，若 $\frac{S_1^2}{S_2^2}$ 与 1 偏差较大，则拒绝 H_0，所以可取拒绝域的形式为

$$\frac{S_1^2}{S_2^2} \leqslant k_1 \quad 或 \quad \frac{S_1^2}{S_2^2} \geqslant k_2$$

其中 $k_1 \ll 1$，$k_2 \gg 1$ 为待定的常数.

由定理 6.3.5 得

$$F = \frac{S_1^2/\sigma_1^2}{S_2^2/\sigma_2^2} \sim F(n_1-1, n_2-1)$$

在 H_0 为真时，则 $\sigma_1^2 = \sigma_2^2$，于是构造检验统计量

$$F = \frac{S_1^2}{S_2^2} \tag{8-6}$$

设

$$\alpha = P\left(\frac{S_1^2}{S_2^2} \leqslant k_1\right) + P\left(\frac{S_1^2}{S_2^2} \geqslant k_2\right) = P(F \leqslant k_1) + P(F \geqslant k_2)$$

为计算方便，不妨令

$$P(F \leqslant k_1) = P(F \geqslant k_2) = \frac{\alpha}{2}$$

查 F 分布表得

$$k_1 = F_{1-\frac{\alpha}{2}}(n_1-1, n_2-1), \quad k_2 = F_{\frac{\alpha}{2}}(n_1-1, n_2-1)$$

由此可得显著性水平为 α 的检验拒绝域为

$$F < F_{1-\frac{\alpha}{2}}(n_1-1, n_2-1) \quad 或 \quad F > F_{\frac{\alpha}{2}}(n_1-1, n_2-1)$$

② $H_0:\sigma_1^2-\sigma_2^2\leqslant 0$; $H_1:\sigma_1^2-\sigma_2^2>0$

同理得显著性水平为 α 的检验拒绝域为 $F>F_{\alpha}(n_1-1,n_2-1)$.

③ $H_0:\sigma_1^2-\sigma_2^2\geqslant 0$; $H_1:\sigma_1^2-\sigma_2^2<0$

同理得显著性水平为 α 的检验拒绝域为 $F<F_{1-\alpha}(n_1-1,n_2-1)$.

关于两个正态总体方差比的假设检验的拒绝域列表如表 8-4 所示.

表 8-4　两个正态总体方差比的假设检验

检验法	条件	H_0	H_1	检验统计量	拒绝域
F 检验	μ_1，μ_2 未知	$\sigma_1^2-\sigma_2^2\leqslant 0$	$\sigma_1^2-\sigma_2^2>0$	$F=\dfrac{S_1^2}{S_2^2}$	$F>F_{\alpha}(n_1-1,n_2-1)$
		$\sigma_1^2-\sigma_2^2\geqslant 0$	$\sigma_1^2-\sigma_2^2<0$		$F<F_{1-\alpha}(n_1-1,n_2-1)$
		$\sigma_1^2-\sigma_2^2=0$	$\sigma_1^2-\sigma_2^2\neq 0$		$F<F_{1-\frac{\alpha}{2}}(n_1-1,n_2-1)$ 或 $F>F_{\frac{\alpha}{2}}(n_1-1,n_2-1)$

例 8.3.2　研究由机器 A 和机器 B 生产的钢管的内径（单位：mm）. 随机抽取机器 A 生产的钢管 16 只，测得样本方差 $S_1^2=0.034$；随机抽取机器 B 生产的钢管 13 只，测得样本方差 $S_2^2=0.029$，设两样本相互独立，且分别服从正态分布 $N(\mu_1,\sigma_1^2)$，$N(\mu_2,\sigma_2^2)$，这里 μ_1，μ_2，σ_1^2，σ_2^2 都是未知的，能否判断工作时机器 B 比机器 A 更稳定（$\alpha=0.1$）？

解　由题意检验假设为

$$H_0:\sigma_1^2-\sigma_2^2\leqslant 0;\quad H_1:\sigma_1^2-\sigma_2^2>0$$

选取检验统计量

$$F=\frac{S_1^2}{S_2^2}$$

拒绝域为

$$F=\frac{S_1^2}{S_2^2}>F_{\alpha}(n_1-1,n_2-1)$$

计算得

$$n_1=16,\quad n_2=13,\quad F=\frac{S_1^2}{S_2^2}=1.17$$

查 F 分布表

$$F_{\alpha}(n_1-1,n_2-1)=F_{0.1}(15,12)=2.10$$

统计判断

$$F=1.17<F_{0.1}(15,12)=2.10$$

F 值没有落在拒绝域内，故接受 H_0，即工作时机器 B 不比机器 A 更稳定.

8.4　P 值检验法

前面讨论的假设检验的方法称为**临界值法**，此法得到的结论是简单的，在给定的显著性水平下，不是拒绝原假设，就是接受原假设. 但在应用中可能会出现这样的情况：在一个较大的显著性水平下（$\alpha=0.05$）下得到拒绝原假设的结论，而在一个较小的显著性水平（$\alpha=0,01$）下却得到接受原假设的结论. 这种因为显著性水平变小后会导致检验的拒绝域变小，于是原来落在拒绝域内的观测值就可能落在拒绝域之外（即落入接受域内）. 这种情况在实际应用中可能会带来一些不必要的麻烦，例如，有的人主张选显著水平$\alpha=0.05$，而有的人主张选$\alpha=0.01$，这样他们得到的结论就有可能不同，如何处理这一问题呢？下面先从一个例子说起.

例 8.4.1 一支香烟中的尼古丁含量$X\sim N(\mu,1)$，假如尼古丁含量标准规定μ不能超过 1.5 mg，现从某工厂生产的香烟中随机地抽取 20 支，测得平均每支香烟尼古丁含量为$\bar{x}=1.97$ mg，试问该厂生产的香烟尼古丁含量是否符合标准的规定？

解 按题意，需要检验假设

$$H_0:\mu\leqslant 1.5;\quad H_1:\mu>1.5$$

这是一个有关正态总体下方差已知时对总体均值的单边假设检验问题，采用u检验法，得拒绝域为

$$u=\frac{\bar{x}-\mu_0}{\sigma/\sqrt{n}}\geqslant u_\alpha$$

由已知数据可得

$$u=\frac{\bar{x}-\mu_0}{\sigma/\sqrt{n}}=\frac{1.97-1.5}{1/\sqrt{20}}=2.1$$

其拒绝域如表 8-5 所示.

表 8-5 例 8.4.1 中的拒绝域

显著性水平	拒绝域	检验结论
$\alpha=0.05$	$u\geqslant 1.645$	拒绝 H_0
$\alpha=0.025$	$u\geqslant 1.96$	拒绝 H_0
$\alpha=0.01$	$u\geqslant 2.327$	接受 H_0
$\alpha=0.005$	$u\geqslant 2.576$	接受 H_0

由此可以看出，对同一个假设检验问题，不同的α可能有不同的检验结论.

假设检验依据的是样本信息，样本信息中包含了支持或反对原假设的证据，因此需要探求一种定理表述样本信息中证据支持或反对原假设的强度. 现在换一个角度来分析例 8.4.1，在$\mu=1.5$时，$U=\dfrac{\bar{X}-\mu_0}{\sigma/\sqrt{n}}\sim N(0,1)$，而$u=2.1$，此时可算得$P(U\geqslant 2.1)=0.017\,9$，当$\alpha$以 0.017 9 为基准做比较式，则上述检验问题的结论如表 8-6 所示.

表 8-6 以 0.017 9 为基准的检验问题的结论

显著性水平	拒绝域	检验结论
$\alpha<0.017\,9$	$u\geqslant u_\alpha$（$u_\alpha>2.1$）	接受 H_0
$\alpha\geqslant 0.017\,9$	$u\geqslant u_\alpha$（$u_\alpha\leqslant 2.1$）	拒绝 H_0

通过上述分析可知，本例中由样本信息确定的 0.017 9 是一个重要的值，它是能用观测值 2.1 做出“拒绝H_0”的最小的显著性水平，这个值就是此检验法的p值.

在一个假设检验问题中，利用观测值能够做出的拒绝原假设的最小显著性水平称为该检验的 p 值，按 p 值的定义，对于任意指定的显著性水平 α ，有以下结论：

（1）若 $\alpha < p$ ，则在显著性水平 α 下接受 H_0 ；

（2）若 $\alpha \geqslant p$ ，则在显著性水平 α 下拒绝 H_0 .

有了这两条结论就能方便地确定 H_0 的拒绝域，这种利用 p 值来检验假设的方法称为 ***p* 值检验法.**

定义 8.4.1 假设检验问题的 p 值是由检验统计量的样本观测值得出的原假设可能被拒绝的最小显著性水平.

常用的检验问题的 p 值可以根据检验统计量的样本观测值以及检验统计量在 H_0 下一个特定的参数对应的分布求出. 例如，在 u 检验中有以下三种情况.

① $H_0 : \mu = \mu_0; H_1 : \mu \neq \mu_0$

那么

$$p\text{值} = P \quad (|U| \geqslant u_0)$$

其中

$$U \sim N(0,1), \quad u_0 = \frac{\overline{x} - \mu_0}{\sigma/\sqrt{n}}$$

② $H_0 : \mu \geqslant \mu_0; H_1 : \mu < \mu_0$

那么

$$p\text{值} = P \quad (U < u_0)$$

③ $H_0 : \mu \leqslant \mu_0; H_1 : \mu > \mu_0$

那么

$$p\text{值} = P \quad (U > u_0)$$

其中②③中 U 和 u_0 的含义与①的相同，其他几种假设检验问题的 p 值的计算同上一种情况类似，不再赘述.

p 值反映了样本信息中所包含的反对原假设 H_0 的依据的强度， p 值实际上是已经观测到的一个小概率事件的概率，显然 p 值越小， H_0 越有可能不成立，说明样本信息中反对 H_0 的依据的强度越强. 引进 p 值的概念有明显的好处：一方面， p 值比较直观，它避免了在检验之前需要主观地确定显著性水平；另一方面，p 值包含了更多的拒绝域的信息.

在现代计算机统计软件中一般都给出检验问题的 p 值，在科学研究以及一些产品的数据分析报告中，研究者在讲述假设检验的结果时，往往不明显给出检验的显著性水平以及临界值，而是直接引用检验的 p 值，利用它来评价已获得的数据反对原假设的依据的强度，从而对原假设成立与否做出自己的判断.

一般，若 $p \leqslant 0.01$ ，则称拒绝 H_0 的依据很强或检验是高度显著的；若 $0.01 < p < 0.05$ ，则称拒绝 H_0 的依据是强的或检验是显著的；若 $0.05 < p < 0.1$ ，则称拒绝 H_0 的依据是弱的或检验是不显著的；若 $p > 0.1$ ，一般来说，没有理由拒绝 H_0 .

例 8.4.2 用 p 值法检验例 8.2.1 的检验问题.

解 因为

$$u_0 = \frac{\overline{x} - \mu_0}{\sigma/\sqrt{n}} = \frac{97.7 - 98}{0.8/\sqrt{25}} = -1.875$$

所以

$$p值 = P(U < u_0) = P(U < -1.875) = \Phi(-1.875)$$
$$=1-\Phi(1.875) = 0.030\,7$$

而显著性水平

$$\alpha = 0.05 \geqslant p = 0.030\,7$$

因而拒绝 H_0.

例 8.4.3　用 p 值法检验例 8.2.3 的检验问题.

解　因为

$$\chi_0^2 = \frac{(n-1)s^2}{\sigma_0^2} = \frac{15\times 2.1^2}{1.2^2} = 45.94$$

所以

$$p值 = 2P\left(\chi^2(15) \geqslant 45.94\right) < 0.01$$

而显著性水平

$$\alpha = 0.05 \geqslant p < 0.01$$

因而拒绝 H_0.

习　题　8

1. 已知某炼铁厂生产的铁水的含碳量在正常情况下服从正态分布 $N(4.55, 0.108^2)$. 现测定了 9 炉铁水，测得其平均含碳量为 4.484，若方差没有变化，可否认为现在生产的铁水的平均含碳量仍为 4.55（$\alpha = 0.05$）？

2. 从一批灯泡中抽取 $n = 46$ 的样本，测得其使用寿命的样本均值为 $\bar{x} = 1\,900$ h，样本标准差为 $s = 490$ h. 可否认为这批灯泡的平均使用寿命为 2 000 h（$\alpha = 0.01$）？

3. 在某批木材中随机地抽出 100 根，测得胸径的平均值为 $\bar{x} = 11.2$ cm，已知胸径的标准差为 $\sigma_0 = 2.6$ cm. 能否认为这批木材的胸径在 12 cm 以下（$\alpha = 0.05$）？

4. 5 个小组彼此独立地测量同一块土地，测得的面积分别是：1.27,1.24,1.21,1.28,1.23（单位：km^2），测量值服从正态分布. 依这批数据在以下两种情形下检验 H_0，这块土地的实际面积为 $1.23\ \text{km}^2$ $(\alpha = 0.05)$.(1)总体方差 $\sigma^2 = 0.008$ 为已知;(2)总体方差 σ^2 $(\sigma > 0)$ 为未知.

5. 有一批枪弹，出厂时测得枪弹射出枪口的初速度 v 服从 $N(950, \sigma^2)$（单位：m/s）. 在储存较长时间后取出 9 发进行测试，得样本值：914, 920, 910, 934, 953, 945, 912, 924, 940. 假设储存后的枪弹射出枪口的初速度 v 仍服从正态分布，可否认为储存后的枪弹射出枪口的初速度 v 已经显著降低（$\alpha = 0.05$）？

6. 某批导线的电阻 $R \sim N(\mu, 0.005^2)$（单位：Ω），从中随机地抽取 9 根，测得其样本标准差 $s = 0.008$ Ω. 可否认为这批导线电阻的标准差仍为 0.005 Ω（$\alpha = 0.05$）？

7. 对总体 $X \sim N(\mu, 1)$, 用 U 检验法检验假设 H_0：$\mu \leqslant \mu_0$. H_1；$\mu > \mu_0$（$\alpha = 0.05$）. 若 $\mu_0 = 0.9$, 参数 μ 的真值为 1.3. 试求：(1) 当样本容量 $n = 25$ 时，此 U 检验法犯第二类错误的概率；(2) 若要求犯第二类错误的概率不超过 0.1，样本容量至少应取多大？

8. 从某锌矿的东、西两支矿脉中，各抽取容量分别为 9 与 8 的样本进行测试，且测

得含锌量的样本均值与样本方差如下

$$东支：\overline{x}=0.230, s_n^2=0.133\,7$$

$$西支：\overline{y}=0.269,\ s_m^2=0.173\,6$$

假定东、西两支矿脉的含锌量都服从正态分布，那么东、西两支矿脉的含锌量的均值能否看作是一样的（$\alpha=0.05$）？

9. 对取自两个正态总体的样本，X：−4.4, 4.0, 2.0, −4.8；Y：6.0, 1.0, 3.2, −4.0.

（1）检验这两个样本是否来自方差相同的正态总体（$\alpha=0.05$）；

（2）能否认为这两个样本来自同一正态总体（$\alpha=0.05$）？

10. 已知某炼铁厂生产的铁水的含碳量在正常情况下服从正态分布 $N(4.55, 0.108^2)$. 现测定了 9 炉铁水，测得其平均含碳量为 4.484，若方差没有变化，试利用 p 值检验法，根据这组数据能否认为现在生产的铁水的平均含碳量仍为 4.55（$\alpha=0.05$）？

11. 从一批灯泡中抽取 $n=46$ 的样本，测得其使用寿命的样本均值为 $\overline{x}=1900$ h，样本标准差为 $s=490$ h，试利用 p 值检验法，根据这组数据能否认为这批灯泡的平均使用寿命为 2 000 h（$\alpha=0.01$）？

第 9 章 方差分析及回归分析

方差分析和回归分析都是数理统计中具有广泛应用的内容，本章对它们的最基本部分做一介绍.

9.1 单因素试验的方差分析

9.1.1 单因素试验

在科学试验和生产实践中，影响事物的因素往往是很多的. 例如，在化工生产中，有原料成分、原料剂量、催化剂、反应温度、压力、溶液浓度、反应时间、机器设备及操作人员的水平等因素. 每一因素的改变都有可能影响产品的数量和质量. 有些因素影响较大，有些较小. 为了使生产过程得以稳定，保证优质、高产，就有必要找出对产品质量有显著影响的那些因素. 为此，需要进行试验. 方差分析就是根据试验的结果进行分析，鉴别各个有关因素对实验结果影响的有效方法.

在试验中，将要考察的指标称为**试验指标**. 影响试验指标的条件称为**因素**. 因素可以分为两类：一类是人们可以控制的（可控因素）；一类是人们不能控制的. 例如，反应温度、原料剂量、溶液浓度等是可以控制的，而测量误差、气象条件等一般是难以控制的. 以下所说的因素都是指可控因素. 因素所处的状态，称为该因素的**水平**（见下述各例），在一项试验的过程中只有一个因素在改变称为**单因素试验**，多于一个因素在改变称为**多因素试验**.

例 9.1.1 小煜经营的牛奶厂有三台机器用来装填牛奶，每台机器内有 5 个桶，每桶容量为 4 L. 取样，测量每桶牛奶的装填量. 结果如表 9-1 所示.

表 9-1 牛奶装填量

桶编号	机器		
	Ⅰ	Ⅱ	Ⅲ
1	4.05	3.99	3.97
2	4.01	4.02	3.98
3	4.02	4.01	3.97
4	4.04	3.99	3.95
5	4.05	4.02	4.00

例 9.1.1 中试验指标是每桶牛奶的装填量，影响牛奶装填量的机器为因素，不同的三台机器为因素的三个不同水平. 假定除机器这一因素外，操作人员的水平等其他条件都相同，该试验为单因素试验. 试验的目的是考察各台机器的牛奶装填量有无显著差异，即考察机器这一因素对装填量有无显著影响. 如果装填量有显著差异，那么就表明机器这一因素对装填量的影响是显著的.

例 9.1.2　表 9-2 列出了随机选取的不同等级的管理者对讲座的满意度，满分为 10 分.

表 9-2　管理者对讲座的满意度

讲座场次	管理者		
	初级	中级	高级
1	5	8	7
2	6	9	7
3	5	8	8
4	7	10	7
5	4	9	9

例 9.1.2 中试验指标为管理者对讲座的满意度，管理者的等级为因素，这一因素有 3 个水平. 假定除管理者等级外，讲座的会场环境、报告人等其他条件都相同，该试验为单因素试验. 试验的目的是考察不同等级的管理者对讲座的满意度有无显著差异，即考察管理者等级这一因素对讲座的满意度有无显著的影响.

例 9.1.3　一火箭使用四种燃料和三种推进器做射程试验，每种燃料与每种推进器的组合各发射火箭两次，火箭的射程如表 9-3 所示（以海里计）.

表 9-3　火箭的射程

燃料	推进器		
	B_1	B_2	B_3
A_1	58.2	56.2	65.3
	52.6	41.2	60.8
A_2	49.1	54.1	51.6
	42.8	50.5	48.4
A_3	60.1	70.9	39.2
	58.3	73.2	40.7
A_4	75.8	58.2	48.7
	71.5	51.0	41.4

这里的试验指标是射程，推进器和燃料是因素，它们分别有 3 个、4 个水平. 这是一个双因素的试验，试验的目的在于考察在各种因素的各个水平下射程有无显著的差异，即考察推进器和燃料这两个因素对射程是否有显著的影响.

本节限于讨论单因素试验. 单因素方差分析研究一个分类型变量对另一个数值型变量的影响，通过检验各总体的均值是否相等来判断分类型变量对数值型变量是否有显著影响，例 9.1.1 中在机器这一因素的每个水平进行独立试验，其结果是一个样本. 表中数据可以看成是来自三个不同总体的样本值，每一个水平对应一个总体. 将各个总体的均值分别记为 μ_1，μ_2，μ_3，按题意需要进行假设检验，检验假设

$$H_0: \mu_1 = \mu_2 = \mu_3; \quad H_1: \mu_1, \mu_2, \mu_3 \text{不全相等}$$

现在假设各总体均服从正态分布，对于因素的每一个水平，其观测值是来自正态分布总体的简单随机样本，且各总体方差相等，但参数均未知. 检验方差相同的多个正态总体均值是否相等的一种基本统计方法为方差分析法.

进行方差分析时，需要得到以下数据结构. 设因素 A 有 s 个水平 $A_1, A_2, \cdots, A_s$，在水平 $A_j (j=1,2,\cdots,s)$ 下进行 $n_j (n_j \geqslant 2)$ 次试验，结果如表 9-4 所示.

表 9-4　数据结构表

观察结果	水平			
	A_1	A_2	…	A_s
	X_{11}	X_{12}	…	X_{1s}
	X_{21}	X_{22}	…	X_{2s}
	⋮	⋮		⋮
	$X_{n_1 1}$	$X_{n_2 2}$	…	$X_{n_s s}$
样本总和	$T_{\cdot 1}$	$T_{\cdot 2}$	…	$T_{\cdot s}$
样本均值	$\bar{X}_{\cdot 1}$	$\bar{X}_{\cdot 2}$	…	$\bar{X}_{\cdot s}$
总体均值	μ_1	μ_2	…	μ_s

假设各个水平 $A_j (j=1,2,\cdots,s)$ 下的样本 X_{1j}，X_{2j}，…，X_{nj} 来自同方差 σ^2，均值分别为 $\mu_j (j=1,2,\cdots,s)$ 的正态总体 N（μ_j，σ^2），μ_j 和 σ^2 未知，且不同水平 A_j 下各样本之间相互独立. 因 $X_{ij} \sim N(\mu_j, \sigma^2)$，即 $(X_{ij} - \mu_j) \sim N(0, \sigma^2)$，故 $X_{ij} - \mu_j$ 可视为随机误差. 记 $X_{ij} - \mu_j = \varepsilon_{ij}$，则 X_{ij} 可写成

$$\begin{cases} X_{ij} = \mu_j + \varepsilon_{ij} \\ \varepsilon_{ij} \sim N(0, \sigma^2), \text{ 各 } \varepsilon_{ij} \text{ 独立} \\ i = 1,2,\cdots,n;\ j = 1,2,\cdots,s \end{cases} \tag{9-1}$$

其中 μ_j 和 σ^2 均为未知参数. （9-1）式称为单因素试验方差分析的**数学模型**，为本节的研究对象.

对于模型（9-1）有以下两个任务.

（1）检验 s 个总体 $N(\mu_1,\ \sigma^2)$，$\cdots$，$N(\mu_s,\ \sigma^2)$ 的均值是否相等，即检验假设

$$\begin{cases} H_0:\ \mu_1 = \mu_2 = \cdots = \mu_s \\ H_1:\ \mu_1, \mu_2, \cdots, \mu_s \text{ 不全相等} \end{cases} \tag{9-2}$$

（2）对未知参数 $\mu_1, \mu_2, \cdots, \mu_s, \sigma^2$ 进行估计.

为了将（9-2）式写成便于讨论的形式，将 $\mu_1, \mu_2, \cdots, \mu_s$ 的加权平均值记为 μ，即

$$\mu = \frac{1}{n} \sum_{j=1}^{s} n_j \mu_j \tag{9-3}$$

其中 $n = \sum\limits_{j=1}^{s} n_j$，$\mu$ 称为**总平均**，再引入

$$\delta_j = \mu_j - \mu \quad (j = 1,2,\cdots,s) \tag{9-4}$$

此时有 $n_1\delta_1 + n_2\delta_2 + \cdots + n_s\delta_s = 0$，$\delta_j$ 表示水平 A_j 下的总体平均值与总平均的差异，习惯上将 δ_j 称为水平 A_j 的**效应**.

利用这些符号，模型（9-1）可改写成

$$\begin{cases} X_{ij} = \mu + \delta_j + \varepsilon_{ij} \\ \varepsilon_{ij} \sim N(0, \sigma^2), \text{ 各}\varepsilon_{ij}\text{独立} \\ i = 1, 2, \cdots, n; \ j = 1, 2, \cdots, s \\ \sum_{j=1}^{s} n_j \delta_j = 0 \end{cases} \qquad (9\text{-}1)'$$

而假设（9-2）式等价于假设

$$\begin{cases} H_0: \ \delta_1 = \delta_2 = \cdots = \delta_s = 0 \\ H_1: \ \delta_1, \delta_2, \cdots, \delta_s \text{不全为} 0 \end{cases} \qquad (9\text{-}2)'$$

这是因为当且仅当 $\mu_1 = \mu_2 = \cdots = \mu_s$ 时，$\mu_j = \mu$，即 $\delta_j = 0$，$j=1, 2, \cdots, s$.

9.1.2 平方和的分解

下面从平方和的分解着手，导出假设检验问题（9-2）′式的检验统计量.

引入总偏差平方和

$$S_T = \sum_{j=1}^{s} \sum_{i=1}^{n_j} \left(X_{ij} - \bar{X} \right)^2 \qquad (9\text{-}5)$$

其中

$$\bar{X} = \frac{1}{n} \sum_{j=1}^{s} \sum_{i=1}^{n_j} X_{ij} \qquad (9\text{-}6)$$

是数据的总平均. S_T 能反映全部试验数据之间的差异，因此 S_T 又称为总变差. 又记水平 A_j 下的样本平均值为 $\bar{X}_{\cdot j}$，即

$$\bar{X}_{\cdot j} = \frac{1}{n_j} \sum_{i=1}^{n_j} X_{ij} \qquad (9\text{-}7)$$

将 S_T 写成

$$\begin{aligned} S_T &= \sum_{j=1}^{s} \sum_{i=1}^{n_j} \left[\left(X_{ij} - \bar{X}_{\cdot j} \right) + \left(\bar{X}_{\cdot j} - \bar{X} \right) \right]^2 \\ &= \sum_{j=1}^{s} \sum_{i=1}^{n_j} \left(X_{ij} - \bar{X}_{\cdot j} \right)^2 + \sum_{j=1}^{s} \sum_{i=1}^{n_j} \left(\bar{X}_{\cdot j} - \bar{X} \right)^2 + 2 \sum_{j=1}^{s} \sum_{i=1}^{n_j} \left(X_{ij} - \bar{X}_{\cdot j} \right) \left(\bar{X}_{\cdot j} - \bar{X} \right) \end{aligned}$$

注意到上式第三项（即交叉项）

$$\begin{aligned} & 2 \sum_{j=1}^{s} \sum_{i=1}^{n_j} \left(X_{ij} - \bar{X}_{\cdot j} \right) \left(\bar{X}_{\cdot j} - \bar{X} \right) \\ &= 2 \sum_{j=1}^{s} \left(\bar{X}_{\cdot j} - \bar{X} \right) \left[\sum_{i=1}^{n_j} \left(X_{ij} - \bar{X}_{\cdot j} \right) \right] = 2 \sum_{j=1}^{s} \left(\bar{X}_{\cdot j} - \bar{X} \right) \left(\sum_{i=1}^{n_j} X_{ij} - n_j \bar{X}_{\cdot j} \right) = 0 \end{aligned}$$

于是将 S_T 分解成为

$$S_T = S_E + S_A \qquad (9\text{-}8)$$

其中

$$S_E = \sum_{j=1}^{s}\sum_{i=1}^{n_j}\left(X_{ij} - \bar{X}_{\cdot j}\right)^2 \tag{9-9}$$

$$S_A = \sum_{j=1}^{s}\sum_{i=1}^{n_j}\left(X_{\cdot j} - \bar{X}\right)^2 = \sum_{j=1}^{s} n_j\left(\bar{X}_{\cdot j} - \bar{X}\right)^2 = \sum_{j=1}^{s} n_j \bar{X}_{\cdot j}^2 - n\bar{X}^2 \tag{9-10}$$

上述 S_E 的各项 $\left(X_{ij} - \bar{X}_{\cdot j}\right)^2$ 表示在水平 A_j 下，样本观察值与样本均值的差异，这是由随机误差所引起的. S_E 称为**误差平方和**. S_A 的各项 $n_j\left(\bar{X}_{\cdot j} - \bar{X}\right)^2$ 表示 A_j 水平下的样本平均值与数据总平均的差异，这是由水平 A_j 的效应的差异以及随机误差引起的. S_A 叫作因素 A 的**效应平方和**.（9-8）式就是所需要的平方和分解式.

9.1.3　S_E，S_A 的统计特性

为了引出检验问题（9-2）′式的检验统计量，依次讨论 S_E ，S_A 的一些统计特性.将 S_E 写成

$$S_E = \sum_{i=1}^{n_1}\left(X_{i1} - \bar{X}_{\cdot 1}\right)^2 + \cdots + \sum_{i=1}^{n_s}\left(X_{is} - \bar{X}_{\cdot s}\right)^2 \tag{9-11}$$

注意到 $\sum_{i=1}^{n_j}\left(X_{ij} - \bar{X}_{\cdot j}\right)^2$ 是总体 N（ μ_j ， σ^2 ）的样本方差的 $n_j - 1$ 倍，于是有

$$\frac{\sum_{i=1}^{n_j}\left(X_{ij} - \bar{X}_{\cdot j}\right)^2}{\sigma^2} \sim \chi^2(n_j - 1)$$

因各 X_{ij} 相互独立，故（9-11）式中各平方和相互独立. 由 χ^2 分布的可加性知

$$\frac{S_E}{\sigma^2} \sim \chi^2\left(\sum_{j=1}^{s}(n_j - 1)\right)$$

即

$$\frac{S_E}{\sigma^2} \sim \chi^2(n - s) \tag{9-12}$$

这里 $n = \sum_{j=1}^{s} n_j$. 由（9-12）式还可知 S_E 的自由度为 n–s，且有

$$E(S_E) = (n - s)\sigma^2 \tag{9-13}$$

下面讨论 S_A 的统计特性，S_A 是 s 个变量 $\sqrt{n_j}\left(\bar{X}_{\cdot j} - \bar{X}\right)(j = 1, 2, \cdots, s)$的平方和，它们之间仅有一个线性约束条件

$$\sum_{j=1}^{s}\sqrt{n_j}\left[\sqrt{n_j}\left(\bar{X}_{\cdot j} - \bar{X}\right)\right] = \sum_{j=1}^{s} n_j\left(\bar{X}_{\cdot j} - \bar{X}\right) = \sum_{j=1}^{s}\sum_{i=1}^{n_j} X_{ij} - n\bar{X} = 0$$

再由（9-3）式、（9-6）式及 X_{ij} 的独立性可知

$$\bar{X} \sim N\left(\mu, \frac{\sigma^2}{n}\right) \tag{9-14}$$

即得

$$E(S_E)=E\left[\sum_{j=1}^{s}n_j\bar{X}_{\cdot j}^2-n\bar{X}^2\right]=\sum_{j=1}^{s}n_jE\left(\bar{X}_{\cdot j}^2\right)-nE(\bar{X}^2)$$
$$=\sum_{j=1}^{s}n_j\left[\frac{\sigma^2}{n_j}+(\mu+\delta_j)^2\right]-n\left(\frac{\sigma^2}{n}+\mu^2\right)$$
$$=(s-1)\sigma^2+2\mu\sum_{j=1}^{s}n_j\delta_j+n\mu^2+\sum_{j=1}^{s}n_j\delta_j^{\ 2}-n\mu^2$$

因（9-1）′式$\sum_{j=1}^{s}n_j\delta_j=0$，故

$$E(S_A)=(s-1)\sigma^2+\sum_{j=1}^{s}n_j\delta_j^2 \tag{9-15}$$

进一步可证明S_E与S_A独立，且当H_0为真时，

$$\frac{S_A}{\sigma^2}\sim\chi^2(s-1) \tag{9-16}$$

证略.

9.1.4　假设检验问题的拒绝域

现在可以确定假设检验问题（9-2）′式的拒绝域了.

由（9-15）式可知，当H_0为真时

$$E\left(\frac{S_A}{s-1}\right)=\sigma^2 \tag{9-17}$$

即$\frac{S_A}{s-1}$是σ^2的无偏估计. 而当H_1为真时，$\sum_{j=1}^{s}n_j\delta_j^2>0$，此时

$$E\left(\frac{S_A}{s-1}\right)=\sigma^2+\frac{1}{s-1}\sum_{j=1}^{s}n_j\delta_j^2>\sigma^2 \tag{9-18}$$

又由（9-13）式可知

$$E\left(\frac{S_E}{n-s}\right)=\sigma^2 \tag{9-19}$$

即不管H_0是否为真，$\frac{S_E}{n-s}$都是σ^2的无偏估计.

综上所述，分式$F=\frac{S_A/(s-1)}{S_E/(n-s)}$的分子与分母独立，分母$\frac{S_E}{n-s}$不论$H_0$是否为真，其数学期望总是$\sigma^2$. 当$H_0$为真时，分子的数学期望为$\sigma^2$，当$H_0$为不真时，由（9-18）式分子的取值有偏大的趋势，故知检验问题（9-2）′式的拒绝域具有形式

$$F=\frac{S_A/(s-1)}{S_E/(n-s)}\geqslant k$$

其中k由预先给定的显著性水平α确定. 由（9-12）式、（9-16）式及S_E与S_A的独立性知，当H_0为真时

$$\frac{S_A/(s-1)}{S_E/(n-s)}=\frac{S_A/\sigma^2}{(s-1)}\bigg/\frac{S_E/\sigma^2}{(n-s)}\sim F(s-1,n-s)$$

由此得检验问题（9-2）′式的拒绝域为

$$F=\frac{S_A/(s-1)}{S_E/(n-s)}\geqslant F_\alpha(s-1,n-s) \tag{9-20}$$

上述分析结果可排成如表 9-5 所示的形式，称为**方差分析表**.

表 9-5　单因素试验方差分析表

方差来源	平方和	自由度	均方	F 比
因素 A	S_A	$s-1$	$\overline{S}_A=\frac{S_A}{s-1}$	$F=\frac{\overline{S}_A}{\overline{S}_E}$
误差	S_E	$n-s$	$\overline{S}_E=\frac{S_E}{n-s}$	
总和	S_T	$n-1$		

表中 $\overline{S}_A=\dfrac{S_A}{s-1},\overline{S}_E=\dfrac{S_E}{n-s}$ 分别称为 S_A，S_E 的均方. 另外，因在 S_T 中有 n 个变量，$X_{ij}-\overline{X}$ 之间仅满足一个约束条件，故 S_T 的自由度为 $n-1$.

在实际中，可以按以下较简单的公式来计算 S_T，S_A 和 S_E.

记

$$T_{\cdot j}=\sum_{i=1}^{n_j}X_{ij}\quad (j=1,2,\cdots,s),\quad T_{\cdot\cdot}=\sum_{j=1}^{s}\sum_{i=1}^{n_j}X_{ij}$$

即有

$$\begin{cases}S_T=\sum_{j=1}^{s}\sum_{i=1}^{n_j}X_{ij}^2-n\overline{X}^2=\sum_{j=1}^{s}\sum_{i=1}^{n_j}X_{ij}^2-\frac{T_{\cdot\cdot}^2}{n}\\ S_A=\sum_{j=1}^{s}n_j\overline{X}_{\cdot j}^2-n\overline{X}^2=\sum_{j=1}^{s}\frac{T_{\cdot j}^2}{n_j}-\frac{T_{\cdot\cdot}^2}{n}\\ S_E=S_T-S_A\end{cases} \tag{9-21}$$

例 9.1.4　设在例 9.1.1 中符合模型（9-1）条件，检验假设（$\alpha=0.05$）.

$$H_0:\mu_1=\mu_2=\mu_3;$$
$$H_1:\mu_1,\mu_2,\mu_3\text{不全相等}$$

解　由 $s=3,n_1=n_2=n_3=5,n=15$，则有

$$S_T=\sum_{j=1}^{3}\sum_{i=1}^{5}X^2{}_{ij}-\frac{T^2{}_{\cdot\cdot}}{n}$$
$$=240.5729-\frac{60.07^2}{15}=0.012573333$$
$$S_A=\sum_{j=1}^{3}\frac{T_{\cdot j}^2}{n_j}-\frac{T_{\cdot\cdot}^2}{n}$$
$$=\frac{1}{5}(20.17^2+20.03^2+19.87^2)-\frac{60.07^2}{15}=0.009013333$$
$$S_E=S_T-S_A=0.00356$$

S_T，S_A，S_E 自由度依次为 $n-1=14,s-1=2,n-s=12$, 得方差分析表，如表 9-6 所示.

表 9-6　例 9.1.4 的方差分析表

方差来源	平方和	自由度	均方	F 比
因素	0.009 013 333	2	0.004 506 666	15.19
误差	0.003 56	12	0.000 296 666	
总和	0.012 573 333	14		

因 $F_{0.05}(2,12)=3.89<15.19$，故在显著性水平 0.05 下拒绝 H_0，认为各台机器的牛奶装填量有显著的差异.

9.1.5　未知参数的估计

不管 H_0 是否为真，$\hat{\sigma}^2=\dfrac{S_E}{n-s}$ 是 σ^2 的无偏估计. 又由（9-7）式、（9-14）式知

$$E(\bar{X})=\mu,\quad E(\bar{X}_{\cdot j})=\frac{1}{n_j}\sum_{i=1}^{n_j}E(X_{ij})=\mu_j\quad (j=1,2,\cdots,s)$$

故 $\hat{\mu}=\bar{X}$，$\hat{\mu}_j=\bar{X}_{\cdot j}$ 分别是 μ,μ_j 的无偏估计.

又若拒绝原假设 H_0，这就意味着效应 $\delta_1,\delta_2,\cdots,\delta_s$ 不全为零. 由于

$$\delta_j=\mu_j-\mu\quad (j=1,2,\cdots,s)$$

知 $\hat{\delta}_j=\bar{X}_{\cdot j}-\bar{X}$ 是 δ_j 的无偏估计. 另有关系式

$$\sum_{j=1}^{s}n_j\hat{\delta}_j=\sum_{j=1}^{s}n_j\bar{X}_{\cdot j}-n\bar{X}=0$$

当拒绝 H_0 时，常需做出两总体 $N(\mu_j,\sigma^2)$ 和 $N(\mu_k,\sigma^2)$，$j\neq k$ 的均值差 $\mu_j-\mu_k=\delta_j-\delta_k$ 的区间估计. 做法如下：

$$E(\bar{X}_{\cdot j}-\bar{X}_{\cdot k})=\mu_j-\mu_k$$

$$D(\bar{X}_{\cdot j}-\bar{X}_{\cdot k})=\sigma^2\left(\frac{1}{n_j}+\frac{1}{n_k}\right)$$

由于 $\bar{X}_{\cdot j}-\bar{X}_{\cdot k}$ 与 $\hat{\sigma}^2=\dfrac{S_E}{(n-s)}$ 独立，于是

$$\frac{(\bar{X}_{\cdot j}-\bar{X}_{\cdot k})-(\mu_j-\mu_k)}{\sqrt{\bar{S}_E\left(\dfrac{1}{n_j}+\dfrac{1}{n_k}\right)}}=\frac{(\bar{X}_{\cdot j}-\bar{X}_{\cdot k})-(\mu_j-\mu_k)}{\sigma\sqrt{1/n_j+1/n_k}}\Bigg/\sqrt{\frac{S_E}{\sigma^2}/(n-s)}\sim t(n-s)$$

所以均值差 $\mu_j-\mu_k=\delta_j-\delta_k$ 在置信水平为 $1-\alpha$ 的置信区间为

$$\left(\bar{X}_{\cdot j}-\bar{X}_{\cdot k}\pm t_{\frac{\alpha}{2}}(n-s)\sqrt{\bar{S}_E\left(\frac{1}{n_j}+\frac{1}{n_k}\right)}\right)\qquad(9\text{-}22)$$

例 9.1.5　求例 9.1.4 中未知参数 $\sigma^2,\mu_j,\delta_j(j=1,2,3)$ 的点估计及均值差的置信水平为 0.95 的置信区间.

解　由题意可计算

$$\hat{\sigma}^2 = \frac{S_E}{(n-s)} = 0.000\,296\,7$$

$$\hat{\mu}_1 = \overline{X}_{\cdot 1} = 4.034,\quad \hat{\mu}_2 = \overline{X}_{\cdot 2} = 4.006,\quad \hat{\mu}_3 = \overline{X}_{\cdot 3} = 3.974,\quad \hat{\mu} = \overline{X} = 4.005$$

$$\hat{\delta}_1 = \overline{X}_{\cdot 1} - \overline{X} = 0.029,\quad \hat{\delta}_2 = \overline{X}_{\cdot 2} - \overline{X} = 0.001,\quad \hat{\delta}_3 = \overline{X}_{\cdot 3} - \overline{X} = -0.031$$

均值差的区间估计如下：

由 $t_{0.025}(n-s) = t_{0.025}(12) = 2.178\,8$ 得

$$t_{0.025}(12)\sqrt{\overline{S}_E\left(\frac{1}{n_j}+\frac{1}{n_k}\right)} = 2.178\,8\sqrt{0.000\,296\,7\times\frac{2}{5}} = 0.023\,735\,9$$

故 $\mu_1-\mu_2$，$\mu_1-\mu_3$，$\mu_2-\mu_3$ 的置信水平为 0.95 的置信区间分别为

$$(4.034-4.006\pm 0.023\,735\,9) = (0.004\,264\,1, 0.051\,735\,9)$$

$$(4.034-3.974\pm 0.023\,735\,9) = (0.036\,264\,1, 0.083\,735\,9)$$

$$(4.006-3.974\pm 0.023\,735\,9) = (0.008\,264\,1, 0.055\,735\,9)$$

9.2　双因素试验的方差分析

9.2.1　双因素等重复试验的方差分析

设有因素 A、因素 B 为作用于试验的指标. 因素 A 有 r 个水平 $A_1, A_2, \cdots, A_r$，因素 B 有 s 个水平 $B_1, B_2, \cdots, B_s$. 现对因素 A、因素 B 的水平的每对组合(A_i, B_j) $(i=1,2,\cdots,r;\ j=1,2,\cdots,s)$ 都做 $t(t\geqslant 2)$ 次试验（称为等重复试验），得到如表 9-7 所示的结果.

表 9-7　因素 A、因素 B 作用于试验的指标

因素 A	因素 B			
	B_1	B_2	…	B_s
A_1	$X_{111}, X_{112}, \cdots, X_{11t}$	$X_{121}, X_{122}, \cdots, X_{12t}$	…	$X_{1s1}, X_{1s2}, \cdots, X_{1st}$
A_2	$X_{211}, X_{212}, \cdots, X_{21t}$	$X_{221}, X_{222}, \cdots, X_{22t}$	…	$X_{2s1}, X_{2s2}, \cdots, X_{2st}$
⋮	⋮	⋮		⋮
A_r	$X_{r11}, X_{r12}, \cdots, X_{r1t}$	$X_{r21}, X_{r22}, \cdots, X_{r2t}$	…	$X_{rs1}, X_{rs2}, \cdots, X_{rst}$

设

$$X_{ijk} \sim N(\mu_{ij}, \sigma^2)\quad (i=1,2,\cdots,r;\ j=1,2,\cdots,s;\ k=1,2,\cdots,t)$$

各 X_{ijk} 独立，μ_{ij}, σ^2 均为未知参数. 可写成

$$\begin{cases} X_{ijk} = \mu_{ij} + \varepsilon_{ijk} \\ \varepsilon_{ijk} \sim N(0,\sigma^2),\ \text{各}\ \varepsilon_{ijk}\ \text{独立} \\ i=1,2,\cdots,r;\ j=1,2,\cdots,s \\ k=1,2,\cdots,t \end{cases} \tag{9-23}$$

记

$$\mu=\frac{1}{rs}\sum_{i=1}^{r}\sum_{j=1}^{s}\mu_{ij}$$

$$\mu_{i\cdot}=\frac{1}{s}\sum_{j=1}^{s}\mu_{ij}\quad(i=1,2,\cdots,r)$$

$$\mu_{\cdot j}=\frac{1}{r}\sum_{i=1}^{r}\mu_{ij}\quad(j=1,2,\cdots,s)$$

$$\alpha_i=\mu_{i\cdot}-\mu\quad(i=1,2,\cdots,r)$$

$$\beta_j=\mu_{\cdot j}-\mu\quad(j=1,2,\cdots,s)$$

则

$$\sum_{i=1}^{r}\alpha_i=0,\quad\sum_{j=1}^{s}\beta_j=0$$

称 μ 为总平均，称 α_i 为水平 A_i 的效应，称 β_j 为水平 B_j 的效应，于是 μ_{ij} 可以表示成

$$\mu_{ij}=\mu+\alpha_i+\beta_j+(\mu_{ij}-\mu_{i\cdot}-\mu_{\cdot j}+\mu)\quad(i=1,2,\cdots,r;\ j=1,2,\cdots,s)$$

记

$$\gamma_{ij}=\mu_{ij}-\mu_{i\cdot}-\mu_{\cdot j}+\mu\quad(i=1,2,\cdots,r;\ j=1,2,\cdots,s)$$

此时

$$\mu_{ij}=\mu+\alpha_i+\beta_j+\gamma_{ij}\tag{9-24}$$

γ_{ij} 称为水平 A_i 和水平 B_j 的**交互效应**，这是由 A_i 和 B_j 联合作用引起的，易见

$$\sum_{i=1}^{r}\gamma_{ij}=0\quad(j=1,2,\cdots,s)$$

$$\sum_{j=1}^{s}\gamma_{ij}=0\quad(i=1,2,\cdots,r)$$

于是，(9-23) 式可写成

$$\begin{cases}X_{ijk}=\mu+\alpha_i+\beta_j+\gamma_{ij}+\varepsilon_{ijk}\\ \varepsilon_{ijk}\sim N(0,\sigma^2),\ \text{各}\varepsilon_{ijk}\text{独立}\\ i=1,2,\cdots,r;\ j=1,2,\cdots,s;\ k=1,2,\cdots,t\\ \sum_{i=1}^{r}\alpha_i=0,\ \sum_{j=1}^{s}\beta_j=0,\ \sum_{i=1}^{r}\gamma_{ij}=0,\ \sum_{j=1}^{s}\gamma_{ij}=0\end{cases}\tag{9-25}$$

其中 $\mu,\alpha_i,\beta_j,\gamma_{ij}$ 及 σ^2 都是未知参数.

(9-25) 式为双因素试验方差分析的数学模型.对模型需检验以下三个假设：

$$\begin{cases}H_{01}:\alpha_1=\alpha_2=\cdots=\alpha_r=0\\ H_{11}:\alpha_1,\alpha_2,\cdots,\alpha_r\text{不全为零}\end{cases}$$

$$\begin{cases}H_{02}:\beta_1=\beta_2=\cdots=\beta_s=0\\ H_{12}:\beta_1,\beta_2,\cdots,\beta_s\text{不全为零}\end{cases}$$

$$\begin{cases}H_{03}:\gamma_{11}=\gamma_{12}=\cdots=\gamma_{rs}=0\\ H_{13}:\gamma_{11},\gamma_{12},\cdots,\gamma_{rs}\text{不全为零}\end{cases}$$

与单因素情况类似，对这些问题的检验方法是建立在平方和的分解上的. 记

$$\bar{X}=\frac{1}{rst}\sum_{i=1}^{r}\sum_{j=1}^{s}\sum_{k=1}^{t}X_{ijk}$$

$$\bar{X}_{ij\cdot}=\frac{1}{t}\sum_{k=1}^{t}X_{ijk}\quad(i=1,2,\cdots,r;j=1,2,\cdots,s)$$

$$\bar{X}_{i\cdot\cdot}=\frac{1}{st}\sum_{j=1}^{s}\sum_{k=1}^{t}X_{ijk}\quad(i=1,2,\cdots,r)$$

$$\bar{X}_{\cdot j\cdot}=\frac{1}{rt}\sum_{i=1}^{r}\sum_{k=1}^{t}X_{ijk}\quad(j=1,2,\cdots,s)$$

再引入总偏差平方和（称为总变差）

$$S_T=\sum_{i=1}^{r}\sum_{j=1}^{s}\sum_{k=1}^{t}(X_{ijk}-\bar{X})^2$$

则 S_T 可以写成

$$\begin{aligned}S_T&=\sum_{i=1}^{r}\sum_{j=1}^{s}\sum_{k=1}^{t}(X_{ijk}-\bar{X})^2\\&=\sum_{i=1}^{r}\sum_{j=1}^{s}\sum_{k=1}^{t}\Big[(X_{ijk}-\bar{X}_{ij\cdot})+(\bar{X}_{i\cdot\cdot}-\bar{X})+(\bar{X}_{\cdot j\cdot}-\bar{X})\\&\quad+(\bar{X}_{ij\cdot}-\bar{X}_{i\cdot\cdot}-\bar{X}_{\cdot j\cdot}+\bar{X})\Big]^2\\&=\sum_{i=1}^{r}\sum_{j=1}^{s}\sum_{k=1}^{t}(X_{ijk}-\bar{X}_{ij\cdot})^2+st\sum_{i=1}^{r}(\bar{X}_{i\cdot\cdot}-\bar{X})^2\\&\quad+rt\sum_{j=1}^{s}(\bar{X}_{\cdot j\cdot}-\bar{X})^2+t\sum_{i=1}^{r}\sum_{j=1}^{s}(\bar{X}_{ij\cdot}-\bar{X}_{i\cdot\cdot}-\bar{X}_{\cdot j\cdot}+\bar{X})^2\end{aligned}$$

即得平方和的分解式

$$S_T=S_E+S_A+S_B+S_{A\times B}$$

其中

$$S_E=\sum_{i=1}^{r}\sum_{j=1}^{s}\sum_{k=1}^{t}(X_{ijk}-\bar{X}_{ij\cdot})^2$$

$$S_A=st\sum_{i=1}^{r}(\bar{X}_{i\cdot\cdot}-\bar{X})^2$$

$$S_B=rt\sum_{j=1}^{s}(\bar{X}_{\cdot j\cdot}-\bar{X})^2$$

$$S_{A\times B}=t\sum_{i=1}^{r}\sum_{j=1}^{s}(\bar{X}_{ij\cdot}-\bar{X}_{i\cdot\cdot}-\bar{X}_{\cdot j\cdot}+\bar{X})^2$$

S_E 称为**误差平方和**，S_A，S_B 分别称为因素 A、因素 B 的**效应平方和**，$S_{A\times B}$ 称为因素 A、因素 B 的**交互效应平方和**.

可以证明 S_T，S_E，S_A，S_B，$S_{A\times B}$ 的自由度依次为 $rst-1, rs(t-1), r-1, s-1, (r-1)(s-1)$，且有

$$E\left(\frac{S_E}{rs(t-1)}\right)=\sigma^2$$

$$E\left(\frac{S_A}{r-1}\right)=\sigma^2+\frac{st\sum_{i=1}^{r}\alpha_i^2}{r-1}$$

$$E\left(\frac{S_B}{s-1}\right)=\sigma^2+\frac{rt\sum_{j=1}^{r}\beta_j^2}{s-1}$$

$$E\left(\frac{S_{A\times B}}{(r-1)(s-1)}\right)=\sigma^2+\frac{t\sum_{i=1}^{r}\sum_{j=1}^{s}\gamma_{ij}^2}{(r-1)(s-1)}$$

当 $H_{01}:\alpha_1=\alpha_2=\cdots=\alpha_r=0$ 为真时，可以证明

$$F_A=\frac{S_A/(r-1)}{S_E/[rs(t-1)]}\sim F(r-1,rs(t-1))$$

取显著性水平为 α，得假设 H_{01} 的拒绝域为

$$F_A=\frac{S_A/(r-1)}{S_E/[rs(t-1)]}\geqslant F_\alpha(r-1,rs(t-1))$$

类似的，在显著性水平 α 下，假设 H_{02} 的拒绝域为

$$F_B=\frac{S_B/(s-1)}{S_E/[rs(t-1)]}\geqslant F_\alpha(s-1,rs(t-1))$$

在显著性水平 α 下，假设 H_{03} 的拒绝域为

$$F_{A\times B}=\frac{S_{A\times B}/[(r-1)(s-1)]}{S_E/[rs(t-1)]}\geqslant F_\alpha((r-1)(s-1),rs(t-1))$$

上述结果可汇总成下列的方差分析表，如表 9-8 所示.

表 9-8　双因素试验的方差分析表

方差来源	平方和	自由度	均方	F 比
因素 A	S_A	$r-1$	$\bar{S}_A=\frac{S_A}{r-1}$	$F_A=\frac{\bar{S}_A}{\bar{S}_E}$
因素 B	S_B	$s-1$	$\bar{S}_B=\frac{S_B}{s-1}$	$F_B=\frac{\bar{S}_B}{\bar{S}_E}$
交互作用	$S_{A\times B}$	$(r-1)(s-1)$	$\bar{S}_{A\times B}=\frac{S_{A\times B}}{(r-1)(s-1)}$	$F_{A\times B}=\frac{\bar{S}_{A\times B}}{\bar{S}_E}$
误差	S_E	$rs(t-1)$	$\bar{S}_E=\frac{S_E}{rs(t-1)}$	
总和	S_T	$rst-1$		

记

$$T_{\cdots}=\sum_{i=1}^{r}\sum_{j=1}^{s}\sum_{k=1}^{t}X_{ijk}$$

$$T_{ij\cdot}=\sum_{k=1}^{t}X_{ijk}\quad(i=1,2,\cdots,r;\ j=1,2,\cdots,s)$$

$$T_{i\cdot\cdot}=\sum_{j=1}^{s}\sum_{k=1}^{t}X_{ijk}\quad(i=1,2,\cdots,r)$$

$$T_{\cdot j\cdot}=\sum_{i=1}^{r}\sum_{k=1}^{t}X_{ijk}\quad(j=1,2,\cdots,s)$$

可以按照下述（9-26）式来计算上表中的各个平方和.

$$\begin{cases}S_T=\sum_{i=1}^{r}\sum_{j=1}^{s}\sum_{k=1}^{t}X_{ijk}^2-\dfrac{T_{\cdots}^{\ 2}}{rst}\\ S_A=\dfrac{1}{st}\sum_{i=1}^{r}T_{i\cdot\cdot}^{\ 2}-\dfrac{T_{\cdots}^{\ 2}}{rst}\\ S_B=\dfrac{1}{rt}\sum_{j=1}^{s}T_{\cdot j\cdot}^{2}-\dfrac{T_{\cdots}^{\ 2}}{rst}\\ S_{A\times B}=\left(\dfrac{1}{t}\sum_{i=1}^{r}\sum_{j=1}^{s}T_{ij\cdot}^{\ 2}-\dfrac{T_{\cdots}^{\ 2}}{rst}\right)-S_A-S_B\\ S_E=S_T-S_A-S_B-S_{A\times B}\end{cases}\tag{9-26}$$

例 9.2.1　在例 9.1.3 中，假设射程试验符合双因素方差分析的假设条件，在显著性水平 0.05 水平下，检验不同燃料（因素 A）、不同推进器（因素 B）下射程是否有显著差异？交互作用是否显著？

解　需检验假设 H_{01},H_{02},H_{03}； $T_{\cdots},T_{ij\cdot},T_{i\cdot\cdot},T_{\cdot j\cdot}$ 计算如表 9-9 所示.

表 9-9　因素 A、因素 B 的计算表

	B_1		B_2		B_3		$T_{i\cdot\cdot}$
A_1	58.2 52.6	(110.8)	56.2 41.2	(97.4)	65.3 60.8	(126.1)	334.3
A_2	49.1 42.8	(91.9)	54.1 50.5	(104.6)	51.6 48.4	(100)	296.5
A_3	60.1 58.3	(118.4)	70.9 73.2	(144.1)	39.2 40.7	(79.9)	342.4
A_4	75.8 71.5	(147.3)	58.2 51.0	(109.2)	48.7 41.4	(90.1)	346.6
$T_{\cdot j\cdot}$	468.4		455.3		396.1		1 319.8

表中括号内的数是 $T_{ij\cdot}$，现在 $r=4,s=3,t=2$，故有

$$S_T=(58.2^2+52.6^2+\cdots+41.4^2)-\frac{1\,319.8^2}{24}=2\,638.298\,33$$

$$S_A=\frac{1}{6}(334.3^2+296.5^2+342.4^2+346.6^2)-\frac{1\,319.8^2}{24}=261.675\,00$$

$$S_B=\frac{1}{8}(468.4^2+455.3^2+396.1^2)-\frac{1\,319.8^2}{24}=370.980\,83$$

$$S_{A\times B}=\frac{1}{2}(110.8^2+91.9^2+\cdots+90.1^2)-\frac{1\,319.8^2}{24}-S_A-S_B=1\,768.692\,50$$

$$S_E=S_T-S_A-S_B-S_{A\times B}=236.950\,00$$

得方差分析表如表 9-10 所示.

表 9-10　例 9.2.1 的方差分析表

方差来源	平方和	自由度	均方	F 比
因素 A（燃料）	261.675 00	3	87.225 0	$F_A=4.42$
因素 B（推进器）	370.980 83	2	185.490 4	$F_B=9.39$
交互作用 $A\times B$	1 768.692 50	6	294.782 1	$F_{A\times B}=14.9$
误差	236.950 00	12	19.745 8	
总和	2 638.298 33	23		

由于 $F_{0.05}(3,12)=3.49<F_A, F_{0.05}(2,12)=3.89<F_B$，所以在 $\alpha=0.05$ 显著性水平下拒绝原假设 H_{01}，H_{02}，认为不同燃料或不同推进器下火箭射程有显著差异. 即燃料和推进器这两个因素对射程的影响都是显著的. 由于 $F_{0.05}(6,12)=3.00<F_{A\times B}$，拒绝原假设 H_{03}，交互作用效应是高度显著的. 即燃料和推进器的合理搭配能使火箭射程更远，实际中选择最优搭配实施.

9.2.2　双因素无重复试验的方差分析

在以上对双因素方差分析的讨论中考虑了两个因素之间的交互作用. 为了检验因素之间交互作用的效应是否显著，对于两个因素的每一组合 (A_i,B_j) 至少要做两次试验. 这是因为在模型（9-25）中，若 $k=1,\gamma_{ij}+\varepsilon_{ijk}$ 总以结合在一起的形式出现，于是不能将两因素之间的交互作用与随机误差分离出来. 若已知因素之间不存在相互作用，或交互作用对试验指标影响很小可以忽略不计，则可以不考虑交互作用，即使 $k=1$ 也能对两个因素的效应进行分析. 现设对于两个因素的每一组合 (A_i,B_j) 只做一次试验，所得结果如表 9-11 所示.

表 9-11　因素 A、因素 B 的试验结果表

因素 A	因素 B			
	B_1	B_2	…	B_s
A_1	X_{11}	X_{12}	…	X_{1s}
A_2	X_{21}	X_{22}	…	X_{2s}
⋮	⋮	⋮		⋮
A_r	X_{r1}	X_{r2}	…	X_{rs}

设各 X_{ij} 独立，$X_{ij} \sim N(\mu_{ij}, \sigma^2)$ $(i=1,2,\cdots,r;\ j=1,2,\cdots,s)$，其中 μ_{ij}，σ^2 均为未知参数，可以写成

$$\begin{cases} X_{ij} = \mu_{ij} + \varepsilon_{ij}\ (=1,2,\cdots,r;\ j=1,2,\cdots,s) \\ \varepsilon_{ij} \sim N(0,\sigma^2) \\ \text{各}\varepsilon_{ij}\text{独立} \end{cases} \tag{9-27}$$

沿用 9.2.1 节的记号，由于假设因素之间不存在交互作用，所以 $\gamma_{ij} = 0$ $(i=1,2,\cdots,r;\ j=1,2,\cdots,s)$，由（9-24）式知 $\mu_{ij} = \mu + \alpha_i + \beta_j$，于是（9-27）式可写成

$$\begin{cases} X_{ij} = \mu + \alpha_i + \beta_j + \varepsilon_{ij} \\ \varepsilon_{ij} \sim N(0,\sigma^2),\ \text{各}\varepsilon_{ij}\text{独立} \\ i=1,2,\cdots,r;\ j=1,2,\cdots,s \\ \sum_{i=1}^{r}\alpha_i = 0,\ \sum_{j=1}^{s}\beta_j = 0 \end{cases} \tag{9-28}$$

对模型（9-28）需检验假设有两个

$$\begin{cases} H_{01}: \alpha_1 = \alpha_2 = \cdots = \alpha_r = 0 \\ H_{11}: \alpha_1, \alpha_2, \cdots, \alpha_r\text{不全为零} \end{cases} \tag{9-29}$$

$$\begin{cases} H_{02}: \beta_1 = \beta_2 = \cdots = \beta_s = 0 \\ H_{12}: \beta_1, \beta_2, \cdots, \beta_s\text{不全为零} \end{cases} \tag{9-30}$$

可得如表 9-12 所示. 方差分析表

表 9-12　方差分析表

方差来源	平方和	自由度	均方	F 比
因素 A	S_A	$r-1$	$\overline{S}_A = \frac{S_A}{r-1}$	$F_A = \frac{\overline{S}_A}{\overline{S}_E}$
因素 B	S_B	$s-1$	$\overline{S}_B = \frac{S_B}{s-1}$	$F_B = \frac{\overline{S}_B}{\overline{S}_E}$
误差	S_E	$(r-1)(s-1)$	$\overline{S}_E = \frac{S_E}{(r-1)(s-1)}$	
总和	S_T	$rs-1$		

在显著性水平为 α 下，假设 $H_{01}: \alpha_1 = \alpha_2 = \cdots = \alpha_r = 0$ 的拒绝域为

$$F_A = \frac{\overline{S}_A}{\overline{S}_E} \geqslant F_\alpha(r-1,(r-1)(s-1))$$

假设 $H_{02}: \beta_1 = \beta_2 = \cdots = \beta_s = 0$ 的拒绝域为

$$F_B = \frac{\overline{S}_B}{\overline{S}_E} \geqslant F_\alpha(s-1,(r-1)(s-1))$$

表 9-12 中的平方和可按下述式子来计算：

$$\begin{cases} S_T = \sum_{i=1}^{r}\sum_{j=1}^{s} X_{ij} - \dfrac{T_{..}^2}{rs} \\ S_A = \dfrac{1}{s}\sum_{i=1}^{r} T_{i\cdot}^2 - \dfrac{T_{..}^2}{rs} \\ S_B = \dfrac{1}{r}\sum_{j=1}^{s} T_{\cdot j}^2 - \dfrac{T_{..}^2}{rs} \\ S_E = S_T - S_A - S_B \end{cases}$$

其中

$$T_{..} = \sum_{i=1}^{r}\sum_{j=1}^{s} X_{ij}, \quad T_{i\cdot} = \sum_{j=1}^{s} X_{ij}, \quad T_{\cdot j} = \sum_{i=1}^{r} X_{ij} \quad (i = 1, 2, \cdots, r;\ j = 1, 2, \cdots, s)$$

例 9.2.2 某食品生产商为提高产品销售量，对食品包装方法和销售地区进行研究以明确其是否对产品销售量有影响. 将三种不同包装的食品投放到三个不同地区进行销售，得到销售量数据如表 9-13 所示.

表 9-13 销售量数据

销售地区 A	包装方法 B		
	B_1	B_2	B_3
A_1	45	75	30
A_2	50	50	40
A_3	35	65	50

设问题符合模型（9-28）中的条件，在显著性水平 $\alpha = 0.05$ 下检验不同地区和不同包装方法对该食品的销售量是否有显著影响.

解 按题意需检验假设（9-29）式、（9-30）式. 现有 $r = 3, s = 3$，则

$$S_T = 45^2 + 75^2 + \cdots + 50^2 - \frac{440^2}{9} = 1\,588.888\,9$$

$$S_A = \frac{1}{3}(150^2 + 140^2 + 150^2) - \frac{440^2}{9} = 22.222\,2$$

$$S_B = \frac{1}{3}(130^2 + 190^2 + 120^2) - \frac{440^2}{9} = 955.555\,6$$

$$S_E = S_T - S_A - S_B = 611.1111$$

得方差分析表如表 9-14 所示.

表 9-14 例 9.2.2 的方差分析表

方差来源	平方和	自由度	均方	F 比
地区	22.222 2	2	11.111 1	$F_A = 0.072\,7$
包装方法	955.555 6	2	477.777 8	$F_B = 3.127\,3$
误差	611.111 1	4	152.777 8	
总和	1 588.888 9	8		

由于

$$F_{地区}=0.0727<F_{0.05}(2,4)=6.94,\quad F_{包装方法}=3.1273<F_{0.05}(2,4)=6.94$$

不能拒绝原假设 H_{01}，H_{02}，没有证据表明不同地区对该食品的销售量有显著影响，同时也没有证据表明不同的包装方法对该食品的销售量有显著影响. 即认为在本题中，销售地区和包装方法对该食品的销售量的影响均不显著.

9.3　一元线性回归

"回归"一词是由英国生物学家高尔顿（Galton）在遗传学研究中首先提出来的. 高尔顿通过对人体身高的研究发现，子女的身高不仅与父母的身高相关，而且有朝向相同性别的人的平均身高回归的趋势. 现在意义的"回归"是研究一个变量（因变量）对另一个或多个变量（自变量）的依存关系的统计方法，目的是寻找一个适当的数量关系式（回归方程）来近似代表变量间依存关系并据以进行估计或预测. 回归方程中的自变量可以为一个，也可以为两个及两个以上，回归分析相应的分为一元回归分析和多元回归分析. 根据回归方程的形态，回归分析可以分为线性回归分析和非线性回归分析. 这里只讨论线性回归分析.

9.3.1　总体回归方程和样本回归方程的概念

假设因变量 Y 和自变量 X 之间呈线性相关，对于自变量 X 的某一取值 x_i，因变量 Y 对应的取值 y_i 不是唯一确定的，Y 的多个可能取值分布在一条直线上下，这是因为除了自变量 X 的影响外，Y 还受其他因素的影响，这些因素的影响大小和方向都是不确定的，通常用一个随机变量 ε 来表示，也称为随机扰动项. 于是 Y 和 X 的依存关系可以表示为

$$y_i=\alpha+\beta x_i+\varepsilon_i \tag{9-31}$$

（9-31）式就是一元线性回归模型. 其中 α，β 是常数，随机扰动项 ε_i 是无法直接观测到的随机变量. 为了进行回归分析，通常假定 ε_i 是零均值 $[E(\varepsilon_i)=0]$、同方差 $[D(\varepsilon_i)=\sigma^2]$、独立 $[Cov(\varepsilon_i,\varepsilon_j)=0]$ 同正态分布，即假定 ε_i 的分布为

$$\varepsilon_i \sim N(0,\sigma^2)$$

通常把满足以上基本假定的线性回归模型称为古典线性回归模型. 对（9-30）式求均值则有

$$E(y_i)=\alpha+\beta x_i \tag{9-32}$$

通常将（9-32）式称为总体的一元线性回归方程或总体回归直线，$E(y_i)$ 表示给定自变量值 x_i 时因变量的均值或期望值. α，β 统称为总体回归方程的参数. 其中 α 是总体回归直线的截距，表示除 X 之外的其他因素对 Y 的平均影响量. β 是总体回归直线的斜率，表示 X 每增加一个单位 Y 的平均增加量. 显然，由（9-32）式不难理解总体回归方程是 Y 和 X 两个变量之间平均的数量变化关系.

在实际中，通常不太可能把变量的全部取值收集齐全，总体回归方程中的参数 α 和 β 是不可能直接观测计算得到的，是有待估计的未知参数. 为此需要根据样本信息来估计. 通过适当的方法寻找样本统计量 a，b 替代 α，β，则得到估计的回归方程，也称**样本回归方程**. 一元线性样本回归方程也称为**样本回归直线**，形式如下：

$$\hat{y}_i = a + bx_i \tag{9-33}$$

（9-33）式是 $\hat{y}_i$ 与自变量取值 x_i 相对应的因变量均值 $E(y_i)$ 的估计. 其中 a 和 b 分别为总体回归方程参数 α，β 的估计量，a 是样本回归直线的截距，b 是样本回归直线的斜率，也称为**样本回归系数**.

样本回归方程与总体回归方程的形式是一致的，但总体回归方程的参数是未知、确定的数，从而总体回归方程是未知但确定的；而样本回归方程的估计量 a 和 b 是随抽样而变化的随机变量，因而样本回归直线也是随抽样而变化的，对于每个可能样本，都可以拟合一条样本回归直线，所以样本回归直线可以有多条.

9.3.2 a，b 的估计

回归分析的基本内容就是用样本回归方程估计总体回归方程. 就一元线性回归分析而言，即要确定（9-33）式中的两个系数 a，b. 最理想的回归直线应该尽可能从整体看最接近各个实际观察点，即散点图中各点到回归直线的垂直距离，即因变量的实际值 y_i 与相应的回归估计值 $\hat{y}_i$ 的离差整体来说达到最小. 由于离差有正有负，正负离差会相互抵消，通常采用观测值与对应估计值之间的离差平方总和来衡量全部数据总的离差大小，所以回归直线应满足的条件是：全部观测值与对应的回归估计值的离差平方的总和为最小. 根据这一方法确定模型参数的方法称为最小二乘法. 即使

$$\sum_{i=1}^{n}(y_i - \hat{y}_i)^2 = \sum_{i=1}^{n}[y_i - (a + bx_i)]^2$$

最小. 令 $Q = \sum_{i=1}^{n}(y_i - \hat{y}_i)^2$，根据微积分的极值定理，对 Q 求相应于 a，b 的偏导数，并令其等于 0，则

$$\begin{cases} \dfrac{\partial Q}{\partial a} = -2\sum_{i=1}^{n}(y_i - a - bx_i) = 0 \\ \dfrac{\partial Q}{\partial b} = -2\sum_{i=1}^{n}(y_i - a - bx_i)x_i = 0 \end{cases}$$

得方程组

$$\begin{cases} \sum_{i=1}^{n} y_i = na + b\sum_{i=1}^{n} x_i \\ \sum_{i=1}^{n} x_i y_i = a\sum_{i=1}^{n} x_i + b\sum_{i=1}^{n} x_i^2 \end{cases} \tag{9-34}$$

（9-34）式称为正规方程组. 求解正规方程组可得

$$\begin{cases} b = \dfrac{n\sum_{i=1}^{n} x_i y_i - \sum_{i=1}^{n} x_i \sum_{i=1}^{n} y_i}{n\sum_{i=1}^{n} x_i^2 - \left(\sum_{i=1}^{n} x_i\right)^2} = \dfrac{\sum_{i=1}^{n}(x_i - \overline{x})(y_i - \overline{y})}{\sum_{i=1}^{n}(x_i - \overline{x})^2} \\ a = \overline{y} - b\overline{x} \end{cases} \tag{9-35}$$

由（9-35）式可知，当 $x = \overline{x}$ 时，$y = \overline{y}$，即回归直线通过点 $(\overline{x}, \overline{y})$，这是回归直线的重要特征之一.

为方便计算，记

$$\begin{cases} S_{xx}=\sum_{i=1}^{n}(x_i-\overline{x})^2=\sum_{i=1}^{n}x_i^2-\frac{1}{n}\left(\sum_{i=1}^{n}x_i\right)^2 \\ S_{yy}=\sum_{i=1}^{n}(y_i-\overline{y})^2=\sum_{i=1}^{n}y_i^2-\frac{1}{n}\left(\sum_{i=1}^{n}y_i\right)^2 \\ S_{xy}=\sum_{i=1}^{n}(x_i-\overline{x})(y_i-\overline{y})=\sum_{i=1}^{n}x_iy_i-\frac{1}{n}\left(\sum_{i=1}^{n}x_i\right)\left(\sum_{i=1}^{n}y_i\right) \end{cases}$$

这样，a，b 的估计值可写成

$$\begin{cases} b=\frac{S_{xy}}{S_{xx}} \\ a=\overline{y}-b\overline{x} \end{cases}$$

例 9.3.1 小煜为研究某一化学反应过程中温度 x（单位：℃）对产品得率 Y（单位：%）的影响，测得数据如下. 求 Y 关于 x 的线性回归方程.

x/℃	100	110	120	130	140	150	160	170	180	190
Y/%	45	51	54	61	66	70	74	78	85	89

解 现在 $n=10$，为求线性回归方程，所需计算列表如表 9-15 所示.

表 9-15 线性回归方程计算列表

	x	y	x^2	y^2	xy
	100	45	10 000	2 025	4 500
	110	51	12 100	2 601	5 610
	120	54	14 400	2 916	6 480
	130	61	16 900	3 721	7 930
	140	66	19 600	4 356	9 240
	150	70	22 500	4 900	10 500
	160	74	25 600	5 476	11 840
	170	78	28 900	6 084	13 260
	180	85	32 400	7 225	15 300
	190	89	36 100	7 921	16 910
总和	1 450	673	218 500	47 225	101 570

由表 9-15 可得

$$S_{xx}=218\,500-\frac{1}{10}\times 1\,450^2=8\,250$$

$$S_{xy}=101\,570-\frac{1}{10}\times 1\,450\times 673=3\,985$$

故得

$$b=\frac{S_{xy}}{S_{xx}}=0.483\,03$$

$$a=\overline{y}-b\overline{x}=\frac{1}{10}\times 673-0.483\,03\times\frac{1}{10}\times 1450=-2.739\,35$$

于是得到回归直线方程

$$\hat{y} = -2.739\,35 + 0.483\,03x$$

9.3.3　一元线性回归方程的拟合效果

样本回归方程是根据样本数据来估计变量间的线性关系，为了了解样本回归方程对样本数据拟合的优劣程度，需要对拟合优度进行度量. 拟合优度是指回归直线与各观测点的接近程度，为说明回归方程的拟合优度，需要计算判定系数.

因变量离差的产生来自两个方面：一是由自变量 x 的取值不同造成的；二是由除 x 以外的其他因素的影响. 离差大小可以用每个实际观测值与均值之差 $(y_i - \overline{y})$ 来表示，$(y_i - \overline{y})$ 可分解为两部分

$$(y_i - \overline{y}) = (\hat{y}_i - \overline{y}) + (y_i - \hat{y}_i) \tag{9-36}$$

（9-36）式中，$(\hat{y}_i - \overline{y})$ 称为回归离差，表示估计值 $\hat{y}_i$ 对 $\overline{y}$ 的偏离程度，随自变量 x 取值不同而不同，即这部分离差的方向和大小可以由自变量的变化来加以解释；$(y_i - \hat{y}_i)$ 称为残差，通常记为 e_i，表示观测值 y_i 和估计值 $\hat{y}_i$ 的离差，即由除了自变量 x 以外的其余因素引起，这部分离差的方向和大小都是不确定的，不能由回归方程来解释说明. n 次观测值的总离差可用离差的平方和来表示，称为总离差平方和，记为 SST，即

$$SST = \sum_{i=1}^{n} (y_i - \overline{y})^2$$

因变量离差的分解如图 9-1 所示.

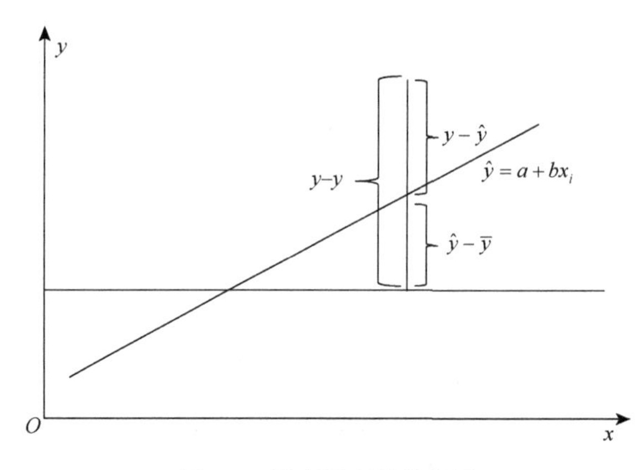

图 9-1　因变量离差的分解

将（9-36）式两边平方，并对所有 n 个点求和，有

$$\sum (y_i - \overline{y})^2 = \sum (y_i - \hat{y}_i)^2 + \sum (\hat{y}_i - \overline{y}_i)^2 + 2\sum (y_i - \hat{y}_i)(\hat{y}_i - \overline{y}_i)$$

可证明 $\sum (y_i - \hat{y}_i)(\hat{y}_i - \overline{y}_i) = 0$，因此

$$\sum (y_i - \overline{y})^2 = \sum (y_i - \hat{y}_i)^2 + \sum (\hat{y}_i - \overline{y}_i)^2 \tag{9-37}$$

(9-37)式中，$\sum (y_i - \overline{y})^2$ 称为总离差平方和，记为 SST，反映因变量 y 的总变异；$\sum (\hat{y}_i - \overline{y}_i)^2$ 称为回归平方和，记为 SSR，表示因变量 y 的总变异可由回归直线做出解释的部分；$\sum (y_i - \hat{y}_i)^2$ 称为残差平方和，记为 SSE，表示因变量 y 的总变异中回归直线无法解释的部分. 三个平方和的关系为

$$SST = SSR + SSE$$

在总离差平方和中，回归平方和所占的比重越大，残差平方和所占比重越小，样本回归直线对样本回归数据的拟合程度就越好. 因此可用回归平方和在总离差平方和中所占比重来度量样本回归直线的拟合程度，这一比重称为判定系数，记为 R^2，计算公式为

$$R^2 = \frac{SSR}{SST} = \frac{\sum(\hat{y}_i - \overline{y})^2}{\sum(y_i - \overline{y})^2} = 1 - \frac{\sum(y_i - \hat{y}_i)^2}{\sum(y_i - \overline{y})^2} = 1 - \frac{SSE}{SST}$$

判定系数 R^2 的取值范围是[0, 1]. R^2 越接近 1，表明回归平方和占总离差平方和的比例越大，回归直线的拟合程度越好；反之，R^2 越接近 0，回归直线的拟合程度就越差. 当 $R^2 = 0$ 时，表明 y 的变异完全不能由 x 的线性关系来解释.

在一元线性回归分析中，判定系数 R^2 等于相关系数 r 的平方. 相关系数 r 与回归系数 b 正负号相同. 因此，相关系数 r 的另一个计算公式为

$$r = \sqrt{\frac{\sum(\hat{y}_i - \overline{y})^2}{\sum(y_i - \overline{y})^2}} = \sqrt{1 - \frac{\sum(y_i - \hat{y}_i)^2}{\sum(y_i - \overline{y})^2}}$$

例 9.3.2　根据例 9.3.1 的数据计算产品得率对温度回归的判定系数，并解释其意义.

解　判定系数计算如下：

$$R^2 = \frac{SSR}{SST} = \frac{1\,924.876}{1\,932.1} = 0.996\,3$$

判定系数的实际意义是：在产品得率的离差中，有 99.63%可以由温度与产品得率之间的线性关系来解释，99.63%的拟合优度说明二者之间有非常强的线性关系.

9.3.4　回归估计标准误差

利用样本回归方程得到的因变量的估计值 $\hat{y}_i$ 与实际观测值 y_i 之间总存在估计误差，即残差 e_i. 估计标准误差就是度量各实际观测点在直线周围的散布状况的一个统计量，它是均方误差（MSE）的平方根，用 S_e 表示，计算公式为

$$S_e = \sqrt{\frac{\sum\left(y_i - \hat{y}_i\right)^2}{n-2}} = \sqrt{\frac{\sum e_i^2}{n-2}} = \sqrt{\frac{SSE}{n-2}} = \sqrt{MSE}$$

估计标准误差是对误差项 ε 的标准差 σ 的估计，反映了样本回归方程预测因变量 y 时预测误差的大小，S_e 越小，回归直线对各观测点的代表性就越好，根据样本回归方程进行预测也就越准确.

例 9.3.3　根据例 9.3.1 的数据计算产品得率对温度回归的估计标准误差.

解　估计标准误差计算如下：

$$S_e = \sqrt{\frac{SSE}{n-2}} = \sqrt{\frac{7.224\,2}{8}} = 0.950\,3$$

9.3.5　线性假设的显著性检验

在以上讨论中，假定 Y 对于 x 的回归具有形式 $a + bx$，在实际问题中，需要对求得的线性回归方程进行假设检验才能确定其是否具有实用价值，即检验自变量 X 对因变量 Y

的线性影响是否显著，通常对假设 $H_0:b=0;H_1:b\neq 0$ 进行显著性检验. 若拒绝原假设，表明自变量 X 对因变量 Y 存在显著的线性影响，则估计的回归方程显著，有意义；若不能拒绝原假设，表明所估计的回归方程不显著，没有意义.

1. 一元线性回归方程的 *F* 检验

一元线性回归方程的 F 检验的基本思想是将因变量的观测值的离差分解为回归离差和残差，检验由于 X 的线性影响而引起的变差是否显著. 在满足回归方程基本假定的情况下，构造用于检验的统计量. 检验统计量的构造基于回归平方和 SSR 与残差平方和 SSE. 可证明若 $H_0:b=0$ 成立，$SSR/\sigma^2\sim\chi^2(1)$，$SSE/\sigma^2\sim\chi^2(n-2)$，构造检验统计量：

$$F=\frac{(SSR/\sigma^2)/1}{(SSE/\sigma^2)/(n-2)}=\frac{SSR}{SSE/(n-2)}\sim F(1,n-2)$$

当 $F\geqslant F_\alpha(1,n-2)$ 时，拒绝原假设，表明 Y 与 X 的线性关系显著；当 $F<F_\alpha(1,n-2)$ 时，不能拒绝原假设，表明 Y 与 X 的线性关系不显著.

例 9.3.4 根据例 9.3.1 的数据检验产品得率与温度之间线性关系的显著性($\alpha=0.05$).

解 提出假设

$$H_0:b=0 \text{ 两个变量之间的线性关系不显著}$$

计算检验统计量 F

$$F=\frac{SSR/1}{SSE/(n-2)}=\frac{1924.876}{7.224/8}=2\,131.645\,6$$

做出判断，由于 $F=2\,131.645\,6>F_{0.05}(1,8)=5.32$，拒绝原假设，表明产品得率与温度之间的线性关系是显著的.

2. 回归系数的检验

回归系数的显著性检验是要检验自变量对因变量的影响是否显著. 在一元线性回归模型中，若回归系数 $b=0$，则回归线是一条水平线，表明因变量的取值不依赖于自变量，即两个变量之间没有线性关系. 若回归系数 $b\neq 0$，也不能得出两个变量之间存在线性关系的结论，要看这种关系是否具有统计意义上的显著性. 回归系数的显著性检验就是要检验回归系数 b 是否等于 0，即检验原假设 $H_0:\beta=0$.

因 $b\sim N\left(\beta,\dfrac{\sigma^2}{\sum(x_i-\bar{x})^2}\right)$，$\sigma^2$ 未知，故用 $S_e^2=\sum e_i^2/(n-2)$ 代替，可证明 $(n-2)S_e^2/\sigma^2\sim\chi^2(n-2)$ 且与 b 相互独立，所以在原假设成立的条件下，构造检验统计量：

$$t=\frac{b}{S(b)}=\frac{b}{S_e/\sqrt{\sum(x_i-\bar{x})^2}}\sim t(n-2)$$

当 $|t|\geqslant t_{\frac{\alpha}{2}}(n-2)$ 时，拒绝原假设，表明 Y 与 X 的线性关系显著；反之，则不能拒绝原假设.

例 9.3.5 根据例 9.3.1 的数据检验产品得率与温度之间回归系数的显著性($\alpha=0.05$).

解 提出假设

$$H_0:\beta=0 \text{ 两个变量之间的线性关系不显著}$$

计算检验统计量 t

$$t=\frac{b}{S_e\Big/\sqrt{\sum(x_i-\overline{x})^2}}=\frac{0.483\,03}{0.950\,3\Big/\sqrt{8\,250}}=46.167\,9$$

做出判断，由于$t=46.167\,9>t_{0.025}(8)=2.306\,0$，拒绝原假设，意味着温度是影响产品得率的一个显著因素.

9.3.6　Y 的观察值的点预测和预测区间

1. 点预测

利用估计的回归方程，对于 X 的一个特定值 x_0，求出 y 的一个估计值 $\hat{y}_0$ 就是点估计. 例如，想知道温度为 200℃时，化学反应的产品得率是多少时则属于点估计，根据估计的回归方程

$$\hat{y}=-2.739\,35+0.483\,03\times200=93.866\,7$$

由样本回归方程的含义不难理解，用回归方程进行预测的 $\hat{y}$ 实质上是对均值 $E(\hat{y})$ 的点估计. 由于存在随机扰动项的影响，给定自变量的值，因变量对应的取值是一个随机变量，因变量的实际取值不一定等于其均值的点预测值，所以需要对因变量进行区间预测.

2. 区间预测

对于预测值 $y_f=E(y_f)+\varepsilon$，假定 $\varepsilon\sim N(0,\sigma^2)$，所以 y_f 最可能的预测值仍然是 $\hat{y}_f$，$\hat{y}_f=a+bx_f$，于是 y_f 的区间预测就是要寻找一个以点预测 $\hat{y}_f$ 为中心的对称区间，可表示为

$$(\hat{y}_f-\Delta,\hat{y}_f+\Delta) \tag{9-38}$$

式中，$\hat{y}_f$ 是因变量在 $x=x_f$ 时的点预测值，Δ 为预测误差范围. 预测误差范围 Δ 总是与一定的置信水平 $1-\alpha$ 相联系，这里 $1-\alpha$ 表示因变量的实际值与点预测值之差小于或等于 Δ（即残差绝对值 $|e_f|=|y_f-\hat{y}_f|\leqslant\Delta$）的概率为 $1-\alpha$.

可证明残差 $e_f=y_f-\hat{y}_f$ 服从正态分布，其均值和方差分别为

$$E(e_f)=E(y_f-\hat{y}_f)=0$$

$$D(e_f)=E(y_f-\hat{y}_f)^2=\sigma^2\left[1+\frac{1}{n}+\frac{(x_f-\overline{x})^2}{\sum(x_i-\overline{x})^2}\right]$$

因 σ^2 未知，故用 $S_e^2=\sum e_i^2\big/(n-2)$ 代替，可证明

$$t=\frac{y_f-\hat{y}_f}{S_e\sqrt{1+\frac{1}{n}+\frac{(x_f-\overline{x})^2}{\sum(x_i-\overline{x})^2}}}\sim t(n-2) \tag{9-39}$$

由（9-39）式可知，在给定置信水平 $1-\alpha$ 时，预测误差范围 Δ 的计算公式为

$$\Delta=t_{\frac{\alpha}{2}}(n-2)\cdot S_e\cdot\sqrt{1+\frac{1}{n}+\frac{(x_f-\overline{x})^2}{\sum(x_i-\overline{x})^2}} \tag{9-40}$$

式中，$t_{\frac{\alpha}{2}}(n-2)$ 是自由度 n–2 的 t 分布中右尾概率 $\frac{\alpha}{2}$ 对应的 t 值，S_e 是回归估计标准误差.

因此，在置信水平$1-\alpha$下的预测区间可表示为

$$\left(\hat{y}_f \pm t_{\frac{\alpha}{2}}(n-2)\cdot S_e\cdot\sqrt{1+\frac{1}{n}+\frac{(x_f-\overline{x})^2}{\sum(x_i-\overline{x})^2}}\right)$$

例 9.3.6 根据例 9.3.1 的数据以及所得结果计算在$x=125$处Y的置信水平为 0.95 的预测区间.

解 由例 9.3.1、例 9.3.3 可知$a=0.483\,03, b=-2.739\,35, S_e=0.950\,3, \overline{x}=145$，查表可得$t_{0.025}(8)=2.306\,0$，因此

$$y_{125}=-2.739\,35+0.483\,03\times125=57.639\,4$$

$$\Delta=2.306\,0\times\sqrt{0.950\,3}\times\sqrt{1+\frac{1}{10}+\frac{(125-145)^2}{8\,250}}=2.409\,1$$

故$x=125$在置信水平为 0.95 下的预测区间为$(57.639\,4\pm2.409\,1)$，即

$$(55.230\,3, 60.048\,5)$$

9.4 多元线性回归

在实际问题中，随机变量Y往往与多个普通变量$x_1,x_2,\cdots,x_p(p>1)$有关，对于自变量$x_1,x_2,\cdots,x_p$的一组确定的值，Y有它的分布. 若Y的数学期望存在，则它是$x_1,x_2,\cdots,x_p$的函数. 记为$\mu(x_1,x_2,\cdots,x_p)$，它就是Y关于x的回归函数. 这里仅讨论多元线性回归模型

$$Y=b_0+b_1x_1+\cdots+b_px_p+\varepsilon,\quad \varepsilon\sim N(0,\sigma^2) \tag{9-41}$$

其中$b_0,b_1,\cdots,b_p,\sigma^2$都是与$x_1,x_2,\cdots,x_p$无关的未知参数.

设

$$(x_{11},x_{12},\cdots,x_{1p},y_1),\cdots,(x_{n1},x_{n2},\cdots,x_{np},y_n)$$

是一个样本. 与一元线性回归的情况一样，采用最小二乘法对参数进行估计. 即取$\hat{b}_0,\hat{b}_1,\cdots,\hat{b}_p$使当$b_0=\hat{b}_0,b_1=\hat{b}_1,\cdots,b_p=\hat{b}_p$时

$$Q=\sum_{i=1}^{n}(y_i-b_0-b_1x_{i1}-\cdots-b_px_{ip})^2$$

达到最小.

求Q分别关于$b_0,b_1,\cdots,b_p$的偏导数，令其等于零，得

$$\begin{cases}\dfrac{\partial Q}{\partial b_0}=-2\sum\limits_{i=1}^{n}(y_i-b_0-b_1x_{i1}-\cdots-b_px_{ip})=0\\ \dfrac{\partial Q}{\partial b_j}=-2\sum\limits_{i=1}^{n}(y_i-b_0-b_1x_{i1}-\cdots-b_px_{ip})x_{ij}=0\\ j=1,2,\cdots,p\end{cases} \tag{9-42}$$

化简（9-42）式得

$$
\begin{cases}
b_0 n + b_1 \sum_{i=1}^{n} x_{i1} + b_2 \sum_{i=1}^{n} x_{i2} + \cdots + b_p \sum_{i=1}^{n} x_{ip} = \sum_{i=1}^{n} y_i \\
b_0 \sum_{i=1}^{n} x_{i1} + b_1 \sum_{i=1}^{n} x_{i1}^2 + b_2 \sum_{i=1}^{n} x_{i1} x_{i2} + \cdots + b_p \sum_{i=1}^{n} x_{i1} x_{ip} = \sum_{i=1}^{n} x_{i1} y_i \\
\qquad \vdots \\
b_0 \sum_{i=1}^{n} x_{ip} + b_1 \sum_{i=1}^{n} x_{ip} x_{i1} + b_2 \sum_{i=1}^{n} x_{ip} x_{i2} + \cdots + b_p \sum_{i=1}^{n} x_{ip}^2 = \sum_{i=1}^{n} x_{ip} y_i
\end{cases} \tag{9-43}
$$

（9-43）式称为**正规方程组**. 引入矩阵

$$
X = \begin{pmatrix} 1 & x_{11} & \cdots & x_{1p} \\ 1 & x_{21} & \cdots & x_{2p} \\ \vdots & \vdots & & \vdots \\ 1 & x_{n1} & \cdots & x_{np} \end{pmatrix}, \quad Y = \begin{pmatrix} y_1 \\ y_2 \\ \vdots \\ y_n \end{pmatrix}, \quad B = \begin{pmatrix} b_0 \\ b_1 \\ \vdots \\ b_p \end{pmatrix}
$$

因

$$
X^{\mathrm{T}} X = \begin{pmatrix} 1 & 1 & \cdots & 1 \\ x_{11} & x_{21} & \cdots & x_{n1} \\ \vdots & \vdots & & \vdots \\ x_{1p} & x_{2p} & \cdots & x_{np} \end{pmatrix} \begin{pmatrix} 1 & x_{11} & \cdots & x_{1p} \\ 1 & x_{21} & \cdots & x_{2p} \\ \vdots & \vdots & & \vdots \\ 1 & x_{n1} & \cdots & x_{np} \end{pmatrix}
$$

$$
= \begin{pmatrix} n & \sum_{i=1}^{n} x_{i1} & \cdots & \sum_{i=1}^{n} x_{ip} \\ \sum_{i=1}^{n} x_{i1} & \sum_{i=1}^{n} x_{i1}^2 & \cdots & \sum_{i=1}^{n} x_{i1} x_{ip} \\ \vdots & \vdots & & \vdots \\ \sum_{i=1}^{n} x_{ip} & \sum_{i=1}^{n} x_{ip} x_{i1} & \cdots & \sum_{i=1}^{n} x_{ip}^2 \end{pmatrix}
$$

$$
X^{\mathrm{T}} Y = \begin{pmatrix} 1 & 1 & \cdots & 1 \\ x_{11} & x_{21} & \cdots & x_{n1} \\ \vdots & \vdots & & \vdots \\ x_{1p} & x_{2p} & \cdots & x_{np} \end{pmatrix} \begin{pmatrix} y_1 \\ y_2 \\ \vdots \\ y_n \end{pmatrix} = \begin{pmatrix} \sum_{i=1}^{n} y_i \\ \sum_{i=1}^{n} x_{i1} y_i \\ \vdots \\ \sum_{i=1}^{n} x_{ip} y_i \end{pmatrix}
$$

于是（9-43）式可写成

$$
X^{\mathrm{T}} X B = X^{\mathrm{T}} Y \tag{9-44}
$$

这就是正规方程组的矩阵形式. 在（9-44）式两边左乘 $X^{\mathrm{T}} X$ 的逆矩阵 $(X^{\mathrm{T}} X)^{-1}$［设 $(X^{\mathrm{T}} X)^{-1}$ 存在］得到（9-44）式的解

$$
\hat{B} = \begin{pmatrix} \hat{b}_0 \\ \hat{b}_1 \\ \vdots \\ \hat{b}_p \end{pmatrix} = (X^{\mathrm{T}} X)^{-1} X^{\mathrm{T}} Y
$$

记 $\hat{y}=\hat{b}_0+\hat{b}_1x_1+\cdots+\hat{b}_px_p$ 作为 $\mu(x_1,x_2,\cdots,x_p)=b_0+b_1x_1+\cdots+b_px_p$ 的估计. 方程

$$\hat{y}=\hat{b}_0+\hat{b}_1x_1+\cdots+\hat{b}_px_p$$

称为 p 元经验线性回归方程，建成回归方程.

例 9.4.1　一家电器销售公司的管理人员小煜认为，月销售收入是广告费用的函数，并想通过广告费用对月销售收入做出估计. 下面是近 8 个月的月销售收入与广告费用数据，如表 9-16 所示.

表 9-16　月销售收入与广告费用数据　　单位：万元

时间	月销售收入 y	电视广告费用 x_1	报纸广告费用 x_2
第 1 月	96	5.0	1.5
第 2 月	90	2.0	2.0
第 3 月	95	4.0	1.5
第 4 月	92	2.5	2.5
第 5 月	95	3.0	3.3
第 6 月	94	3.5	2.3
第 7 月	94	2.5	4.2
第 8 月	94	3.0	2.5

解　由题意可知

$$X=\begin{pmatrix}1 & 5.0 & 1.5\\ 1 & 2.0 & 2.0\\ 1 & 4.0 & 1.5\\ 1 & 2.5 & 2.5\\ 1 & 3.0 & 3.3\\ 1 & 3.5 & 2.3\\ 1 & 2.5 & 4.2\\ 1 & 3.0 & 2.5\end{pmatrix},\quad Y=\begin{pmatrix}96\\90\\95\\92\\95\\94\\94\\94\end{pmatrix},\quad B=\begin{pmatrix}b_0\\b_1\\b_2\end{pmatrix}$$

经计算

$$X^{\mathrm{T}}X=\begin{pmatrix}8.0 & 25.50 & 19.80\\ 25.50 & 87.75 & 59.70\\ 19.80 & 59.70 & 54.82\end{pmatrix}$$

$$(X^{\mathrm{T}}X)^{-1}=\begin{pmatrix}5.998\,917 & -1.038\,914\,2 & -1.035\,304\,3\\ -1.038\,914\,2 & 0.223\,906\,8 & 0.131\,398\,5\\ -1.035\,304\,3 & 0.131\,398\,5 & 0.249\,079\,5\end{pmatrix}$$

得正规方程组的解为

$$\hat{B}=\begin{pmatrix}\hat{b}_0\\ \hat{b}_1\\ \hat{b}_2\end{pmatrix}=(X^{\mathrm{T}}X)^{-1}X^{\mathrm{T}}Y=\begin{pmatrix}83.230\,092\\ 2.290\,184\\ 1.300\,989\end{pmatrix}$$

于是得到回归方程为

$$\hat{y}=83.230\,092+2.290\,184x_1+1.300\,989x_2$$

像一元线性回归一样，模型（9-44）往往是一种假定，为了考察这一假定是否符合实际观察结果，还需进行假设检验：

$$H_0:b_1=b_2=\cdots=b_p=0;$$
$$H_1:b_i\text{不全为零}$$

若在显著性水平α下拒绝H_0，则认为回归效果是显著的.

在实际问题中，与Y有关的因素往往很多，如果将它们都取做自变量会导致回归方程很庞大. 实际上，有些自变量对Y的影响很小，如果将这些自变量剔除，不但能使回归方程较为简洁，且能明确哪些因素的改变对Y有显著影响，从而使人们对事物有进一步的认识.通常可用逐步回归法达到这一目的.

习　题　9

1. 方差分析是分析多个_________是否相等的一种基本统计方法.

2. 在一个单因素方差分析中，因素水平为 5，每个水平下样本容量为 6，$S_T=120$，$S_A=75$，那么$S_E=$________，$\bar{S}_A=$________，$\bar{S}_E=$________.

3. 某企业采用 3 种新方法组装一种产品，为确定在 1 h 内通过哪种方法组装的产品数量最多，随机抽取 30 名工人进行观测，通过对工人生产的产品数进行方差分析得到下面的结果：

差异源	SS	df	MS	F	P-value	F crit
组间			210		0.245 946	3.354 131
组内	3 836			—	—	—
总计		29	—	—	—	—

（1）请完成上述方差分析表；

（2）在显著性水平$\alpha=0.05$水平下，检验三种方法组装的产品数量之间是否有显著差异.

4. 双因素试验方差分析分为________双因素方差分析和________双因素方差分析.

5. 在等重复双因素试验方差分析中，因素A的自由度为________，因素B的自由度为________，交互作用自由度为________.

6. 对影响仔猪生长的因素A和因素B进行分析得方差分析表如下：

差异源	SS	df	MS	F	P-value	F crit
因素 A	13.555 56	2			0.332 224	6.944 272
因素 B		2			0.559 127	6.944 272
误差	18.444 44		4.611 111			
总计	38.222 22	8				

（1）请完成上述方差分析表；

（2）在显著性水平$\alpha=0.05$水平下，检验因素A和因素B对仔猪体重增加量是否有显著影响.

7. 某生产线上的管理人员认为，工人加工产品的速度可能影响到加工产品的质量. 于是在某一天抽取了 6 名工人进行观测，得到以下的数据：

工人序号	加工速度/(件/min)	优质品率/%
1	25	70
2	40	60
3	55	63
4	30	78
5	60	60
6	20	85

（1）试绘制工人的加工速度与产品的优质品率的散点图，说明工人的加工速度与其产品的优质品率的关系形态；

（2）根据样本观测值建立回归方程并说明该回归方程的拟合效果，并解释回归系数的实际意义.

8. 根据某海滨地区各月空气温度 x 与海水温度 y 的测量数据建立的线性回归方程为

$$\hat{y} = -10.87 + 1.04x$$

（1）解释斜率 b 的意义；

（2）计算 $x = 78$ 时的 $E(y)$；

（3）设 $SSR = 1679.16, SSE = 37.76, n = 12$，计算判定系数 R^2 以及估计标准误差 S_e 并解释其意义.

第 10 章　Excel 软件在数理统计中的应用

10.1 概　　述

10.1.1　计算机技术在数理统计中的应用

随着现代科学技术的迅猛发展，人类社会已开始进入一个利用和开发信息资源的信息社会. 信息数据数量大、范围广、变化快，传统的人工处理手段无法适应社会经济的高速发展对统计提出的要求，也难以提高数据处理的速度和精度. 计算机技术在数理统计中的应用，主要是在统计信息的储存和检索、统计资料的分析和检验等方面的应用，解决了统计工作中的难题.

不仅是在实际的技术和经济工作中要将计算机技术应用于数理统计，在学习数理统计课程的阶段，同样也需要应用计算机技术. 掌握计算机技术在数理统计中的应用后，读者分析和研究问题的能力将极大地提高，研究问题的规模、分析计算的效率将极大地提高.

10.1.2　在数理统计研究中应用 Excel 软件

功能强大的统计分析软件有 SAS（statistical analysis software）、SPSS（statistical product and service solutions）等，但专业的统计分析软件系统庞大、结构复杂，而且价格昂贵，大多数非统计专业人员难以运用自如. Excel 是一个功能多、技术先进、使用方便的表格式数据综合管理和分析系统，它采用电子表格方式进行数据处理，工作直观方便；它提供了丰富的函数，可以进行数据处理、统计分析和决策辅助，还有较好的制图功能.

10.1.3　Excel 的分析工具库

检查 Excel 的菜单“数据”是否已安装了数据分析工具，若未安装数据分析工具，则需要通过“加载项”安装数据分析工具. 具体安装方式为依次点击：文件→选项→加载项→选择分析工具库→确定. 安装数据分析工具库之后，在菜单栏点击“数据”后在分析栏即出现“数据分析”选项. “数据分析”中有 19 个模块，分别属于 5 类.

1. 基础分析：（1）随机数发生器；（2）抽样；（3）描述统计；（4）直方图；（5）排位与百分比排位.

2. 检验分析：（6）t 检验，平均值的成对二样本分析；（7）t 检验，双样本等方差假设；（8）t 检验，双样本异方差假设；（9）Z 检验，双样本平均差检验；（10）F 检验，双样本方差.

3. 相关分析与回归分析：（11）相关系数；（12）协方差；（13）回归.

4. 方差分析：（14）方差分析，单因素方差分析；（15）方差分析，可重复双因素分析；（16）方差分析，无重复双因素分析.

5. 其他分析工具：（17）移动平均；（18）指数平滑；（19）傅里叶分析.

在本书中，只讲述 Excel 在几个问题上的应用.

10.2 箱 线 图

利用 Excel 函数 QUARTILE（array，quartile）可计算箱线图的五个点. 箱线图包含 5 点：MIN，Q_1，Q_2（中位数），Q_3，MAX. 函数 QUARTILE（array，quartile）的功能是返回数据集的四分位数. 参数 array 是需要求四分位数的数组或数字型单元格区域；参数 quartile 取 0, 1, 2, 3, 4，依次表示返回数据集的 MIN，Q_1，Q_2（中位数），Q_3，MAX. 例如 QUARTILE（A_1 ∶ A_{10}, 3）表示返回数组 A_1 ∶ A_{10} 的 Q_3.

例 10.2.1 现有以下数据如表 10-1 所示，试利用 Excel 画图箱线图.

表 10-1 数据表

序号	A	B	C	D
1	79	15	15	60
2	10	92	92	75
3	28	84	84	39
4	10	54	54	13
5	42	68	68	92
6	88	83	83	99
7	9	10	10	74
8	55	29	29	6
9	79	43	43	28
10	42	44	44	89

解 首先利用 QUARTILE()函数计算绘制箱线图所需要的 5 个点. 由于 Excel 没有预置的箱线图模板，所以需借助股价图中的“开盘-盘高-盘低-收盘图”绘制箱线图.

计算结果如下：

由于借助股价图绘制所需的箱线图，所以四分位数需要按 1, 0, 2, 4, 3 排列. 选择“插入→其他图表→股价图→开盘-盘高-盘低-收盘图→确定”，如图 10-1 所示.

绘制的箱线图没有中位数标记，因此选择图例中的 Q_2，点击鼠标右键，在弹出的菜单栏选择“设置数据系列格式”命令，然后在“数据标记选项”中将标记类型设置为“内置”“-”形状，关闭后即可生成箱线图，之后可根据自身情况对箱线图进行美化.

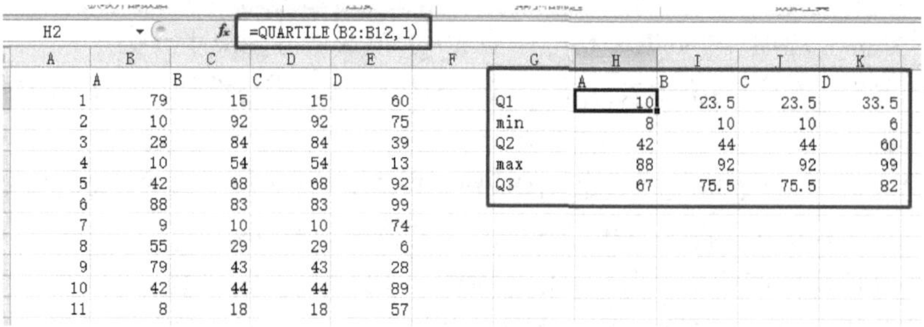

H2　=QUARTILE(B2:B12,1)

	A	B	C	D
1	79	15	15	60
2	10	92	92	75
3	28	84	84	39
4	10	54	54	13
5	42	68	68	92
6	88	83	83	99
7	9	10	10	74
8	55	29	29	6
9	79	43	43	28
10	42	44	44	89
11	8	18	18	57

	A	B	C	D
Q1	10	23.5	23.5	33.5
min	8	10	10	6
Q2	42	44	44	60
max	88	92	92	99
Q3	67	75.5	75.5	82

(a)

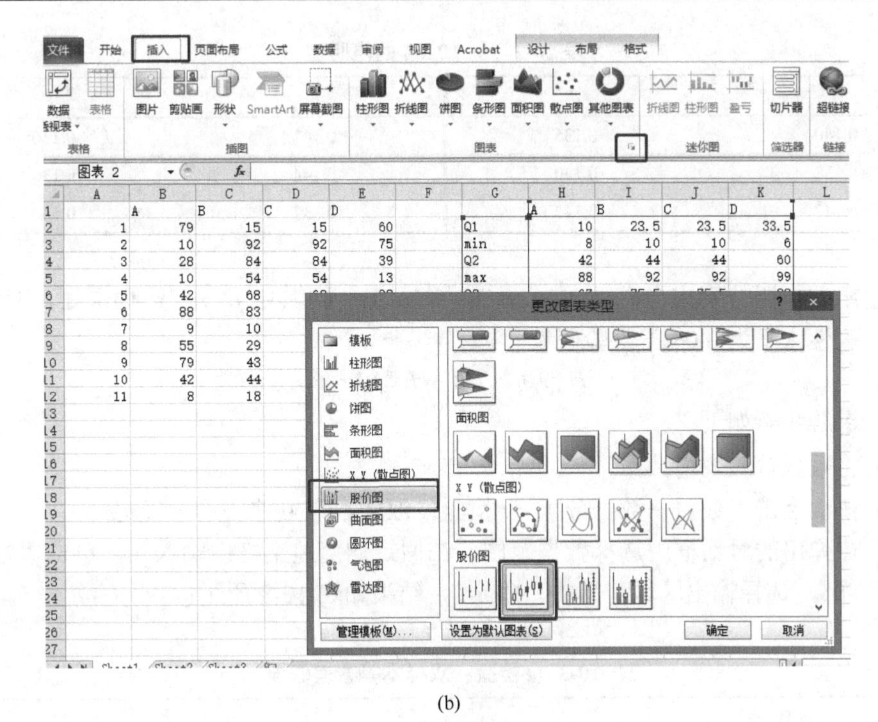

(b)

图 10-1　箱线图

10.3　假 设 检 验

10.3.1　假设检验问题 P 值的求法

在 Excel 可以利用 TDIST 函数、CHIDIST 函数、FDIST 函数分别求得 t 检验、卡方检验和 F 检验的 P 值.

例 10.3.1　现对一原假设进行假设检验，计算结果为 $x=0.668\,5$，自由度 df = 15，为单边 t 检验，利用 TDIST 函数可求解该检验的 P 值.

通过在 Excel 编辑函数“TDIST（0.668 5, 15, 1）”可求得 P 值为 0.256 985 562. 若该检验为双边检验，则将第三个参数更改为 2.

例 10.3.2　现对一原假设进行假设检验，计算结果为 $x=46$，自由度 df = 25，为双边 χ^2 检验，利用 CHIDIST 函数可求解该检验的 P 值.

通过在 Excel 编辑函数“CHIDIST（46, 25）”可求得 P 值为 0.006 418. 因该检验为双边检验，故检验的 P 值为 $2\times 0.006\,418=0.012\,836$.

例 10.3.3　现对一原假设进行假设检验，使用 F 检验. 计算结果为 $F=1.60$，自由度 $n_1=59, n_2=39$，利用 FDIST 函数可求解该检验的 P 值.

通过在 Excel 编辑函数“FDIST（1.60, 59, 39）”可求得 P 值为 0.060 519.

10.3.2　两个等方差正态总体 $N(\mu_1,\sigma^2)$，$N(\mu_2,\sigma^2)$ 均值差的 t 检验

利用 Excel 的数据分析工具库可进行假设检验.

例 10.3.4　在两批电阻器中分别随机选取 6 只，测得以下的电阻值

表 10-2 例 10.3.4 的电阻值

A	B	A	B
0.140	0.135	0.142	0.136
0.138	0.140	0.144	0.138
0.143	0.142	0.137	0.140

设两批电阻器电阻分别来自总体 $N(\mu_1,\sigma^2)$，$N(\mu_2,\sigma^2)$，其中 μ_1,μ_2,σ^2 均未知，两样本独立，在显著性水平为 0.05 下检验假设

$$H_0:\mu_1=\mu_2;\quad H_1:\mu_1\neq\mu_2$$

解 求解步骤如下：

（1）将数据输入表格；

（2）依次点击“数据→数据分析→t 检验：双样本等方差假设→确定”；

（3）在弹出的对话框中选择数据范围，在假定均值差空格中输入 0，单击“标志”，确认 $\alpha=0.05$，选择输出区域，单击“确定”，结果如表 10-3 所示；

表 10-3 t 检验：双样本等方差假设

项目	A	B
平均	0.140 666 667	0.138 5
方差	7.866 67E-06	7.1E-06
观测值	6	6
合并方差	7.483 33E-06	
假设平均差	0	
df	10	
t Stat	1.371 845 44	
P（T<=t）单尾	0.100 050 965	
t 单尾临界	1.812 461 123	
P（T<=t）双尾	0.200 101 929	
t 双尾临界	2.228 138 852	

（4）结果分析.

①临界值法：因 t 统计量为 1.371 845 44 小于临界值 2.228 138 852，故不能拒绝原假设；

②P 值法：因 $p=0.100\ 050\ 965>0.05$，故不能拒绝原假设.

10.4 方 差 分 析

10.4.1 单因素方差分析

以例 9.1.1 为例，利用 Excel 的数据分析表进行单因素方差分析.

例 10.4.1 小煜经营的牛奶厂有三台机器用来装填牛奶，每台机器内有 5 个桶，每桶容量为 4 L. 取样，测量每桶牛奶的装填量. 结果如表 10-4 所示.

表 10-4　牛奶装填量

桶编号	机器		
	I	II	III
1	4.05	3.99	3.97
2	4.01	4.02	3.98
3	4.02	4.01	3.97
4	4.04	3.99	3.95
5	4.05	4.02	4.00

设各样本分别来自正态总体 $N(\mu_i,\sigma^2)\,(i=1,2,3)$，各样本相互独立. 试在显著性水平 $\alpha=0.05$ 下检验机器的装填量的均值是否有显著差异.

解　用 Excel 求解步骤如下：

（1）打开 Excel 表格，输入数据；

（2）依次点击“数据→数据分析→方差分析，单因素方差分析→确定”；

（3）在弹出的对话框中，“输入区域”选择数据，单击“标志位于第一行”选择输出区域，点击确定，输出方差分析结果，输出结果如表 10-5 所示.

表 10-5　例 10.4.1 的方差分析结果

SUMMARY						
组	观测数	求和	平均	方差		
机器 I	5	20.17	4.034	0.000 33		
机器 II	5	20.03	4.006	0.000 23		
机器 III	5	19.87	3.974	0.000 33		
方差分析						
差异源	SS	df	MS	*F*	*P*-value	*F* crit
组间	0.009 013	2	0.004 507	15.191 01	0.000 515	3.885 294
组内	0.003 56	12	0.000 297			
总计	0.012 573	14				

（4）结果分析.

①临界值法：因 F 统计量为 15.191 01 大于临界值 3.885 294，故拒绝原假设.

②P 值法：因 p=0.000 515＜0.05，故拒绝原假设.

10.4.2　双因素无重复试验方差分析

以例 9.2.2 为例，利用 Excel 进行双因素无重复方差分析.

例 10.4.2　某食品生产商为提高产品销售量，对食品包装方法和销售地区进行研究以明确其是否对产品销售量有影响. 将三种不同包装的食品投放到三个不同地区进行销售，得到销售量数据如表 10-6 所示.

表 10-6　销售量数据表

销售地区 A	包装方法 B		
	B_1	B_2	B_3
A_1	45	75	30
A_2	50	50	40
A_3	35	65	50

设问题符合方差分析的条件，在显著性水平 $\alpha=0.05$ 下检验不同地区和不同包装方法对该食品的销售量是否有显著影响.

解　用 Excel 求解步骤如下：

（1）打开 Excel 表格，输入数据；

（2）依次点击“数据→数据分析→方差分析，无重复双因素分析→确定”；

（3）在弹出的对话框中，“输入区域”选择数据，单击“标志”选择输出区域，点击确定，输出方差分析结果，输出结果如表 10-7 所示；

表 10-7　例 10.4.2 的方差分析结果

SUMMARY	观测数	求和	平均	方差
$A1$	3	150	50	525
$A2$	3	140	46.666 67	33.333 33
$A3$	3	150	50	225
$B1$	3	130	43.333 33	58.333 33
$B2$	3	190	63.333 33	158.333 3
$B3$	3	120	40	100

差异源	SS	df	MS	F	P-value	F crit
行	22.222 22	2	11.111 11	0.072 727	0.931 056	6.944 272
列	955.555 6	2	477.777 8	3.127 273	0.152 155	6.944 272
误差	611.111 1	4	152.777 8			
总计	1 588.889	8				

（4）结果分析.

①临界值法：因 $F_{地区}=0.0727<F_{0.05}(2,4)=6.94, F_{包装方法}=3.1273<F_{0.05}(2,4)=6.94$，故不能拒绝原假设 H_{01}、H_{02}，没有证据表明不同地区对该食品的销售量有显著影响，同时也没有证据表明不同的包装方法对该食品的销售量有显著影响. 即认为在本题中，销售地区和包装方法对该食品的销售量的影响均不显著.

②P 值法：因 $p_{地区}=0.931056$，$p_{包装方法}=0.152155$ 均大于 $\alpha=0.05$，故不能拒绝原假设.

10.4.3　双因素等重复试验方差分析

以例 9.2.1 为例，利用 Excel 对火箭射程试验进行双因素等重复试验方差分析.

例 10.4.3　一火箭使用四种燃料和三种推进器做射程试验，每种燃料与每种推进器的组合各发射火箭两次，火箭的射程如表 10-8 所示（以海里计）.

表 10-8　火箭的射程

燃料	推进器		
	B_1	B_2	B_3
A_1	58.2	56.2	65.3
	52.6	41.2	60.8
A_2	49.1	54.1	51.6
	42.8	50.5	48.4
A_3	60.1	70.9	39.2
	58.3	73.2	40.7
A_4	75.8	58.2	48.7
	71.5	51.0	41.4

假设射程试验符合双因素方差分析的假设条件，在显著性水平为 0.05 以下，检验不同燃料（因素 A）、不同推进器（因素 B）下射程是否有显著差异？交互作用是否显著？

解　用 Excel 求解步骤如下：

（1）打开 Excel 表格，输入数据；

（2）依次点击“数据→数据分析→方差分析，可重复双因素分析→确定”；

（3）在弹出的对话框中，“输入区域”选择数据，“每一行样本数”输入 2，选择输出区域，点击确定，输出方差分析结果，输出结果如表 10-9 所示.

表 10-9　例 10.4.3 的方差分析结果

差异源	SS	df	MS	F	P-value	F crit
样本	261.675	3	87.225	4.417 388	0.025 969	3.490 295
列	370.980 8	2	185.490 4	9.393 902	0.003 506	3.885 294
交互	1 768.693	6	294.782 1	14.928 82	6.15E-05	2.996 12
内部	236.95	12	19.745 83			
总计	2 638.298	23				

（4）结果分析.

①临界值法：因 $F_{0.05}(3,12)=3.49<F_A, F_{0.05}(2,12)=3.89<F_B$，故在 $\alpha=0.05$ 显著性水平下拒绝原假设 H_{01}、H_{02}，认为不同燃料或不同推进器下火箭射程有显著差异. 即燃

料和推进器这两个因素对射程的影响都是显著的. 因 $F_{0.05}(6,12)=3.00<F_{A\times B}$，故拒绝原假设 H_{03}，交互作用效应是高度显著的. 即燃料和推进器的合理搭配能使火箭射程更远，实际中选择最优搭配实施.

2）P 值法：因 $P_{燃料}=0.026<0.05, P_{推进器}=0.003\,5<0.05, P_{交互作用}=0.000\,061\,5<0.05$，故拒绝原假设 H_{01}，H_{02}，H_{03}.

10.5 一元线性回归

以例 9.3.1 为例，利用 Excel 求解该化学反应温度与产品得率的线性回归方程.

例 10.5.1 小煜为研究某一化学反应过程中温度 x（单位：℃）对产品得率 Y（单位：%）的影响，测得数据如下.

（1）画出散点图；

（2）求 Y 关于 x 的线性回归方程；

（3）对方程进行显著性检验.

x/℃	100	110	120	130	140	150	160	170	180	190
Y/%	45	51	54	61	66	70	74	78	85	89

解（1）打开 Excel 输入数据，依次点击"插入→散点图"，选择数据生成散点图；

（2）依次点击"数据→数据分析→回归"，在弹出的对话框中，在 Y 值输入区域选择产品得率的数据，在 X 输入区域选择温度数据，单击置信度，选择输出区域，单击确定，输出回归分析结果如表 10-10 所示.

表 10-10 例 10.5.1 的方差分析结果

回归分析	
Multiple R	0.998 129
R Square	0.996 261
Adjusted R Square	0.995 794
标准误差	0.950 279
观测值	10

方差分析					
差异源	df	SS	MS	F	Significance F
回归分析	1	1 924.876	1 924.876	2 131.574	5.35E-11
残差	8	7.224 242	0.903 03		
总计	9	1 932.1			

	Coefficients	标准误差	t Stat	P-value	Lower 95%	Upper 95%	下限 95%	上限 95%
Intercept	−2.739 39	1.55	−1.77	0.11	−6.31	0.83	−6.31	0.83
X Variable	0.483 03	0.01	46.17	0.00	0.46	0.51	0.46	0.51

表中 Coefficients 一栏中有 Intercept = −2.739 39，X Variable = 0.483 03，分别是 a，b 的估计，于是回归方程为

$$\hat{y} = -2.739\,35 + 0.483\,03x$$

（3）表中 P-value 一栏中是关于 a，b 的双边检验. b 的 p 值为 0.00 小于 0.05，拒绝原假设，说明温度是影响产品得率的一个显著性因素.

习题参考答案

习 题 1

1.（1）$\Omega=\{H,T\}$；（2）$\Omega=\{HH,HT,TH,TT\}$；（3）$\Omega=\{0,1,2,3,4,5,6\}$；（4）$\Omega=\{0,1,2,3,\cdots\}$；（5）$\Omega=\{t\mid t\geqslant 0\}$

2.（1）$\bar{C}$；（2）$\bar{A}\bar{B}C$；（3）$A\bar{B}\bar{C}\cup\bar{A}B\bar{C}\cup\bar{A}\bar{B}C$；（4）$A\cup B\cup C$；（5）$AB\cup BC\cup AC$；（6）$\overline{ABC}$

3.（1）前两次射击均未击中目标；（2）在前两次射击中第一次未击中目标，而第二次击中目标；（3）在后两次射击中至少有一次未击中目标；（4）三次射击中只有第三次击中目标

4.（1）$\{x\mid 0.25\leqslant x\leqslant 0.5\}\cup\{x\mid 1\leqslant x\leqslant 1.5\}$；（2）$\Omega$；（3）$\{x\mid 0\leqslant x\leqslant 0.5\}\cup\{x\mid 1\leqslant x\leqslant 2\}$；（4）$\{x\mid 0\leqslant x\leqslant 0.25\}\cup\{x\mid 1.5\leqslant x\leqslant 2\}$

5.（1）0.3；（2）0.4　6. 0.6　7. 7/12　8. 1

9.（1）当 $A\subset B$ 时，$P(AB)$ 取到最大值 0.6；（2）当 $A\cup B=\Omega$ 时，$P(AB)$ 取到最小值 0.3

10. 略　11.（1）$\dfrac{A_{10}^{8}}{10^{8}}\approx 0.018$；（2）0.9

12. $\dfrac{\dbinom{95}{50}}{\dbinom{100}{50}}\approx 0.0281$　13. $1-\dfrac{\dbinom{13}{0}\dbinom{22}{5}}{\dbinom{35}{5}}\approx 0.9189$　14. $1-\dfrac{11^4}{12^4}\approx 0.2939$；$\dfrac{41}{96}\approx 0.4269$

15. $P(A)=\dfrac{5}{21}$；$P(B)=\dfrac{15}{28}$　16.（1）$\dfrac{\dbinom{13}{4}}{\dbinom{52}{4}}\approx 0.002\,641$；（2）$\dfrac{4\dbinom{13}{4}}{\dbinom{52}{4}}\approx 0.010\,564$；（3）$\dfrac{13^4}{\dbinom{52}{4}}\approx 0.105\,498$；（4）$\dfrac{\dbinom{26}{4}+\dbinom{26}{4}}{\dbinom{52}{4}}\approx 0.110\,4$

17. $\dfrac{1}{6}$　18. 0.25　19. 0.000 8　20. $\dfrac{3}{4}$，$\dfrac{5}{9}$，$\dfrac{6}{11}$，$\dfrac{1}{3}$，$\dfrac{6}{17}$

21. $\dfrac{1}{2}$　22.（1）0.35；（2）0.914 3　23. 0.75　24. $\dfrac{96}{100}\cdot\dfrac{75}{100}=0.72$

25. $\dfrac{10}{100}\cdot\dfrac{9}{99}\cdot\dfrac{90}{98}\approx 0.0083$　26.（1）0.163 2；（2）0.804 2　27. 0.09

28.（1）0.038；（2）0.276，0.526，0.197　29. A　30. 0.98　31.（1）0.56；（2）0.94；（3）0.38

32. 事件 A，B，C 两两相互独立，但 A，B，C 不相互独立　33.（1）$\dfrac{26}{27}$；（2）$\dfrac{2}{9}$；（3）$\dfrac{7}{27}$

习 题 2

1. B　2. 2　3. $\dfrac{2}{3}$　4. $\dfrac{19}{27}$　5. 1

6.

X	3	4	5
p_i	$\frac{1}{10}$	$\frac{3}{10}$	$\frac{6}{10}$

7.（1）

X_1	1	2	3	4	5	6
p_k	$\frac{1}{36}$	$\frac{3}{36}$	$\frac{5}{36}$	$\frac{7}{36}$	$\frac{9}{36}$	$\frac{11}{36}$

（2）

X_2	1	2	3	4	5	6
p_k	$\frac{11}{36}$	$\frac{9}{36}$	$\frac{7}{36}$	$\frac{5}{36}$	$\frac{3}{36}$	$\frac{1}{36}$

8.（1）0. 072；（2）0.409 5

9.（1）

X	1	2	3	4
p_i	$\frac{7}{10}$	$\frac{7}{30}$	$\frac{7}{120}$	$\frac{1}{120}$

（2）$P\{X=k\}=\left(\frac{3}{10}\right)^{k-1}\cdot\frac{7}{10}\quad(k=1,2,3,\cdots)$

10. $P\{X=k\}=\frac{C_3^k C_{37}^{4-k}}{C_{40}^4}\quad(k=0,1,2,3)$

11. $\frac{2}{3}\mathrm{e}^{-2}$　12.（1）$1-\sum_{k=0}^{10}\frac{\mathrm{e}^{-5}\cdot 5^k}{k!}\approx 0.000\,069$；（2）$\sum_{k=0}^{10}\frac{\mathrm{e}^{-5}\cdot 5^k}{k!}\approx 0.986\,305$，$\sum_{k=0}^{5}\frac{\mathrm{e}^{-5}\cdot 5^k}{k!}\approx 0.615\,961$

13. $a-b=1$　14. 1，$\frac{1}{4}$

15.

X	−1	1	3
p_i	0.4	0.4	0.2

16. C　17. $F(x)=\begin{cases}0, & x<1\\ 0.2, & 1\leqslant x<2\\ 0.5, & 2\leqslant x<3\\ 1, & x\geqslant 3\end{cases}$　18. $a=\frac{5}{16},b=\frac{7}{16}$　19. $\frac{1}{2}$

20. 0.492　21. $1-\Phi\left(\frac{\sqrt{5}}{5}\right)$　22. D　23. A　24. B

25.（1）$a=\frac{1}{2}$；（2）$1-\frac{\mathrm{e}^{-1}+\mathrm{e}^{-2}}{2}$；（3）$F(x)=\begin{cases}\frac{1}{2}\mathrm{e}^{x}, & x<0\\ 1-\frac{1}{2}\mathrm{e}^{-x}, & x\geqslant 0\end{cases}$

26. （1） $A=\frac{1}{2},B=\frac{1}{\pi}$；（2） $f(x)=\begin{cases}\frac{1}{\pi\sqrt{a^2-x^2}}, & |x|<a \\ 0, & |x|\geqslant a\end{cases}$；（3） $\frac{2}{3}$

27.（1）0.595 2；（2）129.74　28. e^{-3}　29. 0.045 6

30.

Y	0	1	2	3	4
p_i	0.2	0.3	0.1	0.2	0.2

Z	−1	0	1
p_i	0.4	0.5	0.1

31.

Y	−1	0	1
p_i	$\frac{1}{3}$	0	$\frac{2}{3}$

32. $f_Y(y)=\begin{cases}\frac{1}{4\sqrt{y}}, & 0<y<4 \\ 0, & \text{其他}\end{cases}$　33. $f_Y(y)=\begin{cases}\frac{1}{\sqrt{2\pi(4-y)}}e^{\frac{4-y}{2}}, & y<4 \\ 0, & y\geqslant 4\end{cases}$

34. $f_Y(y)=\begin{cases}\frac{1}{(b-a)\sqrt{\pi y}}, & \frac{\pi}{4}a^2\leqslant y\leqslant\frac{\pi}{4}b^2 \\ 0, & \text{其他}\end{cases}$　35. $f_Y(y)=\begin{cases}0, & y<1 \\ \frac{1}{y^2}, & y\geqslant 1\end{cases}$

习　题　3

1.（1） $P\{a<X\leqslant b,Y\leqslant c\}=F(b,c)-F(a,c)$；（2） $P\{X\leqslant a,Y=b\}=F(a,b)-F(a,b-0)$；
（3） $P\{0<Y\leqslant a\}=F(+\infty,a)-F(+\infty,0)$；（4） $P\{X>a,Y>b\}=1+F(a,b)-F(+\infty,b)-F(a,+\infty)$

2. A　3.（1） $C=1$；（2） $F_X(x)=F(x,+\infty)=\begin{cases}1-3^{-x}, & x\geqslant 0 \\ 0, & x<0\end{cases}$，$F_Y(y)=F(+\infty,y)=\begin{cases}1-3^{-y}, & y\geqslant 0 \\ 0, & y<0\end{cases}$

（3）X与Y相互独立　4. e^{-4}

5.（1）(X, Y) 的分布律为

Y \ X	1	2	3
1	0	$\frac{1}{6}$	$\frac{1}{12}$
2	$\frac{1}{6}$	$\frac{1}{6}$	$\frac{1}{6}$
3	$\frac{1}{12}$	$\frac{1}{6}$	0

（2）$\frac{1}{6}$

6.（1）(X, Y) 的分布律为

X \ Y	3	4	5
1	0.1	0.2	0.3
2	0	0.1	0.2
3	0	0	0.1

（2）因 $P\{X=1\}\cdot P\{Y=3\}=0.6\times 0.1=0.06\neq 0.1=P\{X=1,Y=3\}$，故 X 与 Y 不相互独立

7. X_1,X_2 的联合分布律为

X_1 \ X_2	0	1
0	$1-e^{-1}$	0
1	$e^{-1}-e^{-2}$	e^{-2}

8. 联合分布律为

$$P\{X=i,Y=j\}=C_5^iC_{5-i}^j(0.3)^i(0.5)^j(0.2)^{5-i-j}\quad (i,j=0,1,2,3,4,5;i+j\leqslant 5)$$

边缘分布律为

$$P\{X=i\}=C_5^i(0.3)^i(0.7)^{5-i}\qquad (i=0,1,2,3,4,5)$$

$$P\{Y=j\}=C_5^j(0.5)^j(0.5)^{5-j}\qquad (j=0,1,2,3,4,5)$$

9.（1）(X,Y) 关于 X 的边缘分布律为

X	2	5	9
p_i	0.20	0.42	0.38

(X,Y) 关于 Y 的边缘分布律为

Y	0.4	0.8
$p_{\cdot j}$	0.80	0.20

（2）在 $Y=4$ 的条件下 X 的条件分布律为

X	2	5	8
$P\{X=x_i\mid Y=0.4\}$	$\frac{3}{16}$	$\frac{3}{8}$	$\frac{7}{16}$

（3）在 $X=5$ 的条件下 Y 的条件分布律为

Y	0.4	0.8
$P\{Y=y_j\mid X=5\}$	$\frac{5}{7}$	$\frac{2}{7}$

（4）不独立

10.（1）$a=\frac{9}{50},b=\frac{1}{2}$；（2）$P\{X=0,Y=0\}\neq P\{X=0\}P\{Y=0\}$，因此 X 与 Y 不独立.

11. $\alpha=\frac{1}{12}$，$\beta=\frac{3}{8}$　12. $\alpha=\beta=\frac{1}{4}$　13.（1）$A=\frac{3}{8}$；（2）$P\{X\leqslant 1\}=\frac{1}{64}$，$P\{Y\leqslant 1\}=\frac{47}{128}$

14.（1）$f(x,y)=\begin{cases}\dfrac{1}{6}, & 0\leqslant x\leqslant 2,-1\leqslant y\leqslant 2\\ 0, & 其他\end{cases}$；（2）$\dfrac{1}{3}$

15.（1）$f(x,y)=\begin{cases}\mathrm{e}^{-x-y}, & x>0,y>0\\ 0, & 其他\end{cases}$；（2）$\dfrac{1}{2}$　16. $\dfrac{7}{24}$

17. $f_X(x)=\begin{cases}1-\dfrac{x}{2}, & 0\leqslant x\leqslant 2\\ 0, & 其他\end{cases}$，$f_Y(y)=\begin{cases}2(1-y) & 0\leqslant y\leqslant 1\\ 0, & 其他\end{cases}$

18.（1）$f_X(x)=\dfrac{1}{\sqrt{2\pi}}\mathrm{e}^{\frac{(x+1)^2}{2}}$，$f_Y(y)=\dfrac{1}{2\sqrt{2\pi}}\mathrm{e}^{\frac{(y-2)^2}{8}}$；（2）独立

19.（1）$f_X(x)=\begin{cases}\mathrm{e}^{-x}, & y>0\\ 0, & 其他\end{cases}$，$f_Y(y)=\begin{cases}y\mathrm{e}^{-y}, & y>0\\ 0, & 其他\end{cases}$；（2）不独立

20.（1）$f(x,y)=\begin{cases}\dfrac{1}{2}\mathrm{e}^{-\frac{Y}{2}}, & 0<x<1, y>0\\ 0, & 其他\end{cases}$；（2）$1-\sqrt{2\pi}[\Phi(1)-\Phi(0)]=0.144\,5$

21. 当$1\leqslant x\leqslant \mathrm{e}^2$时，$f_{Y|X}(y\,|\,x)=\begin{cases}x, & 0\leqslant y\leqslant \dfrac{1}{x}\\ 0, & 其他\end{cases}$；

当$0\leqslant y\leqslant \mathrm{e}^{-2}$时，$f_{X|Y}(x\,|\,y)=\begin{cases}\dfrac{1}{\mathrm{e}^2-1}, & 1\leqslant x\leqslant e^2\\ 0, & 其他\end{cases}$；

当$\mathrm{e}^{-2}\leqslant y\leqslant 1$时，$f_{X|Y}(x\,|\,y)=\begin{cases}\dfrac{y}{1-y}, & 1\leqslant x\leqslant \dfrac{1}{y}\\ 0, & 其他\end{cases}$

22.（1）当$0\leqslant x<1$时，$f_{Y|X}(y\,|\,x)=\begin{cases}\dfrac{1}{x}, & 0\leqslant y<x\\ 0, & 其他\end{cases}$；

当$0\leqslant y<1$时，$f_{X|Y}(x\,|\,y)=\begin{cases}\dfrac{2x}{1-y^2}, & y<x<1\\ 0, & 其他\end{cases}$；（2）$\dfrac{1}{2}$；（3）$\dfrac{11}{16}$

23.

（1）

$Z_1=X+Y$	2	3	4	5
P	$\frac{1}{4}$	$\frac{3}{8}$	$\frac{1}{4}$	$\frac{1}{8}$

（2）

$Z_2=X-Y$	−2	−1	0	1	2
P	$\frac{1}{8}$	$\frac{1}{4}$	$\frac{1}{4}$	$\frac{1}{4}$	$\frac{1}{8}$

（3）

$Z_3=\max(X,Y)$	1	2	3
P	$\frac{1}{4}$	$\frac{3}{8}$	$\frac{3}{8}$

（4）

$Z_4=XY$	1	2	3	6
P	$\frac{1}{4}$	$\frac{3}{8}$	$\frac{1}{4}$	$\frac{1}{8}$

24.（1）

M	0	1
P	$\frac{1}{6}$	$\frac{5}{6}$

（2）

N	0	1
P	$\frac{2}{3}$	$\frac{1}{3}$

（3）

N \ M	0	1
0	$\frac{1}{6}$	$\frac{1}{2}$
1	0	$\frac{1}{3}$

25.

$$F_Z(z)=\begin{cases}0, & z<-2\\ \frac{1}{8}(2+z)^2, & -2\leqslant z<0\\ 1-\frac{1}{8}(2-z)^2, & 0\leqslant z<2\\ 1, & z\geqslant 2\end{cases};\quad f_Z(z)=F_Z'(z)=\begin{cases}\frac{2+z}{4}, & -2\leqslant z<0\\ \frac{2-z}{4}, & 0\leqslant z<2\\ 0, & 其他\end{cases}$$

26. $P\{X\geqslant Y\}=P\{2X-Y\leqslant 1\}=0.5$

27. $f_Z(z)=\begin{cases}0, & z\leqslant 0\\ \frac{1-\mathrm{e}^{-z}}{2}, & 0<z\leqslant 2\\ \frac{\mathrm{e}^2-1}{2}\mathrm{e}^{-z}, & z>2\end{cases}$　28. $[1-\Phi(1)]^4=0.000\,639$

29. $F_Z(z)=\begin{cases}0, & z\leqslant 0\\ \frac{2az-z^2}{a^2}, & 0<z\leqslant a\\ 1, & z>a\end{cases}$；$f_Z(z)=F_Z'(z)=\begin{cases}\frac{2a-2z}{a^2}, & 0<z\leqslant a\\ 0, & 其他\end{cases}$

30. (Z_1,Z_2) 的分布律为

X_1 \ X_2	3	4
1	$1-\mathrm{e}^{-1}-\mathrm{e}^{-2}+\mathrm{e}^{-3}$	$\mathrm{e}^{-2}-\mathrm{e}^{-3}$
2	$\mathrm{e}^{-1}-\mathrm{e}^{-3}$	e^{-3}

31. $f_Z(z)=0.3f(z-1)+0.7f(z-2)$

习 题 4

1.（1）$E(X)=\frac{1}{2}$；（2）$E(X^2)=\frac{5}{4}$；（3）$E(2X+3)=4$

2.（1）$E(U)=44$；（2）$E(V)=68$ 3. $E(XY)=4$

4.（1）$E(X+Y)=\frac{3}{4}$；（2）$E(2X-3Y^2)=\frac{5}{8}$

5. $E(X)=2.16$； $E(X^2)=5.14$； $E(XY)=4.65$

6. $E(X)=0$； $E(X^2)=\frac{a^2}{4}$； $E(XY)=0$

7. 200 h 8. $E(X)=9\left[1-\left(\frac{8}{9}\right)^{25}\right]$ 9. $E(X)=1.005$

10. $E(\eta)=\frac{\pi}{12}(b^2+ab+a^2)$ 11. $D(X)=1$ 12. $D(U)=39$， $D(V)=\frac{155}{9}$

13. $D(X-Y)=\frac{19}{18}$ 14. $E(X^2+Y^2)=\frac{5}{8}$ 15. $D(X)=2.98$， $D(XY)=6.73$

16. $D(X)=D(Y)=\frac{a^2}{4}$ 17. $a=12,b=-12,c=3$ 18. $D(X)=0.78$

19.（1）1 200，1 225；（2）1 282 kg 20. 略 21. 略

22. $E(X)=\frac{2}{3}$, $E(Y)=0$, $Cov(X,Y)=0$ 23. $E(X)=\frac{7}{6}$， $E(Y)=\frac{7}{6}$， $Cov=-\frac{1}{36}$， $\rho_{XY}=-\frac{1}{11}$，$D(X+Y)=\frac{5}{9}$

24. $\frac{\alpha^2-\beta^2}{\alpha^2+\beta^2}$ 25.（1）当$\alpha=3$时， $E(W)$为最小，其最小值为 108；（2）略

26. $D(X-2Y)=19$

27. （1）$A=\frac{1}{2}$；（2）$E(X)=\frac{\pi}{4}$， $E(Y)=\frac{\pi}{4}$， $D(X)=0.187\,6$， $D(Y)=0.187\,6$；（3）$\rho_{XY}=-0.245$

28. （1）$E(X)=\frac{1}{3}$， $E(Y)=\frac{2}{3}$， $D(X)=\frac{1}{18}$， $D(Y)=\frac{1}{18}$， $Cov(X,Y)=\frac{1}{36}$；

（2）$D(2X-Y+5)=\frac{1}{6}$

习 题 5

1. $\frac{1}{2}$ 2. B 3. B 4. $\frac{7}{2}$ 5. 满足

6. $\Phi(x)$ 7. $\Phi\left(\frac{b-np}{\sqrt{np(1-p)}}\right)-\Phi\left(\frac{a-np}{\sqrt{np(1-p)}}\right)$ 8. 0.119 2

9. 0.878 8 10. 0.997 4 11. （1）0.000 3；（2）0.5

习　题　6

1. $P(X_1=x_1,\cdots,X_n=x_n)=p^{\sum_{i=1}^{n}x_i}(1-p)^{n-\sum_{i=1}^{n}x_j}$

2. $P(X_1=x_1,\cdots,X_n=x_n)=\dfrac{\lambda^{\sum_{i=1}^{n}x_i}}{x_1!\cdots x_n!}$

3. $f(x_1,\cdots,x_n)=\begin{cases}\dfrac{1}{\theta^n}, & 0<x_i<\theta \\ 0, & 其他\end{cases}\quad(i=1,2,\cdots,n)$

4. $f(x_1,\cdots,x_n)=\begin{cases}\lambda^n e^{-\lambda\sum_{i=1}^{n}}, & x_i>0 \\ 0, & 其他\end{cases}\quad(i=1,2,\cdots,n)$

5（1）略；（2）$\bar{x}=13.226$， $S^2=0.73$

6. $\bar{X}=40.5$， $S=2.158\,7$， $S^2=4.66$， $b_2=4.196$　7. 略　8. $E(T)=p^2$

9.（1）$E(\bar{X})=\lambda$，$D(\bar{X})=\dfrac{\lambda}{n}$；（2）$E(S^2)=\lambda$　10.（1）$E(\bar{X})=\dfrac{1}{\lambda}$，$D(\bar{X})=\dfrac{1}{n\lambda^2}$；（2）$E(S^2)=\dfrac{1}{\lambda^2}$

11. 3.571，26.217，−2.681 0，2.681 0，1.91，0.357

12.（1）1，2；（2）$\dfrac{\sqrt{6}}{2}$，3　13.（1）−1.7531；（2）0.1；（3）0.75

14.（1）0.796；（2）0.1；（3）0.75　15. 0.045 6　16. $n=68$

习　题　7

1. $\hat{N}=\dfrac{n(\bar{X})^2}{n\bar{X}-(n-1)S^2}$， $\hat{P}=1-\dfrac{n-1}{n}\dfrac{S^2}{\bar{X}}$

2.（1）$\hat{\theta}=\dfrac{n\bar{X}}{n(1-\bar{X})}$；（2）$\hat{\theta}=-\dfrac{1}{\bar{X}}$

3. $\hat{\theta}=\sqrt{\dfrac{1}{n}\sum_{i--1}^{n}X_i^2}$　4. 可取 $\hat{\theta}_2=\lambda X_1+\dfrac{1}{2}(1-\lambda)X_n\quad(0\leqslant\lambda\leqslant 1)$

5. 矩估计$\begin{cases}\hat{\mu}=\sqrt{(\mu-1)S^2/n} \\ \hat{\theta}=\bar{X}-\sqrt{(\mu-1)S^2/n}\end{cases}$；极大似然估计 $\hat{\theta}_2=\bar{X}-X_{(1)}$， $\hat{\mu}_2=X_{(1)}$

6. $\dfrac{1}{n}\sum_{i=1}^{n}X_i^2$　7. $\dfrac{1}{\bar{X}},\dfrac{1}{\bar{X}}$　8. $\dfrac{1}{1-\bar{X}}-2$　9. $\bar{X}$　10. 2，4　11. $\dfrac{1-n}{n}\alpha$

12. B　13. $C=\dfrac{1}{2(n-1)}$　14. $E(\hat{\theta})_2=\dfrac{n}{n+1}\theta\neq\theta$　15. $a=\dfrac{n_1}{n_1+n_2}$， $b=\dfrac{n_1}{n_1+n_2}$

16.（4.412，5.588）　17.（1）（1 491.827 57，1 526.172 43）；（2）（566.71，2 487.659 875）

18. 4 次　19.（0.028 6，0.172 6）20. $n\geqslant 44$　21. 缩短　22. 变小　23.（−0.553，−0.247）

24.（1）40 394；（2）2 342

习 题 8

1. 可以这样认为 2. 可以这样认为 3. 可以这样认为 4.（1）可以这样认为；（2）可以这样认为
5. 可以认为是显著降低 6. 不应这样认为 7.（1）0.361 3；（2）$n \geqslant 54$
8. 可认为是一样的 9.（1）可认为两总体的方差相同；（2）可认为来自同一正态总体
10. 可以这样认为 11. 可以这样认为

习 题 9

1. 正态总体均值 2. 45，18.75，1.8

3（1）

差异源	SS	df	MS	F	P-value	F crit
组间	420	2	210	1.478	0.245 946	3.354 131
组内	3 836	27	142.07	—	—	—
总计	4 256	29	—	—	—	—

（2）由方差分析表可知 $p = 0.245\,946 > \alpha = 0.05$，故不能拒绝原假设，即没有证据表明三种方法组装的产品数量之间有显著差异

4. 双因素等重复试验方差分析，双因素无重复试验方差分析 5. r-1，s-1，(r-1)(s-1)

6.（1）

差异源	SS	df	MS	F	P-value	F crit
因素 A	13.555 56	2	6.777 78	1.469 88	0.332 224	6.944 272
因素 B	6.222 22	2	3.111 11	0.674 70	0.559 127	6.944 272
误差	18.444 44	4	4.611 111			
总计	38.222 22	8				

（2）由方差分析表可知 $P_A = 0.332\,224 > \alpha = 0.05$，$P_B = 0.559\,127 > \alpha = 0.05$，不拒绝原假设，说明因素 A 和因素 B 对仔猪体重增加量的影响不显著

7.（1）散点图略，从散点图可以看出，产品的优质品率与工人的加工速度之间为负的线性相关关系；
（2）建立回归方程为：$y = -0.518\,8x + 89.219$

拟合优度 $R^2 = 0.670\,2$，表明在优质品率的变差中，有 67.02%可以由工人的加工速度解释. 回归系数 $a = -0.518\,8$ 表示工人的加工速度每增加 1 个单位，产品的优质品率平均降低 0.5188 个单位

8.（1）回归系数表示该海滨城市空气温度每增加 1 华氏温度，海水温度平均增加 1.04 华氏温度；
（2）$x = 78$时，$E(y) = -10.87 + 1.04 \times 78 = 70.25$；
（3）$R^2 = \mathrm{SSR}/\mathrm{SST} = \mathrm{SSR}/(\mathrm{SSR} + \mathrm{SSE}) = 1\,679.16/(1\,679.16 + 37.76) = 0.978\,0$，$R^2 = 0.978\,0$ 表示在因变量取值的变差中，有 97.80%可以由 x 与 y 之间的线性关系来解释；$S_e = \sqrt{SSE/(n-2)} = \sqrt{37.76/(12-2)} = 1.943\,2$，表示当用 x 来预测 y 时，平均的预测误差为 1.943 2

参 考 文 献

费锡仙，李逢高，2018. 概率统计学习指导与习题精解. 北京：科学出版社.

李子强，黄斌，2015. 概率论与数理统计教程. 4 版. 北京：科学出版社.

茆诗松，程依明，濮晓龙，2019. 概率论与数理统计教程. 3 版. 北京：高等教育出版社.

盛骤，谢式千，潘承毅，2008. 概率论与数理统计. 4 版. 北京：高等教育出版社.

王梓坤，2007. 概率论基础及其应用. 3 版. 北京：北京师范大学出版社.

魏宗舒，等，2020. 概率论与数理统计教程. 3 版. 北京：高等教育出版社.

附录　常用概率统计表

附表 1　标准正态分布表

$$\Phi(z)=\int_{-\infty}^{z}\frac{1}{\sqrt{2\pi}}e^{-u^2/2}du=P\{Z\leqslant z\}$$

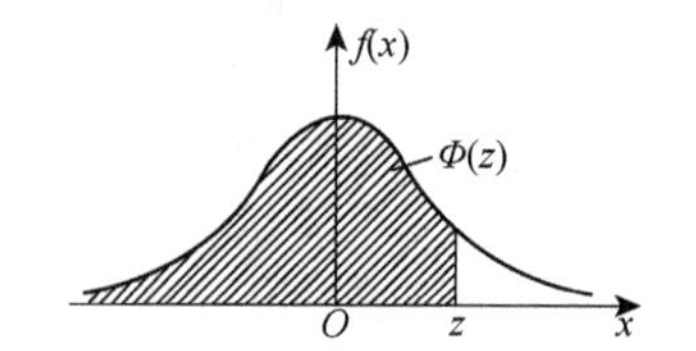

z	0	1	2	3	4	5	6	7	8	9
0.0	0.5000	0.5040	0.5080	0.5120	0.5160	0.5199	0.5239	0.5279	0.5319	0.5359
0.1	0.5398	0.5438	0.5478	0.5517	0.5557	0.5596	0.5636	0.5675	0.5714	0.5753
0.2	0.5793	0.5832	0.5871	0.5910	0.5948	0.5987	0.6026	0.6064	0.6103	0.6141
0.3	0.6179	0.6217	0.6255	0.6293	0.6331	0.6368	0.6406	0.6443	0.6480	0.6517
0.4	0.6554	0.6591	0.6628	0.6664	0.6700	0.6736	0.6772	0.6808	0.6844	0.6879
0.5	0.6915	0.6950	0.6985	0.7019	0.7054	0.7088	0.7123	0.7157	0.7190	0.7224
0.6	0.7257	0.7291	0.7324	0.7357	0.7389	0.7422	0.7454	0.7486	0.7517	0.7549
0.7	0.7580	0.7611	0.7642	0.7673	0.7703	0.7734	0.7764	0.7794	0.7823	0.7852
0.8	0.7881	0.7910	0.7939	0.7967	0.7995	0.8023	0.8051	0.8078	0.8106	0.8133
0.9	0.8159	0.8186	0.8212	0.8238	0.8264	0.8289	0.8315	0.8340	0.8365	0.8389
1.0	0.8413	0.8438	0.8461	0.8485	0.8508	0.8531	0.8554	0.8577	0.8599	0.8621
1.1	0.8643	0.8665	0.8686	0.8708	0.8729	0.8749	0.8770	0.8790	0.8810	0.8830
1.2	0.8849	0.8869	0.8888	0.8907	0.8925	0.8944	0.8962	0.68980	0.8997	0.9015
1.3	0.9032	0.9049	0.9066	0.9082	0.9099	0.9115	0.9131	0.9147	0.9162	0.9177
1.4	0.9192	0.9207	0.9222	0.9236	0.9251	0.9265	0.9278	0.9292	0.9306	0.9319
1.5	0.9332	0.9345	0.9357	0.9370	0.9382	0.9394	0.9406	0.9418	0.9430	0.9441
1.6	0.9452	0.9463	0.9474	0.9484	0.9495	0.9505	0.9515	0.9525	0.9535	0.9545
1.7	0.9554	0.9564	0.9573	0.9582	0.9591	0.9599	0.9608	0.9616	0.9625	0.9633
1.8	0.9641	0.9648	0.9656	0.9664	0.9671	0.9678	0.9686	0.9693	0.9700	0.9706
1.9	0.9713	0.9719	0.9726	0.9732	0.9738	0.9744	0.9750	0.9756	0.9762	0.9767
2.0	0.9772	0.9778	0.9783	0.9788	0.9793	0.9798	0.9803	0.9808	0.9812	0.9817
2.1	0.9821	0.9826	0.9830	0.9834	0.9838	0.9842	0.9846	0.9850	0.9854	0.9857
2.2	0.9861	0.9864	0.9868	0.9871	0.9874	0.9878	0.9881	0.9884	0.9887	0.9890
2.3	0.9893	0.9896	0.9898	0.9901	0.9904	0.9906	0.9909	0.9911	0.9913	0.9916
2.4	0.9918	0.9920	0.9922	0.9925	0.9927	0.9929	0.9931	0.9932	0.9934	0.9936
2.5	0.9938	0.9940	0.9941	0.9943	0.9945	0.9946	0.9948	0.9949	0.9951	0.9952
2.6	0.9953	0.9955	0.9956	0.9957	0.9959	0.9960	0.9961	0.9962	0.9963	0.9964
2.7	0.9965	0.9966	0.9967	0.9968	0.9969	0.9970	0.9971	0.9972	0.9973	0.9974
2.8	0.9974	0.9975	0.9976	0.9977	0.9977	0.9978	0.9979	0.9979	0.9980	0.9981
2.9	0.9981	0.9982	0.9982	0.9983	0.9984	0.9984	0.9985	0.9985	0.9986	0.9986
3.0	0.9987	0.9990	0.9993	0.9995	0.9997	0.9998	0.9998	0.9999	0.9999	1.0000

注：该表最后一行应看成 $x=3.0$，3.1，…，3.9.

附表 2　泊松分布表

$$1-F(x-1)=\sum_{r=x}^{r=\infty}\frac{\mathrm{e}^{-\lambda}\lambda^{r}}{r!}$$

x	$\lambda=0.2$	$\lambda=0.3$	$\lambda=0.4$	$\lambda=0.5$	$\lambda=0.6$	$\lambda=0.7$	$\lambda=0.8$
0	1.0000000	1.0000000	1.0000000	1.0000000	1.0000000	1.0000000	1.0000000
1	0.1812692	0.2591818	0.3296800	0.323469	0.451188	0.503415	0.550671
2	0.0175231	0.0369363	0.0615519	0.090204	0.121901	0.155805	0.191208
3	0.0011485	0.0035995	0.0079263	0.014388	0.023115	0.034142	0.047423
4	0.0000568	0.0002658	0.0007763	0.001752	0.003358	0.005753	0.009080
5	0.0000023	0.0000158	0.0000612	0.000172	0.000394	0.000786	0.001411
6	0.0000001	0.0000008	0.0000040	0.000014	0.000039	0.000090	0.000184
7			0.0000002	0.000001	0.000003	0.000009	0.000021
8						0.000001	0.000002
9							
10							

x	$\lambda=0.9$	$\lambda=1.0$	$\lambda=1.2$	$\lambda=1.4$	$\lambda=1.6$	$\lambda=1.8$	$\lambda=2.0$
0	1.0000000	1.0000000	1.0000000	1.000000	1.000000	1.000000	1.000000
1	0.593430	0.632121	0.698806	0.753403	0.798103	0.834701	0.864665
2	0.227518	0.264241	0.337373	0.408167	0.475069	0.537163	0.593994
3	0.062857	0.080301	0.120513	0.166502	0.216642	0.269379	0.323323
4	0.013459	0.018988	0.033769	0.053725	0.078813	0.108708	0.142876
5	0.002344	0.003660	0.007746	0.014253	0.023682	0.036407	0.052652
6	0.000343	0.000594	0.001500	0.003201	0.006040	0.010378	0.016563
7	0.000043	0.000083	0.000251	0.000622	0.001336	0.002569	0.004533
8	0.000005	0.000010	0.000037	0.000107	0.000260	0.000562	0.001096
9		0.000001	0.000005	0.000016	0.000045	0.000110	0.000237
10			0.000001	0.000002	0.000007	0.000019	0.000046
11					0.000001	0.000003	0.000008

x	$\lambda=2.5$	$\lambda=3.0$	$\lambda=3.5$	$\lambda=4.0$	$\lambda=4.5$	$\lambda=5.0$	
0	1.000000	1.000000	1.000000	1.000000	1.000000	1.00000	
1	0.917915	0.950213	0.969803	0.981684	0.988891	0.99326	
2	0.712703	0.800852	0.864112	0.908422	0.938901	0.95957	
3	0.456187	0.576810	0.679153	0.761897	0.826422	0.87534	
4	0.242424	0.352768	0.463367	0.566530	0.657704	0.73497	
5	0.108822	0.184737	0.274555	0.371163	0.467896	0.55950	
6	0.042021	0.083918	0.142386	0.214870	0.297070	0.3840	
7	0.014187	0.033509	0.065288	0.110674	0.168949	0.2378	
8	0.004247	0.011905	0.026739	0.051134	0.086586	0.1333	
9	0.001140	0.003803	0.009874	0.021363	0.040257	0.0680	
10	0.000277	0.001102	0.003315	0.008132	0.017093	0.0318	

续表

x	$\lambda=2.5$	$\lambda=3.0$	$\lambda=3.5$	$\lambda=4.0$	$\lambda=4.5$	$\lambda=5.0$	
11	0.000062	0.000292	0.001019	0.002840	0.006669	0.0136	
12	0.000013	0.000071	0.000289	0.000915	0.002404	0.0054	
13	0.000002	0.000016	0.000076	0.000274	0.000805	0.0020	
14		0.000003	0.000019	0.000076	0.000252	0.0006	
15		0.000001	0.000004	0.000020	0.000074	0.0002	
16			0.000001	0.000005	0.000020	0.0000	
17				0.000001	0.000005	0.0000	
18					0.000001	0.0000	
19						0.0000	

附表 3　t 分布表

$$P\{t(n)>t_{\alpha}(n)\}=\alpha$$

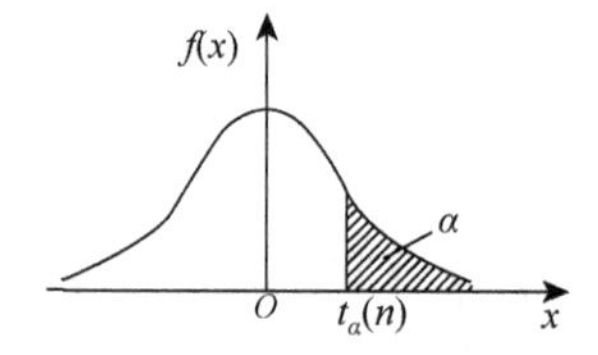

n	$\alpha=0.25$	0.10	0.05	0.025	0.01	0.005
1	1.0000	3.0777	6.3138	12.7062	31.8207	63.6574
2	0.8165	1.8856	2.9200	4.3027	6.9646	9.9248
3	0.7649	1.6377	2.3534	3.1824	4.5407	5.8409
4	0.7407	1.5332	2.1318	2.7764	3.7469	4.6041
5	0.7267	1.4759	2.0150	2.5706	3.3649	4.0322
6	0.7176	1.4398	1.9432	2.4469	3.1427	3.7074
7	0.7111	1.4149	1.8946	2.3646	2.9980	3.4995
8	0.7064	1.3830	1.8595	2.3060	2.8965	3.3554
9	0.7027	1.3830	1.8331	2.2622	2.8214	3.2498
10	0.6998	1.3722	1.8125	2.2281	2.7638	3.1693
11	0.6974	1.3634	1.7959	2.2010	2.7181	3.1058
12	0.6955	1.3562	1.7823	2.1788	2.6810	3.0545
13	0.6938	1.3502	1.7709	2.1604	2.6503	3.0123
14	0.6924	1.3450	1.7613	2.1448	2.6245	2.9768
15	0.6912	1.3406	1.7531	2.1315	2.6025	2.9467
16	0.6901	1.3368	1.7459	2.1199	2.5835	2.9208
17	0.6892	1.3334	1.7396	2.1098	2.5669	2.8982
18	0.6884	1.3304	1.7341	2.1009	2.5524	2.8784
19	0.6876	1.3277	1.7291	2.0930	2.5395	2.8609
20	0.6870	1.3253	1.7247	2.0860	2.5280	2.8453
21	0.6864	1.3232	1.7207	2.0796	2.5177	2.8314
22	0.6858	1.3212	1.7171	2.0739	2.5083	2.8188

续表

n	$\alpha=0.25$	0.10	0.05	0.025	0.01	0.005
23	0.6853	1.3195	1.7139	2.0687	2.4999	2.8073
24	0.6848	1.3178	1.7109	2.0639	2.4922	2.7969
25	0.6844	1.3163	1.7081	2.0595	2.4851	2.7874
26	0.6840	1.3150	1.7056	2.0555	2.4786	2.7787
27	0.6837	1.3137	1.7033	2.0518	2.4727	2.7707
28	0.6834	1.3125	1.7011	2.0484	2.4671	2.7633
29	0.6830	1.3114	1.6991	2.0452	2.4620	2.7564
30	0.6828	1.3104	1.6973	2.0423	2.4573	2.7500
31	0.6825	1.3095	1.6955	2.0395	2.4528	2.7440
32	0.6822	1.3086	1.6939	2.0369	2.4487	2.7385
33	0.6820	1.3077	1.6924	2.0345	2.4448	2.7333
34	0.6818	1.3070	1.6909	2.0322	2.4411	2.7284
35	0.6816	1.3062	1.6896	2.0301	2.4377	2.7238
36	0.6814	1.3055	1.6883	2.0281	2.4345	2.7195
37	0.6812	1.3049	1.6871	2.0262	2.4314	2.7154
38	0.6810	1.3042	1.6860	2.0244	2.4286	2.7116
39	0.6808	1.3036	1.6849	2.0227	2.4258	2.7079
40	0.6807	1.3031	1.6839	2.0211	2.4233	2.7045
41	0.6805	1.3025	1.6829	2.0195	2.4208	2.7012
42	0.6804	1.3020	1.6820	2.0181	2.4185	2.6981
43	0.6802	1.3016	1.6811	2.0167	2.4163	2.6951
44	0.6801	1.3011	1.6802	2.0154	2.4141	2.6923
45	0.6800	1.3006	1.6794	2.0141	2.4121	2.6896

附表 4　χ^2 分布表

$$P\{\chi^2(n)>\chi^2_\alpha(n)\}=\alpha$$

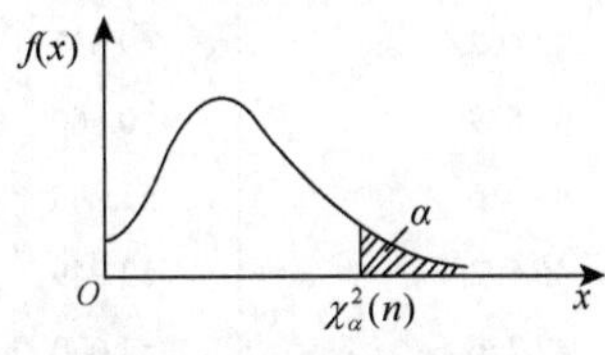

n	$\alpha=0.25$	0.10	0.05	0.025	0.01	0.005
1	1.323	2.706	3.841	5.024	6.635	7.879
2	2.773	4.605	5.991	7.378	9.210	10.597
3	4.108	6.251	7.815	9.348	11.345	12.838
4	5.385	7.779	9.488	11.143	13.277	14.860
5	6.626	9.236	11.071	12.833	15.086	16.750
6	7.841	10.645	12.592	14.449	16.812	18.548
7	9.037	12.017	14.067	16.013	18.475	20.278
8	10.219	13.362	15.507	17.535	20.090	21.955
9	11.389	14.684	16.919	19.023	21.666	23.589

续表

n	$\alpha=0.25$	0.10	0.05	0.025	0.01	0.005
10	12.549	15.987	18.307	20.483	23.209	25.188
11	13.701	17.275	19.675	21.920	24.725	26.757
12	14.845	18.549	21.026	23.337	26.217	28.299
13	15.984	19.812	22.362	24.736	27.688	29.819
14	17.117	21.064	23.685	26.119	29.141	31.319
15	18.245	22.307	24.996	27.488	30.578	32.801
16	19.369	23.542	26.296	28.845	32.000	34.267
17	20.489	24.769	27.587	30.191	33.409	35.718
18	21.605	25.989	28.869	31.526	34.805	37.156
19	22.718	27.204	30.144	32.852	36.191	38.582
20	23.828	28.412	31.410	34.170	37.566	39.997
21	24.935	29.615	32.671	35.479	38.932	41.401
22	26.039	30.813	33.924	36.781	40.289	42.796
23	27.141	32.007	35.172	38.076	41.638	44.181
24	28.241	33.196	36.415	39.364	42.980	45.559
25	29.339	34.382	37.652	40.646	44.314	46.928
26	30.435	35.563	38.885	41.923	45.642	48.290
27	31.528	36.741	40.113	43.194	46.963	49.645
28	32.620	37.916	41.337	44.461	48.278	50.993
29	33.711	39.087	42.557	45.722	49.588	52.336
30	34.800	40.256	43.773	46.979	50.892	53.672
31	35.887	41.422	44.985	48.232	52.191	55.003
32	36.973	42.585	46.194	49.480	53.486	56.328
33	38.058	43.745	47.400	50.725	54.776	57.648
34	39.141	44.903	48.602	51.966	56.061	58.964
35	40.233	46.059	49.802	53.203	57.342	60.275
36	41.304	47.212	50.998	54.437	58.619	61.581
37	42.383	48.363	52.192	55.668	59.892	62.883
38	43.462	49.513	53.384	56.896	61.162	64.181
39	44.539	50.660	54.572	58.120	62.428	65.476
40	45.616	51.805	55.758	59.342	63.691	66.766
41	46.692	52.949	56.942	60.561	64.950	68.053
42	47.766	54.090	58.124	61.777	66.206	69.336
43	48.840	55.230	59.304	62.990	67.459	70.616
44	49.913	56.369	60.481	64.201	68.710	71.893
45	50.985	57.505	61.656	65.410	69.957	73.166
n	$\alpha=0.995$	0.990	0.975	0.950	0.900	0.750
1	—	—	0.001	0.004	0.016	0.102
2	0.010	0.020	0.051	0.103	0.211	0.575
3	0.072	0.115	0.216	0.352	0.584	1.213
4	0.207	0.297	0.484	0.711	1.064	1.923
5	0.412	0.554	0.831	1.145	1.610	2.675

续表

n	$\alpha=0.995$	0.990	0.975	0.950	0.900	0.750
6	0.676	0.872	1.237	1.635	2.204	3.455
7	0.989	1.239	1.690	2.167	2.833	4.255
8	1.344	1.646	2.180	2.733	3.490	5.071
9	1.735	2.088	2.700	3.325	4.168	5.899
10	2.156	2.558	3.247	3.940	4.865	6.737
11	2.603	3.053	3.816	4.575	5.578	7.584
12	3.074	3.571	4.404	5.226	6.304	8.438
13	3.565	4.107	5.009	5.892	7.042	9.299
14	4.075	4.660	5.629	6.571	7.790	10.165
15	4.601	5.229	6.262	7.261	8.547	11.037
16	5.142	5.812	6.908	7.962	9.312	11.912
17	5.697	6.408	7.564	9.672	10.085	12.792
18	6.265	7.015	8.231	9.390	10.865	13.675
19	6.844	7.633	8.907	10.117	11.651	14.562
20	7.434	8.260	9.591	10.851	12.443	15.452
21	8.034	8.897	10.283	11.591	13.240	16.344
22	8.643	9.542	10.982	12.338	14.042	17.240
23	9.260	10.196	11.689	13.091	14.848	18.137
24	9.886	10.856	12.401	13.848	15.659	19.037
25	10.520	11.524	13.120	14.611	16.473	19.939
26	11.160	12.198	13.844	15.379	17.292	20.843
27	11.808	12.879	14.573	16.151	18.114	21.749
28	12.461	13.565	15.308	16.928	18.939	22.657
29	13.121	14.257	16.047	17.708	19.768	23.567
30	13.787	14.954	16.791	18.493	20.599	24.478
31	14.458	15.655	17.539	19.281	21.434	25.390
32	15.134	16.362	18.291	20.072	22.271	26.304
33	15.815	17.074	19.047	20.867	23.110	27.219
34	16.501	17.789	19.806	21.664	23.952	28.136
35	17.192	18.509	20.569	22.465	24.797	29.054
36	17.887	19.233	21.336	23.269	25.643	29.973
37	18.586	19.960	22.106	24.075	26.492	30.893
38	19.289	20.691	22.878	24.884	27.343	31.815
39	19.996	21.426	23.654	25.695	28.196	32.737
40	20.707	22.164	24.433	26.509	29.051	33.660
41	21.421	22.906	25.215	27.326	29.907	34.585
42	22.138	23.650	25.999	28.144	30.765	35.510
43	22.859	24.398	26.785	28.965	31.625	36.436
44	23.584	25.148	27.575	29.787	32.487	37.363
45	24.311	25.901	28.366	30.612	33.350	38.291

附表 5　F 分布表

$$P\{F(n_1,n_2) > F_\alpha(n_1,n_2)\} = \alpha$$

n_2 \ n_1	1	2	3	4	5	6	7	8	9	10	12	15	20	24	30	40	60	120	∞
$\alpha=0.10$																			
1	39.86	49.50	53.59	55.83	57.24	58.20	58.91	59.44	59.86	60.19	60.71	61.22	61.74	62.00	62.26	62.53	62.79	63.06	63.33
2	8.53	9.00	9.16	9.24	9.29	9.33	9.35	9.37	9.38	9.39	9.41	9.42	9.44	9.45	9.46	9.47	9.47	9.48	9.49
3	5.54	5.46	5.39	5.34	5.31	5.28	5.27	5.25	5.24	5.23	5.22	5.20	5.18	5.18	5.17	5.16	5.15	5.14	5.13
4	4.54	4.32	4.19	4.11	4.05	4.01	3.98	3.95	3.94	3.92	3.90	3.87	3.84	3.83	3.82	3.80	3.79	3.78	3.76
5	4.06	3.78	3.62	3.52	3.45	3.40	3.37	3.34	3.32	3.30	3.27	3.24	3.21	3.19	3.17	3.16	3.14	3.12	3.10
6	3.78	3.46	3.29	3.18	3.11	3.05	3.01	2.98	2.96	2.94	2.90	2.87	2.84	2.82	2.80	2.78	2.76	2.74	2.72
7	3.59	3.26	3.07	2.96	2.88	2.83	2.78	2.75	2.72	2.70	2.67	2.63	2.59	2.58	2.56	2.54	2.51	2.49	2.47
8	3.46	3.11	2.92	2.81	2.73	2.67	2.62	2.59	2.56	2.54	2.50	2.46	2.42	2.40	2.38	2.36	2.34	2.32	2.29
9	3.36	3.01	2.81	2.69	2.61	2.65	2.51	2.47	2.44	2.42	2.38	2.34	2.30	2.28	2.25	2.23	2.21	2.18	2.16
10	3.29	2.92	2.73	2.61	2.52	2.46	2.41	2.38	2.35	2.32	2.28	2.24	2.20	2.18	2.16	2.13	2.11	2.08	2.06
11	3.23	2.86	2.66	2.54	2.45	2.39	2.34	2.30	2.27	2.25	2.21	2.17	2.12	2.10	2.08	2.05	2.03	2.00	1.97
12	3.18	2.81	2.61	2.48	2.39	2.33	2.28	2.24	2.21	2.19	2.15	2.10	2.06	2.04	2.01	1.99	1.96	1.93	1.90
13	3.14	2.76	2.56	2.43	2.35	2.28	2.23	2.20	2.16	2.14	2.10	2.05	2.01	1.98	1.96	1.93	1.90	1.88	1.85
14	3.10	2.73	2.52	2.39	2.31	2.24	2.19	2.15	2.12	2.10	2.05	2.01	1.96	1.94	1.91	1.89	1.86	1.83	1.80
15	3.07	2.70	2.49	2.36	2.27	2.21	2.16	2.12	2.09	2.06	2.02	1.97	1.92	1.90	1.87	1.85	1.82	1.79	1.76
16	3.05	2.67	2.46	2.33	2.24	2.18	2.13	2.09	2.06	2.03	1.99	1.94	1.89	1.87	1.84	1.81	1.78	1.75	1.72
17	3.03	2.64	2.44	2.31	2.22	2.15	2.10	2.06	2.03	2.00	1.96	1.91	1.86	1.84	1.81	1.78	1.75	1.72	1.69
18	3.01	2.62	2.42	2.29	2.20	2.13	2.08	2.04	2.00	1.98	1.93	1.89	1.84	1.81	1.78	1.75	1.72	1.69	1.66
19	2.99	2.61	2.40	2.27	2.18	2.11	2.06	2.02	1.98	1.96	1.91	1.86	1.81	1.79	1.76	1.73	1.70	1.67	1.63
20	2.97	2.59	2.38	2.25	2.16	2.09	2.04	2.00	1.96	1.94	1.89	1.84	1.79	1.77	1.74	1.71	1.68	1.64	1.61
21	2.96	2.57	2.36	2.23	2.14	2.08	2.02	1.98	1.95	1.92	1.87	1.83	1.78	1.75	1.72	1.69	1.66	1.62	1.59
22	2.95	2.56	2.35	2.22	2.13	2.06	2.01	1.97	1.93	1.90	1.86	1.81	1.76	1.73	1.70	1.67	1.64	1.60	1.57
23	2.94	2.55	2.34	2.21	2.11	2.05	1.99	1.95	1.92	1.89	1.84	1.80	1.74	1.72	1.69	1.66	1.62	1.59	1.55
24	2.93	2.54	2.33	2.19	2.10	2.04	1.98	1.94	1.91	1.88	1.83	1.78	1.73	1.70	1.67	1.64	1.61	1.57	1.53
25	2.92	2.53	2.32	2.18	2.09	2.02	1.97	1.93	1.89	1.87	1.82	1.77	1.72	1.69	1.66	1.63	1.59	1.56	1.52
26	2.91	2.52	2.31	2.17	2.08	2.01	1.96	1.92	1.88	1.86	1.81	1.76	1.71	1.68	1.65	1.61	1.58	1.54	1.50
27	2.90	2.51	2.30	2.17	2.07	2.00	1.95	1.91	1.87	1.85	1.80	1.75	1.70	1.67	1.64	1.60	1.57	1.53	1.49
28	2.89	2.50	2.29	2.16	2.06	2.00	1.94	1.90	1.87	1.84	1.79	1.74	1.69	1.66	1.63	1.59	1.56	1.52	1.48
29	2.89	2.50	2.28	2.15	2.06	1.99	1.93	1.89	1.86	1.83	1.78	1.73	1.68	1.65	1.62	1.58	1.55	1.51	1.47
30	2.88	2.49	2.28	2.14	2.05	1.98	1.93	1.88	1.85	1.82	1.77	1.72	1.67	1.64	1.61	1.57	1.54	1.50	1.46
40	2.84	2.44	2.23	2.09	2.00	1.93	1.87	1.83	1.79	1.76	1.71	1.66	1.61	1.57	1.54	1.51	1.47	1.42	1.38
60	2.79	2.39	2.18	2.04	1.95	1.87	1.82	1.77	1.74	1.71	1.66	1.60	1.54	1.51	1.48	1.44	1.40	1.35	1.29
120	2.75	2.35	2.13	1.99	1.90	1.82	1.77	1.72	1.68	1.65	1.60	1.55	1.48	1.45	1.41	1.37	1.32	1.26	1.19
∞	2.71	2.30	2.08	1.94	1.85	1.77	1.72	1.67	1.63	1.60	1.55	1.49	1.42	1.38	1.34	1.30	1.24	1.17	1.00

续表

n_2 \ n_1	1	2	3	4	5	6	7	8	9	10	12	15	20	24	30	40	60	120	∞
$\alpha=0.05$																			
1	161.4	199.5	215.7	224.6	230.2	234.0	236.8	238.9	240.5	241.9	243.9	245.9	248.0	249.1	250.1	251.1	252.2	253.3	254.3
2	18.51	9.00	19.16	19.25	19.30	19.33	19.35	19.37	19.38	19.40	19.41	19.43	19.45	19.45	19.46	19.47	19.48	19.49	19.50
3	10.13	9.55	9.28	9.12	9.01	8.94	8.89	8.85	8.81	8.79	8.74	8.70	8.66	8.64	8.62	8.59	8.57	8.55	8.53
4	7.71	6.94	6.59	6.39	6.26	6.16	6.09	6.04	6.00	5.96	5.91	5.86	5.80	5.77	5.75	5.72	5.69	5.66	5.63
5	6.61	5.79	5.41	5.19	5.05	4.95	4.88	4.82	4.77	4.74	4.68	4.62	4.56	4.53	4.50	4.46	4.43	4.40	4.36
6	5.99	5.14	4.76	4.53	4.39	4.28	4.21	4.15	4.10	4.06	4.00	3.94	3.77	3.84	3.81	3.87	3.74	3.70	3.67
7	5.59	4.74	4.35	4.12	3.97	3.87	3.79	3.73	3.68	3.64	3.57	3.51	3.44	3.41	3.38	3.34	3.30	3.27	3.23
8	5.32	4.46	4.07	3.84	3.69	3.58	3.50	3.44	3.39	3.35	3.28	3.22	3.15	3.12	3.08	3.04	3.01	2.97	2.93
9	5.12	4.26	3.86	3.63	3.48	3.37	3.29	3.23	3.18	3.14	3.07	3.01	2.94	2.90	2.86	2.83	2.79	2.75	2.71
10	4.96	4.10	3.71	3.48	3.33	3.22	3.14	3.07	3.02	2.98	2.91	2.85	2.77	2.74	2.70	2.66	2.62	2.58	2.54
11	4.84	3.98	3.59	3.36	3.20	3.09	3.01	2.95	2.90	2.85	2.79	2.72	2.65	2.61	2.57	2.53	2.49	2.45	2.40
12	4.75	3.89	3.49	3.26	3.11	3.00	2.91	2.85	2.80	2.75	2.69	2.62	2.54	2.51	2.47	2.43	2.38	2.34	2.30
13	4.67	3.81	3.41	3.18	3.03	2.92	2.83	2.77	2.71	2.67	2.60	2.53	2.46	2.42	2.38	2.34	2.30	2.25	2.21
14	4.60	3.74	3.34	3.11	2.96	2.85	2.76	2.70	2.65	2.60	2.53	2.46	2.39	2.35	2.31	2.27	2.22	2.18	2.13
15	4.54	3.68	3.29	3.06	2.90	2.79	2.71	2.64	2.59	2.54	2.48	2.40	2.33	2.29	2.25	2.20	2.16	2.11	2.07
16	4.49	3.63	3.24	3.01	2.85	2.74	2.66	2.59	2.54	2.49	2.42	2.35	2.28	2.24	2.19	2.15	2.11	2.06	2.01
17	4.45	3.59	3.20	2.96	2.81	2.70	2.61	2.55	2.49	2.45	2.38	2.31	2.23	2.19	2.15	2.10	2.06	2.01	1.96
18	4.41	3.55	3.16	2.93	2.77	2.66	2.58	2.51	2.46	2.41	2.34	2.27	2.19	2.15	2.11	2.06	2.02	1.97	1.92
19	4.38	3.52	3.13	2.90	2.74	2.63	2.54	2.48	2.42	2.38	2.31	2.23	2.16	2.11	2.07	2.03	1.98	1.93	1.88
20	4.35	3.49	3.10	2.87	2.71	2.60	2.51	2.45	2.39	2.35	2.28	2.20	2.12	2.08	2.04	1.99	1.95	1.90	1.84
21	4.32	3.47	3.07	2.84	2.68	2.57	2.49	2.42	2.37	2.32	2.25	2.18	2.10	2.05	2.01	1.96	1.92	1.87	1.81
22	4.30	3.44	3.05	2.82	2.66	2.55	2.46	2.40	2.34	2.30	2.23	2.15	2.07	2.03	1.98	1.94	1.89	1.84	1.78
23	4.28	3.42	3.03	2.80	2.64	2.53	2.44	2.37	2.32	2.27	2.20	2.13	2.05	2.01	1.96	1.91	1.86	1.81	1.76
24	4.26	3.40	3.01	2.78	2.62	2.51	2.42	2.36	2.30	2.25	2.18	2.11	2.03	1.98	1.94	1.89	1.84	1.79	1.73
25	4.24	3.39	2.99	2.76	2.60	2.49	2.40	2.34	2.28	2.24	2.16	2.09	2.01	1.96	1.92	1.87	1.82	1.77	1.71
26	4.23	3.37	2.98	2.74	2.59	2.47	2.39	2.32	2.27	2.22	2.15	2.07	1.99	1.95	1.90	1.85	1.80	1.75	1.69
27	4.21	3.35	2.96	2.73	2.57	2.46	2.37	2.31	2.25	2.20	2.13	2.06	1.97	1.93	1.88	1.84	1.79	1.73	1.67
28	4.20	3.34	2.95	2.71	2.56	2.45	2.36	2.29	2.24	2.19	2.12	2.04	1.96	1.91	1.87	1.82	1.77	1.71	1.65
29	4.18	3.33	2.93	2.70	2.55	2.43	2.35	2.28	2.22	2.18	2.10	2.03	1.94	1.90	1.85	1.81	1.75	1.70	1.64
30	4.17	3.32	2.92	2.69	2.53	2.42	2.33	2.27	2.21	2.16	2.09	2.01	1.93	1.89	1.84	1.79	1.74	1.68	1.62
40	4.08	3.23	2.84	2.61	2.45	2.34	2.25	2.18	2.12	2.08	2.00	1.92	1.84	1.79	1.74	1.69	1.64	1.58	1.51
60	4.00	3.15	2.76	2.53	2.37	2.25	2.17	2.10	2.04	1.99	1.92	1.84	1.75	1.70	1.65	1.59	1.53	1.47	1.39
120	3.92	3.07	2.68	2.45	2.29	2.17	2.09	2.02	1.96	1.91	1.83	1.75	1.66	1.61	1.55	1.50	1.43	1.35	1.25
∞	3.84	3.00	2.60	2.37	2.21	2.10	2.01	1.94	1.88	1.83	1.75	1.67	1.57	1.52	1.46	1.39	1.32	1.22	1.00

续表

n_2 \ n_1	1	2	3	4	5	6	7	8	9	10	12	15	20	24	30	40	60	120	∞
										$\alpha=0.025$									
1	647.8	799.5	864.2	899.6	921.8	937.1	948.2	956.7	963.3	368.6	976.7	984.9	993.1	997.2	1001	1006	1010	1014	1018
2	38.51	39.00	39.17	39.25	39.30	39.33	39.36	39.37	39.39	39.40	39.41	39.43	39.45	39.46	39.46	39.47	39.48	39.49	39.50
3	17.44	16.04	15.44	15.10	14.88	14.73	14.62	14.54	14.47	14.42	14.34	14.25	14.17	14.12	14.08	14.04	13.99	13.95	13.90
4	12.22	10.65	9.98	9.60	9.36	9.20	9.07	8.98	8.90	8.84	8.75	8.66	8.56	8.51	8.46	8.41	8.36	8.31	8.26
5	10.01	8.43	7.76	7.39	7.15	6.98	6.85	6.76	6.68	6.62	6.52	6.43	6.33	6.28	6.23	6.18	6.12	6.07	6.02
6	8.81	7.26	6.60	6.23	5.99	5.82	5.70	5.60	5.52	5.46	5.37	5.27	5.17	5.12	5.07	5.01	4.96	4.90	4.85
7	8.07	6.54	5.89	5.52	5.29	5.12	4.99	4.90	4.82	4.76	4.67	4.57	4.47	4.42	4.36	4.31	4.25	4.20	4.14
8	7.57	6.06	5.42	5.05	4.82	4.65	4.53	4.43	4.36	4.30	4.20	4.10	4.00	3.95	3.89	3.84	3.78	3.73	3.67
9	7.21	5.71	5.08	4.72	4.48	4.32	4.20	4.10	4.03	3.96	3.87	3.77	3.67	3.61	3.56	3.51	3.45	3.39	3.33
10	6.94	5.46	4.83	4.47	4.24	4.07	3.95	3.85	3.78	3.72	3.62	3.52	3.42	3.37	3.31	3.26	3.20	3.14	3.08
11	6.72	5.26	4.63	4.28	4.04	3.88	3.76	3.66	3.59	3.53	3.43	3.33	3.23	3.17	3.12	3.06	3.00	2.94	2.88
12	6.55	5.10	4.47	4.12	3.89	3.73	3.61	3.51	3.44	3.37	3.28	3.18	3.07	3.02	2.96	2.91	2.85	2.79	2.72
13	6.41	4.97	4.35	4.00	3.77	3.60	3.48	3.39	3.31	3.25	3.15	3.05	2.95	2.89	2.84	2.78	2.72	2.66	2.60
14	6.30	4.86	4.24	3.89	3.66	3.50	3.38	3.29	3.21	3.15	3.05	2.95	2.84	2.79	2.73	2.67	2.61	2.55	2.49
15	6.20	4.77	4.15	3.80	3.58	3.41	3.29	3.20	3.12	3.06	2.96	2.86	2.76	2.70	2.64	2.59	2.52	2.46	2.40
16	6.12	4.69	4.08	3.73	3.50	3.34	3.22	3.12	3.05	2.99	2.89	2.79	2.68	2.63	2.57	2.51	2.45	2.38	2.32
17	6.04	4.62	4.01	3.66	3.44	3.28	3.16	3.06	2.98	2.92	2.82	2.72	2.62	2.56	2.50	2.44	2.38	2.32	2.25
18	5.98	4.56	3.95	3.61	3.38	3.22	3.10	3.01	2.93	2.87	2.77	2.67	2.56	2.50	2.44	2.38	2.32	2.26	2.19
19	5.92	4.51	3.90	3.56	3.33	3.17	3.05	2.96	2.88	2.82	2.72	2.62	2.51	2.45	2.39	2.33	2.27	2.20	2.13
20	5.87	4.46	3.86	3.51	3.29	3.13	3.01	2.91	2.84	2.77	2.68	2.57	2.46	2.41	2.35	2.29	2.22	2.16	2.09
21	5.83	4.42	3.82	3.48	3.25	3.09	2.97	2.87	2.80	2.73	2.64	2.53	2.42	2.37	2.31	2.25	2.18	2.11	2.04
22	5.79	4.38	3.78	3.44	3.22	3.05	2.93	2.84	2.76	2.70	2.60	2.50	2.39	2.33	2.27	2.21	2.14	2.08	2.00
23	5.75	4.35	3.75	3.41	3.18	3.02	2.90	2.81	2.73	2.67	2.57	2.47	2.36	2.30	2.24	2.18	2.11	2.04	1.97
24	5.72	4.32	3.72	3.38	3.15	2.99	2.87	2.78	2.70	2.64	2.54	2.44	2.33	2.27	2.21	2.15	2.08	2.01	1.94
25	5.69	4.29	3.69	3.35	3.13	2.97	2.85	2.75	2.68	2.61	2.51	2.41	2.30	2.24	2.18	2.12	2.05	1.98	1.91
26	5.66	4.27	3.67	3.33	3.10	2.94	2.82	2.73	2.65	2.59	2.49	2.39	2.28	2.22	2.16	2.09	2.03	1.95	1.88
27	5.63	4.24	3.65	3.31	3.08	2.92	2.80	2.71	2.63	2.57	2.47	2.36	2.25	2.19	2.13	2.07	2.00	1.93	1.85
28	5.61	4.22	3.63	3.29	3.06	2.90	2.78	2.69	2.61	2.55	2.45	2.34	2.23	2.17	2.11	2.05	1.98	1.91	1.83
29	5.59	4.20	3.61	3.27	3.04	2.88	2.76	2.67	2.59	2.53	2.43	2.32	2.21	2.15	2.09	2.03	1.96	1.89	1.81
30	5.57	4.18	3.59	3.25	3.03	2.87	2.75	2.65	2.57	2.51	2.41	2.31	2.20	2.14	2.07	2.01	1.94	1.87	1.79
40	5.42	4.05	3.46	3.13	2.90	2.74	2.62	2.53	2.45	2.39	2.29	2.18	2.07	2.01	1.94	1.88	1.80	1.72	1.64
60	5.29	3.93	3.34	3.01	2.79	2.63	2.51	2.41	2.33	2.27	2.17	2.06	1.94	1.88	1.82	1.74	1.67	1.58	1.48
120	5.15	3.80	3.23	2.89	2.67	2.52	2.39	2.30	2.22	2.16	2.05	1.94	1.82	1.76	1.69	1.61	1.53	1.43	1.31
∞	5.02	3.69	3.12	2.79	2.57	2.41	2.29	2.19	2.11	2.05	1.94	1.83	1.71	1.64	1.57	1.48	1.39	1.27	1.00

续表

n_2 \ n_1	1	2	3	4	5	6	7	8	9	10	12	15	20	24	30	40	60	120	∞
									$\alpha=0.01$										
1	4052	4999.5	5403	5625	5764	5859	5928	5982	6022	6056	6106	6157	6209	6235	6261	6287	6313	6339	6366
2	98.50	99.00	99.17	99.25	99.30	99.33	99.36	99.37	99.39	99.40	99.42	99.43	99.45	99.46	99.47	99.47	99.48	99.49	99.50
3	34.12	30.82	29.46	28.71	28.24	27.91	27.67	27.49	27.35	27.23	27.05	26.87	26.69	26.60	26.50	26.41	26.32	26.22	26.13
4	21.20	18.00	16.69	15.98	15.52	15.21	14.98	14.80	14.66	14.55	14.37	14.20	14.02	13.93	13.84	13.75	13.65	13.56	13.46
5	16.26	13.27	12.06	11.39	10.97	10.67	10.46	10.29	10.16	10.05	9.89	9.72	9.55	9.47	9.38	9.29	9.20	9.11	9.02
6	13.75	10.92	9.78	9.15	8.75	8.47	8.26	8.10	7.98	7.87	7.72	7.56	7.40	7.31	7.23	7.14	7.06	6.97	6.88
7	12.25	9.55	8.45	7.85	7.46	7.19	6.99	6.84	6.72	6.62	6.47	6.31	6.16	6.07	5.99	5.91	5.82	5.74	5.65
8	11.26	8.65	7.59	7.01	6.63	6.37	6.18	6.03	5.91	5.81	5.67	5.52	5.36	5.28	5.20	5.12	5.03	4.95	4.86
9	10.56	8.02	6.99	6.42	6.06	5.80	5.61	5.47	5.35	5.26	5.11	4.96	4.81	4.73	4.65	4.57	4.48	4.40	4.31
10	10.04	7.56	6.55	5.99	5.64	5.39	5.20	5.06	4.94	4.85	4.71	4.56	4.41	4.33	4.25	4.17	4.08	4.00	3.91
11	9.65	7.21	6.22	5.67	5.32	5.07	4.89	4.74	4.63	4.54	4.40	4.25	4.10	4.02	3.94	3.86	3.78	3.69	3.60
12	9.33	6.93	5.95	5.41	5.06	4.82	4.64	4.50	4.39	4.30	4.16	4.01	3.86	3.78	3.70	3.62	3.54	3.45	3.36
13	9.07	6.70	5.74	5.21	4.86	4.62	4.44	4.30	4.19	4.10	3.96	3.82	3.66	3.59	3.51	3.43	3.34	3.25	3.17
14	8.86	6.51	5.56	5.04	4.69	4.46	4.28	4.14	4.03	3.94	3.80	3.66	3.51	3.43	3.35	3.27	3.18	3.09	3.00
15	8.68	6.36	5.42	4.89	4.56	4.32	4.14	4.00	3.89	3.80	3.67	3.52	3.37	3.29	3.21	3.13	3.05	2.96	2.87
16	8.53	6.23	5.29	4.77	4.44	4.20	4.03	3.89	3.78	3.69	3.55	3.41	3.26	3.18	3.10	3.02	2.93	2.84	2.75
17	8.40	6.11	5.18	4.67	4.34	4.10	3.93	3.79	3.68	3.59	3.46	3.31	3.16	3.08	3.00	2.92	2.83	2.75	2.65
18	8.29	6.01	5.09	4.58	4.25	4.01	3.84	3.71	3.60	3.51	3.37	3.23	3.08	3.00	2.92	2.84	2.75	2.66	2.57
19	8.18	5.93	5.01	4.50	4.17	3.94	3.77	3.63	3.52	3.43	3.30	3.15	3.00	2.92	2.84	2.76	2.67	2.58	2.49
20	8.10	5.85	4.94	4.43	4.10	3.87	3.70	3.56	3.46	3.37	3.23	3.09	2.94	2.86	2.78	2.69	2.61	2.52	2.42
21	8.02	5.78	4.87	4.37	4.04	3.81	3.64	3.51	3.40	3.31	3.17	3.03	2.88	2.80	2.72	2.64	2.55	2.46	2.36
22	7.95	5.72	4.82	4.31	3.99	3.76	3.59	3.45	3.35	3.26	3.12	2.98	2.83	2.75	2.67	2.58	2.50	2.40	2.31
23	7.88	5.66	4.76	4.26	3.94	3.71	3.54	3.41	3.30	3.21	3.07	2.93	2.78	2.70	2.62	2.54	2.45	2.35	2.26
24	7.82	5.61	4.72	4.22	3.90	3.67	3.50	3.36	3.26	3.17	3.03	2.89	2.74	2.66	2.58	2.49	2.40	2.31	2.21
25	7.77	5.57	4.68	4.18	3.85	3.63	3.46	3.32	3.22	3.13	2.99	2.85	2.70	2.62	2.54	2.45	2.36	2.27	2.17
26	7.72	5.53	4.64	4.14	3.82	3.59	3.42	3.29	3.18	3.09	2.96	2.81	2.66	2.58	2.50	2.42	2.33	2.23	2.13
27	7.68	5.49	4.60	4.11	3.78	3.56	3.39	3.26	3.15	3.06	2.93	2.78	2.63	2.55	2.47	2.38	2.29	2.20	2.10
28	7.64	5.45	4.57	4.07	3.75	3.53	3.36	3.23	3.12	3.03	2.90	2.75	2.60	2.52	2.44	2.35	2.26	2.17	2.06
29	7.60	5.42	4.54	4.04	3.73	3.50	3.33	3.20	3.09	3.00	2.87	2.73	2.57	2.49	2.41	2.33	2.23	2.14	2.03
30	7.56	5.39	4.51	4.02	3.70	3.47	3.30	3.17	3.07	2.98	2.84	2.70	2.55	2.47	2.39	2.30	2.21	2.11	2.01
40	7.31	5.18	4.31	3.83	3.51	3.29	3.12	2.99	2.89	2.80	2.66	2.52	2.37	2.29	2.20	2.11	2.02	1.92	1.80
60	7.08	4.98	4.13	3.65	3.34	3.12	2.95	2.82	2.72	2.63	2.50	2.35	2.20	2.12	2.03	1.94	1.84	1.73	1.60
120	6.85	4.79	3.95	3.48	3.17	2.96	2.79	2.66	2.56	2.47	2.34	2.19	2.03	1.95	1.86	1.76	1.66	1.53	1.38
∞	6.63	4.61	3.78	3.32	3.02	2.80	2.64	2.51	2.41	2.32	2.18	2.04	1.88	1.79	1.70	1.59	1.47	1.32	1.00

续表

n_2 \ n_1	1	2	3	4	5	6	7	8	9	10	12	15	20	24	30	40	60	120	∞
									$\alpha=0.005$										
1	16211	20000	21615	22500	23056	23437	23715	23925	24091	24224	24426	24630	24836	24940	25044	25148	25253	25359	25465
2	198.5	199.0	199.2	199.2	199.3	199.3	199.4	199.4	199.4	199.4	199.4	199.4	199.4	199.5	199.5	199.5	199.5	199.5	199.5
3	55.55	49.80	47.47	46.19	45.39	44.84	44.43	44.13	43.88	43.69	43.39	43.08	42.78	42.62	42.47	42.31	42.15	41.99	41.83
4	31.33	26.28	24.26	23.15	22.46	21.97	21.62	21.35	21.14	20.97	20.70	20.44	20.17	20.03	19.89	19.75	19.61	19.47	19.32
5	22.78	18.31	16.53	15.56	14.94	14.51	14.20	13.96	13.77	13.62	13.38	13.15	12.90	12.78	12.66	12.53	12.40	12.27	12.14
6	18.63	14.54	12.92	12.03	11.46	11.07	10.79	10.57	10.39	10.25	10.03	9.81	9.59	9.47	9.36	9.24	9.12	8.88	7.19
7																			
8	14.69	11.04	9.60	8.81	8.30	7.95	7.69	7.50	7.34	7.21	7.01	6.81	6.61	6.50	6.40	6.29	6.18	6.06	5.95
9	13.61	10.11	8.72	7.96	7.47	7.13	6.88	6.69	6.54	6.42	6.23	6.03	5.83	5.73	5.62	5.52	5.41	5.30	5.19
10	12.83	9.43	8.08	7.34	6.87	6.54	6.30	6.12	5.97	5.85	5.66	5.47	5.27	5.17	5.07	4.97	4.86	4.75	4.64
11	12.23	8.91	7.60	6.88	6.42	6.10	5.86	5.68	5.54	5.42	5.24	5.05	4.86	4.76	4.65	4.55	4.44	4.34	4.23
12	11.75	8.51	7.23	6.52	6.07	5.76	5.52	5.35	5.20	5.09	4.91	4.72	4.53	4.23	4.33	4.43	4.12	4.01	3.90
13	11.37	8.19	6.93	6.23	5.79	5.48	5.25	5.08	4.94	4.82	4.64	4.46	4.27	4.17	4.07	3.97	3.87	3.76	3.65
14	11.06	7.92	6.68	6.00	5.56	5.26	5.03	4.86	4.72	4.60	4.43	4.25	4.06	3.96	3.86	3.76	3.66	3.55	3.44
15	10.80	7.70	6.48	5.80	5.37	5.07	4.85	4.67	4.54	4.42	4.25	4.07	3.88	3.79	3.69	3.58	3.48	3.37	3.26
16	10.58	7.51	6.30	5.64	5.21	4.91	4.69	4.52	4.38	4.27	4.10	3.92	3.73	3.64	3.54	3.44	3.33	3.22	3.11
17	10.38	7.35	6.16	5.50	5.07	4.78	4.56	4.39	4.25	4.14	3.97	3.79	3.61	3.51	3.41	3.31	3.21	3.10	2.98
18	10.22	7.21	6.03	5.37	4.96	4.66	4.44	4.28	4.14	4.03	3.86	3.68	3.50	3.40	3.30	3.20	3.10	2.99	2.87
19	10.07	7.09	5.92	5.27	4.85	4.56	4.34	4.18	4.04	3.93	3.76	3.59	3.40	3.31	3.21	3.11	3.00	2.89	2.78
20	9.94	6.99	5.82	5.17	4.76	4.47	4.26	4.09	3.96	3.85	3.68	3.50	3.32	3.22	3.12	3.02	2.92	2.81	2.69
21	9.83	6.89	5.73	5.09	4.68	4.39	4.18	4.01	3.88	3.77	3.60	3.43	3.24	3.15	3.05	2.95	2.84	2.73	2.61
22	9.73	6.81	5.65	5.02	4.61	4.32	4.11	3.94	3.81	3.70	3.54	3.36	3.18	3.08	2.98	2.88	2.77	2.66	2.55
23	9.63	6.73	5.58	4.95	4.54	4.26	4.05	3.88	3.75	3.64	3.47	3.30	3.12	3.02	2.92	2.82	2.71	2.60	2.48
24	9.55	6.66	5.52	4.89	4.49	4.20	3.99	3.83	3.69	3.59	3.42	3.25	3.06	2.97	2.87	2.77	2.66	2.55	2.43
25	9.48	6.60	5.46	4.84	4.43	4.15	3.94	3.78	3.64	3.54	3.37	3.20	3.01	2.92	2.82	2.72	2.61	2.50	2.38
26	9.41	6.54	5.41	4.79	4.38	4.10	3.89	3.73	3.60	3.49	3.33	3.15	2.97	2.87	2.77	2.67	2.56	2.45	2.33
27	9.34	6.49	5.36	4.74	4.34	4.06	3.85	3.69	3.56	3.45	3.28	3.11	2.93	2.83	2.73	2.63	2.52	2.41	2.29
28	9.28	6.44	5.32	4.70	4.30	4.02	3.81	3.65	3.52	6.41	3.25	3.07	2.89	2.79	2.69	2.59	2.48	2.37	2.25
29	9.23	6.40	5.28	4.66	4.26	3.98	3.77	3.61	3.48	3.38	3.21	3.04	2.86	2.76	2.66	2.56	2.45	2.33	2.21
30	9.18	6.35	5.24	4.62	4.23	3.95	3.74	3.58	3.45	3.34	3.18	3.01	2.82	2.73	2.63	2.52	2.42	2.30	2.18
40	8.83	6.07	4.98	4.37	3.99	3.71	3.51	3.35	3.22	3.12	2.95	2.78	2.60	2.50	2.40	2.30	2.18	2.06	1.93
60	8.49	5.79	4.73	4.14	3.76	3.49	3.29	3.13	3.01	2.90	2.74	2.57	2.39	2.29	2.19	2.08	1.96	1.83	1.69
120	8.18	5.54	4.50	3.92	3.55	3.28	3.09	2.93	2.81	2.71	2.54	2.37	2.19	2.09	1.98	1.87	1.75	1.61	1.43
∞	7.88	5.30	4.28	3.72	3.35	3.09	2.90	2.74	2.62	2.52	2.36	2.19	2.00	1.90	1.79	1.67	1.53	1.36	1.00

续表

n_2 \ n_1	1	2	3	4	5	6	7	8	9	10	12	15	20	24	30	40	60	120	∞
$\alpha=0.001$																			
1	4053+	5000+	5404+	5625+	5764+	5859+	5929+	5981+	6023+	6056+	6107+	6158+	6209+	6235+	6261+	6287+	6313+	6340+	6366+
2	998.5	999.0	999.2	999.2	999.3	999.3	999.4	999.4	999.4	999.4	999.4	999.4	999.4	999.5	999.5	999.5	999.5	999.5	999.5
3	167.0	148.5	141.1	137.1	134.6	132.8	131.6	130.6	129.9	129.2	128.3	127.4	126.4	125.9	125.4	125.0	124.5	124.0	123.5
4	74.14	61.25	56.18	53.44	51.71	50.53	49.66	49.00	48.47	48.05	47.41	46.76	46.10	45.77	45.43	45.09	44.75	44.40	44.05
5	47.18	37.12	33.20	31.09	29.75	28.84	28.16	27.64	27.24	26.92	26.42	25.91	25.39	25.14	24.87	24.60	24.33	24.06	23.79
6	35.51	27.00	23.70	21.92	20.81	20.03	19.46	19.03	18.69	18.41	17.99	17.56	17.12	16.89	16.67	16.44	16.21	15.99	15.75
7	29.25	21.69	18.77	17.19	16.21	15.52	15.02	14.63	14.33	14.08	13.71	13.32	12.93	12.73	12.53	12.33	12.12	11.91	11.70
8	25.42	18.49	15.83	14.39	13.49	12.86	12.40	12.04	11.77	11.54	11.19	10.84	10.48	10.30	10.11	9.92	9.73	9.53	9.33
9	22.86	16.39	13.90	12.56	11.71	11.13	10.70	10.37	10.11	9.89	9.57	9.24	8.90	8.72	8.55	8.37	8.19	8.00	7.81
10	21.04	14.91	12.55	11.28	10.48	9.92	9.52	9.20	8.96	8.75	8.45	8.13	7.80	7.64	7.47	7.30	7.12	6.94	6.76
11	19.69	13.81	11.56	10.35	9.58	9.05	8.66	8.35	8.12	7.92	7.63	7.32	7.01	6.85	6.68	6.52	6.35	6.17	6.00
12	18.64	12.97	10.80	9.63	8.89	8.38	8.00	7.71	7.48	7.29	7.00	6.71	6.40	6.25	6.09	5.93	5.76	5.59	5.42
13	17.81	12.31	10.21	9.07	8.35	7.86	7.49	7.21	6.98	6.80	6.52	6.23	5.93	5.78	5.63	5.47	5.30	5.14	4.97
14	17.14	11.78	9.73	8.62	7.92	7.43	7.08	6.80	6.58	6.40	6.13	5.85	5.56	5.41	5.25	5.10	4.94	4.77	4.60
15	16.59	11.34	9.34	8.25	7.57	7.09	6.74	6.47	6.26	6.08	5.81	5.54	5.25	5.10	4.95	4.80	4.64	4.47	4.31
16	16.12	10.97	9.00	7.94	7.27	6.81	6.46	6.19	5.98	5.81	5.55	5.27	4.99	4.85	4.70	4.54	4.39	4.23	4.06
17	15.72	10.66	8.73	7.68	7.02	7.56	6.22	5.96	5.75	5.58	5.32	5.05	4.78	4.63	4.48	4.33	4.18	4.02	3.85
18	15.38	10.39	8.49	7.46	6.81	6.35	6.02	5.76	5.56	5.39	5.13	4.87	4.59	4.45	4.30	4.15	4.00	3.84	3.67
19	15.08	10.16	8.28	7.26	6.62	6.18	5.85	5.59	5.39	5.22	4.97	4.70	4.43	4.29	4.14	3.99	3.84	3.68	3.51
20	14.82	9.95	8.10	7.10	6.46	6.02	5.69	5.44	5.24	5.08	4.82	4.56	4.29	4.15	4.00	3.86	3.70	3.54	3.38
21	14.59	9.77	7.94	6.95	6.32	5.88	5.56	5.31	5.11	4.95	4.70	4.44	4.17	4.03	3.88	3.74	3.58	3.42	3.26
22	14.38	9.61	7.80	6.81	6.19	5.76	5.44	5.19	4.99	4.83	4.58	4.33	4.06	3.92	3.78	3.63	3.48	3.32	3.15
23	14.19	9.47	7.67	6.69	6.08	5.65	5.33	5.09	4.89	4.73	4.48	4.23	3.96	3.82	3.68	3.53	3.38	3.22	3.05
24	14.03	9.34	7.55	6.59	5.98	5.55	5.23	4.99	4.80	4.64	4.39	4.14	3.87	3.74	3.59	3.45	3.29	3.14	2.97
25	13.88	9.22	7.45	6.49	5.88	5.46	5.15	4.91	4.71	4.56	4.31	4.06	3.79	3.66	3.52	3.37	3.22	3.06	2.89
26	13.74	9.12	7.36	6.41	5.80	5.38	5.07	4.83	4.64	4.48	4.24	3.99	3.72	3.59	3.44	3.30	3.15	2.99	2.82
27	13.61	9.02	7.27	6.33	5.73	5.31	5.00	4.76	4.57	4.41	4.17	3.92	3.66	3.52	3.38	3.23	3.08	2.92	2.75
28	13.50	8.93	7.19	6.25	5.66	5.24	4.93	4.69	4.50	4.35	4.11	3.86	3.60	3.46	3.32	3.18	3.02	2.86	2.69
29	13.39	8.85	7.12	6.19	5.59	5.18	4.87	4.64	4.45	4.29	4.05	3.80	3.54	3.41	3.27	3.12	2.97	2.81	2.64
30	13.29	8.77	7.05	6.12	5.53	5.12	4.82	4.58	4.39	4.24	4.00	3.75	3.49	3.36	3.22	3.07	2.92	2.76	2.59
40	12.61	8.25	6.60	5.70	5.13	4.73	4.44	4.21	4.02	3.87	3.64	3.40	3.15	3.01	2.87	2.73	2.57	2.41	2.53
60	11.97	7.76	6.17	5.31	4.76	4.37	4.09	3.87	3.69	3.54	3.31	3.08	2.83	2.69	2.55	2.41	2.25	2.08	1.89
120	11.38	7.32	5.79	4.95	4.42	4.04	3.77	3.55	3.38	3.24	3.02	2.78	2.53	2.40	2.26	2.11	1.95	1.76	1.54
∞	10.83	6.91	5.42	4.62	4.10	3.74	3.47	3.27	3.10	2.96	2.74	2.51	2.27	2.13	1.99	1.84	1.66	1.45	1.00

+表示要将所列数乘以 100